TECHNIK, WIRTSCHAFT und POLITIK 2

Schriftenreihe des Fraunhofer-Instituts
für Systemtechnik und Innovationsforschung (ISI)

Titel der bisher erschienenen Bände:

Band 1: F. Meyer-Krahmer (Hrsg.)
Innovationsökonomie und Technologiepolitik
1993. VI, 302 Seiten.
ISBN 3-7908-0689-7

Beatrix Schwitalla

Messung und Erklärung industrieller Innovationsaktivitäten

mit einer empirischen Analyse für die westdeutsche Industrie

Mit 6 Abbildungen und 48 Tabellen

Physica-Verlag
Ein Unternehmen des Springer-Verlags

Dr. Beatrix Schwitalla
Fraunhofer-Institut für
Angewandte Festkörperphysik (IAF)
Tullastr. 72
D-79108 Freiburg i. Br.

Die Deutsche Bibliothek – CIP-Einheitsaufnahme
Schwitalla, Beatrix: Messung und Erklärung industrieller Innovationsaktivitäten:
mit einer empirischen Analyse für die westdeutsche Industrie;
mit 48 Tabellen / Beatrix Schwitalla. –
Heidelberg : Physica-Verl., 1993
(Technik, Wirtschaft und Politik; Bd. 2)
Zugl.: Freiburg (Breisgau), Univ., Diss. 1992

ISBN 978-3-7908-0694-6 ISBN 978-3-642-52519-3 (eBook)
DOI 10.1007/978-3-642-52519-3

NE: GT

Softcover reprint of the hardcover 1st edition 1993

88/7130-543210 – Gedruckt auf säurefreiem Papier

VORWORT

Innovationen im Unternehmen sind in den letzten Jahren nicht zuletzt durch die Renaissance der SCHUMPETERschen Ideen zunehmend wieder in die wirtschaftswissenschaftliche Diskussion geraten. Nachdem die früheren Arbeiten, die zeitlich parallel zur Wachstumsforschung entstanden sind, zunächst empirisch ausgerichtet waren, erfolgte die theoretische Aufarbeitung zuerst seitens der neoklassischen Schule - mit nicht unerheblicher Kritik an der Empirie -, und schon bald entwickelte auch die evolutorische Innovationsforschung neuere Ansätze zur Klärung des Entstehungszusammenhangs von Innovationen. Durch die Verfeinerungen der theoretischen Ansätze sind die besonderen Probleme der empirischen Forschung, die in der Auffindung geeigneter Meßgrößen und Meßverfahren liegen, wieder etwas in den Hintergrund getreten. Dies war für mich der Anlaß, die neueren theoretischen Grundlagen des Innovationsverhaltens von Unternehmen herauszuarbeiten und sie mit der Empirie zu konfrontieren.

Letztlich ist es Ziel meiner Arbeit, nach kritischer Prüfung der neueren Ansätze zum Innovationsgeschehen eine empirische Erklärung des industriellen Innovationsgeschehens in der Bundesrepublik Deutschland zu geben. Dabei habe ich dem Meß- und Datenproblem besondere Aufmerksamkeit geschenkt. Gerade für die Bundesrepublik Deutschland ist es mit der Datenverfügbarkeit in bezug auf Innovationsindikatoren auf der Mikro- bzw. Mesoebene schlecht bestellt. Mit dieser Arbeit wird insofern Neuland betreten, als ich auf der Basis des neuen Bilanzrichtliniengesetzes systematisch die Geschäftsberichte von 270 westdeutschen Kapitalgesellschaften ausgewertet und die so ermittelten Daten zur FuE-Tätigkeit von Unternehmen mit einer ebenfalls erst in jüngerer Zeit zur Verfügung stehenden Patentdatenbank verknüpft habe. Ich will zeigen, daß nicht nur die Patentindikatoren, sondern auch die geläufigen und weniger geläufigen anderen Innovationsindikatoren problembehaftet sind und daher nur als Indikatoren spezieller Aspekte des Innovationsgeschehens angesehen werden können. Daher plädiere ich für eine möglichst differenzierte Analyse des Innovationsgeschehens mit Hilfe möglichst vieler verschiedener Indikatoren, die dann, wie in diesem Buch dargelegt, mit Hilfe der Faktorenanalyse wieder zu einer oder wenigen Einflußgrößen verdichtet werden können.

Aus der Überprüfung der auf der SCHUMPETER-Hypothese basierenden Zusammenhänge zwischen Innovationsaktivität, Unternehmensgröße und Marktstruktur resultiert die Erkenntnis, daß nicht nur die Wahl der Innovationsindikatoren, sondern auch die der Unternehmensgrößenindikatoren zu problematisieren ist. Daraus hat sich bei mir die Einsicht gefestigt, daß die Art der Innovationsaktivität, die sich in den verschiedenen Indikatoren unterschiedlich ausprägt, eine entscheidende Rolle im simultanen Prozeß um Innovationen, Unternehmensgröße und Marktstruktur spielt. In der Ergründung der qualitativen Aspekte des Innovationsprozesses und ihrer ökonomischen Bedeutung sehe ich die Richtung für künftige Innovationsforschung.

Diese Arbeit ist als Vorlaufforschung auf dem Gebiet des technischen Wandels und der industriellen Innovation am Fraunhofer-Instituts für Systemtechnik und Innovationsforschung (ISI) in Karlsruhe entstanden. Sie war auch motiviert von der Suche nach anwendbaren neuen Meßkonzepten, die für die Auftragsforschung des ISI relevant werden können. Gleichzeitig hat sie von eigenen und von Vorarbeiten meiner Kollegen profitiert. Das notwendige Know-how auf dem Gebiet der Patentrecherchen verdanke ich Herrn Dr. U. Schmoch. Herrn N. Kirsch, MA, gilt mein Dank für die Erstellung eines Pascal-Programms zur Analyse firmenbezogener Patentprofile. Hervorheben möchte ich die Unterstützung und Förderung durch Herrn Dr. H. Grupp, der mir während der gesamten Dauer der Arbeit ein wertvoller Diskussionspartner war und das Manuskript immer wieder kritisch durchgesehen hat. Ihm möchte ich daher besonders herzlich danken.

Die Arbeit hat außerdem durch die Diskussionen am Lehrstuhl für Statistik und Ökonometrie der Albert-Ludwigs-Universität in Freiburg gewonnen. Hier schulde ich meinem Doktorvater, Herrn Professor Dr. D. Lüdeke, besonderen Dank für sein konstruktives Interesse am Thema dieser Arbeit sowie für kritische Kommentare aus wirtschaftstheoretischer und ökonometrischer Sicht.

Beatrix Schwitalla

INHALTSVERZEICHNIS

ABKÜRZUNGSVERZEICHNIS

ADV	Automatische Datenverarbeitung
BMFT	Bundesministerium für Forschung und Technologie
BMVg	Bundesministerium für Verteidigung
DIW	Deutsches Institut für Wirtschaftsforschung
DPA	Deutsches Patentamt
EG	Europäische Gemeinschaft
EPA	Europäisches Patentamt
ESA	European Space Agency
FG	Freiheitsgrade
FhG	Fraunhofer-Gesellschaft
FORKAT	Datenbank zum BMFT-Förderungskatalog
FuE	Forschung und Entwicklung
GRUR	Gewerblicher Rechtsschutz und Urheberrecht
HGB	Handelsgesetzbuch
IAO	Institut für Arbeitswirtschaft und Organisation
i. e. S.	im engeren Sinne
IfG	Institutionen für Gemeinschaftsforschung
IPC	Internationale Patentklassifikation
ISI	Institut für Systemtechnik und Innovationsforschung
i. w. S.	im weiteren Sinne
IZ	Industriezweig
Kfz	Kraftfahrzeug
NE	Nicht-Eisen
NuG	Nahrungs- und Genußmittel
OECD	Organization for Economic Co-Operation and Development
PATDPA	Patentdatenbank des Deutschen Patentamtes
PatG	Patentgesetz
SIC	Standard Industrial Classification
SPRU	Science Policy Research Unit, University of Sussex
SQ	Summe der Quadrate
STN	Scientific & Technical Information Network
Sypro	Systematik der Wirtschaftszweige, Fassung für die Statistik im Produzierenden Gewerbe
Sypro2	Sypro-Zweisteller-Ebene
Sypro4	Sypro-Viersteller-Ebene

TDM	Tausend DM
WiSt	Wirtschaftswissenschaftliches Studium
WZ	Systematik der Wirtschaftszweige

VARIABLENLISTE

ArbI	Arbeitsintensität *(Be/Ums)*
AV	Anlagevermögen
Be	Zahl der Beschäftigten
BiSu	Bilanzsumme
BMFT	direkte BMFT-FuE-Förderung
BMFTFuEA	BMFT-Förderungsquote in bezug auf die FuE-Ausgaben *(BMFT/FuEA)*
Chem	(0, 1)-Technologie-Dummyvariable für Chemie, Pharmazie und Mineralölverarbeitung
Div	technologische Diversifikation, gemessen als Entropie der Verteilung der Patentanmeldungen eines Unternehmens auf 28 Technikfelder
Elec	(0, 1)-Technologie-Dummyvariable für Elektrotechnik, Feinmechanik und Optik und Datenverarbeitungstechnik
FuEA	FuE-Ausgaben
FuEAUms	FuE-Ausgaben-Intensität in bezug auf den Umsatz *(FuEA/Ums)*
FuEP	FuE-Personal
FuEPBe	FuE-Personal-Intensität in bezug auf die Beschäftigung *(FuEP/Be)*
Grfakt	faktorenanalytisch ermittelte Unternehmensgröße
HiTec	(0, 1)-Technologie-Dummyvariable für Hochtechnologiesektoren (Luft- und Raumfahrt, Spalt- und Brutstoffe)
IA	latente Variable "Innovationsaktivität"
Infakt	faktorenanalytisch ermittelte Innovationsaktivität
InnoInt	Innovationsintensität *(Infakt/Grfakt)*
Inv	Bruttoanlageinvestitionen
InvBe	Bruttoanlageinvestitionen in TDM pro Beschäftigtem *(Inv/Be)*
InvUms	Bruttoanlageinvestitionen in % vom Umsatz *(Inv/Ums)*
KapI	Kapitalintensität *(SAV/Ums)*

PA	Patentanmeldungen am DPA bzw. EPA mit Wirkung Bundesrepublik Deutschland (Dreieinhalbjahres-Durchschnitt aus 1985 bis 1. Halbjahr 1988)
PABe	Patentanmeldungen pro Tausend Beschäftigte *(PA/Be)*
PAFuEA	Patentanmeldungen pro Mrd. DM FuE-Ausgaben *(PA/FuEA)*
PAUms	Patentanmeldungen pro Mrd. DM Umsatz *(PA/Ums)*
SAV	Sachanlagevermögen
UG	latente Variable "Unternehmensgröße"
Ums	Umsatz
UmsTop6	Anteil der sechs umsatzstärksten Unternehmen am Gesamtumsatz einer Branche

Soweit nichts anderes bei den Variablen vermerkt ist, beziehen sich alle Daten auf das Jahr 1987.

Die unternehmensbezogenen Daten für *AV*, *Be*, *BiSu*, *FuEA*, *FuEP*, *Inv*, *SAV* und *Ums* entstammen aus den im Bundesanzeiger veröffentlichten Geschäftsberichten von 270 deutschen Kapitalgesellschaften.

Daten für *BMFT* sind der Datenbank FORKAT, Daten für *PA* der Datenbank PATDPA entnommen.

Branchenbezogene Daten sind zum Teil selbst errechnet, zum Teil stammen sie aus amtlichen bzw. halbamtlichen Quellen. Hierbei handelt es sich um die FuE-Statistiken des Stifterverbandes für die Deutsche Wissenschaft (ECHTERHOFF-SEVERITT u. a. 1990), Statistiken zu Beschäftigung, Umsatz und Unternehmenskonzentration des Statistischen Bundesamtes (1990), z. B. für *UmsTop6*, und Investitionsstatistiken des Deutschen Instituts für Wirtschaftsforschung (DIW 1990). Für Patentdaten auf Branchenebene wird auf die Arbeit von GREIF und POTKOWIK (1990) zurückgegriffen.

Die übrigen Variablen sind aus den anderen Größen abgeleitet.

ABBILDUNGSVERZEICHNIS

TABELLENVERZEICHNIS

Seite

Seite

1. EINLEITUNG

1.1 Problemstellung

Die Messung wirtschaftlicher Größen und Sachverhalte ist ein besonderer Problemkomplex, dem von der Wirtschaftstheorie und auch von der Ökonometrie nicht die gebührende Aufmerksamkeit geschenkt wird. Diese Aussage gilt für fast alle Gebiete der empirischen Wirtschaftsforschung, auch für so etablierte Bereiche wie z. B. die Konjunkturforschung, wo mit Größen wie Bruttosozialprodukt oder Volkseinkommen gearbeitet wird, wohlwissend, daß es sich hierbei nur um mehr oder weniger gut zutreffende Indikatoren für gesamtwirtschaftlichen Output bzw. Wohlstand handelt. Ein Gebiet, für das die geschilderte Problematik in besonderem Maße zutrifft, ist das der Innovationsaktivität und des daraus resultierenden technischen Wandels. Aufgrund der Wachstumsschwäche Anfang der 80er Jahre sind die *Ursachen des technischen Wandels* in das Zentrum des Interesses gerückt. Parallel dazu ist auch das Interesse an einer adäquaten *statistischen Erfassung der Innovationsaktivitäten* der verschiedenen Innovationsträger gestiegen. Wie komplex die Vorgänge des technischen Wandels und der damit zusammenhängenden ökonomischen Aktivitäten sind und welche qualitativen Aspekte bei seiner Analyse zu berücksichtigen sind, zeigen schon die vielfältigen Begriffe, durch die dieses Untersuchungsgebiet charakterisiert wird.

1.1.1 Innovationsbegriffe und -größen

Während SCHUMPETER in der ersten Hälfte dieses Jahrhunderts von *"Neuerungen"* bzw. *"Innovationen"* und von *"wirtschaftlicher Entwicklung"* sprach, waren es die Begriffe *"technischer Fortschritt"* und *"wirtschaftliches Wachstum"*, die seit den 50er Jahren in der Wachstumstheorie gebräuchlich waren. SCHUMPETER versteht unter Neuerungen die *Durchsetzung neuer Kombinationen*, wobei er fünf Fälle unterscheidet: Die Herstellung eines neuen Produkts bzw. einer neuen Produktqualität, die Einführung einer neuen Produktionsmethode, die Erschließung eines neuen Absatzmarktes, die Eroberung neuer Bezugsquellen und die Durchführung einer Neuorganisation.[1)] Der Begriff der Innovation, der sich mit dem der Neuerung deckt, taucht erst in späteren Arbeiten SCHUMPETERs auf, die zunächst in Englisch verfaßt und dann ins Deutsche übersetzt wurden. OTT definiert den *technischen Fortschritt* einerseits als "Schaffung *neuer*, d. h. bis zu der be-

---

1) SCHUMPETER (1911, S. 100 f.)

treffenden Zeit unbekannter *Produkte*", und andererseits als "Übergang zu *neuen Produktionsverfahren*, die es gestatten, eine gegebene Menge von Produkten mit geringeren Kosten bzw. mit den gleichen Kosten eine größere Produktmenge herzustellen".[1] Dabei ist in beiden Fällen zwischen der eigentlichen Erfindung, der *Invention*, und deren wirtschaftlichen Umsetzung, der *Innovation*, zu unterscheiden. Sehr oft allerdings wird in wirtschaftstheoretischen Analysen der Erfindungsprozeß ausgeklammert, weil er nicht als zielgerichteter Prozeß menschlichen Handelns und damit als ökonomisches Erkenntnisobjekt angesehen wird. Oder er wird implizit unter den Innovationsprozeß subsumiert, vielfach deshalb, weil in der heutigen Wirtschaftsrealität Erfindungen systematisch mit dem Ziel der Innovation von ein und demselben Unternehmen hervorgebracht bzw. durch die Vergabe von Forschungs- und Entwicklungsaufträge an fremde Unternehmen initiiert werden.

MACHLUP (1962), der die Produktion und Verbreitung von Wissen in den USA untersucht hat, hat gezeigt, daß dem Akt der Innovation viele gesellschaftliche und ökonomische Prozesse vorgelagert sind. Neben Erziehung und Ausbildung, Kommunikations- und Informationsmöglichkeiten haben insbesondere die Grundlagen- und angewandte Forschung die Aufgabe, *neues Wissen* hervorzubringen, aus dem dann Erfindungen resultieren können. Neben der Rolle des Wissens in der Ökonomie verdeutlicht MACHLUP das Zusammenwirken der verschiedenen *Phasen des Forschungs- und Erfindungs-Komplexes*, angefangen von der Grundlagenforschung, über eine Phase der erfinderischen Tätigkeit und eine Phase der Entwicklungstätigkeit, bis hin zur ersten Umsetzung dessen Ergebnisse.[2] Die letzte Phase bezeichnet MACHLUP absichtlich nicht als Innovationsphase, sondern als Phase der Errichtung von Industrieanlagen eines neuen Typs. Der Ausdruck Innovation soll der SCHUMPETERschen Unternehmerentscheidung, irgend etwas Neues, eine neue technische oder geschäftliche Idee, erstmalig einzuführen, vorbehalten sein. "Innovation" betont mehr das unternehmerische Element, das Treffen einer risikobehafteten Entscheidung, während das Errichten neuer Anlagentypen eher mit dem technisch-wissenschaftlichen Bereich verknüpft ist.

---

1) OTT (1959, S. 302)
2) MACHLUP (1962, S. 178 - 183)

Mit den einzelnen Phasen sind verschiedene *Input- und Outputgrößen*, wie z. B. wissenschaftliche Kenntnis oder technologischer Stand, verknüpft, wobei Outputgrößen einzelner Phasen wieder zu Inputgrößen anderer oder derselben Phase werden können. Außerdem unterteilt er die In- und Outputgrößen in materielle, immaterielle und meßbare Größen. Eine immaterielle Inputgröße ist z. B. der technologische Stand, während die verwendeten Laborgeräte eine entsprechende materielle Größe und die Ausgaben dafür die zugehörige meßbare Größe darstellen. Gleichzeitig weist er darauf hin, daß die Phasen nicht notwendigerweise in linearer Abfolge durchlaufen werden, sondern daß es sich in der Realität um einen komplexen Prozeß handelt, bei dem einzelne Phasen ineinandergreifen, übersprungen werden und durch vielfältige Rückkoppelungen miteinander verbunden sind. Als Varianten von MACHLUPs Klassifikationsschema des Innovationsprozesses sind verschiedene andere Phasenmodelle aufgestellt worden.

Während MACHLUP den Innovationsprozeß durch verschiedene Innovationsphasen und die zugehörigen In- und Outputgrößen charakterisiert, nimmt GERYBADZE eine Einteilung in Strom- und Bestandsgrößen vor. Stromgrößen sind die Teilprozesse *Invention*, *Entwicklung*, *Innovation* und *Adoption* und *Imitation*.[1] Im Gegensatz zu OTT identifiziert GERYBADZE mit der Phase der Entwicklung, d. h. der wirtschaftlichen und technischen Nutzbarmachung einer Erfindung, eine Zwischenstufe zwischen Invention und Innovation. Während Innovation die erstmalige wirtschaftliche Anwendung einer Erfindung ist, bedeuten Adoption und Imitation die Übernahme einer Technik, nachdem diese bereits von anderer Seite erstmalig genutzt wurde. Die Diffusion ist dann die Gesamtheit der einzelnen Imitations- und Adoptionshandlungen. Aus den genannten Stromgrößen resultieren die Bestandsgrößen *mögliche Technologie*, *Technologie* und *angewandte Technologie*. Unter möglicher Technologie versteht GERYBADZE das bekannte und zukünftig anwendbare Wissen. Eine Zunahme dieses Wissens ist durch Inventionen möglich. Die mögliche Technologie umfaßt technisches Wissen von unterschiedlicher Anwendungsreife. Der darin enthaltene Begriff der Technologie ist definiert als das in einem Zeitpunkt bekannte und anwendbare technische Wissen, das jedoch nicht notwendigerweise angewandt werden muß. Durch Entwicklungsarbeiten erhalten Erfindungen einen Reifegrad, so daß sie realisierbar werden und somit den Stand der Technologie erweitern. Das tatsäch-

1) GERYBADZE (1982, S. 21 - 34)

lich genutzte technische Wissen wird als angewandte Technologie bezeichnet. Durch Innovation wird die Teilmenge der angewandten Technologie innerhalb des gesamten Technologiepools vergrößert.

Im Gegensatz zu GERYBADZE werden hier lediglich die beiden Bestandsgrößen *Technologie* und *Technik* unterschieden. Unter Technologie wird sämtliches angewandte und noch nicht angewandte technische Wissen verstanden, unter dem Begriff der Technik dagegen das bereits in den Produktionsprozeß umgesetzte Wissen. In ähnlichem Sinne verwendet MANSFIELD die Begriffe des *technologischen Wandels* und des *technischen Wandels*. Während unter technologischem Wandel eine Änderung des gesellschaftlich verfügbaren technischen Wissenstandes zu verstehen ist, bedeutet technischer Wandel die konkrete Änderung der Produktionsmethoden.[1)] Der Begriff des technischen Fortschritts wird z. T. synonym zu dem des technischen Wandels verwendet. Jedoch wird in jüngerer Zeit auf dessen Gebrauch in ökonomischen Analysen verzichtet, da er im alltäglichen Sprachgebrauch mit positiven Wertvorstellungen besetzt ist, während der Begriff des technischen Wandels lediglich die Änderung eines Zustandes signalisiert. Unter dem Begriff der Innovationsaktivität wird in dieser Arbeit nicht allein die wirtschaftliche Umsetzung von Erfindungen verstanden, sondern ein komplexer mehrphasiger Prozeß mit vielen Rückkoppelungen. Dennoch bildet dieser Prozeß eine begriffliche Einheit, insofern alle seine Aktivitäten darauf gerichtet sind, objektiv oder subjektiv Neues hervorzubringen.

1.1.2 Theoretische und empirische Innovationsforschung von SCHUMPETER bis heute

Mit der Begriffswahl - ob man nun von *Innovation* oder *technischem Fortschritt* spricht - sind die verschiedenen ökonomischen Schulen eng verknüpft. Da sich heute sehr unterschiedliche Denkrichtungen auf die Arbeiten von SCHUMPETER beziehen und immer wieder seine Aussagen zum Zusammenhang zwischen Wettbewerb und Innovation in der einen oder anderen Form zu bestätigen oder zu widerlegen suchen, sei hier kurz die mit SCHUMPETER beginnende Tradition der Innovationsforschung skizziert. SCHUMPETERs besonderes Interesse galt dem Wirtschaftsablauf. Ziel seines frühen Werkes "Theorie der wirtschaftlichen Entwicklung" war die Erklä-

---

1) MANSFIELD (1968a, S. 10 f.)

rung des Phänomens der Konjunkturzyklen. Zentral für eine sich entwickelnde Wirtschaft sind die großen, von der Unternehmerseite hervorgebrachten, diskontinuierlich auftretenden Veränderungen in Form neuer Kombinationen von Produktionsmittel. Weder den kleinen, stetig anfallenden Veränderungen, die man in der heutigen Terminologie als Verbesserungs- oder Anpassungsinnovationen bezeichnen würde, noch den Veränderungen bei den Konsumentenbedürfnissen schreibt er diese Antriebskraft zu. Die Durchsetzung neuer Kombinationen zur Herstellung neuer Produkte, zur Anwendung einer neuen Produktionsmethode, zur Erschließung neuer Bezugs- und Absatzmärkte oder zur Schaffung einer organisatorischen Neuerung wird durch die Geldschöpfungsmöglichkeit der Banken und deren Kreditvergabe erst ermöglicht.[1)]

Eine besondere Rolle bei der Durchsetzung von Neuerungen kommt dem Unternehmer zu, wobei die Unternehmereigenschaft nicht notwendigerweise an die Ausübung einer selbständigen Beschäftigung geknüpft ist, sondern an ein ganz bestimmtes Verhalten. Der Unternehmer zeichnet sich aus durch seine Bereitschaft zur Risikoübernahme und durch seinen Mut, Produktionsmittel auf eine neue Art und Weise zu kombinieren. Neben dem *"Unternehmer"* existiert ein zweiter Typus von Wirtschaftssubjekt, der sogenannte *"Wirt"*, der seine Aufgaben pflichtbewußt und verwaltungsmäßig erledigt.[2)] Die Ursachen dafür, warum sich manche Wirtschaftssubjekte als "Unternehmer" und andere als "Wirte" verhalten, liegen im psychologischen Bereich. In SCHUMPETERs frühem Werk wurde das Hervorbringen von Erfindungen bzw. neuem technologischen Wissen nicht problematisiert. Neue Erfindungen würden fortlaufend anfallen, und Aufgabe des Unternehmers ist es, diese aufzunehmen und dann als Neuerung am Markt oder in der Produktion durchzusetzen. Der Akt der Erfindung war also getrennt von dem der kommerziellen Umsetzung und insofern kein unternehmerischer Tatbestand, dem die Ökonomen hätten große Aufmerksamkeit schenken müssen.[3)] SCHUMPETER erklärt somit zwar, wie es zur Anwendung neuen technischen Wissens im Wirtschaftsablauf kommt. Die Entstehung dieses Wissens bleibt ein exogener Tatbestand. Dies ist aus der damaligen historischen Situation sicherlich nicht verwunderlich, in der mit dem Bild des Erfinders eher Romantik

---

1) SCHUMPETER (1911, S. 108 - 110)
2) SCHUMPETER (1911, S. 138)
3) SCHUMPETER (1911, S. 129)

und Versponnenheit assoziiert wurde als Geschäftstüchtigkeit und Gewinnstreben.

Aus einem neuen historischen Blickwinkel heraus erfährt der Inventions-Innovations-Zusammenhang in SCHUMPETERs späterer Arbeit eine Neuinterpretation. Um im kapitalistischen Konkurrenzkampf Wettbewerbsvorteile durch die Erschließung neuer Märkte zu erzielen, wird der Inventionsprozeß nicht mehr dem zufälligen Geniestreich des Einzelerfinders überlassen, sondern der Erfindungsprozeß selbst wird zum Gegenstand planvollen Handelns.[1)] Die Änderung der Wirtschaftsstruktur, das Aufkommen der großen Konzerne, in den 30er Jahren haben zu einer Änderung des Erklärungsansatzes geführt. Aus der Beobachtung des Verhaltens der Unternehmungen und Konzerne in innovierenden Industriezweigen kommt er zum Schluß, daß sich trotz Anwendung sogenannter *"monopolistischer Praktiken"* die Gesamtproduktion sowohl in Menge als auch in Qualität eher verbessert als verschlechtert hat, wie von der Theorie der monopolistischen Konkurrenz vorausgesagt wird. Dabei haben diese den Wettbewerb einschränkenden Maßnahmen den Charakter von Schutzmaßnahmen, denn jede Investition läuft unter dem Druck sich rasch verändernder Bedingungen Gefahr, schon bald überholt zu sein und damit an Wert zu verlieren.

Solche monopolistische Praktiken als Versicherung gegen das mit der Einführung von Neuerungen verbundene Investitionsrisiko können vielerlei Gestalt annehmen. Eine eindeutige Definition des Begriffs der monopolistischen Praktiken, die in der neoklassischen Terminologie Abweichungen von der Wirtschaftsform der vollkommenen Konkurrenz darstellen, kann SCHUMPETER nicht liefern, da er den Begriff der Konkurrenz als sehr vielschichtig in bezug auf die Wettbewerbsparameter, auf den zeitlichen Horizont und auf die Unterscheidung zwischen tatsächlichem und potentiellem Wettbewerb interpretiert. Stattdessen gibt er einige Beispiele, welche monopolistischen Praktiken die Innovationsbereitschaft der Unternehmen erhöhen *können*. Darunter fallen z. B. die Erzielung von Monopolgewinnen, die für die Finanzierung zusätzlicher Investitionen verwendet werden können, oder die Anmeldung von Patenten und die Geheimhaltung neuer Verfahren, um zeitweilig den Wettbewerbsdruck zu senken und dadurch das Innovationsrisiko einzuschränken. Neuerungen, die große Kapitalerfordernisse mit sich bringen, werden oft nur

1) SCHUMPETER (1942, S. 215)

von Großunternehmen durchgeführt, die wissen, daß die Konkurrenz diese erforderliche Summe nicht aufbringen kann. Auch das Aufkaufen konkurrierender Unternehmen kann langfristig zu einer Erhöhung der Fortschrittsrate in einer Branche führen.[1)]

WITT faßt den SCHUMPETERschen Innovations-Wettbewerbs-Zusammenhang in folgendem Satz, der als sogenannte *"SCHUMPETER-Hypothese"* Ausgangspunkt vieler empirischer und theoretischer Studien ist, zusammen: "Die Möglichkeit, monopolistische Praktiken anzuwenden, erhöht die Bereitschaft zur Übernahme des Innovationsrisikos und begünstigt daher die Durchsetzung neuer Kombinationen mit einem positiven Effekt auf das Innovationstempo." [2)] Die SCHUMPETER-Hypothese, die auch in dieser Arbeit eine wichtige Rolle spielt, zeigt also Faktoren auf, die die *Innovationsmöglichkeiten* vergrößern. Weshalb die Unternehmen diese Möglichkeiten zur Investition in Neuerungen nutzen, d. h. worin die *Innovationsanreize* liegen, ist eine andere Frage, die allerdings für die Erklärung der Innovationsaktivität mindestens genauso wichtig ist wie die der Innovationsmöglichkeiten. Die Aussicht, daß bei einigen Innovationen weitaus größere Gewinne zu erzielen sind, als zur Veranlassung der damit verbundenen Investition eigentlich notwendig gewesen wären, liefert "den Köder, der das Kapital auf unerprobte Bahnen lenkt." [3)] Technischer Fortschritt ist demnach das Ergebnis des innovativen Wettbewerbs, wobei bestimmte Wettbewerbspraktiken dem technischen Fortschritt förderlicher sein können als andere. Auf der anderen Seite besteht für innovative Unternehmen die Möglichkeit, durch Wettbewerbsvorteile wie übergroße Gewinne belohnt zu werden.

Eine zweite mit SCHUMPETER in Verbindung gebrachte Hypothese ist die, daß große Unternehmen innovativer sind als kleine. Diese Hypothese ist zunächst einmal unabhängig von der eigentlichen SCHUMPETER-Hypothese zu sehen, denn die bloße Größe eines Unternehmens ist nicht unbedingt mit der Anwendung monopolistischer Praktiken gleichzusetzen, obwohl Größe und Marktmacht des öfteren miteinander einhergehen. Dennoch wird die Unternehmensgrößen-Hypothese in der Literatur häufig ebenfalls unter dem Begriff "SCHUMPETER-Hypothese" subsumiert. Eigentlich sollte die

---

1) SCHUMPETER (1942, S. 143 ff.)
2) Siehe WITT (1987, S. 48).
3) Siehe SCHUMPETER (1942, S. 148).

Unternehmensgrößen-Hypothese eher GALBRAITH zugerechnet werden. Nach GALBRAITH sind die billigen, d. h. mit wenig FuE-Aufwand verbundenen, Erfindungen in ihrer Mehrzahl schon im vorigen Jahrhundert gemacht worden. In der heutigen Zeit ist technischer Fortschritt jedoch nur mit sehr teuren Methoden und Verfahren zu erzielen. Daher können nur die großen Unternehmen die für Innovationen notwendigen Ressourcen aufbringen.[1] Darüber hinaus führte GALBRAITH den SCHUMPETERschen Gedanken des Wettbewerbs durch Innovationen weiter, indem er behauptete, daß in oligopolistischen Industrien Wettbewerb in erster Linie durch Innovationen und nicht über den Preis stattfindet. Auf polypolistischen Märkten dagegen ist preisabgestimmtes Verhalten weniger wahrscheinlich, so daß sich dort Wettbewerb eher über den Preis und weniger durch Innovationen vollzieht.[2]

In der *neoklassischen Wachstumstheorie* spielt der technische Fortschritt als Wachstumsdeterminante eine wichtige Rolle spielt. Dabei liegt das Augenmerk eher auf den Wirkungen des technischen Fortschritts als auf seinem Entstehungszusammenhang. Der technische Fortschritt wird von SOLOW über seine Wirkungen als "Verschiebung der Produktionsfunktion" definiert.[3] Zwar wurden verschiedene Konzepte des induzierten technischen Fortschritts entwickelt, wie z. B. das auf HICKS zurückgehende Konzept des Faktorpreis-induzierten technischen Fortschritts[4] oder die von KALDOR (1957) eingeführten Kapital-Embodiment-Modelle, dennoch bleiben sie eine Erklärung für das Zustandekommen des technischen Fortschritts schuldig. Im ersteren Fall des Faktorpreis-induzierten technischen Fortschritts wird der technische Fortschritt eingesetzt, um - außer mit den normalen Faktorsubstitutionsprozessen - Änderungen der relativen Faktorpreise zu begegnen. Wie der technische Fortschritt letztlich selbst produziert wird und aufgrund welcher unternehmerischer Motivation bzw. Kalküle, bleibt offen. In den Embodiment-Modellen ist der technische Fortschritt investitionsinduziert. Der technische Fortschritt bleibt zwar weiterhin autonom, nur werden seine Wirkungen nicht mehr alleine auf die Zunahme des Wissens im Zeitablauf zurückgeführt, sondern zusätzlich auf die Anwendung dieses Wissens in Form von Investitionen.[5]

---

1) GALBRAITH (1952, S. 86 ff.)
2) Zum Inhalt der SCHUMPETER-Hypothese vgl. KAMIEN u. SCHWARTZ (1982, S. 22).
3) Siehe SOLOW (1957, S. 312).
4) HICKS (1932, S. 125)
5) Vgl. hierzu WALTER (1979, S. 421 - 423).

Die Wachstumstheorie ist vor allem makroökonomisch und mit einem starken Bezug zur empirischen Messung von Aggregatgrößen ausgerichtet. Sie kann daher weder die mikroökonomischen Ursachen des technischen Fortschritts noch die intersektoralen Unterschiede im Innovationsverhalten erklären. Diese Fragestellungen werden in einer Art *SCHUMPETER-Renaissance* von drei Seiten aufgegriffen, wobei Theorie und Empirie eher getrennte Wege gehen und daher als eigene methodische Richtungen interpretiert werden müssen. Beim *neoklassischen Ansatz* zur Erklärung des Innovationsverhalten steht das gewinnmaximierende Unternehmerverhalten im Zentrum der Analyse. Aufgrund einer bestimmten Entscheidungssituation, die u. a. von der Marktstruktur abhängig ist, und unter der Annahme optimierender Marktteilnehmer können Aussagen dazu abgeleitet werden, welche Konstellationen für die Innovationstätigkeit besonders günstig oder ungünstig sind. Der *evolutionstheoretische Ansatz* stützt sich bei der Erklärung des technischen Wandels auf das Zusammenwirken von Verhaltensregeln und Institutionen sowie auf die Interdependenz zwischen Technologie, Ökonomie und Gesellschaft. Außerdem kommt dem historischen Entwicklungsprozeß eine größere Rolle zu.[1)]

Neben der neoklassischen und der evolutionstheoretischen Auseinandersetzung mit dem Innovationsgeschehen bzw. dem technischen Wandel steht die *empirische Innovationsforschung* als in gewisser Weise selbständiger Forschungsbereich. Auf der einen Seite gibt es durchaus Wechselwirkungen zwischen empirischer und theoretischer Forschung, z. B. die Hypothesenbildung als Ausgangspunkt einer empirischen Studie oder umgekehrt die theoretische Erklärung zuvor beobachteter Phänomene. Auf der anderen Seite hat die empirische Innovationsforschung ein eigenständiges Problem zu lösen. Dabei handelt es sich um das Auffinden geeigneter Meßmethoden, um die Größen des Innovationsgeschehens sinnvoll abzubilden und Zusammenhänge mit anderen ökonomischen Größen sichtbar zu machen. Ein Ziel dieser Arbeit ist es, die jüngeren Ansätze der Innovationserklärung und das da-

---

1) Ein Überblick über die verschiedenen Weiterentwicklungen der SCHUMPETER-Hypothese findet sich bei KAMIEN u. SCHWARTZ (1982), wobei allerdings evolutionstheoretische Ansätze ausgeklammert bleiben. Diese sind bei BOLLMANN (1990) in einer Gegenüberstellung zu den neoklassischen Innovationsmodellen zusammengefaßt. Für eine Übersicht über die evolutorische Innovationsforschung inklusive der Diffusionsproblematik sei auf GERYBADZE (1982) verwiesen.

mit verbundene Spannungsfeld zwischen theoretischer und empirischer Innovationsforschung aufzuzeigen.

1.1.3 Innovationsindikatoren und Meßverfahren

Die theoretischen Einteilungen des Innovationsprozesses, wie beispielhaft anhand der Klassifikationsschemen von MACHLUP (1962) und GERYBADZE (1982) dargestellt wurde, zeigen die vielfältigen Dimensionen dieses Prozesses auf. Weder bei MACHLUP noch bei GERYBADZE ist dieser Prozeß als geradlinig verlaufend zu verstehen, sondern als einer mit vielen Rückkoppelungen, mit vielerlei Inputs, Outputs und technologischen Zwischenprodukten. In den empirischen Untersuchungen werden daher verschiedene Maße zur quantitativen Darstellung der Innovationstätigkeit eines Unternehmens verwendet, wie z. B. die Zahl der wissenschaftlich-technischen *Veröffentlichungen*, das *in Forschung und Entwicklung eingesetzte Personal*, *FuE-Ausgaben*, die Zahl der *Patentanmeldungen*, *Investitionen in neue Prozesse*, *technische Produktspezifikationen*, der Anteil der *neuen Produkte* am Umsatz etc. Allen Maßen ist gemeinsam, daß sie in irgendeiner Weise aus dem Innovationsprozeß resultieren, und daß ihre Ausprägung einen Hinweis auf die Stärke der Innovationsaktivität liefert. Sie sind sozusagen beobachtbare Stellvertreter-Variablen für eine latente, d. h. nicht beobachtbare, Variable *"Innovationsaktivität"*.

Die Verwendung von Indikatoren für sonst nicht beobachtbare Größen ist in der empirischen Wirtschaftsforschung im Prinzip gang und gäbe. Oben wurde schon beispielhaft die in der Wirtschaftsstatistik gebräuchliche Größe des Bruttosozialprodukts erwähnt. Sie ist ein Indikator für alle in einer Volkswirtschaft erstellten Güter und Leistungen. Allerdings wird die Indikatoreigenschaft dieser Größe in den meisten empirischen Untersuchungen nicht genügend problematisiert. Bekanntlich gehen die Leistungen des Staates nicht zu Marktpreisen und unentgeltliche Leistungen überhaupt nicht in die Bruttosozialproduktsmessung ein. Je besser ein Indikator die eigentlich interessierende ökonomische Größe repräsentiert, desto entschuldbarer ist es, wenn der Indikator mit dieser Größe gleichgesetzt wird. Im Falle der Innovationsindikatoren ist diese vereinfachte Vorgehensweise allerdings besonders fraglich.

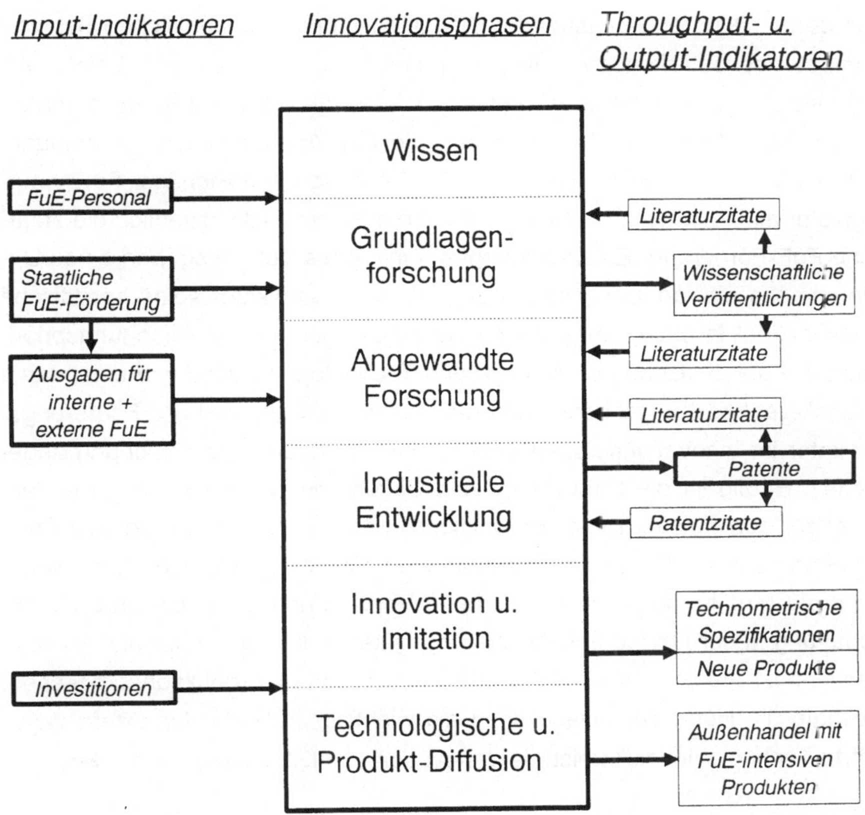

Abbildung 1.1-1: Indikatoren des Innovationsprozesses (Quelle: ähnlich bei GRUPP u. SCHWITALLA 1989, S. 20)

Abbildung 1.1-1 verdeutlicht den mehrdimensionalen interdependenten Innovationsprozeß und ordnet seinen verschiedenen Aspekten jeweils die am geeignetsten Indikatoren zu. Als mögliche ***meßbare Inputgrößen*** kommen das mit Forschungs- und Entwicklungsarbeiten betraute Personal sowie die für Forschung und Entwicklung getätigten Ausgaben in Frage, wobei das FuE-Personal durch das in ihm inkorporierte Wissen näher an der Schnittstelle zwischen Wissenschaft und Forschung ist als die FuE-Ausgaben, die auch noch die Materialkosten, u. a. für teure Apparaturen, messen und somit besser die angewandte Forschung reflektieren. Selbstverständlich umfassen die beiden FuE-Indikatoren das gesamte Spektrum von Forschung und industrieller Entwicklung. Der Klarheit der Darstellung wegen wurde nur jeweils ein von den Indikatoren ausgehender Pfeil in Richtung des inhaltlichen Schwerpunktes des betreffenden Indikators gesetzt. Während es sich beim FuE-Personal eines Unternehmens immer um einen Indikator für intern durchgeführte FuE-Arbeiten handelt, betreffen die FuE-Ausgaben sowohl Inhouse-FuE als auch nach außen vergebene FuE-Aufträge. Ein wichtiger FuE-Inputindikator mit sektoral sehr unterschiedlichem Gewicht ist schließlich die staatliche FuE-Förderung. Einerseits geht sie mit in die FuE-Ausgaben eines Unternehmens ein, andererseits hat der Förderungsindikator seine spezifische Aussagekraft in bezug auf politische und gesellschaftliche Forschungsprioritäten. Da die deutsche Forschungs- und Technologiepolitik durch eine starke Grundlagenforschungsorientierung gekennzeichnet ist, wird der Förderungsindikator im Innovationsprozeß in der Nähe der Grundlagenforschung angesiedelt. Häufig ist die Entwicklung und Einführung neuer Produkte mit dem gleichzeitigen Einsatz neuer Produktionsverfahren verbunden, so daß Investitionen in neue Produktionseinrichtungen notwendig werden. Auch wenn nicht die Einführung neuer Produkte im Vordergrund steht, so führt die Anschaffung neuer Geräte und Ausrüstungsgüter, selbst wenn nur alte Maschinen ersetzt werden, in aller Regel zu verbesserten Produktionsprozessen, weshalb die Höhe der Investitionen als wichtiger Indikator für extern zugeführte Technologie im Bereich der Innovation und Diffusion gewertet wird.

Als *meßbarer Output* von Grundlagenforschung kann die Zahl der wissenschaftlichen Veröffentlichungen interpretiert werden. Deren Zitierung in weiteren wissenschaftlichen Arbeiten und in Patentdokumenten wiederum ist ein Indiz für die Weiterverarbeitung von früherem Forschungsoutput im Innovationsprozeß. Literaturzitate eignen sich daher als Indikatoren für *Forschungsthroughput*, d. h. sie ermöglichen Aussagen darüber, welcher Forscher oder welches Forschungsgebiet welchen anderen Forscher oder welches andere Gebiet inspiriert hat. Ähnlich wie mit den wissenschaftlichen Veröffentlichungen verhält es sich mit dem Indikator Patente. Allerdings spiegelt er besser die Ergebnisse industrieller Entwicklungstätigkeit wider, da an die Erteilung eines Patents die Voraussetzung der kommerziellen Nutzbarkeit geknüpft ist. Wiederum als Throughputindikatoren fungieren die Zitate von Patenten in anderen Patentdokumenten. Um die Neuheit einer Erfindung vor dem Patentamt zu demonstrieren, zitieren die Patentanmelder ältere Patentschriften oder wissenschaftliche Publikationen, um einerseits zu zeigen, auf welchem Stand der Technik die neue Erfindung aufbaut, welches Problem bisher noch keine befriedigende technische Lösung gefunden hat und inwiefern die neue Erfindung über das bisher Bekannte hinausgeht. Die bis zu einem bestimmten Zeitpunkt ungelösten Probleme zusammen mit dem jeweiligen Stand der Technik können somit als Input für weitere angewandte Forschung oder industrielle Weiterentwicklung angesehen werden.

Ein sehr produktnaher Innovationsindikator ist der technometrische Indikator, der sich aus einer Gewichtung einzelner technischer Leistungsmerkmale neuer Produkte errechnet. Dieser Indikator setzt direkt am neuen Produkt bzw. an dessen konkurrierenden Produkten an, wobei nicht unterschieden wird, ob ein Produkt durch Innovation oder durch Imitation auf den Markt gebracht wurde.[1)] Als Indikatoren für marktgerichteten Output können Größen interpretiert werden, die direkt die Anzahl neuer Produkte oder noch marktnäher deren Anteile am Umsatz eines Unternehmens messen. Inwieweit sich technologisch hochstehende Produkte auf internationalen Märkten durchsetzen, spiegelt sich in bilateralen Außenhandelszahlen für Waren, die besonders FuE-intensiv sind, d. h. mit einem hohen Anteil an FuE-Aufwand gemessen am Umsatz mit diesem Produkt produziert werden.

Die genannten Indikatoren stellen nur eine Auswahl möglicher Innovationsindikatoren dar. Viele andere Indikatoren sind denkbar und werden in der empirischen Innovationsforschung verwendet. Aber eines wird aus dem vorherigen deutlich: Alle Indikatoren leiten sich aus einer Größe Innovationsaktivität ab, aber im Falle ihres isolierten Einsatzes würden sie das Innovationsgeschehen nur verzerrt abbilden. Daher wird hier für eine möglichst differenzierte Analyse der Innovationsaktivität mit Hilfe verschiedenartiger Indikatoren plädiert, wobei die in Abbildung 1.1-1 fettumrandeten Indikatoren FuE-Personal, FuE-Förderung, FuE-Ausgaben, Patentanmeldungen und Investitionen diejenigen sind, die im empirischen Teil dieser Arbeit zum Einsatz kommen. Wenn dennoch zum Zwecke der Komplexitätsreduktion die Innovationsaktivität in nur einer Größe abgebildet werden soll muß ein statistisches Verfahren verwendet werden, daß den mehrdimensionalen Innovationsprozeß entsprechend zu einer oder wenig mehr Größen verdichtet und dabei möglichst viele mit dem Innovationsprozeß zusammenhängende Aspekte berücksichtigt. Als hierfür geeignete *statistische Methode* bietet sich die *Faktorenanalyse* an. Sie liefert einerseits Schätzergebnisse für die Innovationsaktivität,

1) Näheres zum Technometrie-Konzept s. GRUPP u. a. (1987).

andererseits erlaubt sie, die Beiträge der einzelnen Innovationsindikatoren zum Meßergebnis derselben zu beurteilen. Die hier in Betracht gezogene Faktorenanalyse ist bisher in der wirtschaftswissenschaftlichen Forschung wenig gebräuchlich. Sie hat ihre hauptsächliche Verwendung in der Psychologie, insbesondere bei der Intelligenzmessung, und in der Soziologie. Aber auch in der Medizin und der Biologie ist sie ein gebräuchliches Hilfsmittel für die Zurückführung komplexer Phänomene auf wenige Einflußfaktoren. Die Faktorenanalyse ist somit ein Instrument zur statistischen Identifizierung sonst nicht direkt meßbarer Größen, die gerade in den Sozialwissenschaften eine große Rolle spielen.[1)]

Bisher werden in nur wenigen Untersuchungen des technischen Wandels Innovationsmaße mittels Faktorenanalyse konstruiert. Eine der wenigen Arbeiten hierzu stammt von BLACKMAN u. a. (1973). Sie untersuchen die Innovationsaktivitäten von fünfzehn amerikanischen Industriezweigen auf der Basis von acht Innovationsindikatoren. Mit Hilfe der pro Sektor ermittelten Werte für den Innovationsfaktor stellen sie eine Rangordnung der einzelnen Sektoren entsprechend ihrer Innovationsstärke auf. Ebenso stützt sich eine Studie von SCHLEGELMILCH (1988) zum Zusammenhang zwischen Innovationsneigung und Exportleistung auf Innovationsindizes, die durch Faktorenanalyse gewonnen werden. SCHLEGELMILCH geht sogar noch einen Schritt weiter, indem er nicht nur die Innovationsneigung, sondern auch die Exportleistung durch ein Indikatorenbündel mißt. Er stützt sich dabei auf die kanonische Korrelationsrechnung, um die Beziehung zwischen Innovationsneigung und Exportleistung zu messen.

1.1.4 Innovationsaktivitäten der westdeutschen Industrie als Untersuchungsgegenstand der empirischen Forschung

Die Innovationsforschung auf mikroökonomischer und sektoraler Ebene hat in den USA und auch in Großbritannien schon eine längere Tradition. In der Bundesrepublik Deutschland ist sie ein von der universitären Forschung eher vernachlässigtes Gebiet. Möglicherweise liegt es an der schlechten Datenverfügbarkeit, daß bisher so wenig umfassende Studien für die Bundesrepu-

1) Für einen kurzen Überblick über die Faktorenanalyse siehe BACKHAUS u. a. (1989, S. 67 ff.). Ausführlicher ist die Faktorenanalyse erläutert in ÜBERLA (1971).

blik [1] durchgeführt wurden. Zwar werden von verschiedenen Forschungsinstituten [2] immer wieder Einzeluntersuchungen zu bestimmten Sektoren oder Technologien durchgeführt, diese beschränken sich aber oft auf den jeweils am besten verfügbaren Indikator, so daß eine Generalisierung oder Vergleich der Ergebnisse schwerfällt. Einzelne Arbeiten (TABBERT 1974, HORN 1976, MAJER 1978) greifen auf die im zweijährlichen Rhythmus veröffentlichten FuE-Daten des Stifterverbandes für die Deutsche Wissenschaft zurück. Diese liegen jedoch für den Wirtschaftssektor nur in hochaggregierter Form (12 Sektoren) vor, so daß Analysen auf Unternehmensebene nicht möglich sind. Allerdings sind spezielle Sonderauswertungen der FuE-Erhebungen des Stifterverbandes auf Anfrage erhältlich, sofern sie nicht mit der strengen Geheimhaltung vertraulicher Unternehmensinformationen kollidieren.

Unternehmensbezogene Untersuchungen auf der Basis von Patenten sind für die Bundesrepublik bis vor kurzem nicht durchgeführt worden, denn erst in jüngster Zeit sind solche Arbeiten durch die Verfügbarkeit von Online-Datenbanken in vertretbarem Zeitaufwand möglich geworden. Der Verfasserin ist lediglich eine einzige Arbeit, die sich mit der Erklärung der Patentaktivität deutscher Industrieunternehmen befaßt und sich auf die Zahl der Patentanmeldungen am Deutschen und Europäischen Patentamt stützt,[3] bekannt geworden, und zwar erst nach Abschluß der eigenen Untersuchung. Auch gab es bisher für die Bundesrepublik noch keine Zusammenführung der unterschiedlichen Abgrenzungssystematiken der Patent- und der Wirtschaftsstatistik. Erst im Jahr 1990 wurde in Zusammenarbeit des Deutschen Patentamtes und des Stifterverbandes eine entsprechende Konkordanzliste für die Internationale Patentklassifikation (IPC) und die Systematik der Wirtschaftszweige (WZ) veröffentlicht.[4] Die Messung und in einem zweiten Schritt die Erklärung der Innovationsaktivitäten der deutschen Industrie sind, was mikroökonomische und sektorale Analysen betrifft, immer noch ein relativ brachliegendes Forschungsgebiet mit einem erheblichen Defizit gegenüber der an-

---

1) Diese Arbeit wurde vor der Wiedervereinigung begonnen. Die analysierten Daten betreffen das Jahr 1987. Aussagen bezüglich der deutschen Industrie beziehen sich daher nur auf den westdeutschen Wirtschaftsraum.

2) Hier sind insbesondere die Arbeiten des Ifo-Instituts München, bezüglich ihres auf Unternehmensbefragungen beruhenden Innovationstests sowie die quantitativen, auf Patentdaten gestützten Analysen des Fraunhofer-Instituts für Systemtechnik und Innovationsforschung (ISI), Karlsruhe, hervorzuheben.

3) Siehe ZIMMERMANN u. SCHWALBACH (1991).

4) Siehe GREIF u. POTKOWIK (1990).

gelsächsischen Wirtschaftsforschung. Dies ist umso erstaunlicher, wenn man bedenkt, daß die Bundesrepublik Deutschland im Gegensatz zu den USA und zu Großbritannien über ein Bundesministerium für Forschung und Technologie verfügt, welches aktiv Forschungs- und Technologiepolitik betreibt und folglich ein ureigenes Interesse an systematischen Untersuchungen zur Innovationslandschaft Bundesrepublik Deutschland haben sollte.

1.2 Konzeption der Arbeit

1.2.1 Zielsetzungen

Die Innovationsforschung wurde durch das Interesse an den Ursachen des technischen Wandels in der SCHUMPETERschen Tradition wiederbelebt. Sie ist gekennzeichnet durch eine Kluft zwischen theoretischem Erklärungsanspruch und empirischer Wirklichkeit. Die theoretischen Modelle beruhen entweder auf neoklassischer Tradition, oder sie entspringen evolutionstheoretischem Gedankengut. Während die neoklassische Linie der Komplexität des Innovationsgeschehens und seiner Dynamik nicht genügend Rechnung trägt, ist die evolutionstheoretische Richtung offener für die Beobachtung qualitativer, in der Zeit ablaufender realer Phänomene. Dennoch kann auch sie keine aus der Theorie abgeleitete Vorschrift zur adäquaten statistischen Erfassung dieser Phänomene liefern. Das *erste Ziel* dieser Arbeit lautet daher:

1. *Darstellung der verschiedenen Theorien zur Innovationserklärung, die in der Nachfolge von SCHUMPETER entstanden sind, und ihre kritische Würdigung unter dem Gesichtspunkt der empirischen Relevanz.*

Oben wurde argumentiert, daß es sich bei der Messung von Innovationsphänomenen um einen eigenständigen Problemkomplex handelt, der daraus resultiert, daß Innovationsaktivität einerseits nicht unmittelbar beobachtbar ist und nur auf der Basis von Meßgrößen bzw. Indikatoren erfaßt werden kann und daß andererseits die amtliche Statistik zu diesen Meßgrößen nur ungenügend Datenmaterial zur Verfügung stellt. Daher heißt das *zweite Ziel*, das mit dieser Arbeit verfolgt wird:

2. *Darstellung der besonderen Fragestellungen und Probleme der empirischen Innovationsforschung in inhaltlicher und in methodischer Hinsicht.*

Daß die Wahl geeigneter Indikatoren ein Hauptproblem der empirischen Innovationsforschung ist und wie Untersuchungsergebnisse differieren können, wenn alternative Indikatoren verwendet werden, wird im *empirischen Teil* dieser Arbeit gezeigt. Als *dritte Zielsetzung* ergibt sich daher:

3. *Messung der sonst nicht direkt meßbaren Größe "Innovationsaktivität" mittels alternativer Indikatoren und Bildung eines Innovationsindexes auf faktorenanalytischer Basis. Als Nebenprodukt der Lösung dieser Aufgabe sollen die Zusammenhänge zwischen alternativen Innovationsindikatoren deutlich werden. Ein besonderes Interesse besteht hier an dem Verhältnis zwischen FuE-Inputindikatoren und dem Outputindikator Patentanmeldungen.*

Jedoch soll die Analyse bei der Messung der Innovationsaktivitäten nicht stehen bleiben. Denn wenn diese in befriedigender Weise gelungen ist, interessiert selbstverständlich, wie diese Größe von anderen Größen abhängt. Daher lautet das *vierte Ziel* dieser Arbeit:

4. *Messung verschiedener ökonomischer und technologischer Einflüsse auf die Innovationsaktivität unter dem Aspekt des SCHUMPETERschen Innovations-Wettbewerbs-Zusammenhangs bei Verwendung alternativer Innovations- und Unternehmensgrößenindikatoren.*

Neben den statistisch-methodischen und inhaltlichen Zielen steht als übergeordnetes Anliegen des empirischen Teils ein konkretes Interesse an der Beschreibung der industriellen Innovationslandschaft der Bundesrepublik im Vordergrund. In dieser Arbeit sollen alle derzeit öffentlich zugänglichen Datenquellen zur quantitativen Erfassung der Innovationsaktivitäten sowie die 1990 erstmals vorliegende Zusammenführung der internationalen Patentklassifikation (IPC) sowie der Systematik der Wirtschaftszweige[1)] ausgeschöpft werden. Dabei wird bewußt darauf verzichtet, Innovationsdaten auf der Grundlage spezieller Unternehmensbefragungen zu verwenden. Diese sind zwar unter Umständen im Einzelfall viel aussagekräftiger, sie haben aber den Nachteil, daß sie nicht regelmäßig, sondern nur nach Aufforderung und auf freiwilliger Basis anfallen. So werden erstmals die Angaben der Unternehmen zu ihrer FuE-Tätigkeit in ihren veröffentlichten Jahresabschlüssen systema-

1) Siehe GREIF u. POTKOWIK (1990).

tisch ausgewertet. Gemäß dem Bilanzrichtlinien-Gesetz vom 19. Dezember 1985 ergaben sich umfangreiche Änderungen in den Rechnungslegungsvorschriften der bundesdeutschen Kapitalgesellschaften, die erstmals für das 1987 beginnende Geschäftsjahr anzuwenden waren. Nach § 289, Abs. 2, Nr. 3, HGB müssen die Unternehmen einen Lagebericht anfertigen, in dem sie über den Bereich Forschung und Entwicklung berichten sollen.[1] Des weiteren werden in dieser Arbeit Patentanmeldungen deutscher Unternehmen am Deutschen und Europäischen Patentamt, die in der Datenbank des Deutschen Patentamtes PATDPA gespeichert sind, analysiert. Als *fünfte und letzte Zielsetzung* ergibt sich daher die Lösung der folgenden Aufgabe:

5. Detaillierte Darstellung des Innovationsgeschehens in der westdeutschen Industrie unter Ausschöpfung des derzeit zugänglichen Datenmaterials.

1.2.2 Aufbau der Arbeit

Die Arbeit gliedert sich in zwei Teile. Der *erste Teil*, welcher Kapitel 2 entspricht, ist *theoretisch* und *methodisch* orientiert. Hier werden gemäß den obengenannten Zielsetzungen 1 und 2 die in der SCHUMPETER-Nachfolge entstandenen Theorien zur Innovationserklärung sowie die besonderen Fragestellungen der empirischen Innovationsforschung diskutiert. In Abschnitt 2.1 werden zunächst verschiedene mikroökonomische Erklärungsansätze, angefangen vom ARROWschen Innovationsmodell bis hin zu den jüngeren interdependenten spieltheoretischen Innovations-Marktstruktur-Modellen, sowie verschiedene evolutionstheoretische Ansätze individualistischer und historisch-institutioneller Prägung auf ihre empirische Relevanz hin untersucht. In Abschnitt 2.2 werden dann die besonderen Fragestellungen der empirischen Innovationsforschung, und zwar in inhaltlicher und methodischer Hinsicht, aufgezeigt. Bei den inhaltlichen Fragestellungen liegt ein besonderes Interesse auf den Untersuchungen zu den Innovationsdeterminanten, bei den methodischen Fragestellungen ist das Indikatorenproblem von zentraler Bedeutung.

Im *zweiten Teil*, der in Kapitel 3 beinhaltet ist, werden die Ergebnisse einer *empirischen Untersuchung* der Innovationsaktivität der westdeutschen Indu-

1) Zu den veränderten Rechnungslegungsvorschriften vgl. HILKE (1991, S. 3 f. u. S. 28 f.).

strie präsentiert. Hier werden entsprechend den obigen Zielsetzungen 3 bis 5 zunächst Messungen für die Innovationsaktivität durchgeführt, und anschließend werden die Zusammenhänge mit anderen ökonomischen Größen analysiert. In Abschnitt 3.1 ist die Datenbasis erläutert, welche hauptsächlich auf Geschäftsberichten großer Kapitalgesellschaften, der Patentdatenbank PATDPA und der BMFT-Förderungs-Datenbank FORKAT beruht. Abschnitt 3.2 ist der Innovationsmessung mit Hilfe alternativer Innovationsindikatoren gewidmet. Neben der Präsentation der Ergebnisse für Unternehmen und Industriezweige werden auch die Beziehungen zwischen den verschiedenen Indikatoren untersucht. Schließlich werden mit Hilfe der faktorenanalytischen Methode Innovationsindizes für Branchen und Unternehmen aufgestellt Abschnitt 3.3 ist etwas vielversprechend mit dem Titel "Innovationserklärung" überschrieben. Tatsächlich können lediglich Zusammenhänge mit möglichen Einflußfaktoren aufgezeigt, denn eigentlich verlangt die Innovationserklärung ein simultanes Modell. Die dargestellten Beziehungen zwischen Innovationsgrößen und den Einflußfaktoren Unternehmensgröße, Technologie und Marktstruktur sind in dieser Arbeit bewußt einfach gehalten, um überhaupt Strukturen abbilden zu können, denn die aus der Theorie abgeleiteten simultanen Modelle sind in der Regel empirisch nicht mehr überprüfbar, sei es, weil sie auf stilisierten, unrealistischen Annahmen beruhen, weil sie nichtlinear sind oder weil für die theoretischen Variablen keine Beobachtungen vorliegen. Insgesamt wird in Kapitel 3 versucht, ein lebendiges Bild der westdeutschen innovierenden Industrie zu zeichnen. Dabei werden auch immer wieder Unternehmen namentlich erwähnt, um assoziativ qualitative Einschätzungen der Innovationsaktivitäten zu ermöglichen.

2. INNOVATIONSFORSCHUNG ZWISCHEN ÖKONOMISCHER THEORIE UND EMPIRIE

2.1 Theoretische Ansätze

2.1.1 Neoklassische mikroökonomische Innovationsmodelle

2.1.1.1 ARROWs Innovationsmodell

Einer der ersten neoklassischen Beiträge zur Erklärung des Innovationsgeschehens in Abhängigkeit von der Marktstruktur geht auf ARROW (1962) zurück. ARROW kommt zum Ergebnis, daß der vollkommene Wettbewerb gegenüber dem Monopol einen größeren Innovationsanreiz bietet. Damit scheint die SCHUMPETER-Hypothese, daß Marktmacht die Innovationsaktivität positiv beeinflußt, widerlegt zu sein. Das im folgenden vorgestellte Modell ist eine von KAMIEN und SCHWARTZ modifizierte Version des ARROW-Modells.[1)] Die Annahmen des Modells sind:

1. Bei der betrachteten Innovation handelt es sich um eine *Prozeßinnovation*, mit deren Hilfe die Stückkosten vom bisherigen Niveau c auf ein geringeres Niveau c^* gesenkt werden können.

2. Ein Erfinder verkauft seine Erfindung an einen bestimmten Industriezweig, d. h. er stellt das bestimmte Produkt nicht selbst mit Hilfe der neuen Technik her, andererseits erfindet die Herstellerindustrie nicht selbst eine neue Technik.

3. Der Erfinder ist Monopolist in bezug auf seine Erfindung, d. h. er hat keine Konkurrenten, die eine ähnliche Erfindung anbieten könnten.

4. Der Wiederverkauf der Erfindung durch den Käufer ist ausgeschlossen.

5. Der untersuchte Industriezweig besteht aus n identischen Unternehmen mit Stückkosten c, die sich entsprechend dem Cournot-Oligopolmodell in autonomer Weise verhalten.

6. Die gesamte Nachfrage Q ist durch eine lineare inverse Funktion des Preises P gemäß Gleichung (1) gekennzeichnet.

---

1) KAMIEN u. SCHWARTZ (1982, S. 37 ff.).

(1) $P(Q) = a - b\,Q \qquad a, b > 0$

Nach Gewinnmaximierung ergibt sich bei autonomer Strategie der Anbieter als umgesetzte Menge:

(2) $Q_0 = n\,(a - c)\,/\,(n + 1)\,b$

und als Marktpreis:

(3) $P_0 = (nc + a)\,/\,(n + 1)$

Welches Entgelt kann der Erfinder für seine Erfindung unter den obigen Voraussetzungen beanspruchen? Unter der Annahme, daß der bisherige Gesamtgewinn des Industriezweiges nicht angetastet wird, ist dies die Differenz zwischen dem hypothetischen Gewinn eines Monopolisten mit Stückkosten c^* und dem bisherigen Gewinn des Industriezweiges. Allerdings läßt sich der rechnerische Monopolgewinn G_m nur dann durchsetzen, wenn die Monopolmenge Q_m größer als die bisherige Gleichgewichtsmenge Q_0 und der Monopolpreis P_m entsprechend niedriger als der bisherige Gleichgewichtspreis P_0 ist. Ein höherer Monopolpreis als der bisherige Gleichgewichtspreis hätte sofort Konkurrenz durch die bisherigen Anbieter zur Folge.

(4) $G_m = Q_m\,(P_m - c^*)$

(5) $Q_m = (a - c^*)\,/\,2b$

(6) $P_m = (a + c^*)\,/\,2$

Somit sind zwei Fälle zu unterscheiden:

a) *Größere Innovationen*, die dazu führen, daß der Monopolpreis P_m unter dem bisherigen Marktpreis P_0 liegt, und

b) *kleinere Innovationen*, die theoretisch einen höheren Monopolpreis als den bisherigen Marktpreis zur Folge hätten.

Im Falle der *größeren Innovationen* kommt nach Einführung der neuen Technik der Monopolpreis als Postinnovationspreis P^* bzw. die Monopolmenge als Postinnovationsmenge Q^* zustande.

(7) $P^* = P_m = (a + c^*) / 2$

(8) $Q^* = Q_m = (a - c^*) / 2b$

Im Falle der *kleineren Innovationen* können der höhere rechnerische Monopolpreis bzw. die geringere Monopolmenge nicht durchgesetzt werden. Ein Monopolist kann als Postinnovationspreis P^* bzw. -menge Q^* höchstens den bisherigen Gleichgewichtspreis P_0 bzw. -menge Q_0 erzielen.

(9) $P^* = P_0 = (nc + a) / (n + 1)$

(10) $Q^* = Q_0 = n\,(a - c) / (n + 1)\,b$

Der Erfinder kann also in jedem Fall folgendes Entgelt R für seine Erfindung verlangen:

(11) $R = (P(Q^*) - c^*)\,Q^* - (P(Q_0) - c)\,Q_0$

Dieses ist im Falle einer *kleineren Erfindung*:

(12) $R = Q_0\,(c - c^*)$

Durch Erhebung einer Stücklizenzgebühr r in Höhe der Stückkostendifferenz $(c - c^*)$ kann er sein Erfinderentgelt am besten realisieren. Da Q_0 unter sonst gleichen Bedingungen für $n \rightarrow \infty$ am größten und für $n = 1$ am kleinsten ist (s. Gleichung (2)), kann er mit zunehmender Zahl der Marktteilnehmer ein jeweils höheres Entgelt erreichen. Auch ist offensichtlich, daß er bei einem größeren Markt, d. h. bei einer Verschiebung der Nachfragekurve nach rechts - die Konstante a wird größer -, höhere Lizenzeinnahmen verbuchen kann.

Im Falle einer *größeren Erfindung* ist sein Entgelt nach Substitution von (7) und (8) in (11):

(13) $R = (a - c^*)^2 / 4b - n (a - c)^2 / b (n + 1)^2$

Dieses kann er jedoch nicht allein durch Erhebung einer Stücklizenz erzielen, denn er möchte ja die bisherigen Hersteller veranlassen, ihre Produktion auf die Monopolmenge Q_m auszudehnen. Daher ist es sinnvoll, das Erfinderentgelt R in eine Stücklizenzgebühr r und in eine Pauschallizenzgebühr F entsprechend Gleichungen (14), (15) und (16) aufzuteilen.

(14) $R = Q^*r + n F$

(15) $r = (n - 1) (a - c^*) / 2n$

(16) $F = (a - c^*)^2 / 4bn^2 - (a - c)^2 / b (n + 1)^2$

Es ist leicht nachzuvollziehen, daß sich nach Substitution von (15) und (16) in (14) der obige Ausdruck (13) für das Erfinderentgelt ergibt. Aus Gleichung (13) kann man sehen, daß sich auch im Falle einer größeren Erfindung mit zunehmender Marktteilnehmerzahl n der Innovationsanreiz in Form des Erfinderentgeltes erhöht. Ebenso steigt der Anreiz mit zunehmender Größe des Marktes $(dR/da > 0)$.

Neben dem Zusammenhang zwischen Marktstruktur, Größe des Marktes und Erfindungsanreiz läßt sich im Falle der *größeren Erfindung* ein Auseinanderfallen zwischen privatem und sozialem Wert der Erfindung ableiten. Da die größere Erfindung mit einem Preisrückgang und einem Mengenanstieg verbunden ist, muß dem sozialen Wert der Erfindung neben dem privaten Entgelt des Erfinders auch die Zunahme der Konsumentenrente zugerechnet werden. Der gesellschaftliche Wert einer solchen Erfindung liegt demnach höher als ihr privater, ein Zusammenhang, der oft für die Rechtfertigung staatlicher Forschungs- und Erfindungsaktivität herangezogen wird.

Mit Hilfe des ARROWschen Ansatzes lassen sich die Zusammenhänge zwischen Marktstruktur und Innovationsanreiz formal sehr elegant darstellen. Allerdings gelten diese nur unter den eingangs genannten sehr restriktiven Bedingungen. Von einer Widerlegung der SCHUMPETER-Hypothese kann also nicht die Rede sein, denn bei SCHUMPETER ging es ja um den risikoreichen Wettbewerb eines Industriezweiges durch eigene Innovationen und nicht um den Kauf einer bestehenden Erfindung durch einen in bestimmter Weise strukturierten Industriezweig. Aber gerade der Wettbewerb durch Innovationen, also auch in Form neuer Produkte oder neuer Qualitäten, werden durch das ARROW-Modell nicht erfaßt. Dieses beschränkt sich in neoklassischer Tradition auf die Wettbewerbsparameter Mengen und Preise. Dagegen sind die neueren neoklassischen Erklärungsmodelle bemüht, den Wettbewerb durch Innovationen, zumindest über den Wettbewerbsparameter FuE-Kosten, besser zu berücksichtigen. Moderne neoklassische Ansätze zur Erklärung des Innovationsgeschehens sind der *entscheidungstheoretische* und der *spieltheoretische Ansatz*. Diese modellieren das Innovationsverhalten auch insofern realistischer als das ARROW-Modell, als sie für das Innovationsgeschehen typische Phänomene wie Unsicherheit, Dynamik, Externalitäten und Nicht-Konvexitäten berücksichtigen. In den zwei folgenden Abschnitten sind diese neueren mikroökonomischen Innovationsmodelle dargestellt.

2.1.1.2 KAMIENs und SCHWARTZ' entscheidungstheoretisches Innovationsmodell

Beim *entscheidungstheoretischen Ansatz* geht es um die *Optimierung der Entwicklungsdauer einer Innovation* durch das innovierende Unternehmen, wobei bestimmte Größen, wie z. B. die Belohnung für die Innovation bzw. Imitation oder die Entwicklungskostenfunktion und die Wettbewerbsintensität, als exogen angenommen werden. Wichtige Vertreter dieses Ansatzes sind z. B. KAMIEN und SCHWARTZ (1982). Wesentlich beim entscheidungstheoretischen Ansatz ist die Annahme, daß das optimierende Unternehmen davon ausgeht, daß sein *eigenes FuE-Ausgabeverhalten keinen Einfluß auf das seiner Konkurrenten* hat. Im Gegensatz dazu problematisiert der spieltheoretische Ansatz die gegenseitige Abhängigkeit der FuE-Entscheidungen der Unternehmen. Das im folgenden skizzierte entscheidungstheoretische Modell [1)] basiert auf folgenden Annahmen:

1. Ein Unternehmen verkauft ein Produkt, mit dem es einen Gewinnstrom r_0 erzielt. Dieser wächst oder schrumpft aufgrund der Marktdynamik mit einer konstanten Rate g, so daß der Gewinnstrom im Zeitpunkt t $e^{gt}r_0$ ist.

---

1) Siehe KAMIEN u. SCHWARTZ (1982, S. 112 ff.).

2. Das Unternehmen entwickelt ein neues Gut, das das alte ersetzt. Für dieses Gut erzielt es nach der Markteinführung zum Zeitpunkt T einen Gewinnstrom p_0, der sich ebenfalls mit einer Rate g entwickelt, solange das Unternehmen alleine mit dem neuen Gut auf dem Markt ist.

3. Wird das Produkt von einem anderen Unternehmen imitiert und zum Zeitpunkt v $(v > T)$ auf den Markt gebracht, ändert sich der Gewinnstrom. Sein kapitalisierter Wert ist zum Zeitpunkt der Imitation $e^{gv}P_1(v\text{-}T)$, wobei $P_1(v\text{-}T)$ bedeutet, daß P_1 eine Funktion des Imitationslags $(v\text{-}T)$ ist. Typischerweise ist P_1 umso größer, je größer der Imitationslag ist.

4. Falls ein Konkurrent eher ein neues Produkt am Markt einführt $(v < T)$, fällt der Gewinnstrom des Unternehmens von $e^{gt}r_0$ auf $e^{gt}r_1$ $(r_0 \geq r_1)$, solange bis es mit einem eigenen neuen Produkt zum Zeitpunkt T folgen kann.

5. Zum Zeitpunkt der Imitation durch das betrachtete Unternehmen ändert sich wieder der Gewinnstrom. Sein kapitalisierter Wert zum Zeitpunkt T ist $e^{gT}P_2(T\text{-}v)$, wobei P_2 eine Funktion des Nachfolgelags $(T\text{-}v)$ ist. Es ist anzunehmen, daß P_2 umso kleiner ist, je größer der Nachfolgelag ist. Die verschiedenen Ertragssituationen in Abhängigkeit der Innovations- bzw. Imitationszeitpunkte zeigt Abbildung 2.1-1.

Gewinne bei Innovation:

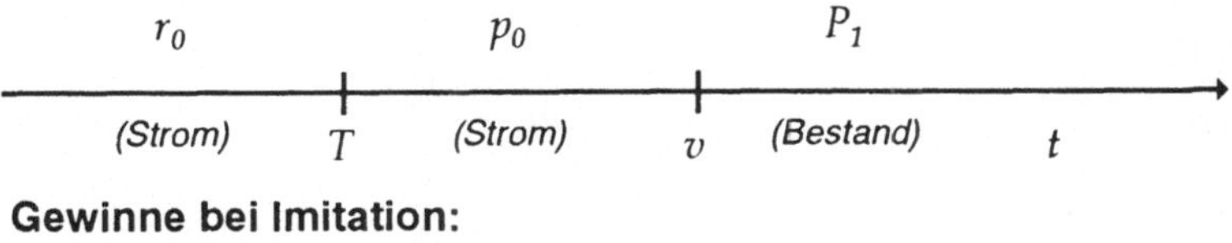

Gewinne bei Imitation:

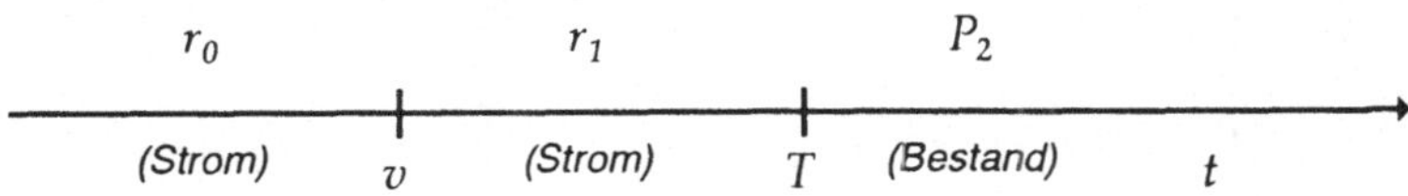

Abbildung 2.1-1: Gewinnsituationen in KAMIENs und SCHWARTZ' Innovationsmodell (Quelle: ebenda 1982, S. 113)

6. Das Unternehmen ist innovativer Konkurrenz ausgesetzt, die sich jedoch nicht konkret als eine bestimmte Anzahl konkurrierender Unternehmen

identifizieren läßt. Der verspürte Wettbewerbsdruck wird durch eine subjektive Wahrscheinlichkeitsfunktion für das Markteinführungsdatum eines Konkurrenzproduktes abgebildet. Dabei ist $F(t)$ die entsprechende Verteilungsfunktion, die angibt, mit welcher Wahrscheinlichkeit nach subjektiver Einschätzung des Unternehmens bis zum Zeitpunkt t eine konkurrierende Innovation am Markt aufgetaucht sein wird. Über die unmittelbare Höhe der Innovationserfolge p_0, P_1, P_2, die sich aus der Allokation entsprechender FuE-Mittel ergeben, besteht keine Unsicherheit.

7. Der Gegenwartswert der Entwicklungskosten $C(T)$ zum Zeitpunkt $(t = 0)$ ist eine mit zunehmender Rate abnehmende Funktion des Zeitpunktes der Fertigstellung bzw. Markteinführung T. Somit gilt $C(T) > 0$, $C'(T) < 0$, $C''(T) > 0$. Die Entwicklungskosten gelten als irreversibel, d. h. sie ändern sich auch dann nicht, wenn die Konkurrenz zuerst am Markt ist.

Das Unternehmen maximiert seinen erwarteten abdiskontierten Gewinn aus dem neuen Produkt, indem es die optimale Entwicklungszeit T^* wählt. Der erwartete Gewinn $V(T)$ aus der Innovation ergibt sich gemäß Gleichung (17) aus der Differenz zwischen dem erwarteten abdiskontierten Bruttogewinn $W(T)$ und den Entwicklungskosten $C(T)$.

$$(17) \quad V(T) = W(T) - C(T)$$

Dabei ist $W(T)$:

$$(18) \quad \begin{aligned} W(T) &= \int_0^T e^{-(i-g)t} (r_0 (1 - F(t)) + r_1 F(t)) \, dt \\ &+ \int_T^\infty e^{-(i-g)t} (p_0 (1 - F(t)) + P_1(t-T) F'(t)) \, dt \\ &+ \int_0^T e^{-(i-g)T} P_2(T-t) F'(t) \, dt \end{aligned}$$

Gleichung (18) besagt, daß das Unternehmen einen Gewinnstrom $e^{gt} r_0$ erhält, solange es noch nicht innoviert hat und kein Konkurrent mit einem neuen Produkt am Markt ist (Wahrscheinlichkeit $1 - F(t)$). Falls ein Konkurrent vor ihm am Markt ist (Wahrscheinlichkeit $F(t)$) erzielt es einen Gewinnstrom $e^{gt} r_1$. Kommt das Unternehmen zum Zeitpunkt T mit einem neuen Produkt auf den Markt, ist der Gewinnstrom $e^{gt} p_0$, solange es damit ein Monopol besitzt

(Wahrscheinlichkeit $1 - F(t)$). Kommt es zur Imitation durch ein anderes Unternehmen (Dichtefunktion $F'(t)$, $t > T$), erzielt das Unternehmen einen veränderten Gewinnstrom, dessen kapitalisierter Wert $e^{gt} P_1(t-T)$ ist.

Aus der subjektiven Verteilungsfunktion $F(t)$, die den verspürten Wettbewerbsdruck abbildet, läßt sich die Wagnisrate $H(t)$ ableiten, welche die Dichtefunktion dafür ist, daß ein Konkurrent zum Zeitpunkt t mit dem neuen Produkt auf den Markt kommt, unter der Bedingung, daß dies bis zum Zeitpunkt t noch nicht der Fall war.

(19) $H(t) = F'(t) / (1 - F(t))$

Die Wagnisrate wiederum läßt sich als Produkt eines Wagnisparameters h und einer Wagnisfunktion $u(t)$ darstellen:

(20) $H(t) = h\, u(t)$

Eine Zunahme des Wagnisparameters h führt zu einer proportionalen Zunahme der Wagnisrate. Über die Funktion $u(t)$ müssen spezielle Annahmen getroffen werden, z. B. daß sie eine nicht abnehmende Funktion der Zeit t ist. Es läßt sich zeigen, daß sowohl $F(t)$ als auch $F'(t)$ den Wagnisparameter h enthalten:

(21) $F(t) = 1 - e^{-hv(t)}$ mit $v(t) = \int_0^t u(s)\, ds$

(22) $F'(t) = h\, u(t)\, e^{-hv(t)}$

Somit lassen sich aus der Gewinnmaximierungsbedingung $dV(T)/dT = 0$ nicht nur Aussagen über den Einfluß der Gewinngrößen r_0, r_1, P_0, P_1 und P_2 auf die optimale Innovationsdauer T^* ableiten, sondern auch darüber, wie sich der Wettbewerbsdruck, abgebildet durch den Wagnisparameter h, darauf auswirkt. Allerdings ist es auch möglich, daß die optimale Innovationszeit T^* gegen ∞ geht, so daß es die optimale Lösung für das Unternehmen ist, nicht zu innovieren. Im Falle einer endlichen optimalen Innovationszeit kann man zeigen, daß $dT^*/dr_0 > 0$, $dT^*/dr_1 > 0$, $dT^*/d(r_0-r_1) < 0$, $dT^*/dP_0 < 0$ und $dT^*/dP_1 < 0$.

Offensichtlich wirken hohe Innovationsgewinne P_0 und P_1 als Anreize für ein schnelleres Innovationstempo. Dagegen bremsen hohe Gewinne für das bisherige Produkt r_0 und r_1 die Einführung des neuen Produktes, indem sie den Entwicklungszeitraum verlängern. Die Differenz zwischen r_0 und r_1 ist der drohende Verlust durch ein Vorpreschen der Konkurrenz mit einem neuen Produkt. Je größer dieser Verlust $(r_0 - r_1)$ ist, desto kürzer wird die Entwicklungszeit für das neue Produkt gewählt. KAMIEN und SCHWARTZ bezeichnen den Anreiz durch die Innovationsgewinne P_0 und P_1 als die "Karotte" und die Bedrohung durch den Verlust $(r_0 - r_1)$ als den "Stock".[1)] Der Einfluß des Gewinns P_2, der dem Unternehmen als Imitationsgewinn zufällt, auf das Innovationstempo ist nicht eindeutig.

Eine in bezug auf die SCHUMPETER-Hypothese besonders interessierende Frage ist, wie sich die Stärke des Wettbewerbsdrucks auf das Innovationstempo auswirkt. Unter der Annahme, daß P_1 und P_2 unabhängig vom Innovations- bzw. Nachfolgelag sind $(P_1' = P_2' = 0)$ und daß es sich eher lohnt, einen Nachfolger zu haben, als Nachfolger zu sein $(P_1 > P_2)$, ergeben sich zwei mögliche Fälle:

1. Die Entwicklungszeit verlängert sich, je größer der Wettbewerbsdruck ist. Die höchste Innovationsaktivität, d. h. die kürzeste Entwicklungszeit ergibt sich dann im Falle der Konkurrenzlosigkeit $(h = 0)$.

2. Die Entwicklungszeit nimmt mit zunehmender Konkurrenz bis zu einem bestimmten Punkt h^* ab, d. h. die Innovationsaktivität steigt, und nimmt dann mit weiter steigender Konkurrenz wieder zu, d. h. die Innovationsaktivität sinkt. Das bedeutet, daß das Maximum an Innovationsaktivität bei einer Wettbewerbsintensität h^* auftritt, die zwischen Monopol $(h = 0)$ und Polypol $(h \rightarrow \infty)$ liegt.

Die obige Analyse wird von KAMIEN und SCHWARTZ noch weiter verfeinert, z. B. wird eine Änderung der Verteilungsfunktion für das Auftreten einer Konkurrenzinnovation ab dem Zeitpunkt T, an dem das eigene neue Produkt eingeführt wird, oder es wird aktive Preispolitik des Unternehmens angenommen. Von der Preisgestaltung hängt nicht nur der Postinnovationsgewinn, sondern auch der Wettbewerbsdruck durch die Konkurrenz ab. Im wesentli-

---

1) Siehe KAMIEN u. SCHWARTZ (1982, S. 118).

chen ergeben sich auch nach den Modifikationen wieder die Implikationen des Grundmodells. Des weiteren spielt es für die optimale Entwicklungszeit eine Rolle, ob die FuE-Kosten unwiderruflich entstehen, oder ob sie z. B. gestoppt, vermindert oder sogar erhöht werden, sobald die Konkurrenz eher mit dem neuen Produkt am Markt ist. Dabei sind die Voraussetzungen dafür, daß überhaupt eine Innovation durchgeführt wird *(T^* = endlich)*, bei flexiblem FuE-Aufwand einfacher zu erfüllen als bei vertraglich festgelegtem.

Ebenso ist die Art der Finanzierung des FuE-Aufwandes von Bedeutung. In der Regel kann man davon ausgehen, daß der FuE-Aufwand selbstfinanziert ist, da das Risiko für diese Investition für den Kreditgeber mangels dinglicher Sicherheiten ungewöhnlich hoch ist. Außerdem unterliegen Forschung und Entwicklung vielfach der Geheimhaltung, die im Falle externer Finanzierung erschwert wäre. Ob sich die Selbstfinanzierungsbedingung als restriktiv erweist, hängt von verschiedenen Faktoren ab, z. B. ob ein positives Anfangskapital vorliegt oder wie das Verhältnis von bisheriger Gewinnsituation zur Postinnovations-Gewinnsituation ist. Sind die bisherigen Gewinne im Verhältnis zu den erwarteten Postinnovationsgewinnen relativ hoch, d. h. nur unwesentlich niedriger, so ist mit einer langen Entwicklungsdauer zu rechnen, die wiederum ein Einhalten der Selbstfinanzierungsbedingung erleichtert. Gemäß KAMIEN und SCHWARTZ ist diese Konstellation in der Realität sehr häufig anzutreffen.[1)] Wirkt sich die Selbstfinanzierungsbedingung dagegen restriktiv aus, verzögert sich die Entwicklungsdauer gegenüber einer unbegrenzten Finanzierungsmöglichkeit, etwa über den Kapitalmarkt.

Das Modell von KAMIEN und SCHWARTZ zeigt auf, wie das Entscheidungskalkül eines im Innovationswettbewerb stehenden Unternehmens aussehen müßte, wenn es als risikoneutrales Unternehmen seinen erwarteten Gewinn maximiert. Dabei läßt sich ableiten, wie einzelne Bedingungen, wie z. B. der verspürte Wettbewerbsdruck, das Ertragsgefälle zwischen den verschiedenen Konkurrenzsituationen im Innovationswettbewerb[2)] und Finanzierungs- und Kostensituationen, sich auf die durchschnittliche Innovationsdauer und auf die Höhe des FuE-Aufwandes auswirken. Der entscheidungstheoretische Ansatz ist eine Vorstufe des spieltheoretischen Ansatzes, indem er das einzelwirtschaftliche Entscheidungskalkül aufzeigt, das auch Bestandteil

---

1) KAMIEN u. SCHWARTZ (1982, S. 133)
2) Siehe hierzu Abbildung 2.1-1, S. 25.

des spieltheoretischen Ansatzes ist. Allerdings fehlt im entscheidungstheoretischen Ansatz die Darstellung der Interdependenz der FuE-Entscheidungen innerhalb einer Industrie, und infolgedessen kann auch keine Aussage über ein mögliches Industriegleichgewicht getroffen werden. Dies ist aber gerade die Intention des im nächsten Abschnitt vorgestellten spieltheoretischen Ansatzes.

2.1.1.3 Spieltheoretische Innovationsmodelle

Charakteristisch für den *spieltheoretischen Ansatz* ist die Berücksichtigung der *gegenseitigen Abhängigkeit der FuE-Entscheidungen* der Unternehmen. Eine der ersten Arbeiten hierzu stammt von SCHERER (1967a), in dessen Modell die Marktteilnehmer den Wettbewerbsparameter Entwicklungsdauer unter Berücksichtigung der Reaktionen ihrer Mitkonkurrenten optimieren. Unter der Annahme von Cournot-Verhalten ergibt sich bei einer Verallgemeinerung des ursprünglichen Dyopolmodells eine Verkürzung der optimalen Entwicklungszeit bei Erhöhung der Zahl der Marktteilnehmer. Allerdings ist es durchaus möglich, daß in Fällen einer sehr großen Zahl von Marktteilnehmern die Restriktion eines nicht-negativen Gewinns verletzt würde, so daß die Neu- bzw. Weiterentwicklung unterbleibt. SCHERER berücksichtigt nicht die technische Unsicherheit hinsichtlich der Fertigstellung der Erfindung im angestrebten Entwicklungszeitraum, auch bleibt die Marktstruktur eine exogene Größe. Der spieltheoretische Ansatz mit endogener Marktstruktur und stochastischer Entwicklungskostenfunktion wurde insbesondere von LOURY (1979), LEE und WILDE (1980), DASGUPTA und STIGLITZ (1980b) und REINGANUM (1981, 1982) ausgearbeitet. Eine endogene Marktstruktur findet sich allerdings auch in einem deterministischen, statischen Modell des Innovations-Wettbewerbs-Zusammenhanges von LEVIN und REISS (1988), das diese, angeregt von den Arbeiten von DASGUPTA und STIGLITZ (1980a), als Ausgangspunkt einer empirischen Untersuchung wählten.

Im folgenden sollen kurz die Grundprinzipien der neueren spieltheoretischen Ansätze anhand des DASGUPTA-STIGLITZ-Modells (1980b) erläutert werden.[1] Eine ausführliche Darstellung des spieltheoretischen Ansatzes und seiner Modifikationen, die insbesondere die Entwicklungskostenfunktion betreffen, würde hier vom analytisch-formalen Aufwand her zu weit führen,

---

1) Vgl. hierzu auch KAMIEN u. SCHWARTZ (1982, S. 176 ff.).

zumal der Schwerpunkt dieser Arbeit stärker auf den Besonderheiten der empirischen Innovationsforschung liegt. Während der innovative Wettbewerb im entscheidungstheoretischen Modell von KAMIEN und SCHWARTZ (1982) in Form einer subjektiven Verteilungsfunktion für das Auftreten einer Konkurrenzinnovation ohne eine explizite Darstellung der Marktstruktur in Erscheinung tritt, ist bei den modernen spieltheoretischen Ansätzen die Zahl der Marktteilnehmer eine wichtige Variable. Sie findet durch die Annahme technischer Unsicherheit bezüglich des Erfolges der Entwicklung Eingang in das spieltheoretische Modell. Da diesem technischen Risiko jeder der n Marktteilnehmer ausgesetzt ist, beeinflußt die Zahl der Marktteilnehmer selbstverständlich auch die Wahrscheinlichkeit dafür, daß es irgendeinem der Konkurrenten gelingt, die Entwicklung als erster erfolgreich zu vollenden.

Die Annahmen des spieltheoretischen DASGUPTA-STIGLITZ-Modells (1980b) sind:

1. Der Gewinner des Innovationswettlaufes erhält als einziger eine Innovationsprämie, z. B. in Form eines Patents. Imitationsgewinne sind ausgeschlossen, der Verlierer erhält nichts. Dabei ist P der erwartete kapitalisierte Wert einer Innovation für den Fall, daß das Unternehmen den Wettlauf gewinnt.

2. Jeder Teilnehmer betrachtet die FuE-Ausgaben der übrigen Marktteilnehmer als gegeben und als unabhängig von seinen eigenen FuE-Entscheidungen (Cournot-Modell).

3. Jedes Unternehmen investiert einmalig im Zeitpunkt $t = 0$ einen gewissen FuE-Betrag X für ein einziges FuE-Projekt.

4. Jedes Unternehmen wählt denjenigen FuE-Aufwand X, der seinen erwarteten Bruttogewinn minus FuE-Aufwand maximiert.

5. Jedes Unternehmen ist technischer Unsicherheit über das Gelingen seines FuE-Projektes in Form einer Verteilungsfunktion $F(t; x_i)$ ausgesetzt. Die Wahrscheinlichkeit dafür, daß das Projekt vor oder im Zeitpunkt t erfolgreich abgeschlossen wird, hängt vom investierten FuE-Betrag x_i ab. Dabei erfordert eine frühere erwartete Entwicklungszeit eine höhere Inve-

stition x_i als eine spätere. DASGUPTA und STIGLITZ legen eine Poisson-Verteilung $F(t;\ x_i) = 1 - e^{-h(x_i)t}$ zugrunde. Für $h(x_i)$ werden zuerst zunehmende, dann abnehmende Skalenerträge angenommen.

6. Unter der Annahme, daß alle Unternehmen identisch sind und daß ihre FuE-Projekte statistisch unabhängig voneinander sind, ergibt sich die Wahrscheinlichkeit dafür, daß keiner der Konkurrenten bis zum Zeitpunkt t erfolgreich war, als $[1 - F(t;\ x)]^{n-1}$. Die Wahrscheinlichkeit, daß irgendeiner der Konkurrenten bis zum Zeitpunkt t Erfolg hatte, ist dann $1 - [1 - F(t;\ x)]^{n-1}$. Der verspürte Konkurrenzdruck hängt also einerseits von der Größe der FuE-Projekte x und andererseits von der Zahl der Konkurrenten n ab.

7. Es gibt freien Marktzutritt, der solange erfolgt, bis der erwartete Nettogewinn für alle Markteilnehmer Null ist. Damit wird die Marktstruktur endogen bestimmt.

Ähnlich wie beim entscheidungstheoretischen Ansatz maximiert jedes Unternehmen seinen erwarteten Gewinn, der sich bei Annahme einer Poisson-Verteilung als

$$(23) \quad B_i = P \int_0^{\infty} h(x_i)\ exp\ \{-it - \sum_{j=1}^{n} h(x_j)\ t\}\ dt - x_i$$

ergibt.[1] Aufgrund der Maximierungsbedingung $dB_i/dx_i = 0$ $(d^2B_i/dx_i^2 < 0)$, der Cournot-Reaktionshypothese und der Nullgewinnbedingung $B_j = 0,\ (j = 1,...,n)$ werden der investierte FuE-Betrag x und die Zahl der Markteilnehmer n simultan bestimmt. Es kann im Fall der Poissonverteilung anhand der individuellen Gewinnmaximierungsbedingung gezeigt werden, daß c. p. die FuE-Ausgaben eines Unternehmens als Reaktion auf eine Zunahme der Markteilnehmer abnehmen. Andererseits sind sowohl die Marktstruktur als auch der FuE-Umfang simultan bestimmt, so daß nicht in jedem Fall eine Zunahme der Zahl der Marktteilnehmer eine Abnahme der FuE-Investitionen erwarten lassen würde. Beispielsweise würde eine Erhöhung der Gewinnaussichten P sowohl zu einer Zunahme der FuE-Investitionen als auch zu einer Zunahme der Zahl der Marktteilnehmer führen.

---

1) Vgl. DASGUPTA u. STIGLITZ (1980b, S. 17).

Während DASGUPTA und STIGLITZ insbesondere die wohlfahrtstheoretischen Implikationen ihres Modells herausstellen, also welche Marktstruktur führt zu einem gesellschaftlich optimalen Volumen an FuE bzw. inwieweit weicht das FuE-Volumen vom gesellschaftlichen Optimum ab, interessiert im Hinblick auf das empirische Modell vor allem die Beziehung zwischen FuE-Aufwendungen und Marktstruktur sowie deren Bestimmungsgrößen. Da die Lösung des DASGUPTA-STIGLITZ-Modells analytisch sehr aufwendig ist - ganz abgesehen von der Erweiterung der Entwicklungskostenfunktion durch LEE und WILDE (1980) und der dynamischen Strategienformulierung durch REINGANUM (1981, 1982) -, soll hier ein sehr einfaches, deterministisches spieltheoretisches Modell vorgestellt werden, das Grundlage einer empirischen Untersuchung des Innovations-Wettbewerbs-Zusammenhanges in der amerikanischen Industrie von LEVIN und REISS (1988) war. Die LEVIN-REISS-Studie ist eine Erweiterung einer früheren Untersuchung [1)] derselben Autoren. Sie basiert auf einem deterministischen Grundmodell von DASGUPTA und STIGLITZ (1980a). In Ergänzung zum DASGUPTA-STIGLITZ-Ansatz schließt das Modell auch die Auswirkungen industrieweiter FuE auf die individuelle Gewinnfunktion der einzelnen Unternehmen mit ein. Außerdem wird gegenüber dem eigenen früheren Modell neben der *Prozeßinnovation* auch die nachfragevergrößernde Wirkung von *produktbezogener FuE* miteinbezogen. Das Modell soll im folgenden nur kurz skizziert werden.

Der betrachtete Industriezweig ist durch Annahme eines heterogenen Polypols, Cournot-Reaktionshypothese und Symmetrieannahme gekennzeichnet. Die für das jeweilige Unternehmen i geltende Nachfragefunktion (24) hängt von der angebotenen Menge q_i, dem Gesamtangebot Q, dem produktbezogenen FuE-Aufwand des Unternehmens i y_i und der dem Unternehmen i zugänglichen industrieweiten neuen Produkttechnologie Y_i ab.

(24) $P_i = P_i(q_i, Q, y_i, Y_i) = P(Q)\, G_i(y_i, Y_i),$

wobei $Q = \sum_{j=1}^{N} G_j q_j$

einen Produktionsindex darstellt, dessen Gewichte G_j $(j = 1,...,N)$ für die Attraktivität der jeweiligen Produkte der einzelnen Unternehmen stehen. Vom industrieweiten FuE-Aufkommen profitiert das Unternehmen i unmittelbar

1) LEVIN u. REISS (1984)

durch seine eigene FuE y_i und partiell (Gewichtungsfaktor ω_y) aus der Summe der FuE-Aufwendungen der anderen Unternehmen des Industriezweiges, insgesamt gemäß Gleichung (25) im Umfang Y_i. Der Parameter ω_y ist ein Maß dafür, in welchem Umfang Spillover-Effekte in einem Industriezweig möglich sind. Er kann von Branche zu Branche unterschiedliche Werte annahmen, je nach Möglichkeiten des Patentschutzes oder der Geheimhaltung.

(25) $Y_i = y_i + \omega_y \sum_{j \neq i}^{N} y_j$

Analog ergibt sich die Produktionskostenfunktion (26) als Funktion des eigenen verfahrensbezogenen FuE-Aufwands x_i und des für die Unternehmung i nutzbaren industrieweiten Technologiepools X_i.

(26) $C_i = C_i(x_i, X_i)\, q_i - f_i,$

wobei f_i fixe Kosten sind und

(27) $X_i = x_i + \omega_x \sum_{j \neq i}^{N} x_j$

Das Industriegleichgewicht ergibt sich nun aus der Gewinnmaximierung (28) in bezug auf die Entscheidungsvariablen x_i, y_i und q_i und aus der Marktzutrittsgleichung (29), nach der Marktzutritt solange erfolgt, bis der Gesamtgewinn für alle Unternehmen Null ist.

(28) $\max_{\{q_i,\, x_i,\, y_i\}} \; (P_i(q_i, Q, y_i, Y_i) - C_i(x_i, X_i))\, q_i - x_i - y_i - f_i$

(29) $[P - C]\, q = x + y + f$

Aus den Maximierungsbedingungen und der Nullgewinnbedingung läßt sich ein System von drei nichtlinearen Strukturgleichungen, jeweils eine für die Industriekonzentration (30), für produktbezogene FuE-Intensität (31) und für verfahrensbezogene FuE-Intensität (32) herleiten.

(30) $H = 1/N = \varepsilon\, (R + D + F)$

(31) $D = \alpha_y [1 - H/\varepsilon] + \gamma_y / (1 + \omega_y (N-1)) [1 - H/\varepsilon]$ [1)]

(32) $R / [1 - (R + D + F)] = \alpha_x + \gamma_x / [1 + \omega_x (N-1)]$

Es bedeuten:

H = $1/N$ = Herfindahlindex für die Industriekonzentration,

D = produktbezogene FuE-Intensität, d. h. produktbezogene FuE im Verhältnis zum Umsatz,

R = verfahrensbezogene FuE-Intensität, d. h. verfahrensbezogene FuE im Verhältnis zum Umsatz,

F = Fixkosten-Intensität, d. h. Fixkosten im Verhältnis zum Umsatz,

ε = Preiselastizität der Nachfrage,

α_y = Elastizität der Attraktivität G_i eines Produktes in bezug auf eigene produktbezogene FuE unter der Annahme, daß keine Spillover-Effekte wirksam sind,

γ_y = Elastizität der Attraktivität eines Produktes in bezug auf den nutzbaren industrieweiten produktbezogenen Technologiepool,

α_x = Stückkostenelastizität in bezug auf eigene verfahrensbezogene FuE unter der Annahme, daß keine Spillover-Effekte wirksam sind,

γ_x = Stückkostenelastizität in bezug auf den nutzbaren industrieweiten verfahrensbezogenen Technologiepool.

Im Vergleich zu den Spillover-Maßen ω_x und ω_y, die den Umfang des unbeabsichtigten Technologietransfers messen, sind die Maße γ_x und γ_y Ausdruck der Produktivität des FuE-Spillovers. Der Parameter γ_y kann auch negative Werte annehmen, z. B. wenn industrieweite FuE die Attraktivität des eigenen Produktes schmälert. Die Elastizitäten α_x und α_y sind Maße für FuE-Chancen. Sie geben an, wie sehr sich die Kostenfunktion bzw. die Nachfragefunktion durch FuE vorteilhaft beeinflussen lassen.

Wie bereits im vorherigen anhand des stochastischen und dynamischen DASGUPTA-STIGLITZ-Modells (1980b) deutlich wurde, sind auch im LEVIN-REISS-Modell die Marktstruktur, symbolisiert durch H bzw. N, und die jeweilige FuE-Intensitäten R und D simultan bestimmt. Gleichung (30) weist bei

1) Gleichung (31) weicht im zweiten Summanden von der entsprechenden Gleichung bei LEVIN u. REISS (1988) ab, denen vermutlich beim Setzen der Klammern ein Fehler unterlaufen ist.

normaler inverser Nachfrage auf einen proportionalen Zusammenhang zwischen den FuE-Intensitäten R und D und der Marktkonzentration hin, denn je höher der Aufwand für FuE ist, desto kleiner muß die Zahl der Unternehmen sein, damit die Nullgewinnbedingung erreicht ist. Wenn man in Gleichung (31) nur den ersten Summanden betrachtet, d. h. Spillover-Effekte ausklammert, würde c. p. eine höhere Marktkonzentration zu einer Abnahme der produktbezogenen FuE-Intensität führen, denn eine Erhöhung der Attraktivität des eigenen Produktes führt zu einer Erhöhung des Branchenabsatzes Q und dies wiederum zu einem Preisrückgang entsprechend ε, Normalreaktion der Nachfrage vorausgesetzt. Je höher der Markt konzentriert ist, ein desto höherer Marktanteil ist von diesem Preisrückgang betroffen. Nicht ganz eindeutig ist, wie sich c. p. die Marktstruktur bei möglichen Spillover-Effekten, verkörpert durch den zweiten Summanden in (31), auf produktbezogene FuE auswirkt, erstens weil das Vorzeichen des Spillover-Parameters γ_y nicht eindeutig festliegt und zweitens weil sich die Marktstruktur nicht nur im Zusammenhang mit der Nachfrageelastizität ε, sondern auch als eine Art Gewichtung des Spillover-Effektes γ_y auswirkt. Demgegenüber ist die Interpretation der Gleichung für die verfahrensbezogene FuE-Intensität relativ einfach. In Gleichung (32) wird die FuE-Intensität nicht als FuE-Anteil am Umsatz, sondern als Anteil an den variablen Produktionskosten gemessen. Eine Zunahme der absoluten Konzentration, d. h. N wird kleiner, läßt eine Zunahme der FuE-Intensität $R/[1 - (R + D + F)]$ erwarten, denn je weniger Unternehmen im Industriezweig vorhanden sind, desto eher gelingt eine Internalisierung der unerwünschten externen Effekte der eigenen FuE.

Die Strukturgleichungen des LEVIN-REISS-Modells verdeutlichen, daß der Zusammenhang zwischen Marktkonzentration und FuE-Intensitäten nicht auf einfachen Kausalitäten beruht, sondern daß alle drei Größen H, R und D durch gemeinsame Einflußfaktoren bestimmt sind. Diese Einflußfaktoren sind einerseits die Spillover-Maße γ_x, γ_y und ω_x, ω_y, andererseits die Maße für FuE-Chancen α_x und α_y und die Preiselastizität der Nachfrage ε. Um den Einfluß dieser Größen auf die FuE-Intensitäten eindeutig bestimmen zu können, müßte man das Modell nach den endogenen Größen Marktstruktur und FuE-Intensitäten in Abhängigkeit von den hier wie exogene ökonomische Größen behandelten Elastizitäten auflösen. Da das Modell nichtlinear in diesen Größen ist, ist es nicht möglich, die sogenannte reduzierte Form des Modells zu bilden. Würde man nur den Fall der Verfahrensinnovationen untersuchen, so würden Gleichung (31) sowie die D-Terme in den Gleichungen (30) und (32) entfallen. In diesem Fall läßt sich leicht nachvollziehen, daß sowohl die Konzentration als auch die verfahrensbezogene FuE-Intensität mit einem Anstieg in den technologischen Chancen α_x und mit einem Anstieg der Nachfrageelastizität ε steigen. Ebenso steigen beide Größen mit einer Zunahme der Spillover-Produktivität γ_x, wogegen sie bei einer Zunahme des Spillover-Umfanges ω_x fallen. Im allgemeinen Fall mit produkt- und verfahrensbezogener FuE ist keine eindeutige Aussage bezüglich der Einflüsse auf die endogenen Größen möglich.

Die obigen neoklassischen Ansätze machen deutlich, wie komplex ein einigermaßen realistisches Modell des unternehmerischen Innovationsverhaltens eigentlich sein müßte. Jeder der Ansätze stellt einen speziellen Aspekt des Problems in den Vordergrund. In dem ersten neoklassischen Innovationsmodell von ARROW (1962) wird die Erfindung außerhalb des betrachteten Industriezweiges gemacht und dann an den entsprechenden Sektor verkauft. In den neueren neoklassischen Ansätzen dagegen ist die Herstellung der Innovation und der dafür notwendige FuE-Einsatz ein wichtiger Wettbewerbsfaktor des betreffenden Industriezweiges. Der entscheidungstheoretische Ansatz von KAMIEN und SCHWARTZ (1982) berücksichtigt neben der Innovation auch die Möglichkeit der Imitation und entsprechender Imitationsgewinne. DASGUPTA und STIGLITZ (1980b) stellen in ihrem spieltheoretischen Modell besonders auf die Marktstruktur ab. Sie ermitteln ein langfristiges Industriegleichgewicht, bei dem die erwarteten Gewinne Null sind, d. h. kein neuer Markteintritt mehr erfolgt. Diese Situation wird verglichen mit der optimalen, d. h. effizienten, Ressourcenallokation des Sozialplaners. Das Ergebnis ist eine suboptimale Allokation von FuE-Mitteln bei freiem Wettbewerb und sich frei bildender Marktstruktur. Technische Unsicherheit für das Gelingen eines FuE-Projektes innerhalb eines bestimmten Zeitraum wird über eine Verteilungsfunktion modelliert, die neben dem Entwicklungszeitraum vom investierten FuE-Volumen abhängt. Restriktiv sind die Annahmen hinsichtlich der Alles-oder-Nichts-Ertragssituation und einer zeitunflexiblen FuE-Kostenfunktion. Andere Autoren, z. B. LEE und WILDE (1980) und REINGANUM (1981, 1982), schenken gerade einer zeitflexiblen Kostenfunktion große Aufmerksamkeit. Die Annahme statistischer Unabhängigkeit für den Erfolg eines Unternehmens von den Anstrengungen anderer Unternehmen vereinfacht die ohnehin schon komplexe Analyse, läßt damit aber keinen Raum für sogenannte Spillover-Effekte oder externe Effekte von FuE.

Von dem mit FuE geschaffenen neuen Wissen können sehr viele Unternehmen profitieren, zwar nicht immer unmittelbar und in vollem Umfang, weil z. B. ein Patent die direkte Nachahmung des Produktes oder Verfahrens verhindert. In der Regel aber ergibt sich aus der Erfindung eines Unternehmens eine industrieweite Wissenserweiterung, denn im Falle einer Patentanmeldung muß eine Erfindung schon kurze Zeit nach der Anmeldung in relativ detaillierter Form veröffentlicht werden, so daß auch die restlichen Unternehmen bei ihren eigenen Innovationsanstrengungen auf einer neuen technologischen Basis aufbauen können. Auf diese und viele andere Weisen, z. B. durch die Fluktuation qualifizierter Mitarbeiter, kommt es zu einem unbeabsichtigten Wissenstransfer. LEVIN und REISS (1984, 1988) haben Spillover-Effekte in ihr Innovationsmodell eingebaut. Wie DASGUPTA und STIGLITZ (1980a), auf deren Arbeit sie aufbauen, modellieren sie die Marktstruktur als endogene Größe. In ihr erweitertes Modell [1)] beziehen sie nicht nur Verfahrens-, sondern auch Produktinnovationen mit ein. Explizit formulieren sie eine von produktbezogener FuE abhängige Nachfragefunktion. Allerdings bleibt ihr Modell statisch und berücksichtigt nicht die technische Unsicherheit des FuE-Geschehens.

Alle neoklassischen Ansätze haben die Annahme des rationalen, gewinnmaximierenden Unternehmers gemein. Gerade wenn es um die Einführung von Neuerungen, d. h. Abweichen vom bisher Gewohnten, geht, ist die risikoneutrale gewinnmaximierende Verhaltensweise besonders fraglich. SCHUMPETER hat das neoklassische Paradigma als Spezialfall und nicht als das Wesentliche des Wirtschaftsgeschehens bezeichnet.[2)] Typisch für die wirtschaftliche Dynamik ist das Neue, Unbekannte, für dessen Eintreten es schwerfällt, eine Wahrscheinlichkeit anzugeben. Möglicherweise fallen unbeabsichtigte Erfindungen an. Mut, Risikobereitschaft bzw. Vorsicht und Vernunft sind wichtige Einflußfaktoren unternehmerischen Handelns. Diese Eigenschaften sind zweifellos bei den Unternehmen in unterschiedlichem Maße gestreut. Gerade aus der Heterogenität ergeben sich Gewinnchancen und Anreize. Dies wird jedoch in den stilisierten neoklassischen Modellen infolge

1) LEVIN u. REISS (1988)
2) Siehe SCHUMPETER (1942, S. 135 f.).

der vereinfachenden Symmetrieannahme sowohl in bezug auf Verhalten als auch Ressourcenausstattung nicht berücksichtigt. Außerdem vollzieht sich die wirtschaftliche Dynamik nicht fern von Zeit und Raum, so wie es ein Konstanthalten der Randbedingungen suggerieren könnte. Die Interaktion mit gesellschaftlichen Subsystemen, z. B. dem Forschungs- und Technologiepolitikbereich, kann ganz entscheidend für reales Innovationsverhalten sein.

Die neoklassische Innovationstheorie zeigt mögliche Entscheidungskalküle im Innovationswettbewerb auf und liefert damit ein analytisch geschärftes Verständnis für spezielle Aspekte des Innovationsgeschehens. Auch hat sie die bisher vor allem mit empirischen Methoden gestützte Marktstruktur-Diskussion erhellt, indem sie die Interdependenz der Beziehungen aufgezeigt und all diejenigen gewarnt hat, die aus empirisch gefundenen Korrelationen voreilig auf Kausalbeziehungen geschlossen haben. Allerdings ist es der neoklassischen Innovationstheorie aufgrund des Festhaltens an der Gewinnmaximierungsannahme und der Ceteris-Paribus-Klausel nicht gelungen, die Kritik SCHUMPETERs vollends zu entkräften, geschweige denn eine theoretische Fundierung des SCHUMPETERschen Gedankenguts zu schaffen. Vielmehr ist sie eine konsequente Fortentwicklung des neoklassischen Systems, das nun neben Preisen und Mengen auch FuE als Aktionsparameter optimierender Unternehmen in dynamische und stochastische Modelle einbezieht.

2.1.2 Evolutionstheoretische Innovationserklärungen

Der zweite Ast der SCHUMPETER-Nachfolge, die evolutionstheoretische Innovationsforschung, versteht sich als bewußte Alternative zum neoklassischen Wirtschaftsverständnis. Sie leitet sich unmittelbar von SCHUMPETER ab, der das Wirtschaftsgeschehen als evolutionären Prozeß dargestellt hat, dessen Triebkräfte die Innovationen in Form neuer Konsumgüter, neuer Produktions- und Transportmethoden, neuer Märkte und neuer industrieller Organisationen sind.[1] Allerdings ist die evolutorische Richtung selbst kein einheitliches Gedankengebäude. Einigkeit besteht in der Ablehnung des Gewinnmaximierungs- und Gleichgewichtsansatzes der Neoklassik und in der Betonung des Entwicklungsgedankens. Da die Wirtschaft in ihrem Wesen als dynamisch erkannt wird, wird dem mechanistischen Erklärungsmuster der

1) SCHUMPETER (1942, S. 136 ff.)

Neoklassik ein evolutorisches entgegengestellt. Der Wandel von sozioökonomischen Strukturen und Systemen wird mit den Begriffen Mutation, Selektion und Reproduktion erklärt. Einige Autoren, wie z. B. ALCHIAN (1950) und NELSON und WINTER (1982), lehnen sich dabei explizit an das evolutorische Vorbild aus der Biologie, die darwinistische Evolutionstheorie, an.

Jedoch verwehren sich andere Evolutionstheoretiker gegen eine bloße Analogienbildung zur Biologie. Von HAYEK datiert sogar den Evolutionsgedanken in den Sozialwissenschaften historisch früher als die darwinistische Evolutionstheorie und behauptet eine umgekehrte Beeinflussungsrichtung von den Sozialwissenschaften zur Biologie. Die Theorie der Evolution von Strukturen und Systemen impliziert nicht notwendigerweise bestimmte Formen oder Stufen wie in der Biologie, sondern eine unendliche Vielfalt spezieller Formen.[1] Gemäß WITT bedeutet die Analogienbildung zur Biologie eine unnötige Einschränkung für das Konzept einer evolutorischen Ökonomik. Höchstens lose Analogien seien vertretbar. Beispielsweise ist in sozioökonomischen Systemen die Neuerungs- bzw. Mutationsrate nicht Ergebnis eines zufälligen Ereignisses, sondern Ergebnis eines Suchprozesses theoriefähiger Individuen.[2] Während z. B. NELSON und WINTER sich explizit an die biologische Evolutionstheorie anlehnen und insbesondere den Gedanken der *"natürlichen Auslese"* auf das Marktgeschehen übertragen[3], formuliert WITT drei relativ allgemein gehaltene Kriterien, um den Begriff einer evolutorischen Theorie zu definieren. Eine solche Theorie ist dynamisch, d. h. Gegenstand ist eine in der Zeit ablaufende Entwicklung, ihr liegt das Konzept der irreversiblen historischen Zeit zugrunde, d. h. ohne Berücksichtigung der Vorgeschichte sind ökonomische Prozesse nicht erklärbar, und sie erklärt, wie es zu Neuerungen kommt und welche Einflüsse diese haben.[4] Mit dieser allgemeinen Definition ist eine Reihe von ökonomischen Ansätzen vereinbar, deren Gegenstand ökonomische Abläufe mit endogen verursachtem Wandel sind.

Unabhängig von der Frage der Analogienbildung läßt sich die evolutionstheoretische Schule grob in zwei Kategorien einteilen, in die *individualistisch-behavioristische* und in die *institutionell-historische* Richtung. Erstere setzt bei

---

1) HAYEK v. (1969, S. 142)
2) WITT (1987, S. 88)
3) NELSON u. WINTER (1982, S. 9)
4) WITT (1987, S. 9)

der Erklärung wirtschaftlicher und gesellschaftlicher Phänomene am Individuum bzw. an einer Organisation an, während letztere besonders das Verhalten von Systemen und deren Institutionen im Zusammenspiel mit der Umgebung und den Randbedingungen betont. In den folgenden Abschnitten sind zunächst *individualistisch-behavioristische Innovationserklärungen*, darauf aufbauend die *behavioristischen Simulationsmodelle von NELSON und WINTER (1982)* und schließlich einige *institutionell-historische Innovationserklärungen* dargestellt.

2.1.2.1 Individualistisch-behavioristische Innovationserklärungen

Die *individualistisch-behavioristische* Richtung ist bestrebt, Forschungsergebnisse aus der Psychologie in ihr Theoriengebäude zu integrieren. Rudimentär wird dieser Ansatz schon von SCHUMPETER vertreten, der die Wirtschaftssubjekte nach verschiedenen Persönlichkeitsmerkmalen in *Unternehmer* und *Wirte* klassifiziert [1)] und so unterschiedliches Innovationsverhalten aufgrund unterschiedlicher individueller Merkmale und Charaktereigenschaften erklärt. Ähnlich verhält es sich mit HEUSS' Unternehmertypologie. HEUSS unterscheidet zwischen vier verschiedenen Unternehmertypen, dem Pionierunternehmer, dem (spontan) imitierenden, dem (unter Druck) reagierenden und dem immobilen Unternehmer, die er mit den unterschiedlichen Marktphasen im Lebenszyklus eines Produkts in Verbindung bringt. Die Experimentierungsphase ist durch den Pionierunternehmer geprägt, in der darauf folgenden Expansionsphase treten die spontan imitierenden Unternehmer hinzu. In der Ausreifungsphase sind Pioniere, spontan imitierende und auch reagierende Unternehmer vertreten. In der Stagnationsphase haben sich die beiden initiativen Unternehmertypen, d. h. die Pionierunternehmer und die (spontan) imitierenden, aus dem Markt zurückgezogen, und es verbleiben nur noch die konservativen Unternehmertypen, d. h. die reagierenden und immobilen.[2)]

Während SCHUMPETER und HEUSS in erster Linie das Zustandekommen industrieller Innovationen und deren Auswirkungen erklärten, geht es bei dem von KIRZNER (1978, 1988) vertretenen Konzept des findigen Unternehmers in sehr viel allgemeinerer Weise um das Auffinden und Anwenden neuer Informationen im Marktprozeß. Dabei stützt sich KIRZNER auf die Arbeiten

---

1) SCHUMPETER (1911, S. 110 - 138)
2) HEUSS (1965, S. 9 ff.)

v. HAYEKs (1937, 1945) zur Bedeutung des Wissens in der Ökonomie. Die Unternehmereigenschaft ist nicht mehr an den gesellschaftlichen Stand bzw. an die Marktangebotsseite gebunden, sondern jedes Wirtschaftssubjekt ist theoretisch in der Lage, sich Informationsvorteile zu verschaffen und diese zu Arbitragegeschäfte zu nutzen. Eine Neuerung ist demnach bei KIRZNER als das Anwenden einer neuen Information definiert. Diese kann sich sowohl auf große, historische Innovationen, aber vor allem auf die kleinen Allerwelts-Neuerungen beziehen.[1] Die treibende Kraft des Marktprozesses ist wiederum das unternehmerische Individuum, allerdings legt KIRZNER keine psychologische bzw. verhaltenswissenschaftliche Hypothesen zugrunde, sondern übernimmt v. MISES' Konzept des *"homo agens"*[2]. Der *"homo agens"* als wirtschaftlich handelndes Wesen handelt planvoll und ist bestrebt, das Beste aus vorhandenen Marktlagen zu machen und wachsam und findig nach neuen Möglichkeiten Ausschau zu halten.

2.1.2.2 NELSONs und WINTERs behavioristische Innovationsmodelle

Die evolutorische Theorie von NELSON und WINTER beruht auf den organisationstheoretischen Ansätzen zur Erklärung des Unternehmensverhaltens von CYERT und MARCH (1963) und SIMON (1959) in Verbindung mit dem biologischen Evolutionsmodell. Unternehmen sind bei NELSON und WINTER wie folgt charakterisiert:[3] Sie sind in ihren Aktionen vom Gewinnstreben geleitet, d. h. sie sind ständig auf der Suche nach Möglichkeiten, ihre Gewinne zu verbessern. Allerdings handeln sie nicht in der Form gewinnmaximierender Unternehmen, welche ihre Aktionen aus einem vorgegebenen, bestimmten Set von Handlungsmöglichkeiten wählen, vielmehr ergibt sich das Unternehmensverhalten zu einem bestimmten Zeitpunkt aus dem Besitz bestimmter Fähigkeiten und aus der Anwendung bestimmter Entscheidungsregeln. Im Laufe der Zeit verändern sich diese Fähigkeiten und Regeln als Resultat sowohl wohlüberlegter Problemlösungsprozesse als auch zufälliger Ereignisse. Insgesamt besteht die Tendenz, daß die erfolgreichsten Unternehmen die am wenigsten erfolgreichen Unternehmen vom Markt verdrängen. Der Markt übernimmt sozusagen die Funktion einer *"natürlichen Auslese"*.

---

1) Vgl. hierzu auch WITT (1987, S. 75).
2) MISES v. (1949, S. 11 - 71)
3) NELSON u. WINTER (1982, S. 14 - 21)

Der Teil des Unternehmensverhaltens, der in regelmäßiger und vorhersehbarer Form abläuft, wird als *Routine* bezeichnet. Die Rolle der Routinen im Unternehmensalltag ist vergleichbar mit der der Gene in der biologischen Evolution. Als dauerhafter Unternehmensbestandteil prägen die Routinen in Verbindung mit der Unternehmensumgebung bzw. Marktsituation das tatsächliche Firmenverhalten. NELSON und WINTER unterscheiden drei Arten von Routinen. Die erste Art sind die *operativen Charakteristika*. Das sind die kurzfristig greifenden Regeln, die bei gegebener Kapital-, Geschäfts- und Faktorausstattung gelten. Hierzu zählt beispielsweise die angewandte Produktionstechnik. Die zweite Art sind die *Investitionsregeln*, die das Wachstum bzw. die Schrumpfung des Kapitalstocks von einer zur nächsten Periode bestimmen. Die dritte Art von Routinen sind solche organisatorischen Einrichtungen, die von Zeit zu Zeit zu einer Änderung der operativen Charakteristika führen. Diese Routinen könnte man in Unterscheidung zu den operativen Charakteristika als *strategische Entscheidungsregeln* bezeichnen. NELSON und WINTER vergeben für diese Art Routinen allerdings keine spezielle Bezeichnung. Ein Beispiel für eine derartige Routine ist die Überprüfung von Geschäftsabläufen durch die Revisionsabteilung eines Unternehmens. Insgesamt stellt sich das Unternehmensverhalten als abhängig von einer hierarchisch geprägten Struktur von Routinen dar. Eventuell kann man auch noch höherrangige Regeln ausmachen, nach denen neue oder modifizierte untergeordnete Regeln entwickelt werden. Die Veränderung von Routinen oder die Anwendung neuer Routinen laufen als routinengelenkte *"Suchen"* ab. Die durch die Suche erreichbaren neuen Routinen bzw. Routinenänderungen stammen aus einer Grundgesamtheit möglicher neuer oder geänderter Routinen. Durch entsprechende Suchstrategien, z. B. durch ein bestimmtes FuE-Budget, können die Unternehmen die Wahrscheinlichkeitsfunktion für ihre Suchergebnisse beeinflussen.

Ziel des NELSON-WINTER-Ansatzes ist es, auf der Grundlage mikroökonomischen routinengebundenen Verhaltens in einem formalen Modell den dynamischen Prozeß aufzuzeigen, der gleichzeitig das Verhaltensmuster der Unternehmen und die Marktergebnisse im Zeitverlauf bestimmt. Die Dynamik des NELSON-WINTER-Modells ist in Abbildung 2.1-2 veranschaulicht. Sie zeigt, wie ein Unternehmen in Abhängigkeit von seiner Anfangsausstattung, seinen jeweils geltenden Routinen und von seiner Umgebung wächst oder schrumpft. Die Unternehmensgröße wird durch den Kapitalstock K_t gemessen. Dieser bestimmt aufgrund der *operativen Charakteristika*, z. B. aufgrund einer bestimmten Kapitalproduktivität, das In- und Outputniveau $(I/O)_t$ des fraglichen Unternehmens. Auf der Grundlage des Unternehmensin- und -outputs und der für das Unternehmen exogenen Angebots- und Nachfragebedingungen $(AT/NE)_t$ stellen sich die Preise für die In- und Outputgüter ein, welche ihrerseits die Gewinnsituation des Unternehmens beeinflussen. Die Höhe des Gewinns π_t geht aber als entscheidende Größe in die *Investitionsregel* ein und bestimmt damit den Wachstumskurs des Unternehmens. Schon alleine aufgrund der geänderten Größe des Kapitalstocks hätte sich bei gleichbleibenden operativen Bedingungen ein neues In- und Outputniveau $(I/O)_{t+1}$ und somit ein dynamischer Prozeß ergeben. Jedoch sind gerade diese *operativen Bedingungen* Gegenstand von Neuerungen, die durch Anwendung einer bestimmten Suchpolitik zustandekommen. Konkret heißt das, daß ein bestimmtes FuE-Budget, das sich z. B. nach einer einfachen Regel als fester Prozentsatz vom Kapitalstock ergibt, die Wahrscheinlichkeit beeinflußt, neue, bessere Produktionstechniken zu finden.

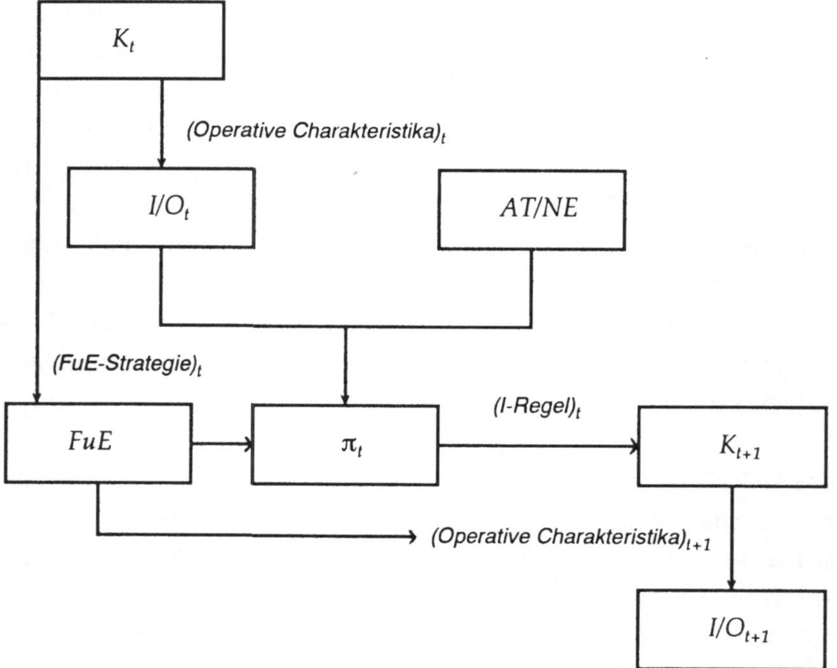

Abbildung 2.1-2: Routinengelenkter Entwicklungsprozeß einer Unternehmung

Der verbal und graphisch veranschaulichte Prozeß entspricht einem Markov-Prozeß, d. h. der Zustand einer Industrie in einer bestimmten Periode ist in stochastischer Weise von dem Zustand der vorausgegangenen Periode abhängig. Die Ergebnisse der davorliegenden Periode sind allerdings nicht mehr bedeutsam für die Wahrscheinlichkeit des Eintretens eines bestimmten Zustandes der betrachteten Periode. Auf dieser allgemeinen Grundlage regelgebundenen Verhaltens von Unternehmen, das im Kontrast zum gewinnmaximierenden Verhalten im neoklassischen Ansatz steht, entwickeln NELSON und WINTER mit Hilfe einfacher Annahmen und der Wahl plausibler Parameter ein Industriemodell für den SCHUMPETERschen Innovationswettbewerb.[1)] Dennoch sind die dynamischen und stochastischen Beziehungen so komplex, daß eine analytische Lösung des Modells nicht möglich ist und die Beziehungen zwischen den einzelnen Größen aufgrund von Simulationsexperimenten bewertet werden müssen. Ziel des Modells ist es, den dynamischen Prozeß wechselseitiger Beeinflussung von Marktstruktur und technischer Entwicklung unter der Einwirkung endogener vorherbestimmter bzw. exogener technologischer Bedingungen darzustellen. Im folgenden sind die Annahmen des NELSON-WINTER-Modells knapp erläutert, bevor der Aufbau der Simulationsläufe und deren Ergebnisse präsentiert werden.

1. In dem betrachteten Industriezweig produziert eine Anzahl von N Unternehmen ein einziges homogenes Gut.

2. Die Produktionstechnik ist durch konstante Skalenerträge und konstante Faktoreinsatzrelationen gekennzeichnet. Gleichzeitig wird ein vollkommen elastisches Faktorangebot unterstellt, so daß mit konstanten Faktorpreisen gerechnet werden kann. Infolge dieser Annahmen genügt es, zur Beschreibung der Produktionstechnik den Output Q_{it} eines Unternehmens i zu einem Zeitpunkt t als Vielfaches eines einzigen Inputs, hier des Kapitalstocks K_{it}, darzustellen (33). Ebenso einfach ergeben sich die Produktionskosten C_{it} als linear abhängig vom eingesetzten Kapital (34).

(33) $$Q_{it} = A_{it} K_{it} \qquad i = 1,...,N; \qquad t = 1,...,T$$

(34) $$C_{it} = c\, K_{it} \qquad i = 1,...,N; \qquad t = 1,...,T$$

---

1) Siehe NELSON u. WINTER (1977, 1978) oder dieselben (1982, S. 275 - 328).

3. Der technische Entwicklungsstand eines Unternehmens manifestiert sich in seiner Kapitalproduktivität A_{it}. Infolge einer Verbesserung der Kapitalproduktivität eines Unternehmens ergeben sich verbilligte Stückkosten. Damit vollzieht sich die technische Entwicklung im NELSON-WINTER-Modell ausschließlich über *Prozeßinnovationen*.

4. Es wird eine inverse Marktnachfrage Q unterstellt:

   (35) $$P_t = D(Q_t)$$

   Der Preis P_t in der jeweiligen Periode ergibt sich dann bei gegebener Nachfrage durch das Gesamtangebot des Industriezweiges. Dieses ist die Summe der jeweiligen Outputs der einzelnen Unternehmen, wobei angenommen wird, daß mit der besten jeweils verfügbaren Technik und bei voller Kapitalauslastung produziert wird (36).

   (36) $$Q_t = \sum_{i=1}^{N} Q_{it} = \sum_{i=1}^{N} A_{it} K_{it}$$

5. Die Unternehmen verfolgen unterschiedliche *Innovations- bzw. Imitationsstrategien*. Diese äußern sich in einer Regel für die Allokation von FuE-Ausgaben für die Entwicklung eigener neuer Techniken einerseits bzw. für die Imitation erfolgreicher Techniken anderer Unternehmen. Der jeweilige FuE-Aufwand steht in fester Relation zum Kapitalstock eines Unternehmens, so daß $r_{in,i}$ den Innovationsaufwand pro Kapitaleinheit darstellt und $r_{im,i}$ den Imitationsaufwand pro Kapitaleinheit.

6. Das technologische Potential wird durch einen zweistufigen Zufallsprozeß dargestellt. Zunächst geht es darum, überhaupt einen Innovations- oder Imitationserfolg zu erzielen. Die Wahrscheinlichkeit Pr dafür, ein sogenanntes Forschungslos (37) bzw. ein sogenanntes Imitationslos (38) zu ziehen, ist proportional zu dem für den jeweiligen Zweck eingesetzten FuE-Aufwand. Die Parameter sind in den Simulationsstudien so gewählt, daß $Pr(Forschungslos)$ und $Pr(Imitationslos)$ nicht größer als 1 werden.

   (37) $$Pr\ (Forschungslos) = a_{in}\, r_{in,i}\, K_{it}$$

   (38) $$Pr\ (Imitationslos) = a_{im}\, r_{im,i}\, K_{it}$$

Das Modell beinhaltet keine Vorteile größerer Unternehmen in der Art, daß sich mit geringerem FuE-Aufwand eine gleich große Wahrscheinlichkeit wie die kleinerer Unternehmen für ein Forschungs- oder Innovationslos erzielen läßt. Damit ist die in Zusammenhang mit der SCHUMPETER-Hypothese geäußerte Behauptung der Skalenerträge von FuE von vorneherein ausgeschlossen.

7. Die zweite Stufe betrifft den erzielbaren technischen Leistungsstand, welcher durch den Logarithmus der erreichbaren Kapitalproduktivität gemessen wird. Dieser wird als normalverteilte Zufallsgröße angesehen. Aus deren Grundgesamtheit kann ein Unternehmen seinen jeweiligen Leistungsstand realisieren, vorausgesetzt, daß es zuvor ein entsprechendes Forschungslos gezogen hat. Falls es ein Imitationslos gezogen hat, kann es mit Sicherheit die Produktionstechnik des Unternehmens mit der höchsten Kapitalproduktivität imitieren. Was die Ausgestaltung der Wahrscheinlichkeitsfunktion der technischen Möglichkeiten angeht, so unterscheiden NELSON und WINTER zwei alternative Regime. Im *wissenschaftsbasierten* Fall wächst der Mittelwert der Verteilung, die sogenannte "latente Produktivität", genauer gesagt deren Logarithmus, im Zeitverlauf mit konstanter Wachstumsrate. In diesem Fall werden die technologischen Bedingungen als exogen betrachtet. Im zweiten Fall, dem Fall der *kumulativen Technologie*, ist der Mittelwert der Verteilung die im jeweiligen Unternehmen vorherrschende logarithmierte Kapitalproduktivität. Wenn nun ein Unternehmen einen großen Innovationserfolg realisiert, verbessert es nicht nur seine Produktionstechnik erheblich sondern vergrößert auch die Chancen bei der Suche nach neuen Techniken in der nächsten Periode. In diesem Fall sind die technologischen Bedingungen endogen vorherbestimmt.

8. Die Unternehmen wählen je nachdem, ob sie ein Forschungslos, ein Imitationslos, beides oder keines von beiden gezogen haben, aus einem Set von möglichen Produktionstechniken die beste Alternative aus. Haben sie sowohl ein Forschungslos als auch ein Imitationslos gezogen, sind ihre Wahlmöglichkeiten am größten, und sie können entsprechend Gleichung (39) wählen.

(39) $A_{i(t+1)} = Max\,(A_{it}, A_{best,t}, A_{Fl,it})$

$A_{best,t}$ ist die höchste in dem betreffenden Industriezweig erreichte Kapitalproduktivität, die dem Inhaber eines Imitationsloses in $t+1$ zur Verfügung steht. $A_{Fl,it}$ ist das Ergebnis des Forschungsloses.

9. Außer durch den Übergang zu einer veränderten Kapitalproduktivität ergibt sich die Dynamik des Modells durch das Wachstum des Kapitalstocks. Dieser wächst oder schrumpft aufgrund des Zusammenwirkens von Investitionsregel und Kapitalverzehr durch Abnutzung oder Verschleiß entsprechend Gleichung (40). Dabei ist δ die physische Abschreibungsrate.

$$(40) \qquad K_{i(t+1)} = I\,((P_t A_{it})/c,\; Q_{it}/Q_t,\; \pi_{it})\, K_{it} \;+\; (1 - \delta)\, K_{it}$$

Die Bruttoinvestitionen eines Unternehmens $I\,K_{it}$ sind entsprechend der Investitionsregel von der Investitionsneigung I und vom bisherigen Kapitalstock abhängig. Bestandteile der Investitionsregel sind das erzielte Preis-Produktionskosten-Verhältnis $(P_t A_{it})/c$, der erzielte Marktanteil Q_{it}/Q_t und der Finanzierungspielraum, welcher vom erzielten Gewinn, hier ausgedrückt durch die Kapitalrendite π_{it}, abhängt. Die Investitionsregel, die hier nicht näher spezifiziert wird, besagt, daß ein Unternehmen im Verhältnis zu seinem bestehenden Kapitalstock um so stärker zu expandieren wünscht, je größer seine Preis-Produktionskosten-Relation ist. Die Größe des Marktanteils wirkt eher dämpfend auf die Expansionspolitik eines Unternehmens. Ein Unternehmen mit großem Marktanteil stellt sehr bald fest, daß sein eigenes Wachstum bei gegebener Nachfrage den Preis drücken muß. Dabei gilt, daß je größer der Marktanteil eines Unternehmens ist, desto höher muß das Preis-Produktionskosten-Verhältnis sein, um eine gewünschte proportionale Vergrößerung des Kapitalstocks zu veranlassen. Die den Simulationsexperimenten zugrundeliegende Investitionsregel unterstellt, daß die Unternehmen richtigerweise annehmen, daß die Nachfragekurve die Elastizität Eins aufweist und daß die restlichen Anbieter auf Preisänderungen entsprechend ihrer Angebotsfunktion mit einer Elastizität Eins reagieren. Diese "Reaktionshypothese" wird in späteren Analysen dahingehend modifiziert, daß die Unternehmen annehmen, daß die Mitanbieter ihren Output konstant halten, bzw. in einer zweiten Variante, daß sie annehmen, daß weder eigene noch fremde Expansion einen Einfluß auf das Preisniveau haben wird.

Für den Parameter I gilt, daß er nicht kleiner als Null werden kann. Dies bedeutet, daß keine Desinvestitionen vorgesehen sind und daß somit einem Schrumpfungsprozeß von vorneherein Schranken gesetzt sind. Nach oben ist er durch den Finanzierungsspielraum begrenzt. Für den Finanzierungsspielraum werden verschiedene Alternativen jeweils in Abhängigkeit des erzielten Gewinns angenommen. Der Gewinn pro Kapitaleinheit ergibt sich gemäß Gleichung (41) als erzielter Umsatz pro Kapitaleinheit abzüglich der Produktionskosten und der FuE-Kosten für Innovation und Imitation, jeweils bezogen auf das eingesetzte Kapital.

(41) $\pi_{it} = (P_t A_{it} - c - r_{in,i} - r_{im,i})$

Allgemein läßt sich feststellen, daß es sich bei dem Modell um ein stochastisches dynamisches System handelt, bei dem Produktionsniveau und Industrieoutput steigen, Preis und Stückkosten sinken und bei dem die rentableren Unternehmen wachsen, während die weniger rentablen schrumpfen. *Erkenntnisziel* der im folgenden kurz beschriebenen Simulationsläufe ist der *Einfluß der anfänglichen Marktstruktur* auf die Performance der betrachteten Industrie in bezug auf den *Produktivitätsfortschritt* und die Entwicklung der Marktstruktur im Zeitverlauf. In einem anderen Simulationsexperiment[1)] wird die Fragestellung mehr oder weniger umgedreht, und es geht um den *Einfluß der technologischen Bedingungen* auf die *Industriekonzentration*. Für die erste Fragestellung wird der Versuchsaufbau etwas ausführlicher erläutert, für die zweite Fragestellung werden später lediglich die wichtigsten Schlußfolgerungen aufgezeigt. Wie Abbildung 2.1-3 zeigt, handelt es sich um ein Experiment mit zehn verschiedenen Konstellationen. Diese werden jeweils fünfmal experimentell durchlaufen, wobei jeder Lauf für 101 Perioden angelegt ist. Die zehn Konstellationen resultieren aus fünf verschiedenen Marktstrukturen und zwei verschiedenen Finanzierungsbedingungen. Die alternativen Marktstrukturen ergeben sich aus der Zahl der Marktteilnehmer, welche 2, 4, 8, 16 oder 32 gesetzt wird. Innerhalb einer Marktstruktur sind die Unternehmen anfangs gleich groß. In dem einen finanziellen Regime können die Unternehmen das Zweieinhalbfache ihres Gewinnes zur Finanzierung ihrer Investitionen als Darlehen aufnehmen, im anderen Regime markiert die Höhe des Gewinns die Darlehensobergrenze.

---

1) Siehe NELSON u. WINTER (1978, 1982, S. 308 ff.), und vgl. auch GERYBADZE (1982, S. 123 ff.).

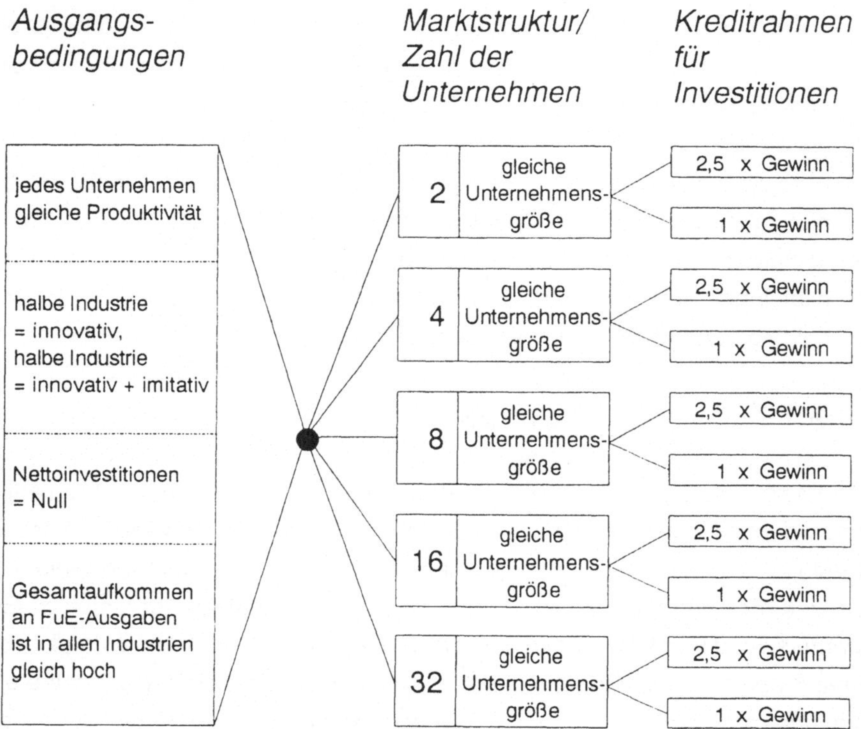

Abbildung 2.1-3: Aufbau der Simulationsexperimente zum SCHUMPETERschen Innovationswettbewerb bei NELSON und WINTER

Für alle Konstellationen gilt, daß alle beteiligten Unternehmen am Anfang das gleiche Produktivitätsniveau haben, welches der latenten Produktivität entspricht. Die Hälfte der Unternehmen engagiert sich in FuE sowohl zum Zwecke der Innovation als auch zum Zwecke der Imitation. Die andere Hälfte zeigt lediglich imitatives Verhalten. Das Anfangskapital wurde für die fünf verschiedenen Marktstrukturen so gesetzt, daß die gewünschten Nettoinvestionen Null waren. Dies hängt mit der Investitonsregel zusammen, nach der ein großer Marktanteil eher dämpfend auf die Investitionen wirkt bzw., um diese Wirkung aufzuheben, nach einer hohen Preis-Produktionskosten-Relation verlangt. Diese ist jedoch nur bei einem entsprechend geringen Industrieoutput zu erreichen. Dies bedeutet, daß bei gegebener Kapitalproduktivität der anfängliche Kapitalstock bei einer konzentrierteren Marktstruktur niedriger sein muß als bei einer weniger konzentrierten. Da die FuE-Regel die FuE-Ausgaben in fester Relation zum Kapitalstock ausweist, kämen bei für alle Marktstrukturen gleichen Parameterwerten für $r_{in,i}$ und für $r_{im,i}$ unterschiedlich hohe FuE-Ausgaben zustande. Daher sind die Parameterwerte für die einzelnen Marktstrukturen so gewählt, daß in der ersten Periode der gesamte FuE-Aufwand einer Industrie bei jeder Konstellation gleich groß ist.

Für die genauen Parameterwerte sei hier auf NELSON und WINTER verwiesen.[1)] Es ist jedoch zu beachten, daß die Wahl der Parameterwerte einen wesentlichen Einfluß auf die Simulationsergebnisse hat, was anhand der Vorgabe der Nachfrageelastizität $\varepsilon = 1$ erläutert wird. Da NELSON und WINTER den wissensbasierten Fall unterstellen, d. h. konstantes Wachstum der latenten Produktivität im Zeitablauf, bedeutet dies aufgrund wachsender tatsächlicher Produktivität eine Steigerung des Outputs und damit bei im Zeitverlauf invariabler Nachfrage einen fallenden Preis. Allerdings ist bei einem Rückgang des Preises aufgrund der Nachfragereaktion und aufgrund der Ausdehnung der Produktion nicht mit einer wesentlichen Ausdehnung des Kapitalstocks zu rechnen und ebenso wenig mit einem Anwachsen der Ausgaben für Imitations-FuE, die ja von der Größe des Kapitalstocks abhängt. Die Ausgaben für Innovations-FuE verändern sich höchstens in dem Maße, wie sich der Kapitalanteil der innovativen Unternehmen im Zeitverlauf verschiebt.

Welches sind nun die Simulationsergebnisse in bezug auf den Zusammenhang zwischen Marktstruktur und technischer Entwicklung? Zunächst ist zu vermerken, daß die unterschiedlichen finanziellen Regime keine wesentlich verschiedenen Tendenzen hervorbrachten, so daß auf eine separate Darstellung der Ergebnisse verzichtet werden kann. Während die erzielte höchste Kapitalproduktivität am Ende des betrachteten Zeitabschnittes $A_{best,101}$ sich als von der anfänglichen Industriestruktur unabhängig erwies, war die durchschnittliche Produktivität eines Industriezweiges in einer höher konzentrierten Struktur erheblich höher als in einer weniger konzentrierten. Das liegt daran, daß in der konzentrierten Struktur im Innovations- oder Imitationsfall gleich ein viel größerer Kapitalstockanteil des Industriezweiges dem produktiveren Einsatz zugeführt werden kann als in einer wenig konzentrierten Struktur mit vielen Unternehmen mit jeweils kleinem Kapitalstock. Diese Tendenzen sind insofern mit der SCHUMPETER-Hypothese verträglich, als eine konzentriertere Marktstruktur sich als innovativer erweist als

1) Siehe NELSON u. WINTER (1982, S. 302 f.).

eine wettbewerblichere. Allerdings liegt die Begründung im NELSON-WINTER-Ansatz nicht etwa in der stärkeren Finanzkraft oder Risikofreude, sondern in der doch realitätsfremden Annahme, daß die neue Technik friktionslos bei einer beliebig großen Menge von Kapital einsetzbar ist.

Zwischen den kumulativen Aufwendungen für Innovations-FuE und den erzielten Produktivitäten, sei es die höchste Produktivität oder die durchschnittliche Produktivität, besteht keine Korrelation. Dies erklärt sich aus der unterstellten exogenen Entwicklung der latenten Produktivität, die auch durch Mehraufwand an FuE nicht günstiger beeinflußt werden kann. Schließlich wirken in der konzentrierteren Struktur Kräfte, die aus der Marktstellung der Unternehmen resultieren. So sind der Preis, die Preis-Produktionskosten-Verhältnisse und der industrieweite Nettoproduktionswert in konzentrierteren Marktformen durchweg höher als in weniger konzentrierten. Dies ergibt sich aus der Investitionsregel, nach der die Unternehmen aufgrund ihres erkannten Marktanteiles nicht so stark expandieren, um den Preis nicht zu stark zu drücken und sich somit immer noch eine hohe Gewinnspanne zu sichern.

Außer dem Einfluß der anfänglichen Marktstruktur auf die technische Entwicklung im Sinne der SCHUMPETER-Hypothese interessiert *die Entwicklung der Marktstruktur* selbst. Wird ein Selektionsprozeß wirksam, bei dem erfolgreichere Unternehmen stärker wachsen als weniger erfolgreiche? Bevor diese Frage beantwortet wird, muß man sich vergegenwärtigen, daß NELSON und WINTER die Parameterwerte so gewählt haben, daß sich die FuE-Ausgaben für Innovationen im allgemeinen nicht auszahlen. Daher würde man erwarten, daß mit der Zeit die unrentableren Unternehmen, also solche mit Aufwendungen für Innovations-FuE, am Markt zurückgedrängt werden. Dennoch hielten nach 101 Perioden die innovativen Unternehmen mehr als 50 % des industrieweiten Kapitalbestandes mit Ausnahme des Falls der 32 Unternehmen. In den konzentrierteren Märkten sind die Margen immer noch hoch genug, so daß die innovativen Unternehmen trotz höherer FuE-Ausgaben immer noch Gewinne erzielen. Da in konzentrierteren Märkten, wie oben mehrfach erläutert, generell kein großer Anreiz zum Kapitalwachstum besteht, ist somit ein Schutz vor der Verdrängung für die weniger profitableren Unternehmen eingebaut. Außerdem sind die Preis-Produktionskosten-Verhältnisse innovativer Unternehmen der Tendenz nach höher als die innovativer Unternehmen. Somit besteht ein stärkerer Expansionsdrang innovativer

Unternehmen, obwohl die gesamten Stückkosten, also inklusive der FuE-Kosten, in der Regel höher sind als bei den nicht innovativen Unternehmen. Im 32-Unternehmen-Fall allerdings wirkt sich die mangelnde Rentabilität als Wachstumsbremse für die innovativen Unternehmen aus.

Um allgemeine Aussagen über die Entwicklung der Industriestruktur machen zu können, berechnen NELSON und WINTER aus der Endverteilung des Kapitalstocks innerhalb eines Industriezweiges das Herfindahl-Zahlenäquivalent-Maß. Diese Zahl würde den gleichen Wert des Herfindahl-Konzentrationsindex, wie er der gerade untersuchten Industriestruktur entspricht, ergeben, unter der Annahme, daß sie für die Anzahl gleich großer Unternehmen eines Industriezweiges steht. Während sich bei anfänglich sehr hoher Konzentration kaum eine Verstärkung der Konzentration ergibt, ist die Konzentrationstendenz im 16- und im 32-Unternehmens-Fall gravierend. In wettbewerblicheren Strukturen findet sich also durchaus eine Tendenz der Verdrängung weniger profitablen Unternehmen, welche, wie oben schon erwähnt in der Regel die innovativen Unternehmen sind. Man darf aber bei aller Plausibilität der Ergebnisse nicht vergessen, daß die gewählten Parameterkonstellationen entscheidend für die Art der Ergebnisse sind.

Die zweite Fragestellung, der NELSON und WINTER nachgehen, ist die, ob *unterschiedliche technologische Regime sich verschieden auf die Industriestruktur auswirken.*[1] In Simulationsexperimenten für den 4- und den 16-Unternehmens-Fall untersuchen NELSON und WINTER den Einfluß von vier das technologische und das Investitionsklima repräsentierenden Größen X_1, X_2, X_3, X_4 auf das Herfindahl-Zahlenäquivalent-Maß. Die Größe X_1 ist die Variabilität der Forschungsergebnisse, welche durch die Standardabweichung der Verteilungsfunktion der lognormalverteilten Kapitalproduktivität gemessen wird. Die Größe X_2 ist die Wachstumsrate der latenten Produktivität. Die Größe X_3 repräsentiert die Schwierigkeit der Imitation, die sich in Gleichung (38) im Koeffizienten a_{im} widerspiegelt. Schließlich mißt die Größe X_4 die Aggressivität des Investitionsverhaltens. Das Investitionsverhalten gilt als umso aggressiver, je weniger die Größe des Marktanteils als Bremse für das gewünschte Investitionsvolumen wirkt. Für alle vier Einflußgrößen werden jeweils ein hoher und ein niedriger Wert vorgegeben, so daß sich aus der Kombination der vier Größen und deren Ausprägungen 16 verschiedene In-

1) NELSON u. WINTER (1978, 1982, S. 308 ff.)

dustriekonstellationen ergeben. Im Gegensatz zu dem vorherigen Modell, in dem unterschiedliche Innovations- und Imitationsstrategien innerhalb eines Industriezweiges unterstellt wurden, haben hier alle Unternehmen eines Industriezweiges die gleichen FuE-Strategien, d. h. alle zeigen sowohl innovatives als auch imitatives Verhalten.

Die ursprünglichen Hypothesen, daß hohe Ausprägungen der Variablen X_1, X_2, X_3, X_4 zu verstärkter Konzentration führen, bestätigten sich durch die Simulationsläufe in drei der vier Fälle, nicht jedoch im Falle der Variabilität der Forschungsergebnisse X_1. Dafür gibt es aufgrund theoretischer Überlegungen plausible Erklärungen. In einem Regime mit hoher Wachstumsrate der latenten Produktivität, d. h. mit einer hohen Ausprägung der Variable X_2, erzielt ein Unternehmen, das einen Innovationserfolg verbuchen kann, im Durchschnitt einen höheren Anstieg der Produktivität als in einem Regime mit niedriger Wachstumsrate. Dies führt zu einem größeren Abstand der Unternehmen bezüglich der Produktivität und Rentabilität, so daß mit einer stärkeren Konzentration zu rechnen ist. Ähnlich verhält es sich im Falle der Größe X_3, der Schwierigkeit der Imitation. Sind Imitationen erschwert, so kann ein innovativ erfolgreiches Unternehmen einen dauerhaften Produktivitätsvorsprung erzielen. Dies heißt, daß wiederum im Durchschnitt ein größerer Produktivitätsabstand zwischen den einzelnen Unternehmen und somit eine größere Konzentration als im Falle einfacher Imitationsmöglichkeiten zu erwarten sind. Die Wirkung aggressiveren Investitionsverhaltens, d. h. von Variable X_4, läßt sich bereits aus dem Ergebnis des zuvor beschriebenen Simulationsexperimentes ableiten. Dort wirkte das nur zögernde Innovationsverhalten der rentableren Unternehmen mit großen Marktanteilen als Schutz für die weniger rentablen Unternehmen. Ist dieser Schutzmechanismus aufgehoben, so ist davon auszugehen, daß dann die Konzentration zunimmt.

Im Falle der Variabilität der Forschungsergebnisse, also von Variable X_1, hätte man erwarten können, daß eine größere Varianz zu einer im Durchschnitt größeren Differenz zwischen den durch FuE erzielten Produktivitätsniveaus und entsprechend zu einer Verstärkung der Konzentration führen würde. Die Simulationsergebnisse sind jedoch in dieser Hinsicht nicht eindeutig. Eine Erklärung hierfür liegt darin, daß bei einem einmal erreichten sehr hohen Produktivitätsniveau die Wahrscheinlichkeit sehr groß ist, bei den Forschungsanstrengungen der nächsten Periode Produktionstechniken zu entwickeln, die unterhalb des aktuellen Produktivitätsniveaus liegen, so daß der Vorsprung nicht mehr so leicht weiter ausgebaut werden kann. Je höher das erreichte Produktivitätsniveau im Vergleich zur latenten Produktivität ist, desto wahrscheinlicher ist es, vorerst keinen weiteren Produktivitätsfortschritt zu erzielen.

In Übereinstimmung mit dem ersten Simulationsexperiment hat sich auch hier die zu Anfang stärker konzentrierte Industriestruktur als die stabilere erwiesen. So war für die 4-Unternehmens-Struktur in den Simulationsläufen keine so heftige Zunahme der Konzentration als Reaktion auf den Wechsel von niedrigen zu hohen Werten für die Variablen X_1, X_2, X_3 und X_4 zu verzeichnen wie für die 16-Unternehmens-Struktur.

NELSON und WINTER haben auf der Basis einfacher organisatorischer Regeln ein formales Modell des SCHUMPETERschen Innovationswettbewerbs aufgestellt. Dabei ist es ihnen gelungen, den Wettbewerb als Prozeß darzustellen, in dem die erfolgreichen Unternehmen stärker wachsen als die weniger erfolgreichen. Die erfolgreichen Unternehmen konnten die technologischen Möglichkeiten besser als die weniger erfolgreichen ausschöpfen. Haben die Unternehmen einmal einen Vorsprung, so ist aufgrund ihrer neuen Größe ein weiterer technologischer Erfolg wahrscheinlicher als für die zurückgebliebenen Unternehmen. Als wichtiges Ergebnis aus beiden Simulationsstudien ist festzuhalten, daß eine Zunahme der Konzentration im Zeitverlauf eine Folge des Wettbewerbsprozesses selbst ist. Daß die anfängliche Marktstruktur für den technischen Fortschritt der Branche eine Rolle spielt, wurde aus dem ersten Simulationsansatz[1] deutlich. Da in hoch konzentrierten Strukturen jeweils eine größere Menge Kapital produktiver eingesetzt werden kann, wächst die durchschnittliche Kapitalproduktivität viel stärker an, als im Falle wettbewerblicher Strukturen mit niedrigen Einzelkapazitäten. Umgekehrt wurde im zweiten Simulationsansatz[2] der Einfluß unterschiedlicher industrieller Charakteristika wie technologische und investitionspolitische Bedingungen auf die Stärke des Konzentrationsprozesses aufgezeigt. Die Konzentrationstendenzen sind dort am stärksten, wo die wissenschaftliche Basis enorme Fortschritte zu verzeichnen hat, wo Nachahmung erschwert ist und wo aggressives Investitionsverhalten vorherrscht. NELSON

1) NELSON u. WINTER (1977, 1982, S. 324)
2) NELSON u. WINTER (1978, 1982, S. 308 ff.)

und WINTER sehen in der Fallstudie von PHILLIPS (1971) über die technologischen und wettbewerblichen Bedingungen der US-amerikanischen Luftfahrtindustrie eine empirische Bestätigung ihrer Ergebnisse. In den Auswirkungen unterschiedlicher technologischer Regime auf die Industriestruktur sehen sie einen interessanten Gegenstand möglicher empirischer Untersuchungen.

Die von NELSON und WINTER eingeführte Methode, die Implikationen eines dynamischen stochastischen Modells mit Hilfe von Simulationstechniken herauszuarbeiten, ist ein wichtiger Beitrag, um das Verständnis für Innovations- und Wettbewerbsprozesse zu verbessern. Die Vorteile liegen darin, daß man die Gesamtheit der Wirkungen einzelner Variablen, also sowohl direkte als auch indirekte Effekte, durch deren systematische Variation im Simulationsexperiment numerisch bestimmen kann. Allerdings setzt eine sinnvolle Interpretation der numerischen Ergebnisse vorab die Wahl plausibler Parameterwerte voraus, denn die Abhängigkeit der Ergebnisse von den jeweiligen Parameterkonstellationen ist unbestritten.[1] GERYBADZE kritisiert in diesem Zusammenhang die Vernachlässigung der analytischen Vorgehensweise und die Schwierigkeit der Interpretation der Ergebnisse, wenn mehrere Variablen gleichzeitig variiert werden.[2] In der ersten Hinsicht wird diese Kritik geteilt. Viele Ergebnisse hätte man a priori aufgrund theoretischer Überlegungen herleiten und die Implikationen bestimmter Annahmen transparenter machen können. Auf der anderen Seite, sind es gerade die numerischen Werte, die es ermöglichen, die unterschiedliche industrielle Entwicklung unter alternativen Voraussetzungen in graphischer oder tabellarischer Darstellung sehr anschaulich aufzeigen.

Viel gravierender erscheint, daß im NELSON-WINTER-Modell die Möglichkeit und die Bedingungen des Marktzutritts nicht berücksichtigt sind. Gerade die Marktzutrittsbedingung in Form der Nullgewinnbedingung ist es, die die Marktstruktur in den neoklassischen Ansätzen von DASGUPTA und STIGLITZ (1980a, 1980b) und von LEVIN und REISS (1984, 1988) zu einer endogenen Größe macht. Markteintritte und -austritte als Reaktionen auf Änderungen der Gewinnsituation, z. B. infolge von Nachfrageverschiebungen oder Veränderungen der technologischen Chancen, sind die Ursachen für Ände-

---

1) Darauf weisen NELSON u. WINTER (1982, S. 324) selbst hin.
2) GERYBADZE (1982, S. 146 ff.)

rungen der Industriekonzentration. Dagegen bleibt bei NELSON und WINTER die Zahl der Unternehmen konstant. Bei ihnen sorgt differentielles Unternehmenswachstum aufgrund unterschiedlicher Ausschöpfung des technologischen Potentials für Änderungen der Industriestruktur. NELSON und WINTER zeigen, daß es im Zeitablauf bei anfangs gleich großen Unternehmen zu einer Veränderung der Struktur kommen muß, daß aber die Stärke des Prozesses von der anfänglichen Struktur, den technologischen Bedingungen und vom Investitionsverhalten abhängt. Es ist zu vermuten, daß sich diese aufgezeigten Tendenzen nur bei sehr restriktiven Marktzutrittsbedingungen verallgemeinern lassen. Ferner ist zu berücksichtigen, daß NELSON und WINTER durch die vorgegebene Investitionsregel einen schnellen Schrumpfungsprozeß einzelner Unternehmen, z. B. durch Kapitalveräußerung, verbunden mit einem Marktaustritt, von vornherein ausgeschlossen haben.

Ein weiterer Kritikpunkt, den GERYBADZE an NELSONs und WINTERs Vorgehensweise äußert, ist die Tatsache, daß sie den technologischen Wandel nicht erklären. Dieser fällt exogen an, zwar nicht auf deterministische Weise in Form eines Zeittrends wie in den neoklassischen Wachstumsmodellen, dafür in stochastischer Weise mit einer sich im Zeitablauf mit Gewißheit ändernden Wahrscheinlichkeitsverteilung.[1)] Allerdings trifft der Vorwurf der mangelnden Erklärung des technischen Wandels auch die in Abschnitt 2.1.1 dargestellten neoklassischen Modellle. Auch dort ist das technologische Potential exogen, lediglich der aus dem technologischen Potential heraus realisierte technische Fortschritt bzw. dessen Erwartungswert wird als das Ergebnis des Einflusses ökonomischer Größen und Verhaltensannahmen, wie z. B. Kosten für FuE und Gewinnmaximierungskalküle, aus dem Modell heraus bestimmt. Ebenso prägen bei NELSON und WINTER die technologischen Bedingungen zusammen mit den ökonomischen Bedingungen und Verhaltensregeln die tatsächliche technische Entwicklung. Insofern bleibt das technologische Potential immer noch außerhalb des ökonomischen Erklärungsanspruches, doch wurde das bewußte Bemühen um dieses Potential mit Hilfe ökonomischer Inputs und dessen mögliche Auswirkungen auf die reale Technik- und Wirtschaftsentwicklung modellendogen erklärt. Außerdem haben NELSON und WINTER im Fall der kumulativen Technologie auch endogen vorherbestimmte technologische Bedingungen in Betracht gezogen.

---

1) GERYBADZE (1982, S. 150 ff.)

Dort ist das dem Unternehmen zugängliche technologische Potential einer Periode von dem in der Vorperiode erreichten technischen Entwicklungsstand abhängig. Auch diese Variante der technologischen Bedingungen wurde von NELSON und WINTER in einem in dieser Arbeit nicht näher beschriebenen Simulationsexperiment berücksichtigt.[1)]

Ein Teil der Kritik liegt auch darin, daß die Kenntnis des Verteilungsgesetzes des technischen Fortschritts eigentlich dazu einlädt, erwartete Gewinne zu maximieren bzw. dazu, daß findige Unternehmen ihre Regeln dahingehend anpassen, daß sie das Verteilungsgesetz ausnutzen. Hierbei stellt sich die Frage, welche Kalküle realistischerweise zutreffen; vermutlich eines, das zwischen Erwartungwertmaximierung und sturer Anwendung einer Proportionalitätsregel liegt. Abgesehen vom FuE-Kalkül steht generell die Frage im Raum, ob sich der technologische Wandel nach einem bestimmten Verteilungsgesetz vollzieht oder ob nicht völlige Unsicherheit bezüglich seines Eintretens eher charakteristisch ist. Beim heutigen gesellschaftlichen und wirtschaftlichen Umfeld mit einer regelrechten "Wissenschafts- und Forschungsindustrie" in Form staatlicher, halbstaatlicher und privater Bildungs- und Forschungseinrichtungen scheint die Annahme einer gewissen Systematik für das Eintreten von technologischen Neuerungen doch gerechtfertigt zu sein.

Im Vergleich zu den in Abschnitt 2.1.1 vorgestellten neoklassischen Modellen hat der NELSON-WINTER-Ansatz den Vorzug, die Entwicklung sowohl des technischen Leistungstandes als auch der Marktstruktur aus dem Modell heraus zu erklären, während eine derart dynamische Betrachtung bei den Modellen von DASGUPTA und STIGLITZ (1980a) und von LEVIN und REISS (1984, 1988) fehlt. Zwar gehen DASGUPTA und STIGLITZ (1980b) in dem in Abschnitt 2.1.1.3 behandelten Modell auch nicht von unmittelbar anfallendem technischem Fortschritt aus, sondern von einem zeitlich dauernden FuE-Prozeß, dessen Dauer einer Zufallsverteilung unterliegt, aber die Industriestruktur und die FuE-Allokation ergeben sich nach wie vor auf statische Weise.

Wie in den meisten neoklassischen Ansätzen sind im NELSON-WINTER-Ansatz auch nur *Prozeßinnovationen* dargestellt. Auf der Basis dieses Ansatzes

---

1) Siehe NELSON u. WINTER (1982, S. 344 ff.).

entwickelt GERYBADZE ein Modell mit Produktinnovationen.[1] Vorausgesetzt, alte und neue Güter, die sich hinsichtlich mehrerer Eigenschaften unterscheiden, könnten mit Hilfe einer zeitlich konstanten ordinalen Bewertungsskala, die sich in den Preisen für diese Güter widerspiegelt, angeordnet werden und die Nachfrager wären über die neuen Produkte ausreichend informiert, dann ließen sich inhaltlich die gleichen Ergebnisse wie im Falle NELSONs und WINTERs Prozeßinnovationen ableiten. Lassen sich die Produkte jedoch nicht eindeutig und zeitkonstant einordnen, so sind die Gewinne aus neuen Prozessen und Produkten nicht mehr vergleichbar, und es bedarf eines eigenen Modells für die Berücksichtigung von Produktinnovationen.

Weitere vereinfachende Annahmen des NELSON-WINTER-Modells sind die im Zeitverlauf konstante Nachfrage sowie das vollelastische Faktorangebot und das konstante Faktoreinsatzverhältnis. Bei technischem Wandel, der zu sinkendem Materialverbrauch eines Inputgutes bzw. zu Mehrverbrauch eines anderen oder sogar zum Einsatz eines neuen Inputgutes führt, ist nicht damit zu rechnen, daß die Faktorpreise konstant bleiben. Auch die Annahme, daß sich technischer Wandel völlig losgelöst vom eingesetzten Material oder den neuinvestierten Anlagen, also disembodied, vollzieht, ist nicht sehr realistisch. Bei der Interpretation des Modells sind all diese Einschränkungen zu berücksichtigen, und je nach Erklärungsziel mag eine Modifizierung des Modells angebracht sein. Ein generelles Modell der industriellen und technischen Entwicklung aufzustellen, dürfte jedoch ebenso wie im Fall der neoklassischen Ansätze ein eher aussichtsloses Unterfangen sein.

NELSONs und WINTERs Verdienst ist es, auf behavioristischer Basis dem neoklassischen Paradigma ein formalisiertes evolutionstheoretisches Erklärungsmuster gegenübergestellt zu haben. Mit dem Einsatz von Simulationsstudien haben sie ein neues Instrument geschaffen, dessen Verwendung als Hilfe bei wirtschaftspolitischen Entscheidungsprozessen durchaus in Betracht gezogen werden sollte. Empirische Untersuchungen, um einerseits plausible Parameterwerte abschätzen zu können, und um andererseits regelgebundenes Verhalten sowie die Systematik der Entwicklung des technologischen Potentials aufzudecken, könnten die Effektivität dieses Instruments noch verbessern.

---

1) Siehe GERYBADZE (1982, S. 170 ff.).

2.1.2.3 Institutionell-historische Erklärungen des technischen Wandels

Eine Zwischenstellung zwischen Empirie und evolutorischer Theorie nimmt die Richtung der *Institutionalisten* und *Historiker* innerhalb der Innovationsforschung ein. Ihr Interesse ist darauf gerichtet, die Technik- und die sozioökonomische Strukturentwicklung aus einem historischen Blickwinkel heraus darzustellen und mit statistischem Datenmaterial zu untermauern. Aus der Anschauung des tatsächlichen Technologieverlaufs entwickeln sie *Typologien* und *Klassifikationen des technischen Wandels* und stellen auf dieser Basis Hypothesen, meist qualitativer Art, über technisch-wirtschaftliche Zusammenhänge auf. Vertreter dieses Ansatzes sind z. B. FREEMAN (1982, 1988), PAVITT (1984) und DOSI (1982, 1988).[1] Es fällt schwer, die einzelnen Autoren eindeutig als evolutionstheoretische oder als empirische Wissenschaftler einzuordnen. Daher wird an dieser Stelle nur deren gemeinsame theoretische Basis[2] beschrieben. Ihre Beiträge zur empirischen Innovationsforschung sind teilweise Gegenstand des folgenden Abschnitts.

Das Wissenschaftsprogramm der Institutionalisten ist nach WILBER und HARRISON (1978) *holistisch*, *systemisch* und *evolutorisch*. *Holistisch* bedeutet, daß das Verhalten des Ganzen nicht bloß aus der Aggregation seiner Teile abgeleitet werden kann und daß die Teile nicht als unabhängig vom Ganzen begriffen werden können. *Systemisch* und *evolutorisch* ist der Ansatz insofern, als das sozioökomische System als sich in ständiger Veränderung befindlich begriffen wird, da seine Elemente ständig ihr Verhalten sowohl untereinander als auch gegenüber der Systemaußenwelt ändern. Die Institutionalisten versuchen einen theoretischen Gegenpol zum neoklassischen Wirtschaftsverständnis zu bilden. FREEMAN (1988) wirft den Neoklassikern vor, die entscheidenden Elemente im Langzeitverhalten des Wirtschaftssystems zu vernachlässigen. Dabei würde es ihnen an Realismus bezüglich des grundsätzlichen Verhaltens des Systems und schließlich an der rigorosen Falsifizierbarkeit ihrer Vorhersagen mangeln. CORICELLI und DOSI (1988) sprechen sich gegen eine analytische Trennung des Koordinationsproblems der Wirtschaft, das meistens innerhalb eines stationären Sy-

---

1) Alle drei genannten Autoren sind oder waren Mitarbeiter des Forschungsinstituts SPRU (Science Policy Research Institute) der University of Sussex, Brighton, dessen Arbeitsgebiet die Wissenschafts- und Technikentwicklung ist.

2) Einen Überblick über die Arbeiten einiger evolutionstheoretischer und institutionalistischer Innovationsforscher gibt der Sammelband DOSI, G., u. a. (Hrsg.): Technical Change and Economic Theory, London u. New York 1988.

stems analysiert wird, von den dynamischen Einflußfaktoren, die üblicherweise als exogene Parameteränderungen des Gleichgewichtssystems aufgefaßt werden, aus. Eine ihren Ansprüchen genügende Theorie soll explizit das ökonomische Verhalten im Zusammenspiel mit der Umgebung, den Anfangsbedingungen, Lernprozessen und unterschiedlichen Institutionen, d. h. nicht nur Märkten, berücksichtigen.

FREEMAN (1982) zeigt im historischen Rückblick anhand der im 20. Jahrhundert wachstumsstärksten Branchen Chemie-, Erdöl- und Kunststoffindustrie sowie der Bereiche Kernkraft und Elektronik, daß die Technikentwicklung immer mehr von wissenschaftlichen Erkenntnissen abhängig ist und daß die Innovationstätigkeit, angefangen von den grundlegenden Erfindungen bis hin zur Prototypentwicklung, immer professioneller betrieben wird. Die Forschungs- und Entwicklungstätigkeit in einer Volkswirtschaft wird zunehmend von akademisch ausgebildeten Wissenschaftlern und Ingenieuren in industriellen FuE-Laboratorien betrieben. Während in den 70er Jahren des 19. Jahrhunderts erst die ersten spezialisierten FuE-Laboratorien entstanden, waren in den 80er Jahren dieses Jahrhunderts über 500.000 Wissenschaftler und Ingenieure in den USA, über 300.000 in Japan und jeweils über 100.000 in Großbritannien und der Bundesrepublik Deutschland in industrieller Forschung und Entwicklung beschäftigt.[1)]

Die etwas romantische Vorstellung vom ideenbesessenen Tüftler und Garagenerfinder, gepaart mit dem Eintreffen des glücklichen Zufalls, muß man zwar nicht völlig aufgeben, aber die wirklich technologisch umwälzenden Entwicklungen in diesem Jahrhundert waren zum größten Teil Ergebnisse jahrelanger Forschungs- und Entwicklungsarbeiten von industriellen Forscherteams, wenn auch teilweise mit beratender Unterstützung universitärer Forscher. Daher kann man oft gar nicht von "einer" Erfindung, sondern höchstens von einem *"Erfindungskomplex"* sprechen. Auch die begrifflich saubere Trennung von Invention und Innovation sowie von Produkt- und Prozeßinnovation hat für die Beschreibung des industriellen FuE-Prozesses kaum mehr Relevanz. Beispielsweise benötigt die Herstellung eines neuen Farbstoffes, also eines neuen Produktes, der bereits unter Laborbedingungen synthetisiert werden konnte, für seine industrielle Fertigung die Entwicklung neuer kostengünstiger industrieller Herstellungsverfahren, den Einsatz

---

1) Siehe FREEMAN (1982, S. 7-11).

preisgünstiger Inputgüter und so manche andere organisatorische Neuerung. Zwischen Produkt- und Prozeßinnovation läßt sich hier nicht mehr unterscheiden. Auch ist nicht klar, wo nun der unternehmerische Innovationsprozeß anfängt und wo der Erfindungsprozeß aufhört, denn die Entwicklungskosten, die ein neues Produkt oder Verfahren bis zur Marktreife verursachen, binden oft so enorme betriebliche Mittel, daß hier schon die unternehmerische Entscheidung gefordert ist, bevor die Erfindung abgeschlossen ist.

Die Professionalisierung des FuE-Systems beruht nach FREEMAN auf drei Einflüssen: Erstens auf dem zunehmenden wissenschaftlichen Charakter von Technologie, zweitens auf deren wachsenden Komplexität, was sich in den hochentwickelten System- und Netzwerktechniken zeigt, und drittens auf dem allgemeinen Trend der Arbeitsteilung und Spezialisierung. Die zunehmende Bedeutung der wissenschaftlichen Basis der Technologieentwicklung und deren zunehmende Komplexität implizieren für FREEMAN die Notwendigkeit einer staatlichen Wissenschafts- und Technologiepolitik, die systematisch gesellschaftlich erwünschte Prioritäten setzt. Auf der anderen Seite bedeutet die Abhängigkeit des technischen Wandels von wachsender professioneller industrieller FuE-Tätigkeit eine wachsende Verflechtung von Wirtschafts- und Technikentwicklung, so daß die Ökonomie den Komplex der Technikentwicklung als Erkenntnisgegenstand nicht länger ignorieren oder als exogen vorgegeben betrachten kann.[1)]

FREEMAN geht bei seiner Charakterisierung des technischen Wandels von ausgewählten Branchen aus. Diese leisten einen sehr großen Beitrag zum Sozialprodukt einer Volkswirtschaft und dominieren vermutlich über ihren eigenen Einfluß hinaus über ihre marktliche Verflechtungen mit anderen Wirtschaftszweigen den technischen Wandel einer Volkswirtschaft. Hier wird allerdings für eine systematischere Vorgehensweise zur Charakterisierung des technischen Wandels über alle Branchen hinweg plädiert. So hat PAVITT (1984) aufgrund einer empirischen Analyse von ca. 2.000 industriellen Innovationen in Großbritannien im Zeitraum von 1945 bis 1979 Industriezweige nach ihrem typischen Innovationsmuster klassifiziert. Dabei hat er vier Industriegruppen identifiziert. Diese sind die *lieferantenbeherrschten Sektoren*, die *skalenintensiven Sektoren*, die *Spezialanbieter* und die *wissensbasierten*

---

1) FREEMAN (1982, S. 10 ff.)

Sektoren. Tabelle 2.1-1 zeigt, welche Industriezweige zu den jeweiligen Gruppen zuzuordnen sind.

Industriegruppe	**Zugehörige Sektoren**
Lieferantenbeherrschte Sektoren	Landwirtschaft, Bauwesen, Textil, Bekleidung, Leder, Haushaltswaren, Holz, Papier, Druck u. Verlage
Skalenintensive Sektoren	Nahrungsmittel, Metallverarbeitung, Schiffsbau, Fahrzeugbau, Glas u. Zement
Spezialanbieter	Instrumentenbau, Feinmechanische Industrie
Wissensbasierte Sektoren	Elektronik, Organische Chemie, Pharmazie, Biotechnologie, Raumfahrt, Rüstung

Tabelle 2.1-1: Industriegruppeneinteilung entsprechend spezieller Innovationsmuster (Quelle: PAVITT 1984, S. 354 ff.)

Innovationen in den *lieferantenbeherrschten Sektoren* sind hauptsächlich Verfahrensinnovationen, die von den Lieferanten von Kapitalgütern, Einsatzfaktoren und Zwischenprodukten entwickelt und hergestellt werden. In den *skalenintensiven Sektoren* werden sowohl Verfahrensinnovationen als auch Produktinnovationen durchgeführt. Die Produktion umfaßt meist die Anwendung komplexer Verfahren und die Erzeugung komplexer Produkte. Skaleneffekte in FuE, Produktion und Vertrieb sind typisch. Üblicherweise handelt es sich um Großunternehmen, die gezielt Mittel für Innovationszwecke einsetzen und nicht selten in vertikaler Integration ihre eigenen Kapitalgüter selbst entwickeln und herstellen. Die *Spezialanbieter* sind meist kleine Unternehmen, die ihre Produkte in sehr engem Kontakt mit ihren Kunden entwikkeln. Spezialkenntnisse kommen eher zum Tragen als formale FuE-Aktivitäten. In den *wissensbasierten Sektoren* stehen Innovationen in direktem Zusammenhang mit dem wissenschaftlichen Fortschritt. Die Innovationsaktivitäten entspringen einer formalisierten FuE-Struktur mit speziellen FuE-Laboratorien und Versuchsanlagen, wobei erhebliche Mittel für FuE-Aktivitäten aufgewendet werden.

DOSI (1988) versucht eine eher *mikroökonomisch orientierte* Erklärung unterschiedlicher Innovationsmuster von Industriezweigen sowie von einzelnen Unternehmen innerhalb eines Industriezweiges. Da er *Innovationen* als *Ergebnisse von Problemlösungsprozessen* auffaßt, sieht er die Art und Weise, wie Wirtschaftssubjekte Wissen und Fähigkeiten anhäufen, um technologische und organisatorische Probleme zu lösen, als das zentrale Problem einer Mikrofundierung der Innovationstheorie an. Technologischer Wandel vollzieht sich nicht in unstrukturierter Weise, sondern auf der Basis des vorhandenen technologischen Wissens innerhalb bestimmter *technologischer Paradigmen*. Ein derartiges technologisches Paradigma umfaßt die Definition der relevanten Probleme und ein bestimmtes Muster von Such- und Lösungsmethoden, wie z. B. die naturwissenschaftlichen Prinzipien, die bekannten Materialien oder die im Produktionsprozeß eingesetzten Schlüsseltechnologien. Der tatsächliche technische Fortschritt bewegt sich gleichsam auf einer *technologischen Bahn* entlang den ökonomischen und technologischen Zielkonflikten, die durch das Paradigma definiert sind. Solche Zielkonflikte bestehen z. B. zwischen den Anforderungen an eine Technologie hinsichtlich Geschwindigkeit, Gewicht, Präzision, Verschleiß u. ä.

DOSIs Charakterisierung von Innovationen als paradigmengebundene Problemlösungsprozesse ermöglicht es ihm, die Debatte um die Bestimmungsgründe des Innovationsverhaltens von Industriezweigen, die unter den Stichworten *"Demand-Pull"* und *"Technology-Push"*[1] ausgetragen wird, etwas differenzierter auszuleuchten. Nach DOSI wird die Art des Problemlösungsprozesses wesentlich von den zwei Faktoren *technologische Chancen* und *Aneignungsmöglichkeiten* von technologischen Neuerungen beeinflußt. Da technologisches Wissen nicht nur aus frei verfügbarer Wissenschaft besteht, sondern zu einem großen Teil spezifischen und kumulativen Charakter hat, wäre es falsch, von allen Wirtschaftssubjekten, Unternehmen und Branchen

1) Ein Vertreter des *Demand-Pull-Ansatzes* ist SCHMOOKLER (1966), der auf der Basis umfangreicher empirischer patentstatistischer Analysen des Investitionsgütersektors behauptete, daß die technologischen Chancen für alle Wirtschaftszweige gleich sind, deren Nutzung jedoch von sektoral verschiedenen Anreizen, insbesondere vom Nachfragewachstum, abhängt. Beim *Technology-Push-Ansatz* sind Innovationen völlig exogen. Sie fallen einfach an als Nebenprodukte des wissenschaftlichen Fortschritts. Zur Technology-Push- und Demand-Pull-Debatte vgl. auch WALTER (1979, S. 425 f.).

gleichermaßen zur Verfügung stehenden technologischen Chancen auszugehen. Was die Aneignungsmöglichkeiten des Nutzens aus der Neuerung, die z. B. durch Patentschutz, Geheimhaltung, frühe Vermarktung etc. gekennzeichnet sind, betrifft, so sind diese je nach Technologie und Wirtschaftszweig sehr unterschiedlich. Somit ist auch der öffentliche Gutscharakter einer Neuerung von Fall zu Fall unterschiedlich zu bewerten. Dabei wird nach DOSIs Ansicht die Eigenschaft des öffentlichen Gutes allzu oft überbetont.

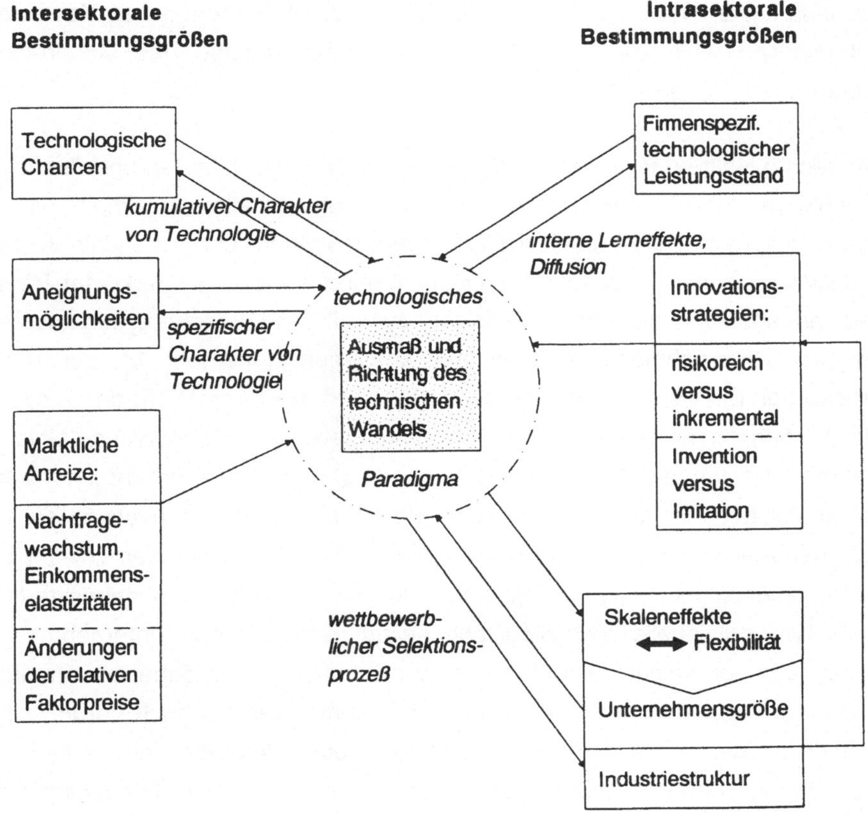

Abbildung 2.1-4: Determinanten inter- und intrasektoraler Innovationsmuster nach DOSI (1988)

Auf der anderen Seite wirken die *marktgerichteten Anreizmechanismen*, wie z. B. Nachfragewachstum, Einkommenselastizitäten bestimmter Produkte oder Änderungen der relativen Faktorpreise, auf das Innovationsverhalten und führen zu differentiellem Branchenverhalten. Diese Anreizfaktoren beeinflussen einerseits die Richtung und das Ausmaß des technischen Fortschritts innerhalb eines technologischen Paradigma und andererseits die Suche nach möglichen neuen technologischen Paradigmen. Der tatsächliche *sektorale technische Wandel* resultiert dann in sehr komplexer Weise aus dem Zusammenspiel von verschiedenen *marktlichen Anreizen* und den *technologischen Chancen* sowie den *Aneignungsmöglichkeiten*, wobei letztlich seine konkrete Ausgestaltung nur in Verbindung mit den jeweils gültigen Paradigmen und der kumulativen und spezifischen Art des technologischen Lernens erklärt werden kann. Abbildung 2.1-4 zeigt in ihrem linken Teil eine schematisch verkürzte Darstellung der Zusammenhänge des sektoralen technischen Wandels.1)

Die rechte Hälfte der obigen Abbildung zeigt die Einflußfaktoren und Zusammenhänge, die für differentielles Unternehmensverhalten innerhalb einer Branche sorgen. Denn neben der Erklärung des technischen Wandels durch branchentypische Innovationsmuster bleibt noch ein großer unerklärter Rest des *individuellen Innovationsverhaltens*, das mit vom Branchentypus abweichenden Unternehmensstrukturen und -strategien einhergeht. Mit der ausdrücklichen Einbeziehung dieser Heterogenitäten stellt sich DOSI der in neoklassischen Ansätzen gebräuchlichen Annahme des *"repräsentativen Unternehmens"* entgegen. Abgesehen von der Größe eines Unternehmens, auf die später noch in Zusammenhang mit dem Marktstruktur-Innovations-Komplex genauer eingegangen wird, unterscheiden sich Unternehmen sowohl in ihrem *technologischen Leistungsstand* als auch in ihren *Innovationsstrategien*. Der individuelle *technologische Leistungsstand* eines Unternehmens hängt stark von seinen Lernfähigkeiten ab. Es handelt sich dabei sowohl um das Lernen aus den bisher akkumulierten Kenntnissen als auch darum, allgemein an der Diffusion neuer Kenntnisse, neuer Produkte und Verfahren teilhaben zu können. Daher gibt es nicht nur eine einseitige Wirkungsrichtung vom technologischen Leistungsstand zum tatsächlichen technischen Wandel, sondern es gilt auch die umgekehrte Richtung. Des weiteren spielt die technologische Zusammensetzung des Kapitals für den technologischen Leistungsstand eines Unternehmens eine wichtige Rolle. Einen entscheidenden

---

1) Als mögliche Typologisierung sektoralen Innovationsverhaltens schlägt DOSI (1988) die auf S. 62 f. dieser Arbeit schon erwähnte Industriegruppeneinteilung von PAVITT (1984) vor.

Einfluß auf das Innovationsergebnis übt das Unternehmensverhalten aus. So führen unterschiedliche *Innovationsstrategien* hinsichtlich der Gewichtung zwischen riskanten und inkrementalen Innovationen und der Gewichtung zwischen Invention und Imitation zu unterschiedlichem Ausmaß und Richtung des technischen Wandels.

Die *Unternehmensgröße* wird im Zusammenhang mit der SCHUMPETER-Hypothese in empirischen Untersuchungen vielfach als erklärende Größe herangezogen.[1] Argumente für den Einfluß der Unternehmensgröße sind Skaleneffekte des FuE-Prozesses und die Unteilbarkeit von FuE-Projekten. Innerhalb von Industriezweigen ergeben die Untersuchungen in grober Verallgemeinerung loglineare Beziehungen zwischen der Unternehmensgröße und der Innovationsstärke. PAVITT u. a. (1987) haben jedoch aufgezeigt, daß Größe für sich genommen kein Innovationsvorteil ist, sondern daß in umgekehrter Wirkungsrichtung die technologischen Gegebenheiten des jeweiligen Sektors eine bestimmte Unternehmensgrößenverteilung begünstigen. So überwiegen in Branchen mit hohen technologischen Chancen, wie z. B. in der Chemie und der Elektronik, die großen Unternehmen, während im Maschinenbau oder in der feinmechanischen Industrie die kleineren Unternehmen, die sogenannten *"Spezialanbieter"* in PAVITTs (1984) Klassifikationsschema, einen durchaus erheblichen Beitrag zum technischen Wandel leisten. Dies hängt damit zusammen, daß jedes technologische Paradigma bestimmte Konflikte zwischen Flexibilität der Produktion hinsichtlich der Maschinenbelegung und Erzeugnisvielfalt und Skaleneffekte in sich birgt. Während der Vorherrschaft des Paradigmas der elektromechanischen Automation waren z. B. der Flexibilität enge Grenzen gesetzt. Dagegen begünstigt nun der Einsatz von mikroelektronisch gesteuerten Maschinen eine flexiblere Fertigungsweise. Letztlich ist die Unternehmensgröße jedoch auch vom Innovationserfolg eines Unternehmens abhängig. Je höher die technologischen Chancen sind, desto wahrscheinlicher ist es, daß einige Unternehmen einen größeren Erfolg erzielen und somit stärker expandieren können als andere. Dieser Gedankengang ist schon aus dem weiter oben präsentierten Simulationsmodell von NELSON und WINTER (1982) vertraut. Im Laufe des wettbewerblichen Selektionsprozesses verändert sich die relative Größe der einzel-

---

1) Als Beispiele solcher Untersuchungen seien die Arbeiten von SCHERER (1965, 1967b), SOETE (1979), PAVITT u. a. (1987) und ACS u. AUDRETSCH (1988) genannt. Für eine eingehendere Auseinandersetzung mit diesen empirischen Ansätzen wird auf Abschnitt 2.2.1.2 dieser Arbeit verwiesen.

nen Unternehmen des betreffenden Industriezweiges. *Industriestruktur* und *Unternehmensgröße* sind somit als endogene Größen des Innovations- und Wettbewerbsprozesses aufzufassen.

Schließlich bedarf noch der Zusammenhang in Abbildung 2.1-4 zwischen dem Industriestruktur-Unternehmensgröße-Komplex und der Verhaltenskomponente einer Erklärung. Je nach Wettbewerbsstellung ist unterschiedliches Innovationsverhalten zu erwarten. Ein zurückgefallenes Unternehmen muß eventuell erst seinen technologischen Rückstand gegenüber dem Branchenführer durch Imitationsanstrengungen aufholen, so daß sich möglicherweise eher marktnahe Verbesserungsinnovationen als riskante eigenständige Entwicklungen empfehlen. Der rechte untere Teil von Abbildung 2.1-4 repräsentiert im Prinzip den SCHUMPETERschen Innovations-Wettbewerbs-Zusammenhang. Allerdings läßt sich keine eindeutige Ursache-Wirkungs-Kette zwischen Unternehmensgröße, Industriestruktur und technischem Wandel ableiten.

Die Graphik an sich ist eine starke Abstraktion der von DOSI (1988) qualitativ formulierten Zusammenhänge des sektoralen und unternehmensspezifischen technischen Wandels. So ist die analytische Tennung von intersektoralen und intrasektoralen Bestimmungsgrößen nur als Abstraktionshilfe gedacht. Eigentlich sind die intersektoralen Faktoren mit den intrasektoralen eng verflochten. Zum Beispiel beeinflußt die Gesamtheit der unternehmensspezifischen technologischen Kenntnisse die technologischen Chancen eines Sektors. Dennoch ist die Trennung im Sinne des holistischen und systemischen Anspruchs dieser Theorierichtung gerechtfertigt. Denn dahinter steckt die Annahme, daß das Ganze, das ist in diesem Fall die Branche, mehr ist als die Summe seiner Teile und daß das Verhalten und die Beziehungen seiner Elemente vom Ganzen beeinflußt wird. Aus Abbildung 2.1-4 wird deutlich, welches die wesentlichen Einflußfaktoren für die Erklärung des technischen Wandels sind und wie komplex die Beziehungen eigentlich sind, die anderweitig vereinfacht und unvollständig unter *Demand-Pull, Technology-Push* und *SCHUMPETER-Hypothese* subsumiert werden.

Eine Determinante des technischen Wandels, deren Bedeutung FREEMAN (1982) immer wieder betont, fehlt jedoch in DOSIs Erklärungsansatz. Es handelt sich hierbei um den Einfluß *staatlicher Wissenschafts- und Technolo-*

giepolitik. Daß diese gezielt auf die Richtung des technischen Wandels einwirken kann, sei es a) durch Verausgabung von Mitteln für bevorzugte Technologiebereiche, wie z. B. für Raumfahrt oder für Kernenergie, b) durch gesetzgeberische Maßnahmen, wie z. B. im Bereich des Patentschutzes, oder c) durch die Beschaffung technologieintensiver Güter, wie z. B. militärischer Ausrüstung, ist offensichtlich. Staatliche Wissenschafts- und Technologiepolitik beeinflußt sowohl die technologischen Chancen (a) als auch die Aneignungsmöglichkeiten (b) und setzt marktliche Anreize (c). Darüber hinaus greift sie über staatliche FuE-Programme, die explizit an die Unternehmensgröße gebunden sind, in den wettbewerblichen Selektionsprozeß ein. Staatliche Wissenschafts- und Technologiepolitik setzt also an fast allen in Abbildung 2.1-4 aufgezeigten Einflußgrößen an. Daher sollte sie im Sinne eines wirklichkeitsnahen Erklärungsmodells nicht unterschlagen werden. Allerdings ist die staatliche Wissenschafts- und Technologiepolitik selbst ein sehr komplexes Gebilde, so daß sie eigentlich einer eigenständigen gründlichen Analyse bedarf.

Die qualitativen Analysen FREEMANs, PAVITTs und DOSIs machen deutlich, wie wichtig die sogenannten Randbedingungen sind, wenn es um das Verständnis realer wirtschaftlicher Phänomene geht. Die zunehmende Verwissenschaftlichung und Komplexität der Technologieentwicklung mit ihren weitreichenden Konsequenzen für Wirtschaft und Gesellschaft verlangen eine sorgfältige Beobachtung und ein verstärktes Bemühen um das Verständnis der Zusammenhänge. Die Zukunft von Wirtschaft, Gesellschaft und Umwelt hängt in starkem Maße von professioneller industrieller FuE sowie von staatlicher Wissenschafts- und Technologiepolitik ab, sei sie explizit durch staatliche FuE-Zuschüsse für bestimmte technologische Schwerpunkte oder implizit durch staatliche Käufe technologisch hochwertiger Güter oder durch Gesetze und Auflagen. Es ist die Auffassung der Autorin, daß die neoklassischen Maximierungskalküle in bezug auf den FuE-Prozeß ihre Stärken in der einzelwirtschaftlichen Betrachtung im Sinne von Handlungs- und Entscheidungshilfen haben, daß aber die Beobachtung realer Vorgänge, die nicht nur für die Volkswirtschaft, sondern für die Gesellschaft als Ganzes Bedeutung haben und somit eine politische Dimension gewinnen, mit Hilfe historischer und statistischer Methoden auf der Basis einfacher, z. T. nur qualitativer Hypothesen erfolgen sollte. Nur so können die Fesseln der Annahmen homogener Güter und identischer und risikoneutraler, prophetisch begabter Maximierer gesprengt werden. Es können Aussagen gemacht werden über strukturelle Änderungen, über den Aufstieg und Niedergang von Industrien, Änderungen der Arbeitsorganisation, wie z. B. durch flexible Beschäftigungszeiten, Heimarbeit, Arbeitszeitverkürzung oder Just-in-time-Produktion, über Änderungen der beruflichen Qualifikation, internationale Firmenkooperationen, Unternehmenszusammenschlüsse usw. Auf der Grundlage einzelwirtschaftlicher Verhaltensannahmen allein lassen sich für solche Fragestellungen keine Entscheidungshilfen für den wirtschaftspolitisch Verantwortlichen ableiten.

Um die Wirtschaft- und Technikentwicklung beobachten zu können, ist die Schaffung eines geeigneten empirischen Instrumentariums wichtig, denn über die beschreibende historische Analyse hinaus, aus der erste Hypothesen über qualitative Zusammenhänge abgeleitet werden können, ist die statistische Untermauerung dieser Hypothesen ein weiteres Ziel der empirischen Innovationsforschung. Einen Überblick darüber, welche Ansätze, unter der Verwendung welcher Methoden und Datenquellen hierfür gewählt wurden, gibt der folgende Abschnitt.

2.2 Empirische Ansätze

Parallel zur Wachstumstheorie hat die empirische Innovationsforschung ihren Aufschwung genommen. Im Gegensatz zur makroökonomisch ausgerichteten empirischen Wachstumsforschung deckt ihr Untersuchungsgebiet eher die Unternehmens- und die Branchenebene ab. Ein sehr großes Interesse wird nicht nur den Wirkungen des technischen Fortschritts entgegengebracht, sondern ganz besonders jenen Faktoren und Bedingungen, die zu seiner Entstehung beitragen. Die empirische Innovationsforschung ist nicht auf die Analyse von Prozeßinnovationen beschränkt. Vielmehr erstreckt sie sich auf das ganze Innovationsspektrum inklusive Produktinnovation und der Diffusion neuer Produkte und Technologien. Auch heute noch ist dieses Forschungsgebiet hauptsächlich in den USA beheimatet, was sowohl durch eine vergleichsweise bessere Datenverfügbarkeit in diesem großen entwickelten Wirtschaftsraum als auch durch ein starkes wirtschafts- und technologiepolitisches Interesse an solchen Studien begünstigt wird. Auch in Großbritannien ist mit der Science Policy Research Unit (SPRU) der University of Sussex eine starke Forschungsgruppe auf diesem Gebiet tätig. Dagegen ist die empirische Innovationsforschung in der Bundesrepublik Deutschland weniger stark ausgeprägt. Hier wird sie hauptsächlich von speziellen, teilweise interdisziplinär besetzten Abteilungen der Forschungsinstitute im Auftrag des Forschungs- oder des Wirtschaftsministeriums betrieben.

Eigentlich hat die empirische Innovationsforschung eine viel längere Tradition als die in Abschnitt 2.1 diskutierten theoretischen Ansätze, und man kann behaupten, daß sie die Entwicklung der theoretischen Innovationsmodelle erst stimuliert hat. Da diese Arbeit von einem empirischen und methodischen Interesse geleitet ist, wurde die Darstellung der Innovationstheorie anders, als es die Chronologie nahelegen würde, der Darstellung der empirischen Innovationsforschung vorgezogen, um einerseits vom Stand der empirischen Forschung unmittelbar zu dem hier verfolgten Ansatz überleiten zu können, aber auch um andererseits einmal die Entfernung der Theorie von den empirischen Fragestellungen aus der Sicht der Empirie aufzuzeigen. Denn meist geht die Kritik eine umgekehrte Richtung, indem den empirischen Arbeiten ein Mangel an theoretischer Fundierung vorgeworfen wird.[1] Als Pionierarbeiten im weiten Feld der empirischen Innovationsforschung werden immer wieder die Arbeiten von GRILICHES genannt. Hierbei handelt es sich um Untersuchungen zu der regionalen und zeitlichen Diffusion einer neuen Maissorte[2] sowie der sozialen Ertragsrate des dafür benötigten FuE-Aufwandes[3]. Weitere Arbeiten mit Piomiercharakter sind die von MANSFIELD (1968b), der sich insbesondere mit den einzelnen Phasen des Innovationsprozesses befaßt, von SCHERER (1965) und von SCHMOOKLER (1966). SCHERER knüpft in seiner Studie über den Zusammenhang von Unternehmensgröße, Marktstruktur, technologischer Möglichkeiten und patentierter Erfindungen explizit an den SCHUMPETERschen Innovationswettbewerb an. SCHMOOKLERs Anliegen dagegen ist die Erklärung der Erfindungstätigkeit in der Kapitalgüterindustrie durch entsprechende Nachfrageanreize.

Die empirische Literatur deckt sehr vielfältige Gesichtspunkte ab. Es würde den Rahmen dieser Arbeit sprengen, einen vollständigen Überblick über alle

1) Für eine Kritik der empirischen Arbeiten aus theoretischer Sicht siehe z. B. FISHER u. TEMIN (1973).
2) GRILICHES (1957)
3) GRILICHES (1958)

Untersuchungen zu geben.[1] Stattdessen wird die empirische Literatur nach verschiedenen inhaltlichen und methodischen Fragestellungen klassifiziert, wobei den einzelnen Klassifikationspunkten exemplarisch einige Arbeiten zugeordnet werden. Dabei werden verstärkt Studien mit dem Forschungsobjekt Bundesrepublik Deutschland zitiert, um diese wenigen Untersuchungen vor dem Hintergrund der amerikanischen und britischen Dominanz stärker ins Bewußtsein zu rücken und um sie später mit den eigenen Ergebnissen vergleichen zu können. Neben dem Aufschluß über inhaltliche Zusammenhänge hat eine Reihe von Studien, teils als Haupt-, teils als Nebenaspekt, die Erhellung methodischer Sachverhalte zum Ziel. Insbesondere die Innovationsindikatoren-Problematik wirft eine Menge methodischer Fragen auf. In dem nun folgenden Abschnitt sind die inhaltlichen Schwerpunkte von empirischen Untersuchungen zum technischen Wandel erläutert. Mit den verschiedenen methodischen Aspekten befaßt sich Abschnitt 2.2.2.

2.2.1 Inhaltliche Fragestellungen empirischer Untersuchungen

In Tabelle 2.2-1 sind die empirischen Innovationsstudien je nach Erklärungsziel grob in vier Kategorien eingeteilt. Entsprechend der traditionell exogenen Sichtweise des technischen Wandels stehen zunächst seine *Wirkungen* im Vordergrund des Interesses. Eine zweite Gruppe von Untersuchungen befaßt sich dagegen mit den *Determinanten* des technischen Wandels, die sowohl im ökonomischen als auch im außerökonomischen Bereich liegen. Eine Synthese aus beiden Fragestellungen ergibt sich durch die *interdependente Betrachtungsweise* des Zusammenhanges zwischen technischem Wandel und ökonomischen Größen. Schließlich gibt es sehr viele Studien, die sich mit den einzelnen *Innovationsphasen* hinsichtlich deren Dauer und deren Übergänge ineinander befassen.

---

1) Auswertungen und Zusammenfassungen empirischer Untersuchungen finden sich z. B. in MANSFIELD (1968a), in MOWERY u. ROSENBERG (1979) unter der speziellen Berücksichtigung der Debatte um Demand-Pull versus Technology-Push und in KAMIEN u. SCHWARTZ (1982, S. 49 ff.) mit einem besonderen Augenmerk auf der SCHUMPETER-Hypothese.

Inhaltliche Aspekte (Erklärungsziel):	Betroffene Größen / Einflußgrößen	Beispiele für Untersuchungen
Wirkungen von FuE/Innovationen	Ertrag/Wohlfahrt Produktivität	GRILICHES (1958) MINASIAN (1969), BROCKHOFF (1970, 1972), BARDY (1974), GRILICHES (1987), LÜDEKE (1989)
	Außenhandelserfolg	WOLTER (1977), GRUPP u. LEGLER (1987), SOETE (1987), SCHLEGELMILCH (1988)
	Beschäftigung Marktstruktur	KÖNIG (1987), Meta-Studie (1989) PHILLIPS (1971)
Determinanten von FuE/Innovationen	Nachfrageanreize	SCHMOOKLER (1966)
	Unternehmensgröße u./od. Marktstruktur	SCHERER (1965), TABBERT (1974), LEVIN u. a. (1985), ZIMMERMANN u. SCHWALBACH (1991)
	technologische-Chancen	SCHERER (1967b), LEVIN u. a. (1985), PAVITT u. a. (1987)
	Aneignungs-möglichkeiten	LEVIN u. a. (1985), JAFFE (1986), PAVITT u. a. (1987), ACS u. AUDRETSCH (1988)
Interdependente Modelle	Marktstruktur	LEVIN u. REISS (1984, 1988)
Innovationsphasen	Invention-Innovation	ENOS (1962), SCHMOCH u. a. (1988)
	Diffusion	GRILICHES (1957), MANSFIELD (1968b, S. 133 ff.)

Tabelle 2.2-1: Inhaltliche Gesichtspunkte empirischer Arbeiten

2.2.1.1 Innovationswirkungen

Mit der zunehmenden Bedeutung von gezielter kostenverursachender FuE für die Einführung von Innovationen sind deren *Wirkungen* in das Zentrum des Interesses gerückt. Neben der Messung des FuE-Aufwandes spielt hier die Messung des *FuE-Ertrags* eine wichtige Rolle. So setzt GRILICHES (1958) den gesamten Aufwand für die Entwicklung einer neuen Maissorte ins Verhältnis zum sozialen Ertrag aus dem neuen Produkt, den er aus der Steigerung der Maisproduktion abzüglich der zusätzlichen Produktionskosten für die gesteigerte Menge berechnet. Basierend auf dem Jahr 1955 errechnet er eine ewige Rente von ca. 7 US $ für jeden US $, der in FuE investiert wurde. In weiteren Studien wird ein produktionstheoretischer Zusammenhang zwischen dem Einsatz von FuE und verschiedenen Outputgrößen, wie z. B. der Wertschöpfung oder dem preisbereinigten Umsatz, unterstellt. Auf dieser Basis schätzen MINASIAN (1969) und BROCKHOFF (1970, 1972) für mehrere amerikanische Unternehmen der Chemiebranche bzw. für ein deutsches chemisch-pharmazeutisches Unternehmen die Höhe der Grenzprodukte der Faktoren Arbeit, Kapital und FuE. Beide kommen zu dem Ergebnis, daß das Grenzprodukt von FuE um ein Vielfaches höher liegt als die Grenzprodukte der beiden anderen Faktoren. So liegt nach MINASIAN die Rendite für jede zusätzliche in FuE investierte Geldeinheit bei 54 %, während sie bei Investitionen in Kapitalgüter nur bei 9 % liegt. In Einklang mit den Untersuchungen MINASIANs und BROCKHOFFs ermittelt BARDY (1974) für vier Unternehmen der deutschen Chemiebranche eine vier- bis fünffache Produktivität von FuE gegenüber dem Faktor Kapital.

Auch GRILICHES (1987) geht es in einer Querschnittsanalyse der tausend größten amerikanischen Industrieunternehmen darum, die unterschiedliche Outputentwicklung durch den Einsatz der Faktoren Arbeit, Kapital und FuE zu erklären. Neben dem signifikanten Beitrag des Bestandes an akkumuliertem FuE-Ausgaben sind die signifikant positiven Beiträge des Ausgabenanteils für Grundlagenforschung sowie des eigenfinanzierten FuE-Anteils wichtige Ergebnisse der Untersuchung. Eine Übertragung der eher mikroökonomischen Ansätze zur Messung des FuE-Ertrags auf die Makroebene ist die Untersuchung von LÜDEKE (1989), die somit zwischen den empirischen Innovationsstudien und den empirischen Wachstumsstudien steht. In einer Zeitreihenanalyse des deutschen Unternehmenssektors schätzt LÜDEKE den Wachstumsbeitrag des FuE-induzierten technischen Fortschritts auf durchschnittlich 56 %. Angesichts der ermittelten enormen Ertragsraten von FuE ist die Frage nach den Motiven und den Beweggründen für FuE-Investitionen, also nach den Faktoren, die FuE begünstigen, nur naheliegend. Bevor auf dieses weite Feld der Innovationsforschung eingegangen wird, sollen aber noch kurz einige weitere Wirkungen von FuE bzw. Innovationen angesprochen werden.

Ebenso wie der Produktivitätsbegriff in Verbindung mit dem Wohlfahrtsbegriff überwiegend mit positiven Wertvorstellungen besetzt ist, ist es auch der Begriff der *internationalen Wettbewerbsfähigkeit*. Sie ist eine weitere "erwünschte" Auswirkung des technischen Fortschritts. Für die Abhängigkeit der internationalen Wettbewerbsfähigkeit vom technischen Fortschritt gibt es im wesentlichen zwei Erklärungsansätze. Diese sind die statische Neo-Faktorproportionen-Hypothese und die dynamische Neotechnologie-Hypothese. Bei der Neo-Faktorproportionen-Hypothese ist die Reichlichkeit der Ausstattung mit dem Faktor Humankapital Ursache für die Außenhandelsstruktur. Mit der Neotechnologie-Hypothese wird der SCHUMPETERsche Wettbewerb mit Neuerungen auf die Auslandsmärkte ausgedehnt. In einer empirischen Analyse für 18 westdeutsche Industriezweige hat WOLTER (1977) beide Hypothesen getestet. Es hat sich gezeigt, daß beide Hypothesen gleichermaßen gut zur Erklärung der Außenhandelsstruktur der Bundesrepublik beitragen, insbesondere, was den weltweiten Handel als auch den Handel mit den entwickelten Marktwirtschaften angeht. Die Spezialisierung im Außenhandel mit den weniger entwickelten Volkswirtschaften wird allerdings besser durch die Neo-Faktorproportionen-Hypothese erklärt, während beim Handel mit den Staatshandelsländern die Technologieintensität die entscheidende Rolle spielt.

In einer Untersuchung zur Stellung der westdeutschen Wirtschaft im internationalen Wettbewerb kommen GRUPP und LEGLER (1987) zu einem nach Gütergruppen differenzierten Ergebnis bezüglich des Technologiebeitrags zum Außenhandelserfolg. Im Vergleich mit den zwei schärfsten technologischen Konkurrenten auf dem Weltmarkt, USA und Japan, zeigt sich, daß die Bundesrepublik eine Spitzenstellung beim Export von Gütern der gehobenen Gebrauchstechnik, zu denen z. B. Maschinenbauerzeugnisse, elektrotechnische Erzeugnisse, Chemieprodukte u. a. zählen, einnimmt, während bei der Spitzentechnologie, die z. B. Kernreaktoren, Luft- und Raumfahrzeuge, pharmazeutische Produkte u. a. umfaßt, die USA über komparative Vorteile im Welthandel verfügen.[1] Mit der Stellung im Welthandel wird die technologische Position der drei Länder für bestimmte Gruppen technologieintensiver Güter verglichen. Diese wird mit Hilfe eines technometrischen Ansatzes, d. h. durch Messung und Bewertung technischer Eigenschaften der betrachteten Güter, ermittelt. Insgesamt kann ein positiver Zusammenhang zwischen technischen Standards und der jeweiligen Exportposition festgestellt werden.[2] Auch SOETE (1987) untersucht im Sinne der Neotechnologie-Hypothese anhand von 22 OECD-Ländern für 40 Industriesektoren den Technolo-

1) Siehe GRUPP u. LEGLER (1987, S. 67 ff.).
2) Siehe GRUPP u. LEGLER (1987, S. 91 ff.).

giebeitrag zum Außenhandelserfolg. Dabei verwendet er als Meßgröße für die technologische Stärke die Zahl der am amerikanischen Patentamt erteilten Patente. Von wenigen Ausnahmen abgesehen, wie z. B. von den Grundstoffindustrien, spielt die Technologievariable für den Außenhandelserfolg nahezu aller Sektoren eine signifikante Rolle. Dabei sind die Technologieelastizitäten des Exporterfolgs für die gemeinhin als technologieintensiv geltenden Sektoren höher als für die nichttechnologieintensiven.

Den Zusammenhang zwischen Innovationsneigung und Exportleistung auf der Ebene von Unternehmen analysiert SCHLEGELMILCH (1988) anhand einer empirischen Untersuchung von 74 Unternehmen der deutschen Maschinenbauindustrie. Mittels kanonischer Korrelationsanalyse untersucht er das Verhältnis zwischen zwei Gruppen von Variablen, die einerseits die Exportleistung und andererseits die Innovationsneigung repräsentieren. Dabei ergibt sich zwischen dem Exporterfolg, gemessen durch den Exportanteil am Umsatz, und den Innovationsneigungs-Variablen Patente, Existenz einer FuE-Abteilung und positive Einstellung gegenüber Produktentwicklung ein positives Verhältnis. Andererseits wird der Exporterfolg, gemessen durch das Exportwachstum, am besten durch die Innovationsneigungs-Variable Anteil der Produkte in frühen Stadien des Produktlebenszyklus erklärt.

Ein wirtschafts- und sozialpolitisch kontrovers diskutierter Zusammenhang ist der zwischen Innovation und *Beschäftigung*. Besonders Prozeßinnovationen bergen das Risiko der Freisetzung von Arbeitskräften infolge von Rationalisierungsmaßnahmen. Auf der Basis einer Unternehmensbefragung kommt KÖNIG (1987) zu dem Ergebnis, daß die Nachfrageerwartungen von Unternehmen für die Beschäftigungsentwicklung dominierend und die Innovationsaktivitäten eher von sekundärer Bedeutung sind. Positive Nachfrageerwartungen in Verbindung mit geplanten Prozeßinnovationen bewirken via Kapazitätserweiterungen eine Beschäftigungszunahme, während bei negativen Nachfrageerwartungen der Rationalisierungseffekt zu einem Beschäftigungsrückgang führt. Eine weitere, überaus umfassend angelegte Studie ist die sogenannte "Meta-Studie", in der die Arbeitsmarktwirkungen moderner Technologien im Auftrag des Bundesministers für Forschung und Technologie unter der Beteiligung von neun deutschen Wirtschaftsforschungsinstituten untersucht werden.[1] Als tendenzielles Ergebnis der einzelnen Untersuchungen ist eine positive Einschätzung des technischen Wandels festzustellen. Zwar ist der technische Fortschritt i. d. R. arbeitssparend, jedoch ist die Beschäftigungssituation in innovierenden Betrieben durchweg günstiger als in nicht innovierenden. Entsprechend gilt auf sektoraler Ebene, daß die Wahrscheinlichkeit, in einem Sektor arbeitslos zu werden, in Abhängigkeit von der Innovationsaktivität sinkt. Allerdings ergibt sich auch, daß auf der einen Seite verstärkte Innovationsbemühungen kaum zu einer Verminderung der Arbeitslosigkeit beitragen, auf der anderen Seite aber hätte eine Verlangsamung des Innovationstempos negative Auswirkungen auf die Beschäftigung.[2]

Wie bereits in den vorherigen Abschnitten erläutert, wirkt sich sowohl bei neoklassischer als auch bei evolutionstheoretischer Sichtweise technischer Wandel *konzentrationsfördernd* aus. In einer Fallstudie der amerikanischen zivilen Luftfahrtindustrie für den Zeitraum Mitte der 20er Jahre bis 1965 hat PHILLIPS (1971) mit steigendem Leistungsvermögen der Luftfahrzeuge in bezug auf Geschwindigkeit, Passagier- und Lastkapazität einen Rückgang der Zahl der Herstellerunternehmen von anfangs 79 auf nur noch vier amerikanische und drei ausländische Unternehmen festgestellt.

2.2.1.2 Innovationsdeterminanten

Assoziiert man mit technischem Fortschritt größeres Wachstum und größere Wohlfahrt, so ist die Frage nach den *Determinanten* des technischen Fortschritts naheliegend. Aber auch die als negativ bewerteten Wirkungen des technischen Wandels, wie Beschäftigungsrückgang bei Rationalisierung oder zunehmende Konzentration, erfordern hierauf eine Antwort. Somit wird der Erfindungs-Innovations-Komplex nicht mehr als exogen, sondern als von anderen Größen abhängig betrachtet. Dabei beruhen viele Untersuchungen auf

---

1) Die beteiligten Institute sind: Deutsches Institut für Wirtschaftsforschung Berlin, IFO-Institut für Wirtschaftsforschung München, Institut für Stadtforschung und Strukturpolitik GmbH Berlin, Infratest Sozialforschung GmbH München, Institut für Sozialforschung und Gesellschaftspolitik e. V. Köln, Institut für Wirtschafts- und Sozialforschung Wien, Wissenschaftszentrum Berlin für Sozialforschung/Forschungsschwerpunkt Arbeitsmarkt und Beschäftigung, Basler Arbeitsgruppe für Konjunkturforschung/ Forschungsstelle für Arbeitsmarkt- und Industrieökonomik der Universität Basel und Technische Universität Berlin/Heinrich-Hertz-Institut. Die Ergebnisse dieser Studie sind in acht Bänden unter dem Titel "Arbeitsmarktwirkungen moderner Technologien" (1989) publiziert.

2) Vgl. EWERS (1989).

der Idee des Technology-Pushs, d. h. sie beschäftigen sich mit den eher angebotsorientierten Einflußfaktoren, wie Unternehmensgröße, Marktstruktur, technologische Möglichkeiten und Aneignungsmöglichkeiten. Dagegen wird der Einfluß der Nachfrage auf den technischen Fortschritt noch zu wenig berücksichtigt.[1] Dies liegt daran, daß das Interesse an den Ursachen des technischen Fortschritts häufig dem Wunsch entspringt, ihn zur Erfüllung unternehmens- und wirtschaftspolitischer Ziele zu instrumentalisieren. Da auch dem Hervorbringen technischer Neuerungen durch Knappheit Grenzen gesetzt sind, steht der Allokationsaspekt im Zentrum vieler theoretischer und empirischer Analysen.[2]

Einer der wenigen Autoren, der sich mit dem Einfluß der *Nachfrage* auf die Erfindungstätigkeit befaßt hat, ist SCHMOOKLER (1966). Sein Ziel ist zu zeigen, daß technischer Wandel nicht nur neues Angebot schafft, das die Wünsche und Bedürfnisse der Nachfrager ändert, sondern daß auch umgekehrt die Bedürfnisse der Nachfrager den technischen Wandel vorantreiben können. So kann er mit Hilfe einer Zeitreihenanalyse von Patenten aus verschiedenen kapitalgüterproduzierenden Industriezweigen, die im Zeitraum von 1837 bis 1957 am amerikanischen Patentamt angemeldet wurden, zeigen, daß die Investitionsgüternachfrage die Erfindungstätigkeit erst stimuliert hat.

Ausgangspunkt vieler angebotsorientierter Untersuchungen zur Erklärung des Innovationsverhaltens ist die SCHUMPETER-Hypothese. Wie in Abschnitt 1.1.2 erläutert, stehen genaugenommen zwei Hypothesen im Raum, nämlich die eher GALBRAITH zuzurechnende Hypothese, daß das Ausmaß der Innovationsaktivitäten von der *Unternehmensgröße* abhängt, und die eigentliche SCHUMPETER-Hypothese, nach der monopolistische Positionen für die Übernahme von Innovationsrisiken förderlich sind und demnach das Hervorbringen von Innovationen begünstigen. Die letztere Hypothese, die eigentlich auf das Innovationsverhalten des oder der Marktmächtigen zielt, wird in vielen empirischen Studien auf die Annahme ausgedehnt, die Innovationsaktivitäten einer ganzen Branche würden von der jeweiligen *Marktstruktur*

---

1) Eine Ausnahme ist die Untersuchung v. HIPPELs (1988) zu den institutionellen Ursachen von Innovationen. Er zeigt auf, daß in vielen Industriezweigen Innovationen durch die Anwender oder in Kooperation der Anwender mit den Herstellern hervorgebracht werden.

2) Vgl. hierzu auch WALTER (1979).

beeinflußt. Dahinter steckt die Vorstellung von einem optimalen Konzentrationsgrad, d. h. mit zunehmender Konzentration würde die Innovationsaktivität zunächst steigen und dann wieder abfallen, wenn der Marktführer einen zu großen Einfluß hätte. Beispielhaft ist die Untersuchung SCHERERs (1965), der die Größen- und die Marktstruktur-Hypothese am Beispiel von 448 der fünfhundert größten amerikanischen Industrieunternehmen überprüft. Neben der Überprüfung ökonomischer Hypothesen ist es ein zweites Anliegen SCHERERs, den Outputindikator Patente für solche Untersuchungen einzuführen und zu testen.

Für die Überprüfung der Unternehmensgrößen-Hypothese wählt SCHERER den Umsatz als Größenmaßstab. Er zieht ihn anderen Maßen wie der Beschäftigtenzahl oder dem Anlagevermögen vor, da sich die FuE-Planung vieler Unternehmen daran orientiert und da er nicht von Faktorproportionen abhängt. Auf zweierlei Arten überprüft SCHERER, ob die Innovationsaktivitäten [1)] überproportional zur Unternehmensgröße steigen. Zum einen vergleicht er in tabellarischer Form die Konzentration von Patenten und FuE-Personal mit der Konzentration der Umsätze. Diese Gegenüberstellung ergibt, daß die Innovationsaktivitäten eher unterproportional zu den Umsätzen steigen. Zum anderen benutzt er nichtlineare Regressionsansätze, um die Größen-Hypothese zu testen. Die Schätzergebnisse des kubischen Gleichungsansatzes widerlegen die Größen-Hypothese klar. Sie deuten ebenfalls auf einen unterproportionalen Zusammenhang zwischen Innovationsaktivitäten und Unternehmensgröße hin. Erst ab einer Umsatzgröße von 5,5 Mrd. US $, welche überhaupt nur von drei Unternehmen der Stichprobe erreicht wird, ergibt sich ein überproportionaler Zusammenhang. Um auszuschließen, daß sektoral unterschiedliche Unternehmensgrößenverteilungen und sektoral unterschiedliche Technologieintensitäten für dieses Ergebnis verantwortlich sind, werden die Unternehmen vier verschiedenen Technologiebereichen zugeordnet, und für alle vier Gruppen wird separat ein kubischer Ansatz geschätzt. Auch hier ergeben sich in allen Bereichen abnehmende marginale Innovationsaktivitäten, bis auf einen Umsatzbereich, der nur von wenigen Branchenriesen erreicht wird.

---

1) SCHERER (1965) selbst benutzt diesen Begriff nicht, sondern versteht seine Untersuchung als Analyse erfinderischer Tätigkeit. Im Gegensatz zu SCHERER wird hier der Begriff Innovationsaktivität verwendet, da die Erfindungstätigkeit als Bestandteil des Innovationsprozesses angesehen wird. Vgl. hierzu auch Abschnitt 1.1.1, S. 4, dieser Arbeit.

Auch für die Marktstruktur-Hypothese kann SCHERER keine empirische Unterstützung finden, allerdings wird sie nicht so eindeutig widerlegt wie die Größen-Hypothese. Mit Hilfe eines loglinearen Regressionsansatzes testet SCHERER für 48 Industriezweige den Einfluß des Marktanteils der jeweils vier umsatzstärksten Unternehmen auf deren Patentaktivitäten. Die Schätzergebnisse weisen zwar auf einen schwachen positiven Zusammenhang hin, aber dieser Zusammenhang ist statistisch nicht signifikant. Auch lineare Regressionen erbringen keine statistisch signifikanten Ergebnisse, die die Marktstruktur-Hypothese erhärten könnten. Zusätzlich überprüft SCHERER die Beziehung zwischen den Patentaktivitäten und den liquiden Mitteln bzw. dem Gewinn eines Unternehmens, da die in der SCHUMPETER-Hypothese unterstellte Überlegenheit monopolistischer Unternehmen u. a. auf deren besseren Zugang zu den für Innovationen benötigten Finanzmitteln zurückgeführt wird. Weder für die liquiden Mittel noch für den Gewinn kann ein nennenswerter Einfluß festgestellt werden. SCHERERs Ergebnisse bedeuten ein negatives Urteil für die SCHUMPETER-Hypothese, sei es für die Größen- oder für die Marktstruktur-Hypothese, worüber SCHERER sich als bisheriger Anhänger der SCHUMPETER-Hypothese enttäuscht zeigt. In seiner Untersuchung aber hat er auch einige andere Einflußfaktoren, wie z. B. Nachfragesog, technologische Chancen und Diversifikation, aufgezeigt, die eventuell viel entscheidenderes Gewicht für die Innovationsaktivitäten eines Unternehmens oder eines Sektors haben als Unternehmensgröße und Marktstruktur.

Für die Bundesrepublik Deutschland führt TABBERT (1974) einen empirischen Test der SCHUMPETER-Hypothese anhand von Daten aus dem Jahr 1967 durch. Als Indikatoren der Innovationsaktivität verwendet er FuE-Ausgaben, für den Test der Marktstruktur-Hypothese zusätzlich auch die Zahl der FuE-Beschäftigten. Da für die Bundesrepublik Deutschland FuE-Daten auf Unternehmensebene zum damaligen Zeitpunkt praktisch nicht verfügbar waren, muß TABBERT die Größen-Hypothese auf der Basis eines Kompromisses zwischen Geheimhaltung vertraulicher FuE-Daten und dem Wunsch nach möglichst disaggregiertem Datenmaterial testen. Bei seiner Analyse stützt er sich auf eine Sonderauswertung des Stifterverbandes für die deutsche Wissenschaft, in der die FuE-Aktivitäten sowie die Umsätze und Beschäftigtenzahlen für jeweils drei Unternehmen, gestaffelt nach Unternehmensgröße, zusammengefaßt sind. Somit erhält er eine Stichprobe von 273

"Dreier-Unternehmen", die zwölf verschiedenen Industriezweigen zugeordnet sind. Ein logarithmischer Ansatz erlaubt ihm, FuE-Elastizitäten in bezug auf die Unternehmensgröße, gemessen durch den Umsatz bzw. in einem zweiten Ansatz durch die Beschäftigung, zu berechnen. Die Elastizität für das gesamte Verarbeitende Gewerbe ohne die Chemie- und die mineralölverarbeitende Industrie liegt bei ungefähr *1*. Lediglich in zwei Industriezweigen, in der Kunststoff-, Gummi- und Asbestverarbeitung sowie in der Feinmechanik und Optik, ergeben sich signifikant größere Werte als *1*, wenn man den Umsatz als Größenmaßstab nimmt. Wählt man stattdessen die Beschäftigtenzahl, sind die Elastizitäten wiederum in zwei Industriezweigen signifikant größer als *1*, diesmal in der Eisen- und Stahlerzeugung und in der Feinmechanik und Optik.

Des weiteren verwendet TABBERT quadratische und kubische Gleichungsansätze, um über- bzw. unterproportionale Beziehungen zwischen Innovationsaktivitäten und Unternehmensgröße festzustellen. Der quadratische Ansatz deutet zwar in neun der zwölf Sektoren auf überproportionales Anwachsen der FuE-Ausgaben im Verhältnis zur Unternehmensgröße hin, und in fünf Sektoren sind diese Ergebnisse auch hochsignifikant, TABBERT steht jedoch diesem für die Größen-Hypothese günstigen Ergebnis aus methodischen Gründen vorsichtig gegenüber. Denn der quadratische Ansatz leidet unter den Problemen der Multikollinearität und der Heteroskedaszität. Mit Hilfe des kubischen Ansatzes ist es möglich, Wendepunkte zwischen unter- und überproportionalem Anwachsen zu identifizieren. Für die Gesamtheit der Sektoren ergibt sich wie schon bei SCHERER (1965) zunächst ein Bereich abnehmender und ab einer Umsatzhöhe von 6 Mrd. DM je Dreier-Unternehmen zunehmender marginaler FuE-Aktivitäten. Diese Umsatzhöhe wird allerdings nur von vier dieser Dreier-Unternehmen erreicht. Bei einer separaten Analyse der einzelnen Industriezweige ergibt sich ein sehr heterogenes Bild: Es treten sowohl durchgehend steigende als auch zuerst steigende, dann fallende marginale FuE-Aktivitäten sowie der umgekehrte Fall auf. Genauso wie der quadratischen Ansatz ist auch der kubische mit den erwähnten statistischen Problemen behaftet, so daß die Ergebnisse nicht zuverlässig interpretiert werden können. Insgesamt scheint die Größen-Hypothese in TABBERTs Untersuchung für die Bundesrepublik Deutschland besser abzuschneiden als in SCHERERs Untersuchung für die USA, zumindest weisen die Ergebnisse nicht wie bei SCHERER in die gegenteilige Richtung. Von einer Bestätigung der Größen-Hypothese kann aber nicht die Rede sein.

Bezüglich der Marktstruktur-Hypothese überprüft TABBERT zwei Varianten, einmal den Einfluß des Marktanteils der drei umsatzstärksten Unternehmen eines Sektors auf deren FuE-Intensität und einmal den Einfluß des Konzentrationsgrades auf die FuE-Intensität einer gesamten Branche. Für die Messung der Marktkonzentration verwendet er alternativ 3er-Konzentrationsgrade, welche mit den für die Überprüfung der ersten Variante eingesetzten Marktanteilen der drei Branchengrößten identisch sind, und 6er-Konzentrationsgrade. Um Scheinkorrelationen zu vermeiden, die dadurch entstehen könnten, daß die technologieintensiven auch gleichzeitig die konzentrierten Industrien sind, fügt er seinem Schätzansatz nach dem Vorbild SCHERERs (1965) Dummyvariablen für die unterschiedlichen technologischen Chancen hinzu. Je nach Wahl der Schätzgleichung in additiver oder multiplikativer Form sind die Indizien gegen die Marktstruktur-Hypothese unterschiedlich stark. Beim additiven Ansatz ergeben sich für die erste Variante, die auf das FuE-Verhalten der Branchenführer abzielt, negative, allerdings statistisch nicht signifikante Beziehungen zwischen FuE-Intensität und Marktanteil. Dagegen sind die Koeffizienten des Konzentrationsgrades in bezug auf das FuE-Verhalten der ganzen Branche positiv, jedoch ist der Wert nur im Falle der FuE-Personalintensität statistisch signifikant. Beim multiplikativen Ansatz sind die Vorzeichen des Konzentrationsgrades für alle getesteten Varianten negativ, im Falle der FuE-Ausgabenintensität sogar in signifikanter Weise. Somit kann auch für die westdeutsche Wirtschaft keine empirische Evidenz für die Marktstruktur-Hypothese gefunden werden. Im Gegenteil, die Mehrzahl der Ergebnisse deutet eher auf einen negativen Einfluß der Marktmacht zumindest auf das FuE-Verhalten der Marktführer hin.

Eine der jüngsten Untersuchungen zum Zusammenhang zwischen Patentaktivität und Unternehmensgröße für die Bundesrepublik Deutschland stammt von ZIMMERMANN und SCHWALBACH (1991). Sie schätzen für ca. 90 deutsche Aktiengesellschaften einen kubischen Regressionsansatz zur Erklärung der Patentaktivität. Dabei ergibt sich zunächst ein flaches Maximum an Patentaktivität bei ca. 1 Mrd. DM Umsatz und ein Minimum bei ca. 5 Mrd. DM Umsatz, wobei die Umsatzzahlen auf Durchschnittswerten der Jahre 1966 bis 1975 beruhen. Die Untersuchung von ZIMMERMANN und

SCHWALBACH ist für diese Arbeit von besonderem Interesse, da sie im Hinblick auf die Datenbasis eine gute Vergleichsmöglichkeit mit den eigenen Ergebnissen bietet.[1)]

Bereits SCHERER (1967b) hat in einer weiteren Untersuchung der Marktstruktur-Hypothese darauf hingewiesen, daß Konzentrationsgrade und technologische Chancen einer Branche miteinander um die Erklärung der Innovationsaktivitäten konkurrieren. Der Einfluß der Konzentrationsvariable wird nach Hinzufügen von Dummy-Variablen für verschiedene Technologieklassen statistisch nahezu unbedeutend. LEVIN u. a. (1985) greifen diesen Zusammenhang auf, um im Detail zu untersuchen, worauf die hohe Signifikanz dieser Dummy-Variablen zurückzuführen ist. Zunächst überprüfen sie in einer Querschnittsuntersuchung von 130 amerikanischen Industriezweigen den Zusammenhang zwischen Innovationsstärke und Konzentration. Dabei stellen sie den von Anhängern der Marktstruktur-Hypothese postulierten Zusammenhang eines "umgekehrten Us" zwischen den beiden Größen fest. Je nach verwendetem Innovationsindikator liegt der optimale 4er-Konzentrationsgrad, bei dem die Innovationsaktivitäten ihr Maximum erreichen, bei 52 bzw. bei 54 %.

In einem nächsten Schritt gehen sie der Hypothese nach, daß die von SCHERER (1967b) eingeführten Dummy-Variablen für unterschiedliche Technologieklassen sowohl den Einfluß unterschiedlicher technologischer Chancen als auch unterschiedlicher Möglichkeiten, sich den Innovationsgewinn anzueignen, repräsentieren. Die *technologischen Chancen* setzen sich aus mehreren Komponenten zusammen, aus der Wissenschaftsnähe, der Möglichkeit, externes technisches Wissen anzuzapfen, und dem Reifegrad eines Industriezweiges. Diese drei Dimensionen technologischer Chancen werden mit Hilfe von sechs durch Unternehmensbefragung ermittelten Indikatoren gemessen. Der zweite Einflußfaktor, die *Aneignungsmöglichkeiten*, wird durch zwei ebenfalls durch Befragung erhobene Meßgrößen repräsentiert. Diese zeigen einerseits an, ob eine Industrie über wirksame Schutzmechanismen, wie z. B. Patente, Geheimhaltung usw., verfügt, und andererseits, wie groß der durchschnittliche Imitationslag in einem Industriezweig ist. Werden die Variablen für die technologischen Chancen und die Aneignungsmöglichkeiten dem ursprünglichen Gleichungsansatz hinzugefügt, so ist der Ein-

---

1) Siehe hierzu Abschnitt 3.3.1.2, S. 211 ff., dieser Arbeit.

fluß der Konzentration statistisch nicht mehr signifikant. Dagegen sind die Koeffizienten der Meßgrößen für die technologischen Chancen hochsignifikant. FuE-Aktivitäten werden demnach durch eine große Wissenschaftsnähe, durch die Nutzung staatlicher Forschungseinrichtungen und durch das geringe Alter einer Industrie begünstigt. Die Koeffizienten der Aneignungsmöglichkeiten zeigen keine eindeutige Wirkungsrichtung. Dies ist nicht verwunderlich, da auf der einen Seite Innovationsaktivitäten durch ungetrübte Gewinnaussichten beflügelt werden, auf der anderen Seite aber auch die Möglichkeiten des Know-how-Transfers infolge von Spill-over-Effekten ein günstiges Innovationsklima schaffen können. Die Studie von LEVIN u. a. (1985) zeigt, daß der Einfluß der Industriekonzentration auf die Innovationsstärke eines Sektors, wenn überhaupt vorhanden, dann nur sehr schwach ist. In erster Linie wird die Innovationstärke eines Sektors durch die technologischen und ökonomischen Bedingungen geprägt.

Während bei LEVIN u. a. (1985) die Aneignungsmöglichkeiten vorrangig die Bedeutung des Schutzes vor Nachahmung haben, behandelt JAFFE (1986) diese Fragestellung aus dem entgegengesetzten Blickwinkel der Spillover-Effekte. Er schätzt den Beitrag des unternehmensspezifischen potentiellen Spillover-Pools zur FuE-Produktivität eines Unternehmens. Der Spillover-Pool wird durch die gewichtete Summe sämtlicher FuE-Ausgaben der anderen Unternehmen gemessen. Je größer die auf der Basis von Patentprofilen gemessene technologische Ähnlichkeit anderer Unternehmen mit dem jeweilig betrachteten Unternehmen ist, desto höher ist die Gewichtung. Auch in dieser Studie kommt zum Ausdruck, daß die Wirkung des Spillover-Phänomens zweideutig ist. Einerseits wirkt sich der unbeabsichtigte Wissensabfluß an die Konkurrenz auf das eigene FuE-Engagement dämpfend aus, andererseits ermöglicht ein großer Spillover-Pool, von dem ein Unternehmen profitieren kann, eine erhöhte FuE-Produktivität und somit eine höhere Innovationsrate.

Weitere Studien von PAVITT u. a. (1987) und von ACS und AUDRETSCH (1988) verdeutlichen, daß unterschiedliche technologische Chancen und Aneignungsmöglichkeiten nicht nur die Innovationsaktivitäten eines Sektors beeinflussen, sondern auch die Größenverteilung der innovierenden Unternehmen. So zeigen PAVITT und Kollegen anhand einer Analyse von 4.378 bedeutenden Innovationen britischer Unternehmen, daß in manchen Sektoren mit hohen technologischen Chancen überwiegend große Unternehmen mit mehr als 50.000 Beschäftigten die Innovationsträger sind, und in anderen Sektoren, in denen die technologischen Chancen ebenfalls hoch sind, sich vor allem die kleinen Unternehmen mit weniger als 200 Beschäftigten durch Innovationen hervortun. Die großen Unternehmen dominieren vor allem in der chemischen Industrie und in der elektrotechnischen bzw. Elektronikindustrie. Diese Sektoren zeichnen sich dadurch aus, daß es Unternehmen aus anderen Industriezweigen schwerfällt, die dortige Technologie zu imitieren. Die Unternehmen dieser Sektoren aber bringen durchaus auch Innovationen hervor, die andere Industriezweige betreffen. Kleine Unternehmen sind vor allem im Maschinen- und Instrumentenbau die Innovationsträger. Diese Sektoren sind durch die relative Leichtigkeit, mit der Innovationen nachgeahmt werden können, insbesondere auch durch branchenfremde Unternehmen, gekennzeichnet. Die Unternehmen selbst sind technologisch stark spezialisiert. Somit sind hohe technologische Chancen generell für hohe Innovationsaktivitäten verantwortlich. Unterschiedliche Technologien führen jedoch zu unterschiedlichen Aneignungsmöglichkeiten, die ihrerseits bestimmte Verhaltensweisen und Organisationsformen der innovierenden Einheiten bewirken. Schlechte Aneignungsmöglichkeiten bzw. gute Nachahmungsmöglichkeiten haben zur Folge, daß Innovationen hauptsächlich in kleinen Unternehmen mit hohem Spezialisierungsgrad entstehen, während im umgekehrten Fall das große technologisch vielseitige Unternehmen dominiert. Auch ACS und AUDRETSCH (1988) zeigen am Beispiel von über 4.000 Innovationen amerikanischer Unternehmen auf, daß verschiedene ökonomische und technologische Regime zu unterschiedlichen Innovationsstrategien von großen und kleinen Unternehmen führen.

2.2.1.3 Interdependente Innovationsmodelle

Beide Untersuchungen von PAVITT und von ACS und AUDRETSCH unterscheiden sich von den oben erwähnten Studien zur Überprüfung der Marktstruktur-Hypothese, indem sie die Größenverteilung der Unternehmen nicht mehr als exogene Ursache von Innovationen, sondern als endogen bestimmt auffassen. Dennoch bleibt die Betrachtungsweise ebenso wie in den anderen aufgeführten Untersuchungen zu den Determinanten des Innovationsverhaltens kausalanalytisch. Den Übergang zu einem *interdependenten Modell*, in dem Marktstruktur und Innovationsverhalten simultan bestimmt sind, vollziehen LEVIN und REISS (1984, 1988) auf der Grundlage eines spieltheoretischen Erklärungsmodells.[1] In dem früheren Ansatz sind sowohl Marktstruktur als auch die verfahrensbezogene FuE-Intensität und außerdem die Werbekostenintensität simultan bestimmt.[2] In der späteren Untersuchung wird auf die Einbeziehung der Werbekosten verzichtet. Dafür werden sowohl verfahrensbezogene als auch produktbezogene FuE jeweils durch eine Strukturgleichung erklärt. Als exogene Bestimmungsgrößen fungieren die Preiselastizität der Nachfrage, die technologischen Möglichkeiten sowie das Spillover-Potential.[3] Im folgenden soll auf die Darstellung der Ergebnisse der 1988er Untersuchung verzichtet werden, da angesichts eines algebraischen Fehlers[4] bei der Herleitung der Strukturgleichung eine Interpretation der geschätzten Parameterwerte schwerfällt.

LEVIN und REISS stützen sich in ihrer 1984er Untersuchung auf Querschnittsdaten aus zwanzig Sektoren der amerikanischen Industrie, die für die drei Zeitpunkte 1963, 1967 und 1972 vorliegen. Besonders die Schätzergebnisse für die Marktstrukturgleichung, aber auch für die Werbekostengleichung, machen die Schwierigkeit der Übersetzung des neoklassischen Modells in meßbare und verfügbare Größen deutlich. Die geschätzten Parameterwerte der Konzentrationsgleichung entsprechen keineswegs den a priori abgeleiteten Größen. LEVIN und REISS führen diese Tatsache auf Meßfehler in der erklärenden Größe der Nachfrageelastizität, auf das hohe Aggregationsniveau sowie auf einen erst mit Verzögerung wirkenden Effekt von FuE und Werbekosten zurück.[5] In einem weniger streng aus einzelwirtschaftlichen Maximierungsannahmen abgeleiteten Modell hätte man den Einfluß von FuE und Werbekosten auf die Markstruktur vermutlich dynamisiert, vorausgesetzt, man hätte über entsprechende Zeitreihendaten verfügt. Dennoch legen die Schätzergebnisse einen positiven signifikanten Zusammenhang zwischen Konzentration und Prozeßkosten senkenden FuE-Aktivitäten nahe. Die FuE-Intensitätsgleichung zeigt eine gute Übereinstimmung der Schätzergebnisse mit den auf der Grundlage von a priori Überlegungen erwarteten Werten. Insbesondere der Einfluß der exogenen Größen technologische Mög-

---

1) Zu den theoretischen Grundlagen des LEVIN-REISS-Ansatzes vgl. die Ausführungen in Abschnitt 2.1.1.3, S. 33 ff.
2) LEVIN u. REISS (1984)
3) LEVIN u. REISS (1988)
4) Vgl. Fußnote 1), Abschnitt 2.1.1.3, S. 35.
5) Siehe LEVIN u. REISS (1984, S. 195).

lichkeiten und Spillover-Potential auf die FuE-Intensität erweist sich als statistisch signifikant.

Der LEVIN-REISS-Ansatz ist ein Versuch, Empirie und neoklassische Theorie zu verbinden. Das theoretische Modell zeigt deutlich das Potential für Wechselwirkungen zwischen Marktstruktur, FuE-Aufwand und Werbekosten auf. Allerdings erweist es sich für eine Beschreibung der Wirklichkeit angesichts des verfügbaren Datenmaterials als zu enge Fessel. Die LEVIN-REISS-Studie ist eine hervorragende Arbeit, in der sowohl die Interdependenz- als auch die Spillover-Problematik theoretisch und empirisch aufgegriffen werden. Die parametergetreue Umsetzung des theoretischen Modells in ein empirisches bleibt jedoch Wunschdenken. Sowohl die engen Prämissen des theoretischen Modells, wie z. B. die statische Sichtweise oder die Annahme identischer Unternehmen, als auch das hohe Aggregationsniveau der Daten verhindern eine ernsthafte Überprüfung der Modellimplikationen. Somit ist der LEVIN-REISS-Ansatz ein überaus wichtiger Beitrag zur empirischen Innovationsforschung, weil er die Diskussion von einfachen Ursache-Wirkungs-Zusammenhängen auf die Interdependenzproblematik lenkt, aber er läßt noch ein weites Forschungsfeld zur Überwindung der Theorie-Empirie-Lücke offen.[1)]

2.2.1.4 Innovationsphasen

Ein weiterer Zweig der empirischen Innovationsforschung befaßt sich schließlich mit den einzelnen *Phasen des Innovationsprozesses.* Da in dieser Arbeit die Innovationsaktivität eines Unternehmens in ihrer Gesamtheit betrachtet wird, also nicht in einzelne Phasen aufgeteilt wird, seien hier nur der Vollständigkeit des Klassifikationssystems halber einige Untersuchungen zu den einzelnen Innovationsphasen herausgegriffen. Ein wichtiger Aspekt hierbei ist die Dauer der *Inventions-Innovationsphase*, d. h. im Blickpunkt steht die Frage, welche Zeitspanne zwischen dem Abschluß einer Erfindung und ihrer erstmaligen kommerziellen Anwendung vergeht. Es ist ein schwieriges Unterfangen, diese Zeitspanne abzuschätzen, denn zunächst einmal müssen einzelne Erfindungen überhaupt als solche identifiziert werden. Die Untersuchung ENOS' (1962) zum Time-Lag zwischen Erfindung und Innovation in der erdölverarbeitenden Industrie bezieht sich daher nur auf die größeren Er-

---

1) LEVIN u. REISS (1984, S. 202) schließen ihren Aufsatz selbst in diesem Sinne mit der Bemerkung: "Much remains to be done." ab.

findungen und Innovationen und läßt die in ihrer Summe für den kommerziellen Erfolg oftmals entscheidenderen inkrementalen Erfindungen und Innovationen außer acht. ENOS untersucht für elf Raffinerieverfahren den Zeitraum zwischen Erfindung und Innovation und vergleicht diesen mit 35 wichtigen Produkt- und Verfahrensinnovationen aus anderen Industriezweigen. Im Durchschnitt verging ein Zeitraum von elf Jahren in der erdölverarbeitenden Industrie, während er in den anderen Industriezweigen bei vierzehn Jahren lag. Die kürzesten Zeiträume bis zur Markteinführung ergaben sich für Erfindungen aus dem Bereich der Mechanik. Es folgten chemische und pharmazeutische Erfindungen vor Erfindungen aus dem Elektroniksektor.

Eine regressionsanalytische Untersuchung zur zeitlichen Vernetzung von Forschung, Erfindung und dem Zeitpunkt des Markterfolgs stammt von SCHMOCH u. a. Anhand ausgewählter technologieintensiver Technikfelder werden die Vorlaufzeiten der Patentpositionen der Länder USA, Japan und Bundesrepublik Deutschland vor deren Stellung im internationalen Wettbewerb untersucht. Dabei ergibt sich ein signifikant positiver Zusammenhang zwischen Patent- und Wettbewerbsposition bei je nach Technikfeld unterschiedlichen Vorlaufzeiten der Patentposition zwischen zwei und vier Jahren.[1)]

Ein aus Wohlfahrtsgesichtspunkten heraus besonders interessanter Forschungsbereich ist die Ausbreitung von Neuerungen. Nicht nur der oftmals lange Zeitraum zwischen Erfindung und Innovation ist für den technischen Wandel innerhalb eines Sektors oder einer Volkswirtschaft ausschlaggebend, sondern auch die möglichst rasche Durchdringung eines Anwendungsgebietes durch die neue Technik oder das neue Produkt. Aus wohlfahrtstheoretischer Sicht sind daher die Faktoren, die den *Diffusionsprozeß* begünstigen oder auch hemmen, mindestens genauso wichtig wie diejenigen, die für das Hervorbringen von Erfindungen und Innovationen entscheidend sind. Eine der ersten Diffusionsstudien ist die bereits erwähnte Fallstudie zur Entwicklung und Verbreitung einer neuen Maissorte von GRILICHES (1957). GRILICHES erklärt sowohl die geographisch unterschiedlichen Zeitpunkte der erstmaligen Anwendung des neuen Saatgutes als auch den zeitlichen Verlauf seiner Verbreitung mit Hilfe unterschiedlicher Gewinnchancen bei Eintritt in den Markt. So hängt die räumliche Diffusion in erster Linie von der Saatgut-

1) Siehe SCHMOCH u. a. (1988, S. 297 ff.).

Herstellerseite ab, die desto schneller ein für die jeweilige Region geeignetes Produkt entwickelt, je größer der zubedienende Markt ist. Auf der anderen Seite bestimmt nach der Markteinführung die Akzeptanz bei den Nachfragern die Schnelligkeit des Diffusionsverlaufs.

Während GRILICHES die Marktdurchdringung eines neuen Produkts für nur einen Sektor, nämlich den Agrarsektor, analysiert, untersucht MANSFIELD die Diffusionsverläufe für zwölf bedeutende Prozeßinnovationen aus der Zeit von 1893 bis 1948.[1)] Die betrachteten Innovationen stammen aus vier Industriezweigen: Aus der Steinkohlenindustrie, der Eisen- u. Stahlindustrie, dem Brauereiwesen und dem Eisenbahnsektor. Zunächst ermittelt MANSFIELD den Diffusionszeitraum, der bis zur vollständigen Marktdurchdringung bei zwischen ca. 10 und 20 Jahren lag. Je nach Art der Innovation zeigten individuelle Unternehmen ein sehr unterschiedliches Imitationsverhalten. Waren sie in dem einen Fall bei den ersten Nachahmern, so waren sie in einem anderen Fall möglicherweise bei den letzten. MANSFIELD stellt ein Modell für die Erklärung des Diffusionsverlaufs auf, das er dann anhand der zwölf Innovationen und den damit zusammenhängenden Unternehmensdaten testet. Aus der Annahme, die Wahrscheinlichkeit für die Einführung einer neuen Technik sei eine zunehmende Funktion des Anteils der Unternehmen eines Sektors, die die Technik bereits einsetzen, leitet er eine von der Zeit abhängige logistische Funktion für den Anteil derjenigen Unternehmen ab, die die neue Technik bereits anwenden. Der Parameter der Imitationsrate ist dabei, wie a priori vermutet, positiv linear abhängig von dem relativen Gewinn aus der Einführung der neuen Technik und in negativer Weise von der Höhe des dafür notwendigen Investitionsvolumens. Des weiteren ergeben sich aus der empirischen Analyse signifikante Unterschiede in der Höhe der Imitationsrate der vier Industriezweige. Obwohl eine allgemeine Interpretation dieses Ergebnisses auf der Basis von nur vier Industriezweigen und nur zwölf Innovationen sowie aufgrund der Tatsache, daß die Imitation der betrachteten zwölf neuen Techniken nicht durch gewerbliche Schutzrechte behindert wurde, mit Zurückhaltung erfolgen sollte, so ist doch bemerkenswert, daß die Imitationsrate der Tendenz nach in den mehr wettbewerblichen Industriezweigen höher ist.

---

1) Siehe MANSFIELD (1968b, S. 133 ff.).

Abgesehen von dem interdependenten Erklärungsansatz von LEVIN und REISS (1984) ist den verschiedenen Untersuchungen gemeinsam, daß sie i. d. R. nicht auf komplizierten, aus mikroökonomischen Maximierungskalkülen abgeleiteten Modellen basieren, sondern eher einfache Beziehungszusammenhänge empirisch für ein bestimmtes Land, eine Branche, eine Erfindung etc. aufdecken wollen. Dabei spielt der Einsatz geeigneter Indikatoren zur statistischen Erfassung des Innovationsprozesses eine wichtige Rolle. Denn der Innovationsprozeß ist ein Phänomen, das sich mehr durch qualitative und weniger durch quantitative Eigenschaften auszeichnet. Mit Hilfe einfacher Hypothesenstellung gelingt es der empirischen Innovationsforschung, zwar im einzelnen oft nur partiell, aber in ihrem gesamten Spektrum in vielerlei Dimensionen und unter vielerlei Aspekten, ein wirklichkeitsnahes Bild des Innovationsgeschehens, seiner Bestimmungsfaktoren und seiner Auswirkungen zu zeichnen. Ziel der empirischen Innovationsforschung ist nicht nur die Überprüfung theoretischer Modelle, sondern auch die Feststellung empirischer Sachverhalte, um Anworten auf wirtschaftspolitisch relevante Fragen geben zu können. Voraussetzung hierfür ist die Schaffung eines geeigneten methodische Instrumentariums. Welches die methodischen Brennpunkte der empirischen Innovationsforschung sind, ist nachfolgend in Abschnitt 2.2.2 beschrieben.

2.2.2 Methodische Fragestellungen empirischer Untersuchungen

Empirische Innovationsstudien unterscheiden sich nach methodischen Gesichtspunkten auf vielfältige Weise. Mögliche Einteilungskriterien sind die angewandte Analysetechnik, die Aggregationsebene und die gewählten Innovationsindikatoren. Die Wahl der angewandten *Analysetechnik* ist einerseits abhängig vom verfolgten Erklärungsziel, das einen bestimmten Abstraktionsgrad oder einen bestimmten Grad der Generalisierbarkeit der gewonnenen Erkenntnisse verlangt, andererseits ist sie schlicht und einfach ein Ergebnis der Datenverfügbarkeit. Das gleiche gilt für die Bestimmung der *Aggregationsebene*. Mit der Wahl der Analysetechnik und des Aggregationsniveaus eng verknüpft ist das Problem der verwendeten *Innovationsindikatoren*. In Tabelle 2.2-2 ist ein Teil der im vorhergehenden Abschnitt als Beispiele bestimmter inhaltlicher Fragestellungen erwähnten Studien verschiedenen methodischen Aspekten zugeordnet. Zusätzlich werden weitere Studien aufgeführt, bei denen der jeweilige methodische Aspekt besonders deutlich zum Ausdruck kommt.

Methodische Aspekte	Ausprägungen	Beispiele für Untersuchungen
Analyse-techniken	Fallstudie	PHILLIPS (1971), FREEMAN (1982)
	Befragung	PAVITT u. a. (1987), IFO (1990)
	Regressionsanalyse:	
	- Einzelgleichung	
	- Querschnitt	SCHERER (1965), WOLTER (1977) ACS u. AUDRETSCH (1988)
	- Zeitreihe	BROCKHOFF (1972), BARDY (1974), LÜDEKE (1989)
	- Logitansatz	ENTORF (1988)
	- Simultanmodell	LEVIN u. REISS (1984, 1988)
	Faktorenanalyse	BLACKMAN u. a. (1973), SCHLEGEL-MILCH (1988)
	Clusteranalyse	JAFFE (1986)
Aggregations-ebenen	Produktgruppe	SCHMOCH u. a. (1988)
	Unternehmen	SCHERER (1965), MINASIAN (1969) BROCKHOFF (1970, 1972)
	Sektor	WOLTER (1977), SOETE (1987) ACS u. AUDRETSCH (1988)
	Land	SOETE (1987), LÜDEKE (1989)
Innovations-indikatoren	FuE-Personal	SCHERER (1965)
	FuE-Ausgaben	GRILICHES (1958), MINASIAN (1969) BROCKHOFF (1970, 1972), LEVIN u. a. (1985),
	FuE-Ausgaben versus Patente	MUELLER (1966), PAVITT (1982), SCHERER (1983), BOUND u. a. (1984), GREIF (1985)
	Patente	SCHERER (1965), SCHMOOKLER (1966), SCHMOCH u. a. (1988), ZIMMER-MANN u. SCHWALBACH (1991)
	Investitionen	MEYER-KRAHMER (1984)
	Technometrische Spezifikationen	GRUPP u. a. (1987)
	Innovationen	PAVITT u. a. (1987), ACS u. AUDRETSCH (1988)
	Umsatzstruktur	PENZKOFER u. SCHMALHOLZ (1990), IFO (1990), ENTORF (1988), MEYER-KRAHMER (1984)

Tabelle 2.2-2: Methodische Gesichtspunkte empirischer Arbeiten

2.2.2.1 Analysetechniken

Eine Methode, das Auftreten von Innovationen zu erklären, ist die beschreibende *Fallstudie* oder *Industriestudie*. Damit können am Beispiel einer bestimmten Innovation oder mehrerer konkret benannter Innovationen eines Sektors Aussagen über den zeitlichen Verlauf und die Begleitumstände von

Innovationsprozessen gemacht werden. Aufgrund ihrer historischen, deskriptiven Betrachtungsweise ist die Fallstudie besonders geeignet, auch strukturelle und institutionelle Einflüsse bei der Hervorbringung einer bestimmten Innovation bzw. von Innovationen eines Sektors zu verdeutlichen. Beispiele für Fallstudien sind die Untersuchungen von PHILLIPS (1971) zum Zusammenhang zwischen Innovationen und Konzentrationstendenzen in der amerikanischen Luftfahrtindustrie sowie die Analyse bedeutender Innovationen in der Erdöl-, der Chemie-, der Kunststoff-, der Elektronikindustrie und im Kernkraftsektor von FREEMAN, der mit seinen historischen Beispielen die Thesen untermauert, daß die bedeutenden industriellen Innovationen in einem immer stärkeren Ausmaß von wissenschaftlicher Forschung abhängen und daß ihnen langwierige, kostenintensive FuE-Arbeiten vorausgehen.[1)]

Durch die *Befragung von Experten* zur Identifikation bedeutender Innovationen in der britischen Industrie und der Unternehmen, die diese Innovationen eingeführt haben, erhalten PAVITT u. a. (1987) Aufschluß über den Zusammenhang zwischen der Größenstruktur innovierender Unternehmen und den sektoral unterschiedlichen technologischen Chancen und Aneignungsmöglichkeiten. Die so gewonnenen Daten zur Beschäftigung, zum Produktionsprogramm und zur sektoralen Zugehörigkeit der jeweiligen Innovation und deren Nutzer werden überwiegend mittels deskriptiver statistischer Methoden ausgewertet. Die Befragung von Experten oder Unternehmen ist eine Möglichkeit, Phänomene des technischen Wandels auf sektoraler, auf Unternehmens- oder gar auf Produktebene zu analysieren, die meist nicht gegeben ist, wenn man nur Daten der amtlichen Statistik nutzt. Diese liegen oft nur auf höherem Aggregationsniveau vor. Allerdings ist die Datengewinnung durch Befragung sehr kostspielig, so daß systematische Folgeerhebungen meist entfallen. Außerdem sind die Angaben der Unternehmen freiwillig, so daß im Falle einer Wiederholung der Befragung zu späteren Zeitpunkten nicht gewährleistet ist, daß wieder derselbe Kreis von Unternehmen antwortet.

Aufgrund der letztgenannten Probleme mit Befragungsanalysen, wird diese Methode meist von größeren Forschungsinstituten, wie z. B. vom Ifo-Institut im Rahmen des Ifo-Innovationstests (IFO 1990), angewandt. Die universitäre

---

1) Siehe FREEMAN (1982, S. 27 - 104). Im übrigen vgl. hierzu die Ausführungen in Abschnitt 2.1.2.3, S. 60 f. Dort wurde bereits auf die enge Verbindung zwischen der institutionellen Richtung der evolutorischen Innovationsforschung und der empirischen Forschung hingewiesen.

Forschung stützt sich mehr auf die Auswertung vorhandener Daten aus amtlichen und halbamtlichen Quellen. Hierbei wird üblicherweise die *Regressionsanalyse* eingesetzt, um quantitative Zusammenhänge zu erfassen. Die zu schätzenden Relationen sind meist linear oder loglinear, teilweise auch quadratisch oder kubisch. Obwohl für viele Fragestellungen des technischen Wandels ein dynamischer Ansatz sinnvoll wäre, beruhen viele Arbeiten auf *Querschnittsuntersuchungen*. Diese Arbeiten beschäftigen sich überwiegend mit den Determinanten des technischen Wandels. So stützt sich SCHERERs (1965) Untersuchung zum Einfluß der Unternehmensgröße, der Marktstruktur und der technologischen Möglichkeiten auf einen Querschnitt von 448 der größten amerikanischen Industrieunternehmen basierend auf dem Jahr 1955. ACS und AUDRETSCH (1988) führen eine Querschnittsuntersuchung zur Erklärung der Zahl der Innovationen eines Sektors auf der Basis von 247 amerikanischen SIC-Viersteller-Branchen des Verarbeitenden Gewerbes durch. Auch WOLTER (1977) bedient sich zur Messung des Technologiebeitrags zum Außenhandelserfolg einer Querschnittsuntersuchung von 18 deutschen Industriezweigen zum Zeitpunkt 1972/73.

Im Vergleich zu Querschnittsuntersuchungen ergibt sich für *Zeitreihenuntersuchungen* ein besonderes Meßproblem. Da die gemessenen Beziehungen realwirtschaftlicher Art sind, werden Preisbereinigungsverfahren benötigt. Eine Voraussetzung hierfür sind Preisindizes für FuE-Leistungen, welche meist aus vorhandenen anderen Preisindizes konstruiert werden müssen. Die Zeitreihenuntersuchung hat aber den Vorteil, dynamische Wirkungsverzögerungen aufzeigen zu können. Als Beispiele für Zeitreihenanalysen dienen überwiegend Arbeiten zur Produktivität von FuE. BROCKHOFF (1972) schätzt eine Produktionsfunktion in Abhängigkeit des FuE-Inputs, der als verteilte Verzögerung modelliert wird, für den Schätzzeitraum 1956 bis 1970, wobei die Erhebungseinheit ein deutsches Unternehmen der pharmazeutisch-chemischen Industrie ist. BARDY (1974) legt seiner Produktivitätsanalyse Daten für vier deutsche Unternehmen der chemischen Industrie für den Schätzzeitraum 1960 bis 1971 zugrunde. Dabei testet er verschiedene Formen der Wirkungsverzögerung der erklärenden FuE-Größe. Ebenfalls eine Zeitreihenanalyse ist die FuE-Produktivitätsstudie von LÜDEKE (1989) für den westdeutschen Unternehmenssektor. LÜDEKE schätzt den Wachstumsbeitrag des technischen Fortschritt, den er als verteilte Verzögerungen unterschiedlicher Fortschrittskomponenten mißt, für den Schätzzeitraum 1964 bis 1985 auf der Basis von Vierteljahresdaten.

Sowohl die beschriebenen Querschnitts- als auch Zeitreihenuntersuchungen modellieren quantitative Zusammenhänge. Der Innovationsprozeß ist aber gerade auch durch qualitative Merkmale gekennzeichnet. Diese werden in den üblichen regressionsanalytischen Ansätzen gegebenenfalls durch verschiedene Dummy-Variablen berücksichtigt. Eine andere Möglichkeit der Verarbeitung qualitativer Informationen sind *Logit- und Probitansätze*. Diese Methode wählt z. B. ENTORF (1988), um die Faktoren zu bestimmen, die die Anteile bestimmter Güter in speziellen Produktzyklusphasen am Umsatz erklären.

Während die obengenannten Regressionsanalysen auf *Einzelgleichungsansätzen* beruhen, ist die Verwendung eines *simultanen Schätzansatzes* so wie in den Mehrgleichungsmodellen zum SCHUMPETERschen Innovationswettbewerb von LEVIN und REISS (1984, 1988) eher die Ausnahme. Der Simultanansatz ist die adäquate Herangehensweise an Modelle, die die interdependenten Beziehungen zwischen Innovationstätigkeit und anderen ökonomischen Größen zum Inhalt haben. Allerdings setzt der Simultanansatz ein Netz von a priori Hypothesen voraus, die weit über die einfachen Hypothesen der kausalanalytischen Modelle hinausgehen.

Das Erkenntnisinteresse der bisher zu den verschiedenen Analysearten genannten Untersuchungen ist auf die Zusammenhänge der Innovationsgrößen mit anderen Einflußgrößen gerichtet. Daher vernachlässigen sie meist die Problematik der adäquaten Messung von Innovationsaktivitäten. Eine Methode, die die Messung sonst nicht beobachtbarer Größen mit Hilfe verschiedener Indikatoren ermöglicht, ist die *Faktorenanalyse*. Diese Methode wird üblicherweise eher in den Sozialwissenschaften verwendet. In der empirischen Innovationsforschung gibt es nur sehr wenige Arbeiten, in denen die Faktorenanalyse zum Einsatz kommt. Eine dieser Arbeiten stammt von BLACKMAN u. a. (1973). Sie untersuchen die Innovationscharakteristika von 15 ausgewählten amerikanischen Industriezweigen. Auf der Basis von zunächst sechs Innovationsvariablen, die später um zwei weitere Innovations-Outputindikatoren ergänzt werden, wird die Innovationsindexgröße als erster gemeinsamer Faktor des Modells ermittelt. Dieser kann im Sechs-Variablen-Modell ungefähr 81 % der gesamten Variation in den Daten erklären, im Acht-Variablen-Modell sind es noch ca. 54 %. Mit Hilfe der Faktorwerte kann eine Rangordnung der einzelnen Sektoren nach ihrer Innovationsstärke vorgenommen werden. Erwartungsgemäß kann die Luft- und Raumfahrt, gefolgt von der Elektrotechnik und der Kommunikationstechnik, die höchsten Faktorwerte verbuchen. Auch im Acht-Variablen-Modell ergibt sich bis auf ein paar vertauschte Plätze eine ähnliche Reihenfolge der Sektoren. BLACKMAN u. a. (1973) zeigen auch, daß der von ihnen mittels Faktorenanalyse konstruierte Innovationsindex mit der Marktdynamik in den einzelnen Sektoren hoch korreliert ist. Je höher der Innovationsindex in einem Sektor ist, desto schneller schreitet die Substitution alter Güter durch technologisch neue Güter voran.

Ebenso stützt sich die oben erwähnte Studie zum Zusammenhang zwischen Innovationsneigung und Exportleistung von SCHLEGELMILCH (1988) auf Innovationsindizes, die durch Faktorenanalyse ermittelt werden. Auf der Basis von zehn durch Befragung erhobenen Variablen zur Einstellung von Unternehmen zum Innovationsgeschehen kann SCHLEGELMILCH vier Faktoren extrahieren, die die "Innovationsatmosphäre" eines Unternehmens hinreichend charakterisieren. Die Faktorwerte der Unternehmen für diese vier Größen gehen schließlich zusammen mit den Werten von direkt meßbaren Innovationsindikatoren, wie z. B. FuE-Aufwand, Anzahl der Patente etc., die von SCHLEGELMILCH als objektive Innovationsindikatoren bezeichnet werden, als erklärende Größen in das Innovations-Außenhandels-Modell ein.

Wie die Faktorenanalyse ist auch die *Clusteranalyse* ein multivariates statistisches Verfahren,[1)] mit dessen Hilfe die Komplexität der Beobachtungen auf einfachere Zusammenhänge reduziert wird. Durch die Clusteranalyse werden die Träger von verschiedenen Merkmalen aufgrund der Ähnlichkeit ihrer jeweiligen Ausprägungen in Gruppen bzw. Cluster geordnet. Das Ziel ist die Bildung möglichst homogener Gruppen von Merkmalsträgern. JAFFE (1986) hat dieses Verfahren angewandt, um Unternehmen auf der Grundlage ihrer Patentprofile nach verschiedenen Technikbereichen zu gruppieren. Die

---

1) Ein interessanter Aufsatz zum Einsatz multivariater Analysemethoden in der Wissenschafts- und Technikforschung, insbesondere auf der Basis von bibliometrischen Indikatoren (wissenschaftliche Veröffentlichungen, Zitierungen etc.), stammt von TIJSSEN u. a. (1988). Dort werden auch andere, hier nicht genannte, multivariate Verfahren auf ihre Anwendungsmöglichkeit in der empirischen Forschung geprüft.

von ihm ermittelten 21 technologischen Cluster bilden die Basis für die Konstruktion von Dummy-Variablen für die exogenen technologischen Chancen eines Unternehmens, welche in JAFFEs Modell neben dem potentiellen Spillover-Pool als Determinanten für erfolgreiches Innovationsverhalten gelten.

2.2.2.2 Aggregationsebenen

Die theoretischen Ansätze zur Erklärung des Innovationsverhaltens sind, wie aus dem vorangegangenen Abschnitt 2.1 deutlich wurde, überwiegend mikroökonomisch orientiert, wobei aber branchen- und technologietypische Einflußfaktoren ebenfalls eine Rolle spielen. Eine Ausnahme bilden die institutionell-historisch ausgerichteten evolutionstheoretischen Ansätze, die neben dem mikroökonomischen Verhalten besonders den Rahmenbedingungen, sei es auf Branchenebene oder auf der Ebene von Volkswirtschaften, große Aufmerksamkeit schenken. Aufgrund der mikroökonomischen Ausrichtung eines großen Teils der Innovationstheorie ist es naheliegend, empirische Untersuchungen auf sehr niedrigem Aggregationsniveau durchzuführen, wobei die Einheit Unternehmen möglichst noch in Unternehmensbereiche, besser noch nach Produkten aufgegliedert werden sollte. Dies ist jedoch angesichts der Datenverfügbarkeit nur schwer möglich. Dabei sind die Daten zur Beschreibung der Innovationsaktivität nicht das einzige Problem. Noch schwieriger ist es, für alle zu untersuchenden Größen ein einheitliches Aggregationsniveau zu finden.

Wenn man sich für spezielle Technologien interessiert, sind patentstatistische Analysen hilfreich, wie SCHMOCH u. a. (1988) am Beispiel der High-Tech-Gebiete Industrieroboter, Laser, Solargeneratoren und immobilisierter Enzyme demonstrieren. Auf der *Ebene von Technikfeldern* werden die technologischen Stärken verschiedener Länder, die technologische Diffusion dieser vier Technikgebiete in andere Technikbereiche und der Zusammenhang zwischen FuE-Aufwand und FuE-Ertrag in Form von Patenten und Markterfolg überprüft. Geht man von produkt- bzw. technologiespezifischen Input-Output-Relationen aus, so ist die Analyse auf Produkt- bzw. Technologieebene zwingend, um zu differenzierten Aussagen über die erfolgreiche oder nicht erfolgreiche Allokation von Forschungsmitteln zu kommen. So zeigen SCHMOCH u. a., daß sich die FuE-Aktivitäten auf dem westdeutschen Photovoltaiksektor seit Anfang der 80er Jahre nicht entsprechend im Patentertrag niederschlagen. Es wird vermutet, daß es sich bei der durchgeführten FuE eher um Grundlagenforschung oder aber um das Nacharbeiten anderswo bereits bekannter Technologie handelt.[1] In Ermangelung entsprechender Daten auf Produktebene werden Untersuchungen zur FuE-Produktivität überwiegend auf *Unternehmensebene*, wie z. B. in den Arbeiten von MINASIAN (1969) und von BROCKHOFF (1972, 1972), durchgeführt. Dabei muß man natürlich unterstellen, daß es sich bei den jeweiligen In- und Outputs um einigermaßen homogen zusammengesetzte Gütergruppen handelt. Diese Unterstellung ist umso kritischer, je höher aggregiert die Produktionsfunktion ist.

Studien zum SCHUMPETERschen Innovationswettbewerb, wie z. B. von SCHERER (1965), werden überwiegend auf Unternehmensebene durchgeführt werden. Dies leuchtet unmittelbar ein, stehen doch Eigenschaften von Unternehmen wie Größe, Finanzkraft und Marktanteile als Einflußfaktoren der Innovationsfreudigkeit im Zentrum des Interesses. Hier ist das Erkenntnisziel klar auf die Unternehmensebene gerichtet. Eine weitere Aufgliederung der Einheit Unternehmen in homogene Produktbereiche ist nicht unbedingt notwendig, da die Unternehmensgrößen-Hypothese sich u. a. auch darauf stützt, daß gerade große Unternehmen aus der Möglichkeit der Diversifikation Vorteile schöpfen können. Auch in dieser Arbeit stehen unternehmensbezogene Auswertungen im Vordergrund. Ein Problem von Analysen auf Unternehmensebene liegt in der Datenverfügbarkeit. Diese ist besonders bei den FuE-Inputdaten stark eingeschränkt, vor allem wenn man auch sehr kleine Unternehmen berücksichtigen will. Hier ist man auf nichtamtliche statistische Quellen bzw. auf eigene primärstatistische Erhebungen angewiesen.

Für die Erhellung branchentypischer Zusammenhänge eignet sich eine Analyse auf der *Ebene von Sektoren*. So untersuchen z. B. ACS und AUDRETSCH (1988) auf der Basis von 247 Industriezweigen die Bestimmungsgründe für die Innovationsaktivitäten kleiner und großer Unternehmen. Die untersuchten Einflußgrößen Marktstruktur und Aneignungsmöglichkeiten repräsentieren branchentypische ökonomische und technologische Regime. Zwar geht es bei der Analyse von ACS und AUDRETSCH auch um das Zusammenspiel von Unternehmensgröße und Innovationsaktivität, es geht aber nicht darum, die Innovationsstärke durch unternehmenstypische Parameter zu erklären, sondern die Bedingungen dafür aufzuzeigen, daß in manchen

1) SCHMOCH u. a. (1988, S. 240 ff.)

Sektoren eher kleine Unternehmen innovativ sind und in anderen Sektoren eher große.

Üblicherweise werden auch die Studien zur Messung des Technologiebeitrages zum Außenhandel auf sektoraler Ebene durchgeführt. Beispiele hierfür sind die Arbeiten von WOLTER (1977) und SOETE (1987). Ziel dieser Art von Untersuchungen ist es, intersektorale Unterschiede der Außenhandelsströme eines Landes durch intersektorale Unterschiede in der Technologieintensität zu erklären. Da SOETE (1987) nicht nur an der Erklärung der Außenhandelsströme eines Landes bzw. mehrerer Länder interessiert ist, sondern auch an der Erklärung des Außenhandelserfolges verschiedener Industriezweige, arbeitet er auf zwei Analyseebenen. Einerseits überprüft er auf der Basis von 40 Industriezweigen jeweils für 22 OECD-Länder den Technologiebeitrag zu deren Außenhandelsstruktur, andererseits testet er auf der Basis von 22 OECD-Ländern jeweils für 40 Industriesektoren den Einfluß der Technologievariable auf den sektoralen Außenhandelserfolg. SOETEs Analyse stützt sich also bei der ersten Fragestellung auf Branchenquerschnitte und bei der zweiten auf Länderquerschnitte.

Im Kontrast zu SOETEs Querschnittsuntersuchung auf der *Länderebene* handelt es sich bei LÜDEKEs (1989) Untersuchung des Wachstumsbeitrages des FuE-induzierten Fortschritts um eine Zeitreihenanalyse auf der Ebene einer Volkswirtschaft. Eine Untersuchung auf so hohem Aggregationsniveau ist eigentlich weniger typisch für empirische Innovationsstudien. Die Makroebene ist sonst eher den Analysen des gesamtwirtschaftlichen Wachstums vorbehalten. Wie bereits erwähnt, unterscheidet sich LÜDEKEs Untersuchung insofern von den üblichen Wachstumsstudien, als sie den technischen Fortschritt nicht als exogen, sondern als durch mehrere Fortschrittskomponenten wie staatliche und private FuE-Ausgaben und Patent- und Lizenzimporte induziert behandelt.

Untersuchungen zum technischen Fortschritt auf Länderebene sind meist den Fragestellungen vorbehalten, bei denen es um den technologischen Vorsprung oder Rückstand eines Landes gegenüber anderen im internationalen Handel konkurrierenden Ländern geht, oder aber es handelt sich um Wachstumsuntersuchungen. Allerdings ist es, wie oben ausgeführt, durchaus möglich, die Frage des induzierten technischen Fortschritts auf der Makroebene zu untersuchen und somit Aspekte aus der eher mikroökonomisch orientierten Innovationsforschung auf die gesamtwirtschaftliche Ebene zu übertragen. Fragen des Zusammenhanges zwischen Marktstruktur und Innovationen sowie der Produktivität von FuE werden meist auf Unternehmensebene untersucht, aber zum Teil auch auf sektoraler Ebene, wenn branchentypische Erklärungsmuster eine Rolle spielen. Allerdings ist nicht immer das Erklärungsziel für die Wahl des Aggregationsniveaus ausschlaggebend. Vielfach diktiert die statistische Abgrenzung der Daten, ob überhaupt eine Analyse auf Produkt- oder Unternehmensebene möglich ist oder wie weit die sektorale Aufspaltung gehen kann.

2.2.2.3 Innovationsindikatoren

Das Datenproblem in der empirischen Innovationsforschung ist zweigesichtig. Zum einen handelt es sich bei Innovationen um strategisch wichtige Unternehmensaktivitäten, die einem besonderen *Geheimhaltungsbedürfnis* unterliegen, so daß detaillierte Zahlenangaben gar nicht oder nur durch Befragung bei freiwilliger Beantwortung erhältlich sind. Zum anderen ergibt sich bei den für die Beschreibung des Innovationsgeschehens verfügbaren Daten die *Problematik der Meßgenauigkeit*. Die gemessenen Größen haben Indikatorfunktion für eine theoretische Größe, die sie mehr oder minder genau abbilden. Einen theoretischen Rahmen zur Erhellung der Indikatorenproblematik liefert die von verschiedenen Autoren vorgenommene Einteilung der Innovationsindikatoren nach ihrer Stellung im Innovationsprozeß in *Input- und Outputindikatoren.*[1)] Geht man von einem einfachen Phasenschema des Innovationsprozesses aus, so spiegelt die Reihenfolge der in Tabelle 2.2-2 aufgeführten Innovationsindikatoren den Prozeß von der Ideensuche bis zum marktreifen neuen Produkt wider, wobei FuE-Personal, FuE-Ausgaben und Investitionen Innovationsinput und Patente, technometrische Spezifikationen, Innovationen, und der Anteil neuer Produkte am Umsatz Innovationsoutput von unterschiedlicher Marktnähe darstellen. Wollte man dagegen dem verzweigten Innovationsprozeß Rechnung tragen, müßte man zusätzlich auch noch *Throughputindikatoren*, welche die Zwischenprodukte des Innovationsprozesses messen, einführen. Da im Prinzip jedes der Ergebnisse des Inno-

---

1) Vgl. hierzu die schematische Darstellung des Innovationsgeschehens von MACHLUP (1962, S. 178 - 183). Hierauf bezieht sich auch FREEMAN (1970) in seiner Analyse verschiedener FuE-Indikatoren, bei der er besonders die Möglichkeiten der FuE-Outputmessung problematisiert. Siehe auch Abbildung 1.1-1, S. 11, dieser Arbeit.

vationsprozesses wieder als Input für weitere Neuerungen dienen kann, wird im weiteren Verlauf dieser Arbeit auf die Kategorie der Throughputindikatoren verzichtet. Dies bedeutet jedoch nicht, daß sie nicht für andere Fragestellungen, wie z. B. des Wissens- und Technologietransfers, Relevanz hätte.[1)]

Im folgenden werden die zur Beschreibung des industriellen Innovationsgeschehens gebräuchlichsten In- und Outputindikatoren sowie deren Vor- und Nachteile diskutiert. Es werden neben Untersuchungen, in denen bestimmte Indikatoren einfach nur zum Einsatz kommen, vor allem auch Untersuchungen vorgestellt, die die Verwendung der Indikatoren problematisieren. Nicht behandelt werden Innovationsindikatoren, die überwiegend die Schnittstellen zwischen Innovations- und vor- oder nachgelagerten Prozessen repräsentieren, und solche, die von den in Tabelle 2.2-2 aufgeführten Indikatoren in irgendeiner Form abgeleitet sind. Bei den Schnittstellenindikatoren handelt es sich z. B. um bibliometrische Indikatoren, welche sich auf das wissenschaftliche Publizieren beziehen, oder um indirekte Innovationsmaße, wie z. B. Änderungen der Faktorproduktivitäten oder relative Außenhandelsvorteile. Erstere stehen an der Schwelle zwischen wissenschaftlicher Grundlagenforschung und industrieller Forschung, letztere messen bereits die vermuteten Wirkungen von Innovationen. Auf die verschiedenen abgeleiteten Indikatoren, wie z. B. kumulierte FuE-Ausgaben, FuE-Ausgaben- und FuE-Personal-Intensitäten, Patentpotentiale oder Patentzitate, wird nicht eingegangen, da sie meist sehr spezielle Aspekte des Innovationsgeschehens repräsentieren oder unmittelbar aus dem jeweiligen Kontext verständlich sind.

Die in der nationalen und internationalen Statistik am häufigsten verwendeten Innovationsindikatoren sind das *in Forschung und Entwicklung beschäftigte Personal* und die dafür getätigten *Ausgaben*. Beide Größen können sich auf einzelne Projekte, bestimmte Forschungsziele, Produktgruppen, Unternehmen, Wirtschaftszweige oder Institutionen wie Wirtschaft, Staat und Hochschulen beziehen. Obwohl die Indikatoren FuE-Personal und FuE-Ausgaben mittlerweile als etabliert gelten, sind sie mit erheblichen definitorischen Problemen behaftet. Hierbei handelt es sich im wesentlichen um die Abgrenzung des Begriffes Forschung und Entwicklung gegenüber verwandten Tätigkeiten wie wissenschaftlichem Arbeiten, das neben der Forschung auch Lehrtätig-

---

1) Throughputindikatoren, wie z. B. Literatur- und Patentzitate, werden in Abschnitt 1.1.3, S. 12 f., dieser Arbeit erläutert.

keit beinhaltet, oder um den Übergang von der Prototypenentwicklung zur Produktion.[1] In dem Bemühen, national wie international einheitliche und somit vergleichbare statistische Größen zu definieren, hat sich ein internationaler Standard der FuE-Messung etabliert, der im sogenannten "Frascati-Handbuch" der OECD dokumentiert ist.[2] Nach § 43 des Frascati-Handbuchs versteht man unter Forschung und experimenteller Entwicklung (FuE) systematische, schöpferische Arbeit zur Erweiterung des Kenntnisstandes einschließlich der Erkenntnisse über den Menschen, die Kultur und die Gesellschaft mit dem Ziel, neue Anwendungsmöglichkeiten zu finden.

Diese Definition ist auch Grundlage der in der Bundesrepublik Deutschland erhobenen FuE-Statistik. Doch trotz eines einheitlichen definitorischen Rahmens ist die für die Bundesrepublik zur Verfügung stehende FuE-Statistik nicht vollends zufriedenstellend. Dies liegt hauptsächlich daran, daß es in der Bundesrepublik kein Forschungsstatistikgesetz gibt, so daß Angaben zu FuE-Personal und -Ausgaben aus verschiedenen Quellen, d. h. aus amtlichen und nichtamtlichen Quellen, genutzt werden müssen. Zur amtlichen Statistik zählen die auf der Grundlage des Finanzstatistikgesetzes erhobenen FuE-Ausgaben des Staates sowie die nach dem Hochschulstatistikgesetz erhobenen Forschungsdaten für den Hochschulbereich. Für den Wirtschaftssektor werden im zweijährlichen Rhythmus FuE-Daten vom Stifterverband für die Deutsche Wissenschaft bereitgestellt. Die Erhebungen erfolgen auf freiwilliger Basis bei den FuE-treibenden und FuE-finanzierenden Unternehmen und bei den Institutionen für Gemeinschaftsforschung (IfG).[3] Nicht nur die Freiwilligkeit der Angaben, die je nach Unternehmen auf verschiedener buchhalterischer Grundlage ermittelt werden und trotz Vorgabe der Frascati-Definition im Erhebungsbogen nicht immer mit dieser im Einklang stehen, sondern auch das aus Geheimhaltungsgründen relativ hoch aggregierte Datenmaterial erschweren empirische Untersuchungen. So stehen, von einigen Sonderauswertungen abgesehen, als niedrigstes Aggregationsniveau nur für 18 verschiedene Industriezweige Daten zur Verfügung. Für eine mikroökonomisch ausgerichtete Analyse ist dies völlig unzureichend. Auch der nur

---

1) Zur Problematik der Begriffsabgrenzung vgl. auch den Faktenbericht zum Bundesbericht Forschung 1990, S. 331 ff., und ESSIG (1977).

2) Das "Frascati-Handbuch" wurde erstmals 1963 aufgelegt und ist inzwischen mehrfach überarbeitet und erweitert worden. Derzeit liegt die Fassung von 1980 vor. Es ist auch in deutscher Übersetzung erschienen. Eine neue Ausgabe ist für 1992 geplant.

3) Zur Erhebungsmethode bezüglich FuE im Wirtschaftssektor siehe ECHTERHOFF-SEVERITT u. a. (1990, S. 15 f.).

zweijährliche Erhebungsrhythmus und die Veröffentlichung des Datenmaterials erst mit dreijähriger Verzögerung stellen für diagnostische und prognostische Studien ein Hindernis dar. Für differenziertere und aktuellere Untersuchungen müssen deshalb zusätzliche Quellen einbezogen werden.

In dieser Arbeit werden erstmals in größerem Umfang die Angaben von Kapitalgesellschaften zu ihren FuE-Aktivitäten in den Geschäftsberichten verwendet. Der Vorteil dieser Quelle ist, daß unternehmensbezogene FuE-Daten mit anderen im Jahresabschluß veröffentlichten Angaben kombiniert werden können. Außerdem liegen die Zahlen aufgrund der im Bilanzrichtliniengesetz vorgeschriebenen Veröffentlichungsfristen spätestens neun Monate nach Ende des Geschäftsjahres zur Verfügung. Ein Nachteil dieser Vorgehensweise ist die mühsame Durchforstung von Geschäftsberichten auf FuE-bezogene Angaben.[1)] Da § 289, Abs. 2 HGB lediglich verlangt, auf den Bereich Forschung und Entwicklung einzugehen, sind die FuE-Aktivitäten oft nur qualitativ und nicht in monetären Beträgen ausgewiesen. Außerdem gibt es keine einheitliche Vorschrift im Sinne der Frascati-Definition für die Ermittlung des im Geschäftsbericht ausgewiesenen FuE-Aufwandes. Kleine und mittlere Unternehmen mit weniger als 250 Beschäftigten und weniger als 32 Millionen DM Umsatz oder weniger als 15,5 Millionen DM Bilanzsumme können auf diese Weise nicht erfaßt werden, da sie keiner bzw. einer nur auf das Handelsregister begrenzten Veröffentlichungspflicht unterliegen.[2)] Um diese Nachteile des verwendeten Datenmaterials einigermaßen einschätzen zu können, werden im weiteren Verlauf dieser Arbeit die den Geschäftsberichten entnommenen Angaben anhand der Materialen des Stifterverbandes auf Plausibilität überprüft.

---

1) Während die FuE-Ausgaben von US-Unternehmen über die von Standard and Poor bereitgestellte Datenbank COMPUSTAT und eine von der Zeitschrift "Business Week" bis 1989 jährlich veröffentlichte Aufstellung des FuE-Engagements amerikanischer Unternehmen relativ gut zugänglich sind, ist für die Bundesrepublik die Auswertung von Geschäftsberichten der einzige Weg, um eine genügend große Zahl unternehmensbezogener FuE-Daten zu erhalten. Hierbei ist von Nutzen, daß große Unternehmen ihre Geschäftsberichte im Bundesanzeiger veröffentlichen müssen, so daß nicht von jedem Unternehmen ein Geschäftsbericht angefordert werden muß. Erstmalig ist im Dezember 1990 in der Zeitschrift "High Tech" eine Rangliste FuE-intensiver deutscher Unternehmen mit Angaben zu deren FuE-Aktivitäten veröffentlicht worden. Sie umfaßt jedoch nur etwa 100 Unternehmen und Konzerne. Zu den gesetzlichen Grundlagen der Erfassung unternehmensbezogener FuE-Ausgaben in den USA vgl. auch BOUND u. a. (1984).

2) Zu den Veröffentlichungspflichten und -fristen von Kapitalgesellschaften vgl. HILKE (1991, S. 14 ff.).

Der Inputindikator *FuE-Personal* wird in empirischen Studien weniger häufig verwendet als die FuE-Ausgaben. Dies liegt u. a. daran, daß die Indikatorwerte stark von den jeweiligen Faktoreinsatzverhältnissen abhängen. Bei einer Abbildung von FuE-Aktivitäten durch die Zahl der damit beschäftigten Mitarbeiter würde man diese Aktivitäten bei kapitalintensiver FuE unterschätzen bzw. bei personalintensiver FuE überschätzen. So ist z. B. die Kapitalintensität von FuE je nach Wirtschaftszweig unterschiedlich hoch. Besonders hoch ist sie in der Energie- und Wasserversorgung, während sie in der Holzbe- und -verarbeitung sehr niedrig liegt.[1] Außerdem ist die Vergleichbarkeit der Indikatorenwerte durch die national, sektoral oder unternehmensspezifisch unterschiedliche Zusammensetzung des FuE-Personals aus Wissenschaftlern und Ingenieuren, aus Technikern und sonstigem Personal eingeschränkt. Weiterhin ist am FuE-Personal-Indikator problematisch, daß sich das FuE-Personal an veränderte FuE-Strategien aus arbeitsrechtlichen Gründen nur mit Verzögerung angepaßt werden kann. Eine Kürzung bzw. Erhöhung der monetären FuE-Aufwendungen ist dagegen erheblich schneller durchzuführen, gegebenfalls unter Hortung von FuE-Personal bzw. durch Intensivierung seiner Arbeitsleistung. Zusätzliche Schwierigkeiten bereitet die Zuordnung von nur teilweise in Forschung und Entwicklung tätigen Personen. Angestrebt ist keine Zahlenangabe nach Köpfen, sondern nach Vollzeitäquivalenten. Die Verwendung des Indikators FuE-Personal hat aber den Vorteil, daß er eine reale Größe ist, die für Zeitreihenbetrachtungen nicht erst preisbereinigt werden muß und die einen internationalen Vergleich von FuE-Aktivitäten erleichtert, da sie frei von Wechselkursschwankungen ist. Wohl aber muß man bei diesem Indikator, selbst bei Messung in Vollzeitäquivalenten, den Aspekt der Arbeitszeitverkürzung bei der Zeitreihenbetrachtung und den Aspekt unterschiedlicher Jahresarbeitszeiten im internationalen Vergleich berücksichtigen.

SCHERER (1965) ist einer der wenigen Autoren, der den Indikator FuE-Personal auf Unternehmensebene verwendet. Auf der Basis einer Stichprobe von 352 amerikanischen Großunternehmen ermittelt er die durchschnittliche Zahl von Patenten pro Tausend FuE-Beschäftigter für 14 verschiedene Industriezweige. Hierbei ergibt sich ein Maximum von 150 Patenten pro Tausend FuE-Beschäftigter im Maschinenbau und ein Minimum von 26,6 Patenten pro Tausend FuE-Beschäftigter in der Gummiindustrie. Eine Regression des

---

1) Vgl. ECHTERHOFF-SEVERITT u. a. (1990, S. 28 f.).

FuE-Personals auf die Zahl der Patente, einmal mit und einmal ohne Branchendummies, zeigt, daß die branchenabhängige Patentneigung zwar die Höhe des Patentoutputs beeinflußt, aber nicht in starkem Maße. Der R^2-Wert steigt nur um 12 %-Punkte durch die Hinzunahme der Branchendummies. SCHERER benutzt also den Inputindikator FuE-Personal, um die Ursachen unterschiedlicher Patentaktivitäten von Unternehmen aufzudecken und ermöglicht dadurch eine Einschätzung des Verhältnisses der beiden Indikatoren FuE-Personal und Patente.

Häufiger als das FuE-Personal werden die *für Forschung und Entwicklung getätigten Ausgaben* als Innovationsinputindikator verwendet. Hierzu zählen neben den Personalaufwendungen auch die Sachaufwendungen, die Investitionen und die Aufwendungen für FuE-Fremdleistungen. Durch die Einbeziehung der Fremdleistungen mißt der Indikator FuE-Ausgaben im Gegensatz zum Indikator FuE-Personal den Innovationsinput in viel umfassenderer Weise. Unternehmen ohne oder mit nur wenig FuE-Personal können sich durchaus als innovativ erweisen, indem sie bei Dritten FuE-Leistungen in Auftrag geben. So repräsentieren die Ausgaben für FuE in den Studien, in denen Forschung und Entwicklung in Relation zu Outputgrößen wie Produktivitäts- oder Ertragszuwächse gesetzt werden, relativ gut die eigentliche Inputgröße, nämlich den Aufwand für neues Wissen und neue Technologie. Beispiele für diese Verwendung sind die Untersuchungen von GRILICHES (1958) zur Messung der Aufwendungen für die Erforschung und Entwicklung einer neuen Maissorte im Verhältnis zu ihrem sozialen Ertrag sowie die Studien von MINASIAN (1969) und BROCKHOFF (1970, 1972) zur Messung des FuE-Beitrags zum Produktivitätsfortschritt. Während GRILICHES produktbezogene FuE-Aufwendungen, die er über den FuE-Zeitraum kumuliert hat, einsetzt, verwenden MINASIAN und BROCKHOFF die periodisch anfallenden FuE-Aufwendungen von Unternehmen.

Während bei den genannten Untersuchungen das Verhältnis Indikator zur gemessenen theoretischen Größe im Prinzip sehr eng und daher relativ unproblematisch ist, stellt sich bei den Studien zum Innovations-Wettbewerbs-Zusammenhang schon eher die Frage, wie genau der Indikator die eigentliche theoretische Größe trifft. Will man nämlich Innovationsoutput anhand von FuE-Ausgaben messen, so treten zwei systematische Fehler auf. Werden andere Innovationsursachen als FuE nicht berücksichtigt, so begeht man bei der Messung des Innovationsoutputs einen absoluten Fehler. Dieser hängt nicht von der Höhe des Indikatorwertes ab. Von der Höhe des Meßwertes ist allerdings der variable Fehler abhängig, der entsteht, wenn die Beziehung zwischen Indikator und theoretischer Größe nicht linear ist, sondern beispielsweise einen ertragsgesetzlichen Zusammenhang darstellt.[1] In vielen empirischen Untersuchungen, die die Überprüfung von ökonomischen Hypothesen zum Ziel haben, wird dieses Problem mehr oder weniger ignoriert. Allenfalls werden Alternativschätzungen mit gegeneinander ausgetauschten Indikatoren durchgeführt, wie z. B. von LEVIN u. a. (1985), die den Einfluß der Marktstruktur und verschiedener anderer Faktoren auf die Innovationsstärke einmal mit Hilfe des Inputindikators Anteil der FuE-Ausgaben am Umsatz und einmal mit Hilfe des Outputindikators Innovationsrate messen.

Es gibt jedoch diverse Studien, in denen explizit das Verhältnis zwischen verschiedenen Innovationsindikatoren anhand empirischer Daten untersucht wird. So überprüfen BOUND u. a. (1984) für über 2.500 amerikanische Industrieunternehmen den *Zusammenhang* zwischen den *FuE-Ausgaben* und den vom amerikanischen Patentamt erteilten *Patenten*. Hierbei ergibt sich eine starke Korrelation zwischen beiden Indikatoren, wobei es signifikante Unterschiede je nach Größe des FuE-Programms eines Unternehmens gibt. In Übereinstimmung mit PAVITT (1982) stellt sich heraus, daß kleine Unternehmen pro eine Mio. $ FuE-Ausgaben erheblich mehr Patente besitzen als große Unternehmen. PAVITT vermutet, daß FuE-Indikatoren besser die Innovationsaktivitäten kleinerer Unternehmen abbilden und Patente bessere Dienste bei der Messung der Innovationsaktivitäten von größeren Unternehmen leisten. Die Studie von MUELLER (1966) zeigt sektorale Unterschiede bezüglich der FuE-abhängigen *Patentneigung*[2] sowie Unterschiede in der Patentneigung in bezug auf reine Entwicklungskosten versus Forschungskosten auf. SCHERER (1983) und GREIF (1985) weisen auf die vergleichsweise geringere Patentneigung bei staatlich finanzierter FuE gegenüber unter-

1) Vgl. GROSSEKETTLER (1978). GROSSEKETTLER verwendet allerdings nicht den Begriff "Innovationsoutput", sondern bezeichnet die Outputgröße in wachstumstheoretischer Tradition als "technischen Fortschritt". Für die Meßfehlerproblematik ist dies jedoch unerheblich.

2) Der an dieser Stelle verwendete Begriff *Patentneigung* bedarf einer Erläuterung. Darunter wird das Verhältnis der Zahl der Patentanmeldungen zu irgendeiner Einflußgröße, seien es FuE-Ausgaben, FuE-Personal, staatliche FuE-Subventionen usw., verstanden. Bei dem später noch verwendeten Begriff *Patentierneigung* geht es um eine ganz bestimmte Einflußgröße. Die *Patentierneigung* ist das Verhältnis der angemeldeten Patente zu den tatsächlich hervorgebrachten Erfindungen.

nehmensfinanzierter FuE hin. Bei der Analyse von Zeitreihen ist auf die Auswahl des jeweiligen Indikators besondere Sorgfalt zu verwenden, denn es ist ein gegenläufiger Trend von steigenden FuE-Ausgaben gegenüber zurückgehenden Patentanmeldezahlen zu verzeichnen.[1)]

Ein als Innovationsursache nur sehr selten verwendeter Indikator sind die *Investitionen* in neue Produktionseinrichtungen. Dies mag daher rühren, daß die Investitionen in der empirischen Wirtschaftsforschung eher als Konjunktur- und Wachstumsindikatoren etabliert sind und die theoretische Diskussion von Investitionsentscheidungen eher auf der betriebswirtchaftlichen Ebene stattfindet. Gerade bei der Einführung von *Prozeßinnovationen* aber spielt der Kauf von neuen Produktionsanlagen eine entscheidende Rolle, wie von MEYER-KRAHMER (1984) aufgrund einer Befragung von ca. 700 kleinen und mittleren Unternehmen herausgefunden wurde. Auch sind neue Maschinen und Anlagen häufig die Voraussetzung für die Einführung neuer, vom bisherigen Produktionsprogramm abweichender Produkte. Es ist daher unverständlich, weshalb die empirische Innovationsforschung dem Investitionsindikator so wenig Aufmerksamkeit schenkt. In dieser Arbeit werden Investitionen als Indikator für Prozeßinnovationen eingesetzt, um einen Ausgleich für die Produktinnovationslastigkeit der anderen verwendeten Indikatoren zu schaffen.

Einer der am häufigsten verwendeten und am heftigsten umstrittenen Outputindikatoren ist die *Zahl der Patente* eines Unternehmens, eines Technologiezweiges, eines Wirtschaftszweiges oder eines Landes. Erste Studien mit Patentindikatoren gibt es bereits seit Anfang der 60er Jahre. Arbeiten mit Pioniercharakter sind die oben schon erwähnten Untersuchungen von SCHERER (1965) zum SCHUMPETERschen Innovations-Wettbewerbs-Zusammenhang und von SCHMOOKLER (1966), der mit Hilfe von Patenten den Zusammenhang zwischen Erfindungstätigkeit und Nachfrageanreizen nachweist. Jedoch erst seit Anfang der 80er Jahre haben Patente als Outputindikatoren eine verstärkte Aufmerksamkeit erfahren. Dies liegt einerseits an dem höheren Stellenwert, der dem technischen Fortschritt zur Lösung wirtschaftlicher und in letzter Zeit auch ökologischer Probleme beigemessen wird. So erhofft man sich mit Hilfe der Outputmessung Antworten auf die Fragen nach der Effizienz von FuE und der bestmöglichen Allokation von

---

1) Siehe GREIF (1985).

FuE-Ressourcen. Andererseits wird dieses verstärkte Interesse an der Outputmessung durch die vereinfachte, automatisierte Erhebung von Patentindikatoren in nationalen und internationalen Patentdatenbanken begünstigt.[1)]

Da Patentanmeldungen am amerikanischen Patentamt schon seit Ende der 60er Jahre elektronisch auswertbar sind, haben sich die meisten bisherigen Patentanalysen auf US-Patente bezogen. Erstmalig wurden Patentindikatoren auf der Basis von Patentanmeldungen am Deutschen Patentamt bzw. am Europäischen Patentamt mit Zielland Bundesrepublik Deutschland von SCHMOCH u. a. (1988) am Fraunhofer-Institut für Systemtechnik und Innovationsforschung (ISI) entwickelt und für Analysen des technischen Fortschritts und seiner ökonomischen Auswirkungen verwendet. Dies wurde erst möglich, seit Patentanmeldungen für den deutschen Markt mit Hilfe von Datenbanken suchbar wurden. In der ISI-Studie wurde die 1986 eingerichtete Datenbank PATDPA[2)], in der sämtliche Patentanmeldungen am Deutschen Patentamt sowie am Europäischen Patentamt mit Bestimmungsland Bundesrepublik Deutschland enthalten sind, verwendet. Diese Datenbank bildet auch die Basis für die Erhebung von Patentdaten in dieser Arbeit.

Wie bereits oben erwähnt, zielen viele Untersuchungen darauf ab, Patentindikatoren mit Hilfe der Inputindikatoren FuE-Ausgaben bzw. FuE-Personal zu erklären,[3)] wobei sie letztlich den umstrittenen Indikator Patente durch den nachgewiesenen systematischen Zusammenhang mit den etablierteren Indikatoren FuE-Ausgaben bzw. -Personal validieren. Die Vielzahl dieser Studien resultiert daher, daß gegen Patente als Innovationsindikatoren sehr viele Einwände erhoben werden. Ein Vorbehalt besteht darin, daß viele Erfindungen gar nicht erst patentiert werden, weil beispielsweise andere Strategien wie Geheimhaltung oder Frühstart bei der Vermarktung vorgezogen werden oder weil Patentverletzungen, insbesondere bei Verfahrenspatenten, sowieso nur schwer nachzuweisen sind. Hiermit ist die Problematik der *Patentierneigung*, d. h. die Quote der Patentanmeldungen an den tatsächlich hervorgebrachten Erfindungen, angesprochen. Unterschiedliche Patentierneigungen können zu Verzerrungen auf allen möglichen Aggregationsstufen, sei es auf

---

1) Zu den Ursachen des gestiegenen Interesses an patentstatistischen Analysen vgl. auch PAVITT (1985, S. 78).
2) Näheres zur Patentdatenbank PATDPA siehe SCHMOCH (1990, S. 56 ff.).
3) Siehe z. B. die weiter oben beschriebenen Arbeiten von BOUND u. a. (1984), SCHERER (1983) u. PAVITT (1982).

Unternehmensebene, auf der Ebene von Technologien oder Sektoren oder auch zwischen einzelnen Ländern, führen.

Zweifellos beeinflussen unterschiedliche Patentierneigungen die Analyseergebnisse, MANSFIELD (1985) hat jedoch gezeigt, daß sektorale Unterschiede in der Patentierneigung nur zu einem kleinen Teil für das Patentierverhalten von Unternehmen verantwortlich sind. Anhand einer Befragung von 100 Unternehmen aus 12 Industriezweigen nach der Zahl der patentierten Erfindungen im Verhältnis zu den patentierbaren Erfindungen kann er zwar sektorale Unterschiede in der Patentierneigung ausmachen, allerdings sind sie nicht besonders stark ausgeprägt. So werden in den fünf Industriezweigen pharmazeutische Industrie, chemische Industrie, Erdölindustrie, Maschinenbau und Metallerzeugnisse über 80 % aller patentierbaren Erfindungen patentiert, während es in den restlichen sieben Industriezweigen immerhin noch über 60 % waren. Starke sektorale Unterschiede im Verhältnis FuE-Ausgaben zu Patenten sind nach MANSFIELD nur zu einem geringen Teil auf die unterschiedliche Patentierneigung zurückzuführen, sondern vielmehr darauf, daß verschiedene Industriezweige eine unterschiedlich hohe Zahl von Erfindungen im Verhältnis zu ihren FuE-Ausgaben hervorbringen. Auf Unternehmensebene stellt MANSFIELD außerdem fest, daß die Patentierneigung großer Unternehmen tendenziell höher ist als die von kleinen Unternehmen. Dies ist nur ein scheinbarer Widerspruch zu der Tatsache, daß kleine Unternehmen relativ mehr Patente anmelden und daß große Unternehmen relativ mehr für FuE aufwenden, wie von PAVITT (1982) herausgefunden. Vermutlich ist die Zahl der Erfindungen in kleineren Unternehmen bezogen auf die dafür getätigten Ausgaben wesentlich höher als in größeren Unternehmen. Dies muß allerdings nicht heißen, daß größere Unternehmen unproduktiver sind, da über die Qualität der Erfindungen keine Aussage gemacht werden kann.

Bei Ländervergleichen können sich aufgrund *unterschiedlicher nationaler Patentsysteme* Verzerrungen ergeben. Niedrige Patentanmeldegebühren sowie geringe Ansprüche an die Erfindungshöhe eines Patents führen zu einer vergleichsweise hohen Patentierneigung, wie die schon sprichwörtliche Patentierwut der japanischen Unternehmen in Japan eindrucksvoll demonstriert. Daher wird vorgeschlagen, Länderanalysen auf der Basis von Anmeldungen an einem repräsentativen Auslandspatentamt, üblicherweise am amerikanischen Patentamt,[1] oder aber an zwei oder mehreren Patentämtern durchzuführen, wodurch sich dann Anmeldezahlen an einem fiktiven ausländischen Patentamt[2] berechnen lassen. Wird ein repräsentatives Auslandspatentamt gewählt, so besteht der Nachteil, daß das sogenannte Heimland aus der Analyse ausgeschlossen werden muß, da üblicherweise die Patentierneigung bei Inlandsanmeldungen wegen der geringeren Kosten höher ist als bei Auslandsanmeldungen. Da in dieser Arbeit Ländervergleiche nicht vorgesehen sind, wird diese Problematik an dieser Stelle nicht weiter vertieft.

Ein mehr technisches als inhaltliches Problem ist die *mangelnde Übereinstimmung der Wirtschaftsstatistik mit der Patentstatistik*. Da die Patentklassifikation technologieorientiert ist, können einzelne Patente für verschiedene Produktgruppen und Wirtschaftszweige Relevanz haben. Dennoch sind Zuordnungen mit Hilfe von Quotierungen möglich. Das amerikanische Patentamt stellt eine solche Zuordnung der Amerikanischen Patentklassifikation zu der für Produktgruppen geltenden Standard Industrial Classification (SIC) schon seit Ende der 70er Jahre zur Verfügung. Die Zuordnung erfolgt maschinell auf der Basis der einzelnen Patentunterklassen. Aus dieser maschinellen Zuordnung resultiert eine nach 55 Produktgruppen und nach verschiedenen Anmeldeländern aufgegliederte Statistik der vom amerikanischen Patentamt erteilten Patente.[3] Für die vom Deutschen Patentamt benutzte Internationale Patentklassifikation (IPC) ist erst jüngst von GREIF und POTKOWIK (1990) eine Konkordanz zur Systematik der Wirtschaftszweige, also auf Sektorebene und nicht wie bei der amerikanischen Konkordanz auf Produktgruppenebene, erstellt worden. In dieser Arbeit ist die Untersuchungseinheit das innovierende Unternehmen. Diese Abgrenzungseinheit bereitet im Prinzip weder bei der Erhebung von Wirtschaftsdaten noch von Patentdaten Schwierigkeiten. Allerdings kann es hin und wieder Übereinstimmungsprobleme geben, da das patentanmeldende Unternehmen nicht immer mit dem rechnungslegenden Unternehmen übereinstimmen muß. So gibt es z. B. Patentverwertungsgesellschaften, die unter eigenem Namen Patente anmelden, welche eigentlich der produzierenden bzw. FuE-treibenden Muttergesellschaft zuzurechnen sind, oder Konzernobergesellschaften melden auch die Patente ihrer FuE-treibenden Tochtergesellschaften an.

1) Siehe z. B. PAVITT (1985, S. 83 ff.).
2) Siehe SCHMOCH u. a. (1988, S. 57 ff.).
3) Vgl. SCHMOCH u. a. (1988, S. 245) und U.S. Patent and Trademark Office (1990).

Bisher wurde der Begriff *Patente* verwendet, ohne zu differenzieren, ob es sich hierbei um *erteilte Patente*, d. h. von einem Patentamt anerkannte Neuheiten, oder aber um *Patentanmeldungen*, welche auch Doppelentwicklungen beinhalten können, handelt. Diese Unterscheidung war so weit auch nicht notwendig, da die oben aufgezeigten Probleme beide Größen betreffen. Welche von beiden man verwendet, wird hauptsächlich durch die Veröffentlichungspraxis der Patentämter diktiert, es gibt aber auch spezifische Vorzüge, die für den einen oder den anderen Indikator sprechen. Da vom amerikanischen Patentamt nur die erteilten Patente veröffentlicht werden, beziehen sich die Analysen für den amerikanischen Markt immer auf erteilte Patente. Dagegen werden vom Deutschen und vom Europäischen Patentamt alle Patentanmeldungen spätestens nach einer Frist von 18 Monaten ab dem Anmeldetag offengelegt. Analysen auf der Basis von Patentanmeldungen haben den Vorteil, daß nach Ablauf der 18-monatigen Frist die Daten des davorliegenden Erfindungszeitraums vollständig erfaßbar sind, während bei Erteilungen die Vollständigkeit der Daten von den je nach Technikgebieten unterschiedlich langen Prüfungszeiten abhängt.[1)] Außerdem korrespondieren Patentanmeldungen besser mit FuE-Inputdaten, denn auch zurückgewiesenen Anmeldungen gehen meist FuE-Arbeiten voraus.[2)] Zwar kann man einwenden, daß nur erteilte Patente wirkliche Neuheiten messen und daher bessere Dienste bei der Beurteilung der Effizienz von Forschung und Entwicklung leisten, aber auch mit zurückgewiesenen Patentanmeldungen sind Lerneffekte verbunden, welche zweifellos den technischen Wandel beeinflussen.

Ein weiteres Problem von Patentanalysen ist die *Größeneinheit Patent*. Ein Patent kann sich sowohl auf eine *Basiserfindung* als auch nur auf eine *inkrementale Verbesserung* einer bereits bekannten Technologie beziehen. Eine Bewertung und Gewichtung der Patente hinsichtlich ihrer technologischen oder wirtschaftlichen Bedeutung kann jedoch nur aufgrund der Einzelanalyse jedes Patents vorgenommen werden. Für umfangreiche statistische Auswertungen auf der Basis einer Vielzahl von Patenten ist dies nicht praktikabel. Ist die Stichprobe genügend groß, vertraut man darauf, daß im Mittel der Wert der Patente je Untersuchungseinheit gleich ist. Zusätzlich kann man noch Qualitätsmerkmale[3)] wie Auslandsanmeldungen oder die Beschrän-

---

1) Siehe SCHMOCH u. a. (1988, S. 31 ff. u. S. 40 ff.).
2) Vgl. auch GREIF (1985, S. 192).
3) Zu quantitativ faßbaren Qualitätsmerkmalen von Patenten vgl. SCHMOCH u. a. (1988, S. 49 ff.).

kung auf erteilte Patente einführen, so daß ein gewisser Mindeststandard für den Wert der Patente eingehalten wird. Diese Vorgehensweise hat jedoch auch Nachteile gegenüber einem reinen Abzählen von Patentanmeldungen. Eine Einschränkung der in die Wertung aufgenommenen Patente führt je nach Größe der Untersuchungseinheit zu einer unterschiedlich hohen Zahl von Nullbeobachtungen, da Patente nicht kontinuierlich anfallen. Daher ist es möglich, daß obwohl ständig FuE-Inputs geleistet werden, zu einem bestimmten Zeitpunkt kein meßbarer Patentoutput vorhanden ist. Diese Gefahr ergibt sich insbesondere bei Analysen auf der Unternehmensebene. Dagegen erhöht sich die Stichprobe um ein Vielfaches,[1)] wenn man statt Patenterteilungen oder Auslandsanmeldungen Inlandspatentanmeldungen verwendet. Um die Zahl der Nullbeobachtungen, welche besonders bei logarithmierten Schätzansätzen Probleme verursachen, in Grenzen zu halten und auch die zeitlichen Sprünge in der Zahl der Patentanmeldungen auszugleichen, wird in dieser Arbeit die Zahl der Patentanmeldungen als jährlicher Durchschnitt eines Dreieinhalbjahres-Zeitraumes ermittelt.

Insgesamt ist die Verwendung des Indikators Patente bzw. Patentanmeldungen sicher nicht unproblematisch, aber, wie in vielen empirischen Untersuchungen gezeigt wird, steht er doch in einem sehr engen Zusammenhang mit den Innovationsaktivitäten von Unternehmen, Sektoren oder Ländern. Die vielen Vorteile bei der Erhebung und der Zuordnung zu fast beliebig kleinen Einheiten und die Tatsache, daß es nur wenige alternative Outputindikatoren gibt, welche nicht minder problematisch sind, sprechen für seinen Einsatz. Man muß sich aber bei der Interpretation der Ergebnisse bewußt sein, daß Patente lediglich Hinweise auf ein bestimmtes Phänomen geben und kein exaktes Maß darstellen.

Für die Messung des technischen Leistungsstands einzelner Volkswirtschaften auf bestimmten Technikgebieten leistet der *technometrische Indikator* gute Dienste. Das Wort "Technometrie" bedeutet nichts anderes als "Messen der Technik". Die entsprechende Methode wurde von GRUPP u. a. (1987) am Fraunhofer-Institut für Systemtechik und Innovationsforschung entwickelt und für eine Untersuchung des technischen Leistungsstandes der drei Länder USA, Japan und Bundesrepublik Deutschland auf sechs verschiedenen

1) In der Bundesrepublik Deutschland werden etwa dreimal so viele Patente angemeldet wie erteilt. Vgl. GREIF (1985, S. 191).

High-Tech-Bereichen angewandt. Der technometrische Indikator mißt wie der patentstatistische Indikator Innovationsoutput, allerdings orientiert er sich schon am fertigen Produkt, während ein Patent nur die Lösung eines technischen Problems anzeigt. Die Berechnung des technometrischen Indikators beruht auf speziellen Kenngrößen für die Eigenschaften der gemessenen Produkte und Verfahren. Diese Kenngrößen werden durch Experten- und Herstellerbefragung erhoben und dann für das jeweilige Produkt oder Verfahren zu einer einzigen Größe im Wertebereich zwischen *0* und *1* aggregiert.[1] Der technometrische Indikator orientiert sich alleine an der Qualität der neuen Produkte oder Verfahren. Er beinhaltet also nicht zusätzlich noch irgendwelche ökonomische Dimensionen, wie z. B. Kosten und Preise oder Markt- und Patentstrategien. Die reine Technikausrichtung des Indikators hat Vorteile, wenn das Interesse unmittelbar auf den technischen Leistungsstand gerichtet ist. Dennoch verkörpert auch dieser Indikator keinen objektiven Maßstab, da sowohl die Auswahl der Kennziffern als auch deren Gewichtung nach subjektiver Einschätzung vorgenommen werden. Je größere Sorgfalt auf die Auswahl einer genügend großen Zahl von Experten aufgewendet wird, desto zuverlässiger sind die Indikatorwerte. Der technometrische Indikator ist besonders für fallstudienartige Beschreibungen von Technikentwicklungen geeignet. Für umfangreiche statistische Auswertungen fehlt es jedoch an einer ausreichenden Datenbasis, in der Angaben über eine Vielzahl von Produkten und Verfahren über einen längeren Zeitraum enthalten sein müßten. Daher ist diese Art der technischen Leistungsmessung Einzelanalysen durch größere Forschungsinstitute vorbehalten.

Ebenso wie das technometrische Verfahren bezieht sich die direkte Erfassung und *Zählung von Innovationen* auf fertige neue Produkte oder Verfahren. Im Unterschied aber zum technometrischen Indikator, welcher die Qualität einer bestimmten technischen Entwicklung mißt, zeigt der Indikator Innovationen nur an, ob eine Innovation vorliegt oder nicht. Da es für Innovationen weder eine amtliche Statistik noch sonstige systematische Veröffentlichungen gibt, ist das Abzählen von Innovationen ein nur wenig gebräuchliches Outputmaß. Die Science Policy Research Unit (SPRU) der University of Sussex hat eine Datenbank für bedeutende Innovationen britischer Unternehmen aus dem Zeitraum von 1945 bis 1984 eingerichtet. Die Daten stam-

---

1) Bezüglich Details der Berechnung des technometrischen Indikators siehe GRUPP u. a. (1987, S. 25 ff.).

men aus einer Befragung von Experten zur Identifikation von Innovationen. PAVITT u. a. (1987) stützen sich auf diese über 4.000 Innovationen umfassende Datenbank, um den Zusammenhang zwischen Innovationsaktivität und Unternehmensgröße und den in den verschiedenen Sektoren vorherrschenden ökonomischen und technologischen Bedingungen aufzuklären. Die SPRU-Daten beziehen sich nur auf bedeutende Innovationen, nicht aber auf die zahlreicheren inkrementalen Verbesserungen. Diese Selektion bezüglich des technologischen Gehalts bedeutet jedoch nicht, daß diese Innovationen auch immer die wirtschaftlich bedeutendsten sein müsssen.

Einen vergleichbaren Indikator verwenden ACS und AUDRETSCH (1988). Grundlage ihrer Untersuchung des Innovationsverhaltens kleiner und großer Unternehmen ist eine mehr als 8.000 Innovationen umfassende Datenbank der U.S. Small Business Administration. Die Datenbank fußt auf der Auswertung von über hundert Technik- und Wirtschaftszeitungen aus dem Jahr 1982, in denen über neue Produkte und Verfahren berichtet wird. Eine Einschränkung der Innovationen nur auf technologisch bedeutsame besteht nicht. Für eine vollständige Erfassung aller Innovationen gibt es weder bei dieser noch bei der SPRU-Datenbank eine Gewähr. In ersten Fall hängt man von der vollständigen Dokumentation aller Innovationen in Fachzeitschriften ab, im zweiten Fall von dem guten Erinnerungsvermögen der Experten. Da bisher nur wenige Arbeiten mit dem Indikator Innovationen vorliegen und vermutlich wegen der umständlichen Erhebungsweise auch künftig nicht vorliegen werden, ist dieser Indikator noch nicht so vielen empirischen Tests unterzogen worden wie der Patentindikator. ACS und AUDRETSCH (1988) vergleichen den Indikator Innovationen anhand eines Querschnitts von 247 Industriezweigen mit den Indikatoren FuE-Ausgaben und Patente. Am besten ist die Korrelation mit den unternehmensfinanzierten FuE-Ausgaben, weniger gut mit der Zahl der Patente. Aber dennoch ist sie zwischen den Outputindikatoren Patente und Innovationen höher als zwischen Patenten und FuE-Ausgaben. Der Outputindikator Innovationen stellt eine Ergänzung des Instrumentariums zur Outputmessung dar. Durch seine größere Marktnähe verkörpert er in viel stärkerem Maße als die bereits erwähnten Outputindikatoren den unternehmerischen Innovationsaspekt. Er ist jedoch bei weitem kein Ersatz für den Patentindikator. Viele Probleme des Patentindikators, wie unvollständige Erfassung, Wertunterschiede zwischen einzelnen Innovationen und diskontinuierliches Auftreten, bestehen auch beim Indikator Innovationen fort. Hinzu kommt die aufwendige Erhebung der Daten, welche eigentlich nur von einem Forschungsinstitut geleistet werden kann.

Noch näher am Marktgeschehen als der Indikator Innovationen sind Innovationsindikatoren, welche sich auf die *Umsatzstruktur* eines Unternehmens oder eines Erzeugnisbereichs beziehen. Diese Indikatoren messen die Anteile von Produkten aus verschiedenen Lebenszyklusphasen am Umsatz. Für die Messung des Markterfolges von Produktinnovationen ist der Anteil neuer, d. h. in der Einführungsphase befindlicher, Produkte von besonderem Interesse. Für die Bundesrepublik Deutschland wird ein entsprechender Indikator vom Ifo-Institut im Rahmen des Innovationstests [1)] erhoben. Die Erhebung wird seit 1979 jährlich auf freiwilliger Basis bei knapp 5.000 Unternehmen des Verarbeitenden Gewerbes durchgeführt. Die Ergebnisse des Innovationstests stehen den am Test teilnehmenden Unternehmen in Form von Branchenberichten exklusiv zur Verfügung. Der breiten Öffentlichkeit werden die Daten nur in zusammengefaßter und aufbereiteter Form durch Sonderpublikationen des Ifo-Instituts und regelmäßig im Ifo-Schnelldienst [2)] zugänglich gemacht. ENTORF (1988) kann, vermutlich aufgrund einer Sonderabsprache mit dem Ifo-Institut, das Datenmaterial des Innovationstests der Jahre 1981 bis 1983 für eine Untersuchung des Zusammenhangs zwischen Innovationsaktivität und Unternehmensgröße auswerten. Das Problem, daß es sich beim Umsatzstrukturindikator um einen Anteilsatz handelt, der nach oben durch den 100 %-Wert begrenzt ist, löst er durch die Wahl eines Logit-Regressionsansatzes.

Ebenfalls auf die Umsatzstruktur von Unternehmen bezieht sich der Indikator Innovationsintenstität, den MEYER-KRAHMER (1984) zur Messung des Innovationsoutputs kleiner und mittlerer Unternehmen verwendet. Hierbei unterscheidet er zwischen Produkt- und Prozeßinnovationsintensität. Die Produktinnovationsintensität ist definiert als der Anteil der Produkte am Umsatz,

---

1) Genaugenommen wird dieser Indikator als Sonderfrage des Ifo-Konjunkturtests erhoben. Inhaltlich ist er jedoch ein Bestandteil des Innovationstests. Der gesamte Innovationstest umfaßt neben der Umsatzstruktur eine Menge anderer unternehmens- und produktgruppenbezogener Aspekte, wie z. B. die Art der Innovationen, der dafür betriebene Aufwand, die damit verfolgten Ziele usw. Der Innovationstest selbst ist kein Indikator des Innovationsgeschehens, sondern ein Untersuchungskonzept für innovationsrelevante Fragen. Nähere Angaben sind enthalten in IFO (1990) und PENZKOFER u. SCHMALHOLZ (1990).

2) Siehe z. B. PENZKOFER u. SCHMALHOLZ (1990).

die in den letzten fünf Jahren neu bzw. in verbesserter Art und Weise in das Produktionsprogramm aufgenommen wurden. Die Prozeßinnovationsintensität bezieht sich auf den Anteil der Produkte am Umsatz, welche aus neuen bzw. verbesserten Produktionsprozessen hervorgegangen sind, wobei die Neuerung innerhalb der letzten fünf Jahre erfolgt sein muß. Der Produktinnovationsindikator wird noch einmal differenziert nach Produktinnovationsintensität i. e. S. und Produktinnovationsintensität i. w. S. Im ersten Fall handelt es sich um Produkte, die in dieser Form erstmalig auf den Markt gebracht wurden. Im zweiten Fall sind die Produkte lediglich neu für das betreffende Unternehmen.

MEYER-KRAHMER kann anhand einer Befragung von ca. 700 westdeutschen kleinen und mittleren Unternehmen die entsprechenden Innovationsintensitäten für das Jahr 1979 erheben. Zur Validierung der Indikatoren werden diese bezüglich ihres Zusammenhangs mit anderen Innovationsindikatoren sowie mit der Zahl der Beschäftigten getestet. Der Zusammenhang zwischen der Produktinnovationsintensität i. e. S. und den Indikatoren externe FuE, FuE-Personal-Intensität, Patentanmeldungen, Patenterteilungen, Exportanteil sowie interne FuE-Aktivitäten ist jeweils in statistisch signifikanter Weise positiv, während er beim Indikator Prozeßinnovationsintensität entweder statistisch insignifikant oder sogar negativ signifikant ist. In bezug auf die Unternehmensgröße erweist sich der Zusammenhang im Falle der Produktinnovationsintensität als negativ, im Falle der Prozeßinnovationsintensität als positiv. Es scheint, daß Prozeßinnovationen eher von größeren Unternehmen durchgeführt werden. Die größere Produktinnovationsintensität kleinerer Unternehmen liegt u. a. daran, daß ihr Produktionsprogramm kleiner ist als das größerer Unternehmen, so daß der Anteil eines neuen Produktes im Gesamtprogramm eines kleineren Unternehmens ein größeres Gewicht hat. Aber es bestätigt sich auch, daß wenn kleinere Unternehmen FuE betreiben, ihre FuE- und Innovationsintensität häufig höher ist als die mittlerer und großer Unternehmen.

Die Aussagefähigkeit des Umsatzstrukturindikators ist keineswegs eindeutig. Ein hoher Anteil neuer Produkte am Umsatz spricht zwar für die Innovationskraft eines Unternehmens, er kann aber auch bedeuten, daß es dem Unternehmen nicht gelingt, Produkte mit längeren Wachstumsphasen, welche nachhaltig zum Umsatz beitragen, auf den Markt zu bringen, und daß es zu immer weiteren teuren Neuentwicklungen gezwungen ist. Kritisch ist beim Ifo-Innovationstest der Ermessensspielraum der Unternehmen, welche selbst beurteilen, in welcher Phase sich ihre Produkte befinden. Die von MEYER-KRAHMER praktizierte Alternative, den Anteil der Produkte, die in den letzten fünf Jahren eingeführt wurden, auszuweisen, ist jedoch auch nicht unproblematisch, da die Marktzyklen für unterschiedliche Produkte unterschiedlich lang sind, so daß bei einer zeitlichen Vorgabe die Angaben ökonomisch nicht mehr sinnvoll miteinander verglichen werden können. Auch angesichts einer allgemeinen Tendenz zu immer kürzeren Produktzyklen[1)] müssen zeitliche Vergleiche der Umsatzstruktur mit Vorsicht interpretiert werden. Unabhängig von seinen inhaltlichen Vorzügen und Schwachpunkten besteht beim Umsatzstrukturindikator das Problem, daß er nur auf dem Befragungsweg auf freiwilliger Basis erhoben werden kann. In der Bundesrepublik Deutschland ist mit dem Ifo-Innovationstest bereits ein Weg begangen worden, um diesen Indikator neben anderen innovationsrelevanten Angaben systematisch und regelmäßig zu erheben. Schade ist allerdings, daß die Ergebnisse nicht in ähnlicher Form wie die FuE-Inputindikatoren des Stifterverbandes für die Deutsche Wissenschaft, eventuell sogar in einer aufeinander abgestimmten Form, veröffentlicht werden.

Aus den vorhergehenden Ausführungen geht hervor, daß das Indikatorenproblem neben den inhaltlichen Forschungszielen ein zentrales Thema der empirischen Innovationsforschung ist. Für alle genannten Indikatoren gilt, daß sie nur Hinweise auf die Größe Innovationsaktivität geben können und daß sie sie mehr oder weniger fehlerhaft abbilden. Dabei passen verschiedene Indikatoren unterschiedlich gut für die Beschreibung einzelner Innovationsaspekte. Oftmals aber schreibt die Datenverfügbarkeit und das für die Analyse gewählte Aggregationsniveau die Wahl der verwendeten Innovationsindikatoren vor. Für die sich nun anschließende Analyse der Inovationsaktivitäten der westdeutschen Industrie wurde das Unternehmen als Untersuchungseinheit gewählt. Da die Präferenz auf der Verwendung öffentlich zugänglicher Datenquellen liegt und auf die Verwendung vertraulicher Befragungsdaten verzichtet wird, kommen in dieser Arbeit von den genannten Inputindikatoren nur *FuE-Ausgaben* und *-Personal* und die *Bruttoanlageinvestitionen* und von den Outputindikatoren *Patentanmeldungen* zum Einsatz. Er-

1) Zur Verkürzung des Produktlebenszyklus in verschiedenen Wirtschaftszweigen siehe BULLINGER (1990).

gänzend wird als FuE-Inputindikator die unternehmensbezogene *FuE-Förderung* des Bundesministeriums für Forschung und Technologie *(BMFT)* verwendet. Hiermit sollen politisch und gesellschaftlich erwünschte Innovationsaktivitäten identifiziert werden. Ziel der Untersuchung ist letztlich die Erklärung der industriellen Innovationsaktivitäten nach einer zufriedenstellenden Messung derselben Größe.

3. EINE EMPIRISCHE ANALYSE DER INNOVATIONSAKTIVITÄTEN DER WESTDEUTSCHEN INDUSTRIE

Ein Ziel dieser Arbeit ist es, die Innovationsaktivitäten der westdeutschen Industrie quantitativ darzustellen und Unterschiede zwischen einzelnen Sektoren und Unternehmen zu erklären. Wie in Abschnitt 2.2.2.3 ausführlich erläutert wurde, ist das Auffinden geeigneter Innovationsindikatoren ein zentrales Problem der empirischen Innovationsforschung. Daher beginnt diese Untersuchung mit der Ermittlung verschiedener Innovationskennziffern und einer Beurteilung derselben. Danach werden die Beziehungen zwischen den einzelnen Indikatoren analysiert. Im Anschluß daran werden die Innovationsindikatoren faktorenanalytisch zu einem Indikatorenbündel verdichtet, so daß eine Gesamtgröße Innovationsaktivität entsteht. Im zweiten Teil der empirischen Analyse werden verschiedene Erklärungsansätze für unterschiedliches Innovationsverhalten überprüft.

3.1 Datenbasis

Die Hauptdatenquelle für die folgende Untersuchung sind die im Bundesanzeiger[1] veröffentlichten *Geschäftsberichte großer Kapitalgesellschaften*. Aufgrund des 1985 verabschiedeten Bilanzrichtlinien-Gesetzes sind große[2] Kapitalgesellschaften verpflichtet, ab dem 1987 beginnenden Geschäftsjahr sämtliche Rechnungslegungsinstrumente, d. h. Bilanz, Gewinn- und Verlustrechnung, Anhang und Lagebericht, innerhalb von neun Monaten nach Ende des Geschäftsjahres im Bundesanzeiger zu veröffentlichen. Während bisher nur Aktiengesellschaften publizitätspflichtig waren, ist es nun auch die nicht unerhebliche Gruppe großer GmbHs. Eine weitere Neuerung ist die Verpflichtung nach § 289, Abs. 2 HGB, auf den Bereich Forschung und Entwicklung im Lagebericht einzugehen. Die meisten FuE-Daten sind daher dem Lagebericht entnommen. In einigen Fällen entstammen sie auch der Gewinn- und Verlustrechnung, falls diese nach dem Umsatzkostenverfahren vorgenommen wurde. Diese Vorgehensweise wird sehr häufig von Unternehmen der chemischen und pharmazeutischen Industrie angewandt. Für diese Arbeit wurden nur die Geschäftsberichte solcher Unternehmen ausgewertet, welche quantitative Angaben über FuE-Ausgaben oder FuE-Personal mach-

---

1) Bundesanzeiger 1988, Nr. 42 - 244, und 1989, Nr. 1 - 86

2) Als groß gelten Unternehmen, die zwei der folgenden drei Bedingungen erfüllen: Umsatz > 32 Mio. DM, Bilanzsumme > 15,5 Mio. DM oder Beschäftigte > 250. Vgl. hierzu HILKE (1991, S. 14).

ten. Die vielen Unternehmen, welche lediglich qualitativ über FuE berichteten, wurden nicht einbezogen. Neben den *Zahlen zum FuE-Verhalten* wurden *weitere Rechnungsgrößen*[1] zur Messung der *Unternehmensgröße* und der *Arbeits-* und *Kapitalintensität* erhoben.

Insgesamt konnten *270 Unternehmen* erfaßt werden, die für das *Geschäftsjahr 1987* entweder über FuE-Ausgaben, FuE-Personal oder über beide Größen zahlenmäßige Angaben machten. Dabei berichteten 236 Unternehmen über FuE-Ausgaben, aber nur 108 Unternehmen über FuE-Personal. Die Tatsache, daß für die eine oder andere Größe in mehr oder minder großem Umfang Daten fehlen, ist sicherlich nicht unproblematisch, da bei der Messung von Zusammenhängen zwischen einzelnen Variablen jeweils andere Stichproben-Zusammensetzungen zugrunde liegen. Die Alternative wäre, überhaupt nur die ca. 60 Unternehmen zu analysieren, für die komplette Datensätze vorliegen. Da in dieser Arbeit ein möglichst differenziertes Bild der Innovationstätigkeit der westdeutschen Industrie aufgezeichnet werden soll, werden hier alle für den jeweiligen Zusammenhang relevanten Informationen ausgewertet. Es werden nur Unternehmensdaten, nicht aber Konzerndaten verwendet. In Fällen, in denen über FuE-Größen nur auf Konzernebene berichtet wurde, wurden diese als ein bestimmter Anteil am Umsatz oder an der Beschäftigtenzahl der AG oder der GmbH geschätzt. Dabei wurde berücksichtigt, daß die FuE-Intensitäten bei den Muttergesellschaften i. d. R. höher sind als im Konzern.

Für die nach Durchsicht des Bundesanzeigers ermittelten Unternehmen wurden in der *Patentdatenbank PATDPA* die Zahl der *Patentanmeldungen* am Deutschen Patentamt und am Europäischen Patentamt mit Bestimmungsland Bundesrepublik Deutschland erhoben. Es wäre wünschenswert gewesen, Patentanmeldungen mit einer Priorität (Erstanmeldung) ab 1987 und später zu erfassen, da diese vermutlich in einem stärkeren zeitlich-kausalen Zusammenhang mit den auf das Jahr 1987 bezogenen FuE-Größen stehen. Dies war jedoch zum Zeitpunkt der Datenerhebung im Frühjahr 1990 nicht möglich. Damals konnten aufgrund der 18-monatigen Veröffentlichungsfrist ab Anmeldedatum nur Patentanmeldungen vollständig erfaßt werden, welche vor Juli 1988 getätigt wurden. Da es nicht das Ziel der vorliegenden Arbeit ist,

---

1) Eine Liste der Meßgrößen und Angaben über deren Quellen befinden sich am Anfang dieser Arbeit.

eine Analyse der zeitlich-kausalen Abfolge verschiedener Innovationsphasen durchzuführen, sondern lediglich die Messung der Innovationsstärke von Unternehmen und Branchen durch alternative Innovationsindikatoren, wurde der Prioritätszeitraum der ermittelten Patentanmeldungen nach pragmatischen Gesichtspunkten festgelegt. Dieser umfaßt die *Jahre 1985 - 1987 und das erste Halbjahr 1988.* Die im folgenden verwendeten Patentanmeldezahlen pro Unternehmen bzw. pro Branche sind als jährlicher Durchschnitt der Anmeldezahlen des Dreieinhalbjahres-Zeitraum zu verstehen. Ein mehrjähriger Zeitraum wurde deshalb gewählt, weil Patentanmeldungen keinen kontinuierlichen Forschungsoutput darstellen, sondern gerade bei kleineren Unternehmen mit starken jährlichen Schwankungen anfallen, wobei in manchen Jahren trotz reger Innovationstätigkeit überhaupt keine Anmeldungen zu verzeichnen sind. Ein längerer Zeitraum erschien nicht sinnvoll, da sich sonst Umbenennungen, Zusammenschlüsse oder Neugründungen von Unternehmen gehäuft hätten, was die auf den Firmennamen abgestellte Suche nach Patenten erschwert hätte. Das erste Halbjahr 1988 wurde deshalb noch einbezogen, um den oben schon erwähnten zeitlich-kausalen Zusammenhang zwischen FuE-Tätigkeit und Patenten wenigstens ansatzweise zu berücksichtigen.

Von den 270 Unternehmen haben 38 keine Patente im Recherchezeitraum angemeldet. Außerdem konnten für 9 Unternehmen keine Angaben über deren Patentaktivitäten gemacht werden, da diese Unternehmen bekanntermaßen ihre Patente nicht unter eigenem Namen anmelden, sondern unter dem Namen einer Patentverwertungsgesellschaft oder der Muttergesellschaft. Dies gilt beispielsweise für Unternehmen des Philips- und des Mannesmann-Konzerns. Möglicherweise beruhen auch einige der Null-Patent-Fälle auf Namensabweichungen zwischen patentanmeldenden Unternehmen und den eigentlich für das Zustandekommen der Anmeldungen verantwortlichen Unternehmen. Solche Verzerrungen lassen sich jedoch ohne eine Befragung und eine entsprechende Auskunftsbereitschaft der betroffenen Unternehmen nicht vermeiden.

Um das Ausmaß der staatlichen Förderung abzuschätzen, wurden die *Zuwendungen des Bundesministeriums für Forschung und Technologie (BMFT)* an die 270 Unternehmen anhand des *BMFT-Förderungskatalogs 1987*, welcher auch als *Online-Datenbank FORKAT* beim Host STN zur Verfügung steht, für das Jahr 1987 ermittelt. Da der Förderungskatalog nicht die Mittelabflüsse pro Jahr, sondern nur die jeweils begünstigten Projekte eines Unternehmens sowie deren Gesamtvolumen und Gesamtlaufzeit ausweist, wurde der auf das Jahr 1987 entfallende Anteil unter der Annahme eines gleichmäßig über die Zeit verteilten Mittelabflusses geschätzt und die Summe aller auf das Jahr 1987 entfallenden Zuwendungen pro Unternehmen gebildet. Es ist anzunehmen, daß der so gebildete BMFT-Förderungsindikator nur ein sehr ungenauer Indikator für die gesamte einem Unternehmen zuteilwerdende staatliche FuE-Förderung ist, da er weder die Forschungszuschüsse des Verteidigungsministeriums, noch die supranationaler Einrichtungen, wie z. B. der EG, und auch nicht die steuerlichen Vergünstigungen für FuE-Aufwendungen erfaßt. Immerhin aber ermöglichen die Angaben des BMFT-Förderungskatalogs eine Zuordnung staatlicher Forschungsmittel zu einzelnen Unternehmen. Insgesamt erhielten 93 der 270 Unternehmen FuE-Zuschüsse vom BMFT.

1987	Stichprobe (n = 270) insgesamt	Wirtschafts-sektor insgesamt*)	Repräsenta-tionsgrad in %
FuE-Ausgaben in Mio. DM	26.634,5	44.281	60,1 %
Umsatz in Mio. DM	402.976,3	1.170.773	34,4 %
Beschäftigte in Tsd.	1.702,4	5.621	30,3 %
*)Quelle: ECHTERHOFF-SEVERITT u. a. (1990, S. 52)			

Tabelle 3.1-1: Repräsentationsgrad der Unternehmensstichprobe

Eine kritische Frage ist die nach der *Repräsentativität der Stichprobe*. Diese ist zugegebenermaßen eingeschränkt, da nur große Kapitalgesellschaften berücksichtigt werden konnten. Dennoch kann, wie Tabelle 3.1-1 zeigt, der Repräsentationsgrad in bezug auf die *FuE-Ausgaben* mit *60,1 %*[1)] Anteil an den gesamten FuE-Ausgaben des westdeutschen Wirtschaftssektors, nicht gerade als gering bezeichnet werden. Allerdings geht aus Tabelle 3.1-1 auch hervor, daß der Repräsentationsgrad in bezug auf *Umsatz* und *Beschäftig-*

1) Um die Summe der FuE-Ausgaben der 270 Unternehmen bilden zu können, wurden die FuE-Ausgaben der 34 Unternehmen, die nur Angaben über ihr FuE-Personal, nicht aber über ihre FuE-Ausgaben machten, mit Hilfe des statistisch hochsignifikanten Zusammenhangs zwischen FuE-Ausgaben und FuE-Personal geschätzt.

tenzahl mit *34,4 %* bzw. *30,3 %* deutlich niedriger ist. Die Stichprobe weist damit nicht nur einen Bias in Richtung großer Unternehmen, sondern auch in Richtung überdurchschnittlich FuE-intensiver Unternehmen auf. Allerdings ist zu berücksichtigen, daß auch in der Erhebung des Stifterverbandes für den gesamten Wirtschaftssektor der Anteil sehr großer Unternehmen an den gesamten FuE-Ausgaben höher ist, als ihrem Anteil am Gesamtumsatz entspricht.[1)] Auf jeden Fall ist Vorsicht angebracht bei der Übertragung der gewonnenen Ergebnisse auf kleinere Unternehmen. Dies macht auch die durchschnittliche Unternehmensgröße der Stichprobe deutlich, welche gemessen am Umsatz bei ca. 1,4 Mrd. DM liegt. Der Mittelwert reduziert sich allerdings um die Hälfte auf ca. 0,7 Mrd. DM, wenn man die zehn Unternehmen der Stichprobe mit mehr als 10 Mrd. DM Umsatz unberücksichtigt läßt. Zu diesen zählen die Volkswagen AG, die Daimler-Benz AG, die Siemens AG, die BASF AG, die Adam Opel AG, die Ford-Werke AG, die Bayer AG, die Robert Bosch GmbH, die Hoechst AG und die IBM Deutschland GmbH.

Um branchenspezifische Besonderheiten identifizieren und um branchenabhängige Einflüsse zuordnen zu können, wurden die Unternehmen nach ihrem vermuteten Umsatzschwerpunkt verschiedenen Branchen entsprechend der *Sypro-Klassifikation* zugeordnet. Einen Überblick über die *Branchenverteilung* gibt Tabelle 3.1-2. Diese Zuordnung ist im Falle der Sypro-Zweisteller unproblematisch, auf der Viersteller-Ebene ist sie jedoch mit relativ großer Unsicherheit behaftet. Als Anhaltspunkte für die Branchenzuordnung wurden die Angaben zur Umsatzstruktur aus den Geschäftsberichten, die im Handbuch der Großunternehmen von Hoppenstedt ausgewiesenen Tätigkeitsgebiete und die Patentprofile der jeweiligen Unternehmen benutzt. Die meisten Unternehmen stammen aus dem Maschinenbau, der Elektrotechnik und der chemischen Industrie. Dies ist nicht überraschend, da es sich bei der chemischen Industrie und der Elektrotechnik um die größten Branchen des Verarbeitenden Gewerbes und beim Maschinenbau um eine relativ große Branche mit vielen mittelgroßen Unternehmen handelt. Die Kategorie "Sonstige Wirtschaftszweige" umfaßt mit vier Unternehmen der Nahrungs- und Genußmittelindustrie zwar auch Unternehmen des Verarbeitenden Gewerbes, allerdings handelt es sich hierbei um eine viel zu geringe Zahl von Unternehmen einer Branche, so daß eine branchenmäßige Auswertung für diese Unternehmen nicht in Frage kommt.

---

1) Vgl. ECHTERHOFF-SEVERITT u. a. (1990, S. 53).

	Branche	Unternehmen	Sypro-Nr.
1	**Chemische Industrie inkl. Pharmaindustrie; Mineralölverarbeitung, Herstellung u. Verarb. v. Spalt- u. Brutstoffen**	**59**	**40, 22, 24**
	Chemische Industrie ohne Pharmaindustrie; Mineralölverarbeitung, Herstellung u. Verarb. v. Spalt- u. Brutstoffen	45	40 ohne 4035; 22, 24
	Pharmaindustrie	14	4035
2	**Herstellung v. Kunststoffwaren**	**11**	**58**
3	**Gewinnung u. Verarb. v. Steinen u. Erden, Herstellung u. Verarb. v. Keramik u. Glas**	**10**	**25, 51, 52**
4	**Metallerzeugung u. -bearbeitung, Stahl- u. Leichtmetallbau**	**10**	**27, 28, 30, 31**
5	**Maschinenbau**	**69**	**32**
	Werkzeugmaschinenbau	11	3220
	Maschinenbau für NuG- u. chemische Industrie	11	3240
	Restlicher Maschinenbau	47	32 ohne 3220,3240
6	**Herstellung v. Kraftwagen u. deren Teilen**	**17**	**33**
	Herstellung v. Kraftwagen	8	3311
	Herstellung v. Kraftfahrzeugteilen	9	3314, 3327
7	**Luft- u. Raumfahrzeugbau**	**5**	**35**
8	**Elektrotechnik, Herstell. v. Büromaschinen, ADV-Geräten u. -Einrichtungen**	**57**	**36, 50**
	Nachrichten-, Meß- u. Regeltechnik	32	3660
	Restliche Elektrotechnik	18	36 ohne 3660
	H. v. Büromaschinen, ADV-Geräten u. -Einrichtungen	7	50
9	**Feinmechanik, Optik**	**13**	**37**
10	**Holz- u. Papiergewerbe**	**6**	**53, 54, 56**
	Zwischensumme (1 - 10): VERARBEITENDES GEWERBE	**257**	
	Sonstige Wirtschaftszweige	**10**	**21, 63, 68, 69 u. Nicht-Sypro**
	Softwareindustrie	**3**	
	Summe Stichprobe	**270**	

Tabelle 3.1-2: Verteilung der Unternehmensstichprobe nach Branchen

Die übrigen sechs Unternehmen bilden aufgrund ihrer Branchenzugehörigkeit eine sehr inhomogene Gruppe, so daß auch hier die Branchenanalyse nicht sinnvoll erscheint. Interessanterweise konnten auch drei Unternehmen, die sich mit Software-Dienstleistungen befassen, identifiziert werden. Diese Branche gilt als besonders FuE-intensiv, wird jedoch in den üblichen Statistiken nicht berücksichtigt. Daher werden im folgenden trotz der geringen Zahl der Unternehmen auch für diesen Wirtschaftszweig einige Innovationskennziffern ausgewiesen. Ansonsten beschränken sich die meisten Auswertungen auf die *257 Unternehmen des Verarbeitenden Gewerbes*, welche in Tabelle 3.1-2 den Branchen 1 - 10 zugeordnet wurden.

Ergänzend zu den oben erläuterten unternehmensbezogenen Daten werden weitere branchenbezogene Daten aus unterschiedlichen statistischen Quellen verwendet, um einerseits die Qualität der den Geschäftsberichten entnommenen Daten zu überprüfen und um andererseits branchentypische Bestimmungsgründe des Innovationsverhaltens erfassen zu können. Bei den *alternativen Quellen* handelt es sich um die *FuE-Statistiken des Stifterverbandes für die Deutsche Wissenschaft, Statistiken zu Beschäftigung, Umsatz und Unternehmenskonzentration des Statistischen Bundesamtes* und *Investitionsstatistiken des Deutschen Instituts für Wirtschaftsforschung (DIW).* Leider kann für einen Vergleich der eigenen Ergebnisse in bezug auf den Indikator *Patentanmeldungen* nicht auf regelmäßig erscheinende Statistiken über die Patentaktivitäten einzelner Branchen am Deutschen Patentamt zurückgegriffen werden. Ein Vergleich ist daher nur mit der erst jüngst erschienenen *Arbeit von GREIF und POTKOWIK (1990)* zur *Zusammenführung der Internationalen Patentklassifikation und der Systematik der Wirtschaftszweige* auf der Basis von Patentanmeldungen am Deutschen Patentamt möglich.

Die Datenbasis für die nun folgende Analyse der Innovationsaktivitäten der westdeutschen Industrie unterscheidet sich von bisherigen Untersuchungen in zweierlei Hinsicht. Einerseits werden erstmals in größerem Umfang, d. h. ohne Beschränkung auf eine einzelne Branche, unternehmensbezogene FuE-Daten aus Geschäftsberichten verwendet, und andererseits werden den aus Geschäftsberichten erhobenen Größen die Zahl der Patentanmeldungen eines Unternehmens gegenübergestellt. Derartige Daten wurden bisher nur für amerikanische Unternehmen analysiert.[1)] Für deutsche Unternehmen wurden FuE-Daten auf der Basis von Geschäftsberichten bisher von BROCKHOFF (1970, 1972) und von BARDY (1974) verwendet, allerdings nur für wenige Unternehmen der chemischen Industrie. Auch SCHLEGELMILCH (1988) beschränkt sich in seiner Untersuchung zum Zusammenhang zwischen Innovationsneigung und Exportleistung auf FuE-Daten von Unternehmen des Maschinenbaus, welche er auf dem Befragungsweg ermittelt. TABBERT (1974) setzt zwar auch Unternehmensdaten zur Untersuchung des Zusammenhangs zwischen Unternehmensgröße, Marktstruktur und technischem Fortschritt ein, allerdings sind diese Daten zuvor vom Stifterverband, der sie bereitgestellt hat, jeweils für drei Unternehmen aggregiert worden, um ausreichende Geheimhaltung zu wahren. Lediglich eine branchenübergreifende Analyse zum Innovationsverhalten deutscher Unternehmen auf der Basis von namentlich zugeordneten Patentanmeldungen am Deutschen bzw. Europäischen Patentamt ist der Autorin nach Abschluß der eigenen Untersuchungen bekannt geworden. Es handelt sich hierbei um die Arbeit von ZIMMERMANN und SCHWALBACH (1991) zur Erklärung der Patentaktivität deutscher Aktiengesellschaften. Im folgenden Abschnitt 3.2 werden auf der Grundlage der oben charakterisierten Stichprobe von 270 Unternehmen, vornehmlich aus dem Verarbeitenden Gewerbe, Meßwerte verschiedener Innovationsindikatoren berechnet, Zusammenhänge zwischen alternativen Indikatoren aufgezeigt und schließlich mit Hilfe der Faktorenanalyse zu einer Innovationsgröße verdichtet.

3.2 Innovationsmessung

3.2.1 Innovationskennziffern für Branchen und Unternehmen

In dieser Arbeit werden zur Messung der Innovationsaktivitäten einzelner Branchen und Unternehmen die Indikatoren *FuE-Ausgaben*, *FuE-Personal*, *Patentanmeldungen*, *BMFT-Förderung* und *Bruttoanlageinvestitionen* verwendet. Im Gegensatz zu den ersten drei Indikatoren ist der Einsatz der Indikatoren BMFT-Förderung und Bruttoanlageinvestionen für unternehmensbezogene Innovationsstudien nicht gerade typisch. Der Indikator BMFT-Förderung wird in dieser Arbeit verwendet, um die Branchen zu identifizieren, an deren technologischen Leistungsfähigkeit ein besonderes politisches Interesse besteht. In einem weiteren Schritt soll dann durch einen Vergleich mit

1) Vgl. z. B. SCHERER (1965) und BOUND u. a. (1984).

anderen Innovationsindikatoren herausgefunden werden, ob dies auch die besonders innovationsstarken Branchen sind. Die Bruttoanlageinvestitionen werden deshalb als Innovationsindikatoren eingesetzt, weil der Betrieb neuer Anlagen, Maschinen und Geräte meistens mit Prozeß-, aber auch Produktinnovationen einhergeht. Nachfolgend werden die Werte der einzelnen Indikatoren für die in Tabelle 3.1-2 ausgewiesenen Branchen und für die gemessen am jeweiligen Indikator innovativsten Unternehmen aufgezeigt. Außerdem werden sie mit den Werten anderer Arbeiten und Statistiken verglichen.

3.2.1.1 Messung durch FuE-Ausgaben

Um das FuE-Engagement einzelner Branchen und Unternehmen im Verhältnis zueinander bewerten zu können, werden die *FuE-Ausgaben* häufig als *Anteil am Umsatz* einer Branche oder eines Unternehmens gemessen. Diese Relativgröße wird im folgenden als *FuE-Ausgaben-Intensität* bezeichnet. Sie hat den Vorteil, daß sie den Einfluß der Größenunterschiede zwischen den Unternehmen eliminiert. Nachteilig ist aber, daß sie zu Fehlschlüssen bezüglich der Innovationsstärke verleiten kann, denn ein geringer Umsatz beispielsweise infolge eines schlechten Marketings führt c. p. zu einer relativ hohen FuE-Ausgaben-Intensität, während umgekehrt ein hoher Umsatz infolge eines erfolgreichen Marketings c. p. zu einer niedrigen FuE-Ausgaben-Intensität führt. Im ersten Fall würde die Innovationsstärke über-, im zweiten Fall unterschätzt werden. Dieser Nachteil wird hier um der Vergleichbarkeit von Branchen und Unternehmen Willen in Kauf genommen. Tabelle 3.2-1 gibt einen Überblick über die FuE-Intensitäten der in Tabelle 3.1-2 aufgezeigten Branchen. Auf Angaben für die "Sonstigen Wirtschaftszweige" wird verzichtet, da diese Gruppe zu inhomogen ist, um interpretierbare Ergebnisse zu liefern. Da nicht alle Unternehmen der Ausgangsstichprobe über die Höhe ihrer FuE-Ausgaben berichtet haben, beruhen die berechneten Mittelwerte nur auf einer Stichprobe von insgesamt 228 Unternehmen. Die berechneten FuE-Ausgaben-Intensitäten werden mit den vom Stifterverband ermittelten Werten verglichen, wobei nicht für alle Branchenuntergliederungen Vergleichszahlen des Stifterverbandes zur Verfügung stehen. In einzelnen Fällen ist die vorgenommene Branchenabgrenzung nicht ganz identisch mit der des Stifterverbandes. Die Abweichungen sind jedoch nicht so gravierend, daß man die entsprechenden FuE-Ausgaben-Intensitäten nicht miteinander vergleichen könnte.

	Branche	n	FuE-Ausgaben-Intensität in % (Stichprobe)	FuE-Ausgaben-Intensität in % (Stifterverband)
1	**Chemie inkl. Pharma; Mineralölverarbeitung, Spalt- u. Brutstoffe**	**53**	**6,4**	**4,6**
	Chemie ohne Pharma; Mineralölverarbeitung, Spalt- u. Brutstoffe	44	5,6	
	Pharmaindustrie	9	19,0	
2	**Herstell. v. Kunststoffwaren**	**11**	**2,0**	**2,9** 1)
3	**Steine u. Erden, Keramik u. Glas**	**6**	**3,6**	**2,1**
4	**Metall, Stahl**	**9**	**2,2**	**1,0** 2)
5	**Maschinenbau**	**59**	**5,1**	**3,7**
	Werkzeugmaschinenbau	9	4,6	
	Maschinenbau für NuG- u. chemische Industrie	9	4,1	
	Restlicher Maschinenbau	41	5,3	
6	**Kfz-Industrie**	**16**	**4,4**	**3,9**
	Kfz-Hersteller	8	4,3	
	Kfz-Teile-Hersteller	8	6,9	
7	**Luft- u. Raumfahrt**	**5**	**28,8**	**27,1**
8	**Elektrotechnik, Büromaschinen, ADV**	**49**	**9,8**	**9,4** 3)
	Nachrichten-, Meß- u. Regeltechnik	28	11,8	
	Restliche Elektrotechnik	16	7,2	
	Büromaschinen, ADV-Geräte	5	10,6	
9	**Feinmechanik, Optik**	**13**	**9,0**	**5,7**
10	**Holz u. Papier**	**4**	**1,1**	**1,4**
	Verarbeitendes Gewerbe	**225**	**6,8**	**4,5**
	Softwareindustrie	**3**	**24,2**	

Quelle: Geschäftsberichte aus Bundesanzeiger 1988, Nr. 42 - 244, und 1989, Nr. 1 - 86; ECHTERHOFF-SEVERITT u. a. (1990, S. 52)

1) inkl. Gummi
2) ohne Stahlbau
3) ohne Büromasch. usw.

Tabelle 3.2-1: FuE-Ausgaben in % vom Umsatz nach Branchen für das Jahr 1987

Aus Tabelle 3.2-1 gehen zwei für die Beurteilung der gesammelten Daten wichtige Punkte hervor. *Erstens*, die *Rangordnung der Branchen* nach den FuE-Ausgaben-Intensitäten *stimmt* in etwa mit der Rangordnung auf der Basis der Stifterverbands-Daten *überein*. In beiden Fällen sind die Luft- und Raumfahrtindustrie, die Elektrotechnik, die feinmechanische und optische Industrie und die chemische und mineralölverarbeitende Industrie die FuE-Ausgaben-intensivsten Branchen. Die Übereinstimmung der Rangfolgen schlägt sich auch im Spearman-Rangkorrelationskoeffizient nieder, der mit $R_S = 0{,}93$ hochsignifikant $(\alpha = 0{,}0001)$ ist. *Zweitens* zeigt sich, daß die bereits in Abschnitt 3.1 offenkundiggewordene *Verzerrung* der Stichprobe *zugunsten der FuE-intensiveren Unternehmen* sich auch im Querschnitt der Branchen fortsetzt. So ergibt eine homogene Regression der Stifterverbands-Intensitäten auf die selbstberechneten Intensitäten einen Steigungskoeffizienten von $b = 1{,}09$, was bedeutet, daß die FuE-Ausgaben-Intensitäten der Unternehmensstichprobe um etwa 9 % höher als die des Stifterverbandes sind.[1)] Der höhere Durchschnittswert für das Verarbeitende Gewerbe von 6,5 % gegenüber 4,5 % des Stifterverbandes deutet zusätzlich auf eine Überrepräsentation von Unternehmen aus den FuE-intensiveren Branchen hin.

Interessant an Tabelle 3.2-1 ist ferner die weitere *Aufspaltung einiger Branchen*. Nicht unerwartet, aber doch überdeutlich höher als in der übrigen Chemiebranche ist mit 19 % die FuE-Ausgaben-Intensität der pharmazeutischen Industrie. In der Kfz-Industrie erweisen sich die Zulieferer mit 6,8 % um einiges FuE-intensiver als die großen Automobilhersteller mit 4,3 %. Die Untergliederung des Maschinenbaus führt nur zu kleineren Differenzen in der FuE-Ausgaben-Intensität. Größere Unterschiede würden erst sichtbar, wenn die Sammelkategorie "Restlicher Maschinenbau" noch weiter aufgebrochen würde. Da diese Gruppe allerdings viele verschiedene Spezialrichtungen umfaßt, müßte eine weitere Untergliederung fast an die Unternehmensebene heranreichen. Mehr Aufschluß gibt die im folgenden durchgeführte Analyse der jeweils FuE-intensivsten Unternehmen einer Branche. Tabelle 3.2-1 be-

---

1) Auch die FuE-Intensitäten des Stifterverbandes fallen vermutlich höher aus, als der jeweiligen Branchengrundgesamtheit entsprechen würde. Denn der Stifterverband befrägt nur Unternehmen mit mehr als 50 Beschäftigten und wertet ergänzend Daten kleinerer Unternehmen nur aus, sofern sie am FuE-Personalkostenzuschuß- bzw. -zuwachsförderungsprogramm der Bundesregierung teilnehmen. Zwar ist anzunehmen, daß der Stifterverband die Unternehmen, die FuE betreiben, einigermaßen vollständig erfaßt hat, dies ist jedoch nicht die Grundgesamtheit aller Unternehmen, für die man Umsatz- oder Beschäftigtenzahlen ausweisen könnte.

stätigt auch, daß im wesentlichen die Nachrichten-, Meß- und Regeltechnik mit 11,8 % für die hohe FuE-Ausgaben-Intensität der Gesamtbranche Elektrotechnik verantwortlich ist. Auch wird aus der hohen FuE-Ausgaben-Intensität der Büromaschinen- und ADV-Branche (10,6 %) deutlich, daß man sie vom technologischen Standpunkt aus besser mit der Elektrotechnik zusammenfaßt als mit dem Maschinenbau, wie es die Systematik der Wirtschaftszweige vorsieht. Daß FuE nicht nur für das Verarbeitende Gewerbe, sondern auch im Dienstleistungsbereich von Bedeutung ist, zeigt die mit 24,2 % sehr hohe FuE-Ausgaben-Intensität des Softwarebereichs, welche fast an die des Luft- und Raumfahrtsektors heranreicht.

Weitere Einblicke in die branchentypische FuE-Struktur gibt die Analyse der FuE-Ausgaben-intensivsten Unternehmen einer Branche. In Tabelle 3.2-2 sind daher die drei bzw. fünf *FuE-Ausgaben-intensivsten Unternehmen* einiger *FuE-intensiver Branchen* aufgeführt. Es ist zu beachten, daß diese Unternehmensranglisten auf der Basis derjenigen Unternehmen entstanden sind, die über ihre FuE-Ausgaben berichtet haben. Daher ist es durchaus möglich, daß das eine oder andere Unternehmen innerhalb der betreffenden Branchengrundgesamtheit eine andere Plazierung einnehmen würde. Trotz dieser Einschränkung ermöglicht Tabelle 3.2-2 interessante Schlußfolgerungen über die FuE-Struktur einer Branche. Eben aus diesem strukturellen Aspekt heraus sind die Unternehmen namentlich aufgeführt, denn die mit den *Firmennamen assoziierten Geschäftsfelder und Unternehmensverbindungen* sind wichtige *qualitative Merkmale* zur Beschreibung der Branchenstruktur. Zunächst fällt an Tabelle 3.2-2 auf, daß mit der Siemens AG und der Bayer AG nur zwei von den zehn Unternehmen der Stichprobe mit mehr als 10 Mrd. DM Umsatz in der nach Branchen untergliederten Topliste der FuE-Ausgaben-intensivsten Unternehmen zu finden sind. Obwohl 22 der genannten 27 Unternehmen zum Teil deutlich weniger Umsatz aufweisen als der Branchendurchschnitt,[1] wäre die Schlußfolgerung, daß eher die kleineren Unternehmen die FuE-intensivsten und damit die innovativsten sind nicht ganz richtig. Erstens gibt es je nach Branche starke Unterschiede in der durchschnittlichen Unternehmensgröße und zweitens stehen viele der kleineren Unternehmen im Mehrheitsbesitz dieser zehn Umsatzriesen.

---

1) Hierbei und im folgenden handelt es sich um den aus der Unternehmensstichprobe errechneten Durchschnitt und nicht um einen Durchschnitt der jeweiligen Branchengrundgesamtheit.

Branche	FuE-Ausgaben-Intensivste Unternehmen	FuE-Ausgaben-intensität in %	Umsatz in Mio. DM
Luft- u. Raumfahrt	1. Dornier GmbH 2. MBB GmbH 3. MTU München GmbH	36,2 * 29,8 24,5	858,6 5.707,2 1.307,5
Pharmaindustrie	1. Dr. Karl Thomae GmbH 2. Boehringer Mannh. GmbH 3. Grünenthal GmbH	30,0 21,2 * 19,1	534,3 1.471,7 203,3
Elektrotechnik, Büromaschinen, ADV-Einrichtungen	1. Telefunken electronic GmbH 2. Dr. Ing. Rudolf Hell GmbH 3. Rofin-Sinar Laser GmbH 4. PKI AG, Siemens AG	18,1 * 17,1 14,1 13,3 13,3 *	580,9 451,1 23,4 ** 1.708,7 32.108,6
Feinmechanik, Optik	1. Eltro GmbH 2. VDO Luftfahrtgeräte Werk Adolf Schindling GmbH 3. Eppendorf-Netheler-Hinz GmbH	23,7 16,0 12,2	76,0 144,7 166,9
Chemie o. Pharma, Mineralölverarb., Spalt- u. Brutstoffe	1. Bayern-Chemie Ges. für flugchemische Antriebe mbH 2. Uranit GmbH 3. Ticona Polymerwerke GmbH 4. Herberts GmbH 5. Bayer AG	42,0 22,5 8,1 8,0 7,9	96,3 82,2 251,8 761,9 16.697,0
Maschinenbau	1. Interatom GmbH 2. KUKA Wehrtechnik GmbH 3. Nukem GmbH 4. Leybold AG 5. H. Berthold AG	31,8 20,0 11,8 10,9 * 10,4	368,8 100,6 228,5 482,9 ** 183,1
Kfz-Industrie	1. Dr. Ing. h.c. F. Porsche AG 2. VDO Adolf Schindling AG 3. Knorr-Bremse AG	11,1 9,8 9,3	3.408,6 1.351,6 427,9

* FuE-Ausgaben-Intensität auf der Basis von Konzerndaten geschätzt
** Umsatz aus neunmonatigem Rumpfgeschäftsjahr

Quelle: Geschäftsberichte aus Bundesanzeiger 1988, Nr. 42 - 244, u. 1989, Nr. 1 - 86

Tabelle 3.2-2: Rangliste der FuE-Ausgaben-intensivsten Unternehmen für das Jahr 1987

In der *Luft- und Raumfahrtindustrie*, welche sich ohnehin nur aus wenigen Unternehmen zusammensetzt, sind die drei FuE-Ausgaben-intensivsten auch die drei umsatzstärksten Unternehmen, wenn auch in geänderter Rangfolge. Außerdem gehören alle drei Unternehmen zum *Daimler-Benz-Konzern*. Bemerkenswert ist, daß bei allen drei Unternehmen der überwiegende Teil der FuE-Ausgaben durch *FuE-Aufträge öffentlicher Stellen*, wie z. B. der Europäischen Weltraum-Agentur (ESA), des BMVg und des BMFT, entstanden sind. Im Falle der Dornier GmbH gehen ca. drei Viertel der FuE-Ausgaben auf Aufträge öffentlicher Stellen und einiger Industriekunden, vermutlich auch der eigenen Konzernobergesellschaft, zurück.

In der *Pharmaindustrie* liegen die Umsätze der drei FuE-Ausgaben-intensivsten Unternehmen teils über, teils unter dem Branchendurchschnitt. Während die Dr. K. Thomae GmbH eine Tochtergesellschaft der C. H. Boehringer Sohn Ingelheim ist, welche im übrigen als Personengesellschaft nur einen Geschäftsbericht für den Gesamtkonzern veröffentlicht hat, konnten für die beiden anderen führenden Unternehmen keine Abhängigkeitsverhältnisse zu Großunternehmen festgestellt werden. Die Dr. K. Thomae GmbH und die Grünenthal GmbH sind *rein pharmazeutische Unternehmen* mit spezifischer Ausrichtung auf bestimmte Arzneimittel. So stellt die Dr. K. Thomae GmbH hauptsächlich Arzneimittel für Herz-Kreislauf-Erkrankungen, Durchblutungsstörungen und Atemwegserkrankungen her. Die Grünenthal GmbH ist auf Antibiotika, Steroide und Stoffwechselpräparate spezialisiert. Die Boehringer Mannheim GmbH ist zwar auch ein überwiegend pharmazeutisch ausgerichtetes Unternehmen mit Schwerpunkt im Diagnostika-Bereich, aber ein Teil des Umsatzes entfällt auch auf Feinchemikalien, Forschungsreagenzien und biochemische Produkte. Da die Branchenzuordnung nach dem Umsatzschwerpunkt erfolgte, fallen die großen Pharmaabteilungen der Chemieriesen Bayer AG und Hoechst AG aus der Betrachtung heraus. Dies bedeutet, daß die Struktur des Pharmasektors nicht korrekt wiedergegeben ist, wenn nur die relativ spezialisierten mittelgroßen pharmazeutischen Unternehmen mit hoher FuE-Ausgaben-Intensität berücksichtigt werden. Denn die *Pharmasparten großer, diversifizierter Chemiekonzerne* erzielen Umsätze in Höhe von mehreren Mrd. DM. Die hohen FuE-Ausgaben für pharmazeutische Produkte bewirken dann eine überdurchschnittliche FuE-Ausgaben-Intensität der Chemieunternehmen mit Pharmaanteil gegenüber der restlichen Chemiebranche.

In der *Elektrotechnikbranche* fallen die Telefunken electronic GmbH und die Dr. Ing. R. Hell GmbH auf, weil sie mit 18,1 % und 17,1 % deutlich über der durchschnittlichen FuE-Ausgaben-Intensität der Branche von 9,8 % liegen. Die Telefunken electronic GmbH, eine Tochtergesellschaft der AEG AG und damit zum Daimler-Benz-Konzern gehörend, ist in der Entwicklung und Produktion von Halbleiter-Bauelementen und integrierten Schaltungen tätig. Ebenso mit Mikroelektronik, und zwar für die Anwendungsbereiche Informations-, Satz- und Reprotechnik, befaßt sich die mit der Siemens AG verbundene Dr. Ing. R. Hell GmbH. Bei beiden Unternehmen tritt das Dilemma, in dem sich die deutsche und europäische Mikroelektronikbranche befindet, zutage. Einerseits müssen erhebliche Mittel für Forschung und Entwicklung aufgewendet werden, auf der anderen Seite scheinen sie sich, was die negativen Geschäftsergebnisse der beiden Unternehmen andeuten, nicht durch ausreichend hohe Umsätze zu amortisieren. Auf Platz Drei der innovativen Unternehmen der Elektrotechnikbranche befindet sich mit der Rofin-Sinar Laser GmbH ebenfalls eine Tochtergesellschaft der Siemens AG. Sie arbeitet mit Gewinn auf dem High-Tech-Gebiet der CO_2-Laser-Technik. Den Rang Vier teilen sich die Philips Kommunikations Industrie AG (PKI) und die Siemens AG. Während die PKI AG, eine Tochtergesellschaft der Allgemeinen Deutschen Philips Industrie GmbH, ein rein nachrichtentechnisches Unternehmen ist, ist die Siemens AG außer in der Nachrichtentechnik, worauf ca. 12,5 Mrd. ihres Umsatzes entfallen,[1)] auf weiteren Gebieten der Elektrotechnik, u. a. in der ebenso FuE-intensiven Halbleiter- und Bauelementetechnik, in der Medizintechnik und in der Kerntechnologie, und im Kraftwerksbau tätig. In der Elektrotechnik sind demnach die *Mikroelektronik*, die *Laser-Technologie* und die *Nachrichtentechnik* besonders FuE-intensive Bereiche. Alle fünf Spitzenreiter der Elektrotechnik stehen im Einflußbereich großer Konzerne bzw. die Siemens AG ist selbst Obergesellschaft eines Weltkonzerns. Der Siemens-Konzern ist somit in der Top-5-Liste dreimal und der Daimler-Benz- und der Philips-Konzern je einmal vertreten.

Die drei FuE-Ausgaben-intensivsten Unternehmen der *feinmechanischen und optischen Industrie* verkörpern das *Zusammenwachsen der feinmechanischen Instrumententechnik* und der *Elektronik*. Alle drei Unternehmen sind von ihrer Produktpalette historisch gesehen eigentlich Instrumentenhersteller und sind deshalb der feinmechanischen und optischen Industrie zugeordnet worden. Möglicherweise wäre auch eine Zuordnung zur Elektrotechnik sinnvoll gewesen, oder man hätte abweichend von der zugrundegelegten Sypro-Klassifikation eine eigene Kategorie Elektronik gebildet, in die dann auch die High-Tech-Unternehmen der Elektrotechnik gefallen wären. Die Eltro GmbH ist ein Joint-Venture-Unternehmen der AEG AG (73,8 %) und der Hughes

1) Vgl. SCHNÖRING u. NEU (1991, S. 363).

Aircraft (26,2 %). Letztlich steht sie im Einflußbereich des Daimler-Benz-Konzerns. Ihr Hauptgeschäftsfeld ist die militärisch nutzbare Steuer- und Lenktechnologie. Dreizehn Prozent ihres Umsatzes entfallen auf Auftragsentwicklung, vermutlich für das BMVg oder auch für die an der Eltro GmbH beteiligten Unternehmen. Die VDO Luftfahrtgeräte Werk Adolf Schindling GmbH, welche auch einen Teil ihrer FuE-Leistungen für Dritte ausführt, z. B. für das BMFT, fertigt u. a. Ausrüstungssysteme für den Airbus sowie automatische Parksysteme. Sie ist eine Tochtergesellschaft der VDO Adolf Schindling AG, deren Haupttätigkeitsbereich Kfz-Ausrüstungen sind. Die Muttergesellschaft ist innerhalb der Kfz-Industrie selbst eines der FuE-Ausgaben-intensivsten Unternehmen. Parallelen zum Hintergrund der Eltro GmbH sind offensichtlich. Steuer- und Lenksysteme im Falle der Eltro GmbH sowie automatische Parksysteme im Falle der VDO Luftfahrtgeräte Werk Adolf Schindling GmbH sind vom technologischen Standpunkt her auch für die Kfz-Industrie interessant, z. B. im Hinblick auf elektronisch gesteuerte Verkehrsleitsysteme. Die Eppendorf-Netheler-Hinz GmbH entwickelt und produziert diagnostische Systeme und Systeme für die Biotechnologie- und Umweltanalytik. Es ist nicht bekannt, ob sie sich im Besitz eines Großunternehmens befindet. Alle drei Unternehmen sind gemessen am Branchendurchschnitt relativ kleine und spezialisierte Unternehmen, wobei die Branchendurchschnittsgröße bereits die kleinste aller in Tabelle 3.2-2 aufgeführten Branchen ist.

In der *Chemiebranche* fällt sofort die Bayern-Chemie Gesellschaft für flugchemische Antriebe mbH mit der über alle Branchen hinweg höchsten FuE-Ausgaben-Intensität von 42,0 % auf. Dieses Unternehmen müßte *eigentlich* von der *Anwenderseite* her der *Luft- und Raumfahrtindustrie* zugeordnet werden, denn als Tochtergesellschaft der Messerschmitt-Bölkow-Blohm GmbH beschäftigt sie sich mit der Entwicklung und Produktion von Raketentreibstoffen. Jedoch aufgrund der Produktbeschaffenheit wird sie als Chemieunternehmen gewertet. Auch auf Platz Zwei folgt mit der Uranit GmbH ein Unternehmen mit einer außergewöhnlich hohen FuE-Ausgaben-Intensität. Die Uranit GmbH ist ein gemeinschaftliches Tochterunternehmen der Preussen Elektra AG, der Nukem GmbH und der Hoechst AG. Sie ist auf dem Sektor der *Urananreicherung* tätig und daher kein Chemieunternehmen im eigentlichen Sinne. Die anderen drei FuE-Spitzenreiter weichen mit ihren FuE-Ausgaben-Intensitäten um die 8 % nicht so stark vom Branchendurchschnitt von 5,6 % ab. Die Ticona Polymerwerke GmbH befaßt sich mit der

Herstellung technischer Kunststoffe. Die Entwicklung neuer Kunststoffe ist insbesondere unter den Gesichtspunkten der Gewichtseinsparung und Korrosionsunempfindlichkeit für die Kfz-Industrie von Bedeutung. Aber auch bei anderen Industrieprodukten und im Konsumgüterbereich finden sie Verwendung.[1] Die Herberts GmbH ist auch im Bereich chemisch-technischer Erzeugnisse tätig. Sie stellt Auto- und Industrielacke her. Bei der Bayer AG ist der Pharmabereich für die überdurchschnittliche FuE-Ausgaben-Intensität verantwortlich. Mit der Bayer AG ist der zweite der zehn Umsatzriesen direkt unter den FuE-Ausgaben-intensivsten Unternehmen einer Branche vertreten. Indirekt aber ist die Hoechst AG über ihren Mehrheitsbesitz an der Ticona Polymerwerke GmbH und der Herberts GmbH und ihren Minderheitsbesitz an der Uranit GmbH gleich dreimal auf den Spitzenplätzen zu finden. Somit gehören ebenso wie in der Elektrotechnik alle fünf *FuE-Spitzenreiter* zum *Einflußbereich großer Konzerne.*

In den FuE-Ausgaben-intensivsten Unternehmen des *Maschinenbaus* spiegelt sich die *Heterogenität dieser Branche* wider. Alle fünf Unternehmen sind sehr speziell ausgerichtet, und deren Abnehmer stammen zum Teil selbst aus sehr FuE-intensiven Bereichen. So erstellt die Interatom GmbH, eine Tochtergesellschaft der Siemens AG, *kerntechnische Anlagen*. Der hohe FuE-Anteil am Umsatz von 31,8 % wird nur zu einem knappen Drittel aus eigenen Mitteln bestritten. Auch die mit einer FuE-Ausgaben-Intensität von 11,8 % auf Rang Drei liegende Nukem GmbH ist in der Erstellung kerntechnischer Anlagen tätig. Sie steht im gemeinsamen Besitz der RWE AG, der Degussa AG und der Metallgesellschaft AG. Auch bei der Nukem GmbH werden fast zwei Drittel der FuE-Arbeiten durch Aufträge Dritter finanziert. Wie aus dem Firmennamen hervorgeht, handelt es sich bei der KUKA Wehrtechnik GmbH um ein *wehrtechnisches Unternehmen*. Nur ca. ein Fünftel der hohen FuE-Ausgaben werden durch eigene Mittel finanziert. Muttergesellschaft der KUKA Wehrtechnik GmbH ist die Industrie-Werke Karlsruhe Augsburg (IWKA) AG, eine Holdinggesellschaft für verschiedene Maschinenbauunternehmen. Die restlichen zwei Unternehmen mit FuE-Ausgaben-Intensitäten um die 10 % fallen nicht so sehr aus dem Rahmen wie die drei erstgenannten. Die Leybold AG, die vor ihren vollständigen Übernahme durch die Degussa AG im Jahr 1987 unter dem Namen Leybold-Heraeus

---

1) Zur wirtschaftlichen Bedeutung neuer Werkstoffe, zu denen auch die technischen Kunststoffe gehören, vgl. BECKER (1986).

GmbH firmierte, stellt Anlagen für die *Vakuumprozeßtechnik* her. Haupteinsatzgebiete dieser anspruchsvollen Technik sind so FuE-intensive Bereiche wie die Halbleiter- und Computertechnik, die Raumfahrt und die Werkstofftechnik. Die H. Berthold AG stammt aus dem Druckmaschinenbau. Der Einzug moderner Technologien wie der *Laser- und Digitaltechnik* in diesen Bereich ist vermutlich für die mit 10,4 % noch mehr als doppelt so hohe FuE-Ausgaben-Intensität wie der Branchendurchschnitt verantwortlich. Insgesamt liegen drei der fünf Unternehmen mit ihrem Umsatz unter dem Durchschnittsumsatz der Branche. Vier Unternehmen gehören größeren Konzernen an. Von der Branchenstruktur her ergibt sich ein ähnliches Bild wie bei der feinmechanischen und optischen Industrie. Die FuE-Ausgaben-intensivsten *Unternehmen* sind *nicht sehr groß, relativ stark spezialisiert*, und deren FuE-Leistungen werden z. T. von staatlicher Seite besonders gefördert.

Unter den FuE-Ausgaben-intensivsten Unternehmen der *Kfz-Industrie* sind mit der VDO Adolf Schindling AG und der Knorr-Bremse AG erwartungsgemäß zwei Unternehmen der ohnehin *FuE-intensiveren Kfz-Teile-Industrie* vertreten. Die Spitzenstellung der Dr. Ing. h.c. F. Porsche AG, eines Fahrzeugherstellers, ist zunächst überraschend. Allerdings handelt es sich bei ihr auch nicht um einen typischen Fahrzeughersteller, wie z. B. VW, Daimler-Benz, Ford und Opel. Die hohe FuE-Ausgaben-Intensität von 11,1 % liegt daran, daß die von Porsche hergestellten Sportwagen besondere technische Anforderungen erfüllen müssen. Hinzu kommt, daß die Dr. Ing. h.c. F. Porsche AG einen Teil des Umsatzes mit FuE-Leistungen für Dritte, die überwiegend aus der Automobilbranche stammen, erzielt. Die VDO Adolf Schindling AG stellt mechanisches, elektromechanisches und elektronisches Zubehör für Personen- und Nutzkraftwagen her. Hierzu zählen Meß-, Anzeige- und Zählgeräte und Sensoren und Regelsysteme. Da die VDO Adolf Schindling AG diese Instrumente, Geräte und Systeme speziell für den Einbau in Kraftfahrzeuge fertigt, ist sie der Kfz-Industrie zugeordnet worden. Vom technologischen Standpunkt aus handelt es sich eigentlich um ein Elektronik- oder feinmechanisches Unternehmen. Wiederum zeigt sich, daß die *Mikroelektronik* eine *Schlüsseltechnologie* und damit FuE-Gegenstand in vielen Anwendungsbereichen geworden ist. Eher mechanische Prinzipien liegen der Produkttechnik der Knorr-Bremse AG zugrunde, welche Bremsen für Nutz- und Schienenfahrzeuge herstellt. Allerdings hat auch in diesem Erzeugnisbereich der Elektronikanteil beträchtlich zugenommen und ist mit für die hohen

FuE-Ausgaben verantwortlich. Im Vergleich zu anderen Kfz-Teile-Herstellern ist die VDO Adolf Schindling AG eher ein großes, die Knorr-Bremse AG dagegen ein kleines Unternehmen. Auch bei der Dr. Ing. h.c. F. Porsche AG handelt es sich im Vergleich zu den großen Automobilherstellern nur um ein kleines Unternehmen. Großunternehmen als Anteilseigner sind für keines der genannten Unternehmen bekannt.

Gegenstand der obigen Ausführungen waren die branchen- und unternehmensspezifischen Besonderheiten der FuE-Ausgaben-intensivsten Unternehmen einer Branche. Aus dieser Betrachtung lassen sich die folgenden drei Punkte verallgemeinern. *Erstens*, besonders *FuE-Ausgaben-intensiv* sind Unternehmen und Branchen, die Produkte von *strategischem Interesse* für die *staatliche Technologie- und Verteidigungspolitik* herstellen. Hierbei handelt es sich um Produkte der *Luft- und Raumfahrt*, der *Kerntechnik* und der *Wehrtechnik*. Oftmals sind der Staat bzw. staatliche Einrichtungen einzige Nachfrager dieser Produkte und Systeme. Das staatliche Interesse an diesen Bereichen dokumentiert sich auch an den hohen direkt abgegoltenen FuE-Leistungen. Teilweise stammen die Unternehmen auch aus anderen Branchen, wie der Elektrotechnik, der feinmechanischen und optischen Industrie oder dem Maschinenbau. Sie sind dann Anbieter von Produkten und Anlagen, die in der Luft- und Raumfahrtindustrie, der wehrtechnischen Industrie oder in der Kernenergieerzeugung eingesetzt werden. *Zweitens*, eine weitere Ursache für überdurchschnittliche FuE-Ausgaben-Intensitäten ist der *Einsatz der Mikroelektronik quer durch alle Branchen*. Dies wurde insbesondere bei der feinmechanischen und optischen Industrie, beim Maschinenbau und bei der Kfz-Industrie deutlich. Auch in der Elektrotechnik selbst sind die Unternehmen, welche Halbleiterbauelemente herstellen oder diese als Bestandteile ihrer Produkte verwenden, wie z. B. in der Nachrichtentechnik, besonders FuE-Ausgaben-intensiv.[1)] Ebenso als FuE-Ausgaben-intensive *Schlüsseltechnologie* hat sich die *Laser-Technologie* erwiesen, die besondere Relevanz für den Maschinenbau und die Informations- und Kommunikationstechnik hat.

Die *dritte Beobachtung* bezieht sich auf die Unternehmensgröße der FuE-Ausgaben-intensivsten Unternehmen. Die meisten liegen mit ihrem Umsatz

---

1) Zu den Einsatzbereichen der Mikroelektronik vgl. LORENZ (1986) und Bundesverband der Deutschen Industrie e. V. (Hrsg., 1989).

unter dem Branchendurchschnitt. Viele sind auf einen engen Produktbereich spezialisiert. Die Abstinenz der Unternehmen mit mehr als 10 Mrd. DM Umsatz, ausgenommen Siemens und Bayer, ist jedoch nur vordergründig. Von den 27 in Tabelle 3.2-2 genannten Unternehmen stehen 18 im Einflußbereich großer Konzerne. So gehören sechs Unternehmen dem Daimler-Benz-Konzern an, jeweils drei Unternehmen gehören zu Siemens und Hoechst, eines zu Philips. Drei Unternehmen stehen direkt oder indirekt mit der Degussa in Verbindung. Beteiligungen werden auch von den Unternehmen der Energiewirtschaft Preussen Elektra AG und RWE AG und der Metallgesellschaft AG gehalten. Hinzu kommen noch die Siemens AG selbst und die Bayer AG. In den meisten Fällen hat es den Anschein, daß die FuE-Ausgaben-intensiven Tochterunternehmen nicht zum Zwecke der Auslagerung FuE-intensiver Unternehmensbereiche in kleinere Unternehmenseinheiten neugegründet wurden. Vielmehr scheint ihre Konzernzugehörigkeit das Resultat technologisch begründeter Unternehmensübernahmen vormals selbständiger oder in anderem Besitz befindlicher Unternehmen zu sein. Was den betriebenen FuE-Aufwand angeht, so kann behauptet werden, daß sich *in der Bundesrepublik Deutschland* die *industrielle Spitzenforschung* sehr stark *auf wenige große Konzerne*, allen voran *Daimler-Benz* und *Siemens, konzentriert.*

3.2.1.2 Messung durch BMFT-Zuwendungen

Der Anteil staatlicher Mittel an der vom Wirtschaftssektor durchgeführten FuE betrug in der Bundesrepublik Deutschland im Jahr 1987 11,9 % bzw. in absoluten Zahlen ca. 4,9 Mrd. DM.[1)] Die *staatliche Förderung der industriellen FuE* erfolgt in der Bundesrepublik Deutschland nach zwei Prinzipien.[2)] Es gibt auf der einen Seite die *direkte Projektförderung*, d. h. es werden ausgewählte Projekte auf ganz bestimmten Forschungsgebieten von staatlicher Seite finanziert. Auf der anderen Seite gibt es die *indirekte Förderung* industrieller FuE, die allgemein die FuE-Tätigkeit der Wirtschaft erhöhen soll, ohne die Verwendung der Mittel für bestimmte Projekte vorzuschreiben. Hierzu gehören steuerliche Vergünstigungen in Form von FuE-Sonderabschreibungen oder FuE-Investitionszulagen und finanzielle Zuwendungen zur Erhöhung des FuE-Potentials, wie z. B. im Rahmen des FuE-Personalkostenzuschuß-Programms oder der Forschungspersonal-Zuwachsförderung. Auch

---

1) Vgl. ECHTERHOFF-SEVERITT u. a. (1990, S. 12 f.).
2) Zu den verschiedenen Förderungsarten industrieller FuE in der Bundesrepublik Deutschland siehe Faktenbericht zum Bundesbericht Forschung 1990, S. 50 ff.

Infrastrukturmaßnahmen zur Verbesserung des Technologietransfers und der vorwettbewerblichen FuE-Kooperationen sind Teil der indirekten Förderung. Die indirekte Förderung hatte 1987 ein Volumen von 1,3 Mrd. DM. Davon entfielen auf die steuerlichen Vergünstigungen etwa 0,7 Mrd. DM. Während die steuerlichen Anreize überwiegend größeren Unternehmen zugute kamen, sind die übrigen indirekten Maßnahmen vorwiegend auf kleine und mittlere Unternehmen abgestimmt. Obwohl derzeit die indirekte Förderung stärker zu Lasten der direkten ausgebaut wird, stellt die direkte Projektförderung mit einem Umfang von ca. 4,4 Mrd. immer noch das Schwergewicht staatlicher Forschungs- und Technologiepolitik dar, zumindestens in finanzieller Hinsicht. Diese Summe teilt sich im wesentlichen auf die drei Ressorts Verteidigung (51 %), Forschung und Technologie (41 %) und Wirtschaft (8 %) auf.[1)]

In dieser Arbeit soll nicht nur aufgezeigt werden, welches die besonderen Einflußbereiche staatlicher FuE-Förderung sind und wie hoch das staatliche Interesse an diesen Bereichen ist, sondern auch, inwieweit staatliche FuE-Förderung mit weiteren unternehmensspezifischen Größen korreliert. Daher mußte ein Indikator gefunden werden, der die staatliche FuE-Förderung unternehmensbezogen mißt. Derartige Angaben über staatliche FuE-Zuwendungen an Unternehmen liegen nur für die *direkte Projektförderung des BMFT* vor,[2)] d. h. die umfangreiche *Projektförderung des BMVg* kann bei einer Analyse auf Unternehmensebene *nicht berücksichtigt* werden, was eine gravierende Datenlücke darstellt. Daß die indirekten Zuwendungen nicht erfaßt werden, ist bei der vorliegenden Unternehmensstichprobe kein größerer Nachteil, da sich diese Zuwendungen ohnehin an kleine und mittlere Unternehmen richten, während sich die Stichprobe eher aus größeren Unternehmen zusammensetzt. Wünschenswert wäre jedoch die Erfassung der steuerlichen Erleichterungen für FuE pro Unternehmen gewesen. Wie bereits in Abschnitt 3.1 erläutert, sind die auf 1987 entfallenen BMFT-Zuwendungen an einzelne Unternehmen anhand des Volumens und der Gesamtlaufzeit der geförderten Projekte geschätzt worden. Von den 270 Unternehmen der Ausgangsstichprobe erhielten nur 93 BMFT-Fördermittel. Die auf der Basis dieser Schätzungen gebildete Summe aller Zuwendungen beträgt ca. 640 Mio. DM. Damit vereinen die Unternehmen der Stichprobe 35 % aller BMFT-

---

1) Die Zahlenangaben beruhen auf dem Faktenbericht zum Bundesbericht Forschung 1990, S. 50 ff. und S. 350 ff., und auf dem BMFT-Förderungskatalog 1987, S. 8. Zum Teil sind sie eigene Berechnungen anhand der obengenannten Quellen.

2) Siehe BMFT-Förderungskatalog 1987 bzw. Datenbank FORKAT, Host STN.

Direktfördermittel des Jahres 1987 auf sich. Dieser Anteil stimmt in etwa mit dem Umsatzanteil der Stichprobe an dem ganzen Wirtschaftssektor überein, welcher bei ca. 34 % liegt.[1)]

Nicht nur weil die jährlichen BMFT-Zuwendungen an die 270 Unternehmen geschätzt werden mußten, sondern in erster Linie weil die staatliche FuE-Förderung von Unternehmen nicht vollständig erfaßt wird, kann es sich beim Indikator *BMFT-Zuwendungen* nur um einen *sehr unscharfen Indikator* für das *Ausmaß staatlicher FuE-Förderung* handeln. Es ist zu erwarten, daß die Verzerrung durch die Verwendung des Indikators BMFT-Zuwendungen besonders Unternehmen und Branchen im Bereich der Wehrtechnik betrifft. Da die amtliche Wirtschaftsstatistik keine Branche Wehrtechnik vorsieht, sondern wehrtechnische Produkte den korrespondierenden zivilen Produktgruppen und entsprechend wehrtechnische Unternehmen zivilen Industriezweigen zuordnet, sind mehrere Branchen unterschiedlich stark von dieser Verzerrung betroffen. Am stärksten ist sie vermutlich im Luft- und Raumfahrtsektor, da dort die meisten Unternehmen auch militärische Güter entwickeln und herstellen. Trotz dieser Nachteile ist es auf jeden Fall angebracht, den Indikator BMFT-Zuwendungen auf seine empirische Aussagefähigkeit zu überprüfen, zumal er der einzige öffentlich zugänglich Indikator für staatliche FuE-Förderung auf Unternehmensebene ist. Dies soll im folgenden durch einen Vergleich mit der Branchenstatistik staatlicher FuE-Förderung des Stifterverbandes geschehen.

Üblicherweise werden die *staatlichen FuE-Zuwendungen* als *Anteil an den gesamten FuE-Ausgaben* einer Branche oder eines Unternehmens gemessen. Aus dieser Quote kann man erkennen, ob die Innovationsaktivitäten einer Branche oder eines Unternehmens stärker marktgerichtet oder eher von staatlichen Zielsetzungen geleitet sind. In Tabelle 3.2-3 sind die beiden Indikatoren *BMFT-Anteil* und staatlicher Anteil an den gesamten FuE-Ausgaben einander branchenweise gegenübergestellt. Es konnten zwar für alle Unternehmen der Stichprobe die Höhe der BMFT-Zuwendungen recherchiert werden, jedoch stand die Bezugsgröße FuE-Ausgaben nicht für alle Unternehmen zur Verfügung, so daß sich die berechneten Branchenwerte nur auf eine Stichprobe von 228 Unternehmen beziehen.

---

1) Vgl. hierzu Abschnitt 3.1, Tabelle 3.1-1, S. 121.

Ebenso wie bei Tabelle 3.2-1 gilt auch hier, daß nicht für alle Wirtschaftszweige Vergleichszahlen zur Verfügung stehen und daß in einigen Fällen die Branchenabgrenzungen nicht 100-prozentig übereinstimmen. Besonders bedauerlich ist, daß der Stifterverband aus Gründen der Vertraulichkeit keine Angaben zum staatlichen Finanzierungsanteil in der Luft- und Raumfahrtindustrie macht. Die Angaben aus den Geschäftsberichten lassen vermuten, daß dieser bei mehr als der Hälfte der durchgeführten FuE liegt. Ein branchenweiser Vergleich der beiden Indikatoren BMFT-Anteil und staatlicher Anteil an den FuE-Ausgaben bestätigt die oben geäußerte Vermutung, daß der BMFT-Indikator die staatliche Förderung verzerrt abbildet. Zwar besteht immer noch eine *gewisse Übereinstimmung der Branchenrangfolgen* in bezug auf die beiden Indikatoren, aber sie ist bei weitem nicht so groß wie im Falle der FuE-Ausgaben-Intensitäten in Abschnitt 3.2.1.1. Der Spearman-Rangkorrelationskoeffizient liegt nur noch bei $R_S = 0{,}64$ mit einem deutlich schlechteren Signifikanzniveau $(\alpha = 0{,}06)$. Übereinstimmend niedrig sind die Anteile staatlicher FuE-Förderung und BMFT-Zuwendungen in den Branchen Chemie und Mineralölverarbeitung, Kunststoffwaren, Kfz und Holz und Papier. Dort richten sich die FuE-Aktivitäten der Unternehmen wohl eher am Markt aus als an staatlichen Zielsetzungen. Außerdem handelt es sich bei den Branchen Kunststoffwaren sowie Holz und Papier um Sektoren, in denen kaum FuE betrieben wird. Dies gilt zwar nicht für die beiden anderen Branchen, aber auch sie liegen mit ihrer FuE-Intensität unter dem Durchschnitt des Verarbeitenden Gewerbes.

Eine homogene Regression der staatlichen FuE-Anteile auf die BMFT-Anteile ergibt einen Steigungskoeffizienten von $b = 0{,}53$, was bedeutet, daß die *BMFT-Anteile an den FuE-Ausgaben* im Branchenquerschnitt etwa *halb so hoch* sind wie die *Anteile der gesamten staatlichen Förderung*. Dies ist plausibel, wenn man bedenkt, daß die BMFT-Projektförderung ungefähr 40 % der staatlichen Projektförderung ausmacht und daß die Luft- und Raumfahrtindustrie in der Regressionsrechnung wegen fehlender Angaben des Stifterverbandes nicht berücksichtigt werden konnte. Hätte man diese miteinbeziehen können, so wäre der Koeffizient b mit Sicherheit um einiges niedriger ausgefallen, denn die BMFT-Projektförderung stellt nur einen Bruchteil der staatlichen FuE-Förderung in diesem Industriezweig dar.

	Branche	n	BMFT-Anteil an FuE-Ausgaben (%) (Stichprobe)	Staatl. Anteil an FuE-Ausgaben (%) (Stifterverband)
1	**Chemie inkl. Pharma; Mineralölverarbeitung, Spalt- u. Brutstoffe**	**53**	**1,38**	**2,5**
	Chemie ohne Pharma; Mineralölverarbeitung, Spalt- u. Brutstoffe	44	1,29	
	Pharmaindustrie	9	1,83	
2	**Herstell. v. Kunststoffwaren**	**11**	**0,00**	**1,3** [1]
3	**Steine u. Erden, Keramik u. Glas**	**6**	**4,67**	**5,1**
4	**Metall, Stahl**	**9**	**2,41**	**9,7** [2]
5	**Maschinenbau**	**59**	**7,66**	**4,6**
	Werkzeugmaschinenbau	9	1,45	
	Maschinenbau für NuG- u. chemische Industrie	9	0,36	
	Restlicher Maschinenbau	41	9,16	
6	**Kfz-Industrie**	**16**	**0,36**	**0,6**
	Kfz-Hersteller	8	0,35	
	Kfz-Teile-Hersteller	8	0,50	
7	**Luft- u. Raumfahrt**	**5**	**5,46**	**k. A.**
8	**Elektrotechnik, Büromaschinen, ADV**	**49**	**4,00**	**8,6** [3]
	Nachrichten-, Meß- u. Regeltechnik	28	4,88	
	Restliche Elektrotechnik	16	2,57	
	Büromaschinen, ADV-Geräte	5	2,46	
9	**Feinmechanik, Optik**	**13**	**3,06**	**5,9**
10	**Holz u. Papier**	**4**	**0,00**	**0,6**
	Verarbeitendes Gewerbe	**225**	**2,80**	**8,5**
	Softwareindustrie	**3**	**7,25**	

k. A. = keine Angabe
Quelle: Geschäftsberichte aus Bundesanzeiger 1988, Nr. 42 - 244, und 1989, Nr. 1 - 86; ECHTERHOFF-SEVERITT u. a. (1990, S. 48)

1) inkl. Gummi
2) ohne Stahlbau
3) ohne Büromasch usw.

Tabelle 3.2-3: BMFT-Anteil und staatlicher Anteil an den FuE-Ausgaben nach Branchen für das Jahr 1987

Geht man nun von dem Verhältnis von 1:2 zwischen diesen beiden Indikatoren aus, so fallen die Branchen Metall und Stahl, Maschinenbau und Steine, Erden, Keramik, Glas besonders auf. Beim *Sektor Metall und Stahl* sticht die überdurchschnittlich große Diskrepanz zwischen dem BMFT-Anteil von 2,4 % und dem staatlichen Finanzierungsanteil von 9,7 % ins Auge. Hierfür kommen zwei Erklärungen in Frage. Einerseits kann dies an der Zusammensetzung der Branchenstichprobe liegen, denn darin *fehlen* die *großen Unternehmen der Stahlindustrie* wie Thyssen, Klöckner, Hoesch und Krupp, und es überwiegen Unternehmen der NE-erzeugenden und -verarbeitenden Industrie, allen voran die Degussa AG. Hierfür spricht, daß bereits beim Indikator FuE-Ausgaben-Intensitäten in Abschnitt 3.2.1.1 die Zahlen der Stichprobe stark von denen des Stifterverbandes abgewichen sind. Andererseits geht der hohe Satz von 9,7 % *vermutlich* auf ein *hohes Engagement des BMVg* zurück, welches durch den BMFT-Indikator nicht erfaßt werden kann.

Beim *Maschinenbau* überrascht die höhere Quote beim BMFT-Indikator gegenüber dem staatlichen Anteil an den FuE-Ausgaben gemäß den Stifterverbandsangaben. Dies liegt an der *hohen BMFT-Förderung* der Interatom GmbH und der Nukem GmbH, die als Unternehmen, die *kerntechnische Anlagen* erstellen, dem sonstigen Maschinenbau zugeordnet wurden. Entsprechend hoch ist daher die BMFT-Quote in der Branchenuntergliederung "Restlicher Maschinenbau", während sie in den beiden anderen Kategorien des Maschinenbaus nahezu unbedeutend ist. Möglicherweise sind die beiden Unternehmen vom Stifterverband der Elektrotechnik und nicht, wie hier geschehen, dem Maschinenbau zugeordnet worden. Die richtige Branchenzuordnung ist hierbei eine schwierige Aufgabe, da die beiden Unternehmen im Grenzbereich zwischen Maschinen- und Anlagenbau und Energietechnik arbeiten. In der *Branche Steine, Erden, Keramik, Glas* reicht der BMFT-Anteil von 4,7 % fast an den staatlichen Anteil an den FuE-Ausgaben von 5,1 % heran. Der BMFT-Indikator ist vermutlich deshalb so hoch, weil die Stichprobe eher die FuE-intensiveren und gleichzeitig auch die technisch fortgeschritteneren Unternehmen enthält, wobei der *Bereich technische Keramik überdurchschnittlich FuE-intensiv* ist. Auf diesen Kreis von Unternehmen richtet sich das Interesse des BMFT im Rahmen seines Förderungsziels der Erforschung und Entwicklung neuer Materialien. Außerdem handelt es sich bei der Gesamtbranche um einen Sektor, der praktisch keine FuE-intensive militärische Güter herstellt.

Nimmt man den BMFT-Anteil als Indikator für die FuE-Förderung ziviler Produkte, so ist nach Tabelle 3.2-3 die *Softwareindustrie am förderungsintensivsten*, gefolgt von der Luft- und Raumfahrtindustrie, der Nachrichten-, Meß- und Regeltechnik und der Keramik. Der Maschinenbau ist trotz des hohen BMFT-Anteils im allgemeinen kein besonders förderungsintensiver Bereich, was oben bereits dargelegt wurde. Die Luft- und Raumfahrtindustrie müßte eigentlich unabhängig von einer Berücksichtigung militärisch motivierter FuE-Förderung an der Spitze der förderungsintensivsten Branchen stehen, wenn die vom BMFT an internationale Einrichtungen geleisteten Fördermittel, welche wieder an nationale Unternehmen zurückfließen, miteinbezogen werden könnten. In den geförderten Branchen spiegeln sich die *Technologien*, die *von staatlicher Seite als besonders wichtig* erachtet werden, sei es aus Gründen der internationalen Wettbewerbsfähigkeit, des Schutzes und Erhaltes gesunder Lebensbedingungen, der Sicherung und Schonung knapper Ressourcen oder auch aus nationalem Prestige. Diese Bereiche sind neben der *Weltraumforschung und -technik*, die *Energieforschung und -technik* inklusive der *Kerntechnik*, die *Mikroelektronik*, die *Informationstechnik* inklusive der *Softwareentwicklung* und die *Erforschung und Entwicklung neuer Materialien*.

Die zivilen Technologiebereiche von besonderem staatlichen Interesse treten noch deutlicher hervor, wenn man die gemessen an den BMFT-Zuwendungen förderungsintensivsten Unternehmen genauer betrachtet. Tabelle 3.2-4 weist die *förderungsintensivsten Unternehmen* branchenweise aus. Besonders förderungsintensiv sind Unternehmen, die sich mit *Raumfahrttechnik* und *Kerntechnik* beschäftigen. Auf der Raumfahrtseite gehören hierzu die Erno Raumfahrttechnik GmbH, die MTU München GmbH, die MBB GmbH und die MAN Technologie GmbH, auf dem Gebiet der Kerntechnik sind es die Uranit GmbH, die Nukem GmbH und die Interatom GmbH. Die genannten Unternehmen stammen z. T. aus unterschiedlichen Branchen, da die betreffenden *Technologien branchenübergreifend entwickelt* werden. Auch die *Luftfahrttechnik* ist durch staatliche FuE-Förderung gekennzeichnet. Geförderte Unternehmen im Bereich der Luftfahrttechnik sind die VDO Luftfahrtgeräte Werk Adolf Schindling GmbH und die Feinmechanische Werke Mainz GmbH, welche zum Daimler-Benz-Konzern gehört.

Branche	Unternehmen mit höchstem BMFT-Anteil an den FuE-Ausgaben	BMFT-Anteil in % der FuE-Ausgaben	Umsatz in Mio. DM
Luft- u. Raumfahrt	1. Erno Raumfahrttechnik GmbH	80,3	251,2
	2. MTU München GmbH	4,9	1.307,5
	3. MBB GmbH	4,7	5.707,2
Pharmaindustrie	1. Biotest AG	22,3	54,4
	2. Grünenthal GmbH	15,8	203,3
	3. ASTA Pharma AG	7,1	305,5
Elektrotechnik, Büromaschinen, ADV-Einrichtungen	1. MAN Technologie GmbH	55,8	232,9
	2. Krupp Atlas Elektronik GmbH	39,6	598,4
	3. Rofin-Sinar Laser GmbH	26,1	23,4 ***
	4. Schunk Kohlenstofftechnik GmbH	17,9	159,8
	5. Telefunken electronic GmbH	13,4	580,9
Feinmechanik, Optik	1. VDO Luftfahrtgeräte Werk Adolf Schindling GmbH	15,3	144,8
	2. Bayer Diagnostic GmbH	8,5	56,0
	3. Carl Zeiss	4,9	1.300,5
Chemie o. Pharma, Mineralölverarb., Spalt- u. Brutstoffe	1. Uranit GmbH	33,4	82,2
	2. WASAG Chemie Sythen GmbH	16,9	43,0
	3. VEBA OEL AG	12,1 *	7.109,9
	4. REWO Chemische Werke GmbH	7,5	78,8
	5. Fuchs Mineralölwerke GmbH	4,4	157,1
Maschinenbau	1. Interatom GmbH	54,2	368,8
	2. Nukem GmbH	48,0	228,5
	3. KUKA Schweißanlagen + Roboter GmbH	16,3	350,8
	4. Feinmechanische Werke Mainz GmbH	10,7	73,6
	5. Leybold AG	6,0 *	482,9 ***
Kfz-Industrie	1. Alfred Thun & Co. GmbH	18,8	39,2
	2. Karl Kässbohrer Fahrzeugwerke GmbH	2,9	1.178,0
	3. Kolbenschmidt AG	1,1	793,8
Steine, Erden, Keramik, Glas	1. Hoechst CeramTec AG	18,5	227,6
	2. Didier-Werke AG	15,9 **	691,9

* FuE-Ausgaben auf der Basis von Konzerndaten geschätzt
** FuE-Ausgaben auf der Basis von FuE-Personal geschätzt
*** Umsatz aus neunmonatigem Rumpfgeschäftsjahr

Quelle: BMFT-Förderungskatalog 1987 (Datenbank FORKAT); Geschäftsberichte aus Bundesanzeiger 1988, Nr. 42 - 244, u. 1989, Nr. 1 - 86

Tabelle 3.2-4: Rangliste der BMFT-förderungsintensivsten Unternehmen für das Jahr 1987

Neben der Kerntechnik sind auch die Exploration von fossilen Energieträgern und deren Umwandlung Schwerpunkte staatlicher FuE-Förderung im *Energiebereich.* Im Auftrag des BMFT führen die WASAG Chemie Sythen GmbH, die VEBA OEL AG, die REWO Chemische Werke GmbH und die Fuchs Mineralölwerke GmbH FuE-Projekte in diesem Technologiebereich durch. Die *Gentechnik* und die *Biotechnologie* werden zwar nicht in dem Ausmaß durch das BMFT begünstigt wie die zuvor genannten Bereiche Raumfahrt, Kerntechnik und Energie, doch hat ihre Bedeutung in den letzten zehn Jahren erheblich zugenommen. Geförderte Unternehmen sind die beiden Pharmaunternehmen Biotest AG und Grünenthal GmbH. Der Technologiebereich *Mikroelektronik* tritt durch die Förderung der Telefunken electronic GmbH in Erscheinung. Mit der *Erforschung neuer Materialien* beschäftigen sich im Auftrag des BMFT die Schunk Kohlenstofftechnik GmbH, die Leybold AG, die Kolbenschmidt AG und die beiden Unternehmen der keramischen Industrie Hoechst CeramTec AG und Didier-Werke AG. Im Bereich der *Lasertechnologie* werden die FuE-Arbeiten der Rofin-Sinar Laser GmbH und der KUKA Schweißanlagen + Roboter GmbH vom BMFT besonders gefördert. Auch die Leybold AG erhält BMFT-Förderung zur Erforschung und Entwicklung der Laseranwendung in der Beschichtungstechnik. Daß die kleine Alfred Thun & Co. GmbH, die Fahrräder herstellt, an der Spitze der FuE-Förderung in der Kfz-Industrie liegt, ist wohl eher das Resultat einer kleinen Bezugsgröße, d. h. geringer FuE-Ausgaben, als der besonderen Schwerpunktsetzung des BMFT auf die Entwicklung von Fahrrädern bzw. deren Produktionsverfahren.

Vergleicht man die Unternehmen in Tabelle 3.2-4 mit denen in Tabelle 3.2-2, d. h. die förderungsintensivsten mit den FuE-Ausgaben-intensivsten, fällt auf, daß in Tabelle 3.2-4 Unternehmen mit höherem Anteil militärischer FuE, wie Dornier, Bayern-Chemie und KUKA Wehrtechnik, nicht vertreten sind, obwohl sie stark von staatlichen FuE-Aufträgen abhängen. Auch entsprechen die Förderungsquoten in Tabelle 3.2-4 bei MTU und MBB bei weitem nicht den in deren Geschäftsberichten ausgewiesenen Fremdfinanzierungsanteilen. Von den FuE-Ausgaben-intensivsten Unternehmen aus Tabelle 3.2-2 zählen zwar zehn Unternehmen auch zu den förderungsintensivsten ihrer Branche, es werden jedoch *nicht nur die Bereiche besonders gefördert*, die *ohnehin schon sehr FuE-intensiv* sind. So tauchen z. B. in Tabelle 3.2-4 in der Branche Chemie und Mineralölverarbeitung vor allem die Unternehmen auf, die in irgendeiner Weise mit Mineralölförderung oder -verarbeitung zu tun haben. In der Elektrotechnik sind die meisten der FuE-intensivsten Unternehmen im Bereich der Mikroelektronik und ihren Anwendungen tätig. Die relativ am stärksten geförderten Unternehmen sind jedoch auf verschiedenen Gebieten der Elektrotechnik tätig. Die BMFT-Förderung dieser Unternehmen erstreckt sich dabei neben Mikroelektronik auf Raumfahrt, Informationstechnik, Lasertechnik und neue Materialien. Die Unternehmensgröße der BMFT-förderungsintensivsten *Unternehmen* ist der *Tendenz nach eher kleiner* als die der FuE-Ausgaben-intensivsten. Die ganz großen sind unter den förderungsintensivsten Unternehmen direkt nicht vertreten, indirekt aber in siebzehn Fällen. Zu Daimler-Benz, Siemens, Hoechst, Bayer, Degussa, RWE und Metallgesellschaft gesellen sich weitere große Konzernmütter im Hintergrund der förderungsintensivsten Unternehmen wie Veba, Fried. Krupp, und MAN.

Die Liste der förderungsintensivsten Unternehmen hat gezeigt, daß die meisten Technologien branchenübergreifende Relevanz haben, so daß die *technologieorientierte BMFT-Förderung* Unternehmen aus verschiedenen Branchen, oftmals auch im Forschungsverbund, anspricht. Daraus wird auch ersichtlich, daß eine *technologieorientierte Branchengliederung* mit der *Branchengliederung der Wirtschaftsstatistik nicht identisch* ist. Dieser Eindruck wird durch die Ergebnisse des vorherigen Abschnitts unterstützt, in dem deutlich wurde, daß die FuE-Ausgaben-intensivsten Unternehmen der verschiedenen Branchen z. T. in sich überschneidenden Technologiebereichen tätig waren. Zusätzliche forschungs- und technologiepolitische Erkenntnisse könnten gewonnen werden, würde die FuE-Statistik des Wirtschaftssektors ergänzend auch nach technologischen Gesichtspunkten aufgeschlüsselt.

3.2.1.3 Messung durch FuE-Personal

Ein weiterer gebräuchlicher Indikator zur Messung des Innovationsinputs ist die *Zahl der FuE-Beschäftigten*. Sie wird üblicherweise zur Beurteilung der relativen Innovationsstärke einer Branche oder eines Unternehmens *auf die Gesamtzahl der Beschäftigten bezogen*. In Tabelle 3.2-5 werden die aus der Stichprobe berechneten *FuE-Personal-Intensitäten* denen des Stifterverbands gegenübergestellt. Die aus der Stichprobe berechneten FuE-Personal-Intensitäten sind mit Vorsicht zu interpretieren, da sie nur auf Angaben von 102 Unternehmen beruhen. Für die Branchen Kunststoffwaren und Luft- und Raumfahrt konnten keine Werte berechnet werden, da die Unternehmen dieser Branchen nicht über ihr FuE-Personal berichtet haben.

	Branche	n	FuE-Personal-Intensität in % (Stichprobe)	FuE-Personal-Intensität in % (Stifterverband)
1	**Chemie inkl. Pharma; Mineralölverarbeitung, Spalt- u. Brutstoffe**	**32**	**12,2**	**9,9**
	Chemie ohne Pharma; Mineralölverarbeitung, Spalt- u. Brutstoffe	19	10,9	
	Pharmaindustrie	13	22,7	
2	**Herstell. v. Kunststoffwaren**	**0**	**--**	**4,2** 1)
3	**Steine u. Erden, Keramik u. Glas**	**5**	**4,3**	**2,8**
4	**Metall, Stahl**	**4**	**10,5**	**1,7** 2)
5	**Maschinenbau**	**21**	**9,5**	**5,3**
	Werkzeugmaschinenbau	3	7,0	
	Maschinenbau für NuG- u. chemische Industrie	4	13,2	
	Restlicher Maschinenbau	14	9,4	
6	**Kfz-Industrie**	**8**	**7,7**	**5,8**
	Kfz-Hersteller	6	7,6	
	Kfz-Teile-Hersteller	2	10,6	
7	**Luft- u. Raumfahrt**	**0**	**--**	**21,8**
8	**Elektrotechnik, Büromaschinen, ADV**	**26**	**12,9**	**10,4** 3)
	Nachrichten-, Meß- u. Regeltechnik	11	14,4	
	Restliche Elektrotechnik	10	11,6	
	Büromaschinen, ADV-Geräte	6	15,0	
9	**Feinmechanik, Optik**	**4**	**17,4**	**6,6**
10	**Holz u. Papier**	**2**	**5,0**	**2,9**
	Verarbeitendes Gewerbe	**102**	**11,0**	**6,7**

Quelle: Geschäftsberichte aus Bundesanzeiger 1988, Nr. 42 - 244, und 1989, Nr. 1 - 86; ECHTERHOFF-SEVERITT u. a. (1990, S. 66)

1) inkl. Gummi
2) ohne Stahlbau
3) ohne Büromasch. usw.

Tabelle 3.2-5: FuE-Personal in % der Beschäftigten nach Branchen für das Jahr 1987

Aufgrund der geringen Stichprobengröße werden die Branchenmittelwerte teilweise stark durch einzelne Unternehmen beeinflußt. Auch ist beim Vergleich der FuE-Personal-Intensitäten zu berücksichtigen, daß die Branchenabgrenzungen nicht vollends identisch sind. Die *Rangfolge der Branchen* in Tabelle 3.2-5 *stimmt nicht so gut überein wie im Falle der FuE-Ausgaben-Intensitäten* in Tabelle 3.2-2. Der Spearman-Rangkorrelationskoeffizient liegt bei $R_S = 0{,}67$ bei einer Irrtumswahrscheinlichkeit von $\alpha = 0{,}07$. Allerdings wäre die Rangkorrelation mit Sicherheit höher ausgefallen, wenn Angaben zum FuE-Personal der Luft- und Raumfahrtunternehmen vorgelegen hätten. In beiden Fällen sind die drei FuE-Personal-intensivsten Branchen, wenn auch in anderer Reihenfolge, die feinmechanische und optische Industrie, die Elektrotechnik und die Chemie und Mineralölverarbeitung. Die Luft- und Raumfahrtindustrie ist hierbei wegen der fehlenden Vergleichszahlen nicht berücksichtigt. Dies entspricht in etwa auch dem Bild der Innovationsstärken dieser Branchen, das die FuE-Ausgaben-Intensitäten in Abschnitt 3.2.1.1 vermittelt haben.

Auch bezüglich des FuE-Personals ist die *Stichprobe* ähnlich wie schon bei den FuE-Ausgaben *zugunsten* der *FuE-intensiveren* Unternehmen *verzerrt*. Eine homogene Regression der Stifterverbands-Intensitäten auf die selbstberechneten Intensitäten ergibt einen Steigungskoeffizienten von $b = 1{,}54$, d. h. daß FuE-Personal-Intensitäten der Unternehmensstichprobe um mehr als die Hälfte höher als die des Stifterverbandes sind. Die Verzerrung ist also noch ausgeprägter als bei den FuE-Ausgaben. Dies liegt vermutlich daran, daß einige große Unternehmen der Stichprobe als Konzernobergesellschaften über zentrale FuE-Einrichtungen verfügen, deren Personal voll den Obergesellschaften zugerechnet wird. Die Kosten der Labors werden aber auf die einzelnen Konzerngesellschaften umgelegt und dort jeweils zu deren FuE-Ausgaben hinzu addiert.

Auffallend große Unterschiede zwischen den FuE-Personal-Intensitäten der Unternehmensstichprobe und denen des Stifterverbandes ergeben sich bei den Branchen Metall und Stahl und Feinmechanik und Optik. Dies war bei den FuE-Ausgaben-Intensitäten ebenso der Fall, allerdings waren die Unterschiede nicht ganz so stark ausgeprägt. Bei dem *Industriezweig Metall und Stahl* geht die starke Abweichung auf die Zusammensetzung der Branchenstichprobe zurück. Sie besteht nur aus vier Unternehmen, von denen drei aus dem Bereich NE-Metalle stammen und eines aus dem Bereich Stahl. Der *Branchenwert* von 10,5 % wird im wesentlichen durch die *FuE-Personal-Intensität der Degussa AG*, welche bei 10,9 % liegt, bestimmt. Die Beschäftigtenzahl von 13,3 Tsd. der Degussa AG stellt 82 % der Gesamtbeschäftigtenzahl der Viererstichprobe dar. Bei der Degussa AG ist anzunehmen, daß die überproportional hohe FuE-Personal-Intensität im Vergleich zur FuE-Ausgaben-Intensität von 2,5 % auf die schon erwähnte Konzern-FuE-Struktur zurückzuführen ist, wonach das Personal zentraler FuE-Einrichtungen zum FuE-Personal der Obergesellschaft gerechnet wird. Hinzu kommt, daß die Degussa ein stark diversifizierter Konzern ist, der u. a. über eine FuE-intensive Pharmasparte verfügt. In der *feinmechanischen und optischen Industrie* erklärt sich die hohe FuE-Personal-Intensität ebenfalls durch die Stichprobenzusammensetzung. Allerdings wird hier der Branchenwert nicht durch ein großes Unternehmen diktiert, sondern es wurden ausgerechnet nur von den vier FuE-intensivsten Unternehmen Angaben zum FuE-Personal gemacht. Diese Unternehmen sind im *Grenzbereich zwischen Feinmechanik und Elektronik* tätig.

Bei den Branchenuntergliederungen ergeben sich die bereits aus Abschnitt 3.2.1.1 bekannten Unterschiede in den FuE-Intensitäten zwischen Chemie und Mineralölverarbeitung ohne Pharmaunternehmen und Pharmaindustrie, zwischen Kfz-Herstellern und Teileherstellern, zwischen Werkzeugmaschinenbau und restlichem Maschinenbau und zwischen Nachrichten-, Meß- und Regeltechnik und der restlichen Elektrotechnik. Die auffallend hohe FuE-Personal-Intensität im *Maschinenbau für die Nahrungs- und Genußmittel- und die chemische Industrie* ist durch die *hohe FuE-Personal-Intensität der Barmag AG* von 16 % beeinflußt. Diese hohe Quote resultiert u. a. daraus, daß in der Zahlenangabe der Barmag AG zum FuE-Personal auch noch die in der Konstruktion beschäftigten Mitarbeiter enthalten sind. Bei der *Nachrichten-, Meß- und Regeltechnik* und bei den *Büromaschinen und Computern* sind die *FuE-Personal-Intensitäten in etwa gleich hoch*. Dies entspricht ungefähr auch dem Verhältnis bei den FuE-Ausgaben, wobei dort allerdings die FuE-Ausgaben-Intensität der Nachrichten-, Meß- und Regeltechnik ein wenig höher ist.

Auf die Aufstellung einer *Unternehmensrangliste* der FuE-Personal-intensivsten Unternehmen wird *angesichts der kleinen Stichprobe verzichtet*, da die Unsicherheit sehr groß ist, ob nicht das eine oder andere FuE-Personal-intensivere Unternehmen fehlt, weil es nicht erfaßt wurde. Auch ist die Vergleichbarkeit mit den Ranglisten für FuE-Ausgaben und BMFT-Zuwendungen, bei denen auf eine größere Stichprobe zurückgegriffen werden konnte, erschwert. Der Vergleich der FuE-Personal-Intensitäten der Stichprobe mit denen des Stifterverbandes hat deutlich gemacht, daß der FuE-Personal-Indikator die Innovationsaktivitäten einer Branche korrekt wiedergeben kann, sofern eine genügend große Zahl von Messungen pro Branche möglich ist. Auf der Unternehmensebene zeigt der Indikator FuE-Personal nicht immer auf den Umsatz gerichtete Innovationsaktivitäten an, sondern eher den intern geleisteten FuE-Input. So sind Teile der FuE-Arbeiten von Konzernobergesellschaften Innovationsinput für die Umsätze anderer Konzerngesellschaften. Andererseits gibt es Unternehmen, die nicht über formelle FuE-Organisationen verfügen, die aber FuE-Arbeiten anderswo initiieren und hierfür FuE-Ausgaben tätigen, die sehr wohl Auswirkungen auf ihren Umsatz haben. Auf Unternehmensebene scheint der Indikator *FuE-Personal* besser die *technologische Fähigkeit zur Innovation* zu messen, die *FuE-Ausgaben dagegen eher den unternehmerischen Willen zur Innovation*. Für eine Beurteilung der Innovationsstärke eines Unternehmens sind beide Aspekte und damit beide Indikatoren von Bedeutung.

3.2.1.4 Messung durch Patentanmeldungen

Die Zahl der *Patentanmeldungen* ist ein zur Beschreibung der *Innovationsaktivitäten deutscher Unternehmen* bisher *wenig benutzter Indikator*. Die meisten in der Bundesrepublik Deutschland durchgeführten Untersuchungen anhand von Patentanmeldungen stammen von den beiden Forschungsinstituten Ifo-Institut für Wirtschaftsforschung, München,[1] und Fraunhofer-Institut für Systemtechnik und Innovationsforschung, Karlsruhe,[2] sowie von Mitarbeitern des Deutschen Patentamtes[3]. Leider gibt es keine systematische und regelmäßig wiederkehrende Publikationen patentstatistischer Indikatoren ähnlich der FuE-Statistik des Stifterverbandes. Patentdaten sind zwar mit Hilfe von Patentdatenbanken, z. B. der Datenbank PATDPA, relativ gut zugänglich, und auch im Jahresbericht des Deutschen Patentamtes sind einige statistische Angaben enthalten, doch fehlt dann die Verknüpfung mit weiteren

1) Siehe z. B. OPPENLÄNDER (Hrsg. 1984), FAUST (1986, 1990) und GERSTENBERGER (1988).
2) Siehe z. B. SCHMOCH u. a. (1988), GRUPP (1990a) und SCHWITALLA u. SCHMOCH (1990).
3) Siehe z. B. GREIF (1985, 1989) und GREIF u. POTKOWIK (1990).

ökonomischen Größen. Ein erster Schritt hierzu ist durch die Arbeit von GREIF und POTKOWIK (1990) getan worden, in der die Patentanmeldungen am Deutschen Patentamt auf der Grundlage der Systematik der Wirtschaftszweige (WZ) den Sektoren ihrer Herkunft und ihrer Verwendung zugeordnet wurden. Für einen Vergleich mit den Patentindikatoren dieser Arbeit ist die Zuordnung nach den Herkunftssektoren von Interesse, d. h. die Patentanmeldungen eines Unternehmens werden ohne Berücksichtigung der Art der zugrundeliegenden Erfindung dem Sektor zugerechnet, in dem das anmeldende Unternehmen seinen Umsatzschwerpunkt hat. Diese Zurechnung ist sinnvoll, wenn es um die quantitative Erfassung von Innovationsoutput eines Unternehmens oder einer Branche geht. Werden allerdings Güter oder Gütergruppen anhand deren Technologiegehaltes, wie z. B. bei den Untersuchungen zur Außenhandelsstruktur einer Volkswirtschaft, beurteilt, ist die Zuordnung von Patenten nach deren Verwendung bei der Herstellung bestimmter Gütergruppen sinnvoll.[1)]

Um Abweichungen der aus der Unternehmensstichprobe gewonnenen Patentindikatorenwerte von den auf GREIF und POTKOWIK (1990) beruhenden Werten interpretieren zu können, muß zunächst die Vorgehensweise von GREIF und POTKOWIK sowie die Weiterverwendung ihrer Ergebnisse zur Konstruktion vergleichbarer Patentindikatoren erläutert werden. Die Ergebnisse von GREIF und POTKOWIK basieren auf einer Analyse der Patentanmeldungen am Deutschen Patentamt aus dem Jahr 1983 von Anmeldern mit mindestens zehn Patentanmeldungen pro Jahr. Durch die Vorgabe dieser Mindestzahl wird die Gesamtmenge von 26.060 Patentanmeldungen deutscher Unternehmen, Privatpersonen und sonstiger Organisationen am Deutschen Patentamt im Jahr 1983 auf eine Stichprobe von 12.990 Anmeldungen reduziert. Diese Zahl verteilt sich auf 279 Anmelder, davon 270 Unternehmen, die im Jahr 1983 zwischen 10 und 1552 Anmeldungen getätigt haben. Es ist unschwer zu erraten, daß sich die Zahl von 1552 Anmeldungen auf die Siemens AG bezieht, welche somit 12 % der Patentanmeldungen der Stichprobe auf sich vereinigt.

---

1) In der Arbeit von GREIF u. POTKOWIK wurde allerdings das Verwendungskonzept nicht güterbezogen, d. h. gemäß den Klassifikationen des Güterverzeichnisses (GP) oder des Warenverzeichnisse (WA), sondern sektorenbezogen gemäß der Systematik der Wirtschaftszweige (WZ) angewandt.

Die Zahl der von GREIF und POTKOWIK analysierten Unternehmen ist damit ähnlich hoch wie die Zahl der in dieser Arbeit untersuchten Unternehmen. Allerdings handelt es sich um sehr verschiedene Kreise von Unternehmen. Die Unternehmen, die hier ausgewertet werden, sind große, aber auch einige kleinere Unternehmen mit relativ starkem FuE-Engagement, über das es sich lohnt, im Jahresabschluß zu berichten. Die *Verzerrung der eigenen Stichprobe* geht also *in Richtung der FuE-intensiveren Unternehmen*, was bedeutet, daß es kaum Beobachtungen für Unternehmen aus weniger FuE-intensiven Branchen gibt, so daß die dafür berechneten Indikatorenwerte mit großer statistischer Unsicherheit behaftet sind. Dagegen ist die Zahl der Beobachtungen für FuE-intensivere Branchen durchweg größer, und die Werte sind entsprechend zuverlässiger. Im Falle der *Unternehmensstichprobe von GREIF und POTKOWIK* geht die *Verzerrung* eindeutig *in Richtung patentierfreudigerer Branchen* sowie *zugunsten der großen Unternehmen*, welche allein aufgrund ihrer Größe eine größere Zahl von Patenten anmelden als kleinere Unternehmen derselben Branche. Es ist daher zu vermuten, daß Branchen, die sich überwiegend aus kleinen und mittleren Unternehmen mit weniger als zehn Patentanmeldungen pro Jahr zusammensetzen, unterrepräsentiert sind. Daß in der Stichprobe von GREIF und POTKOWIK viele innovative Unternehmen wegen zu geringer Anmeldezahl pro Jahr fehlen, zeigt die Tatsache, daß von den 257 Unternehmen des Verarbeitenden Gewerbes, die in dieser Arbeit ausgewertet werden, nur 84 Unternehmen zehn und mehr Erfindungen mit Wirkung für die Bundesrepublik Deutschland am Deutschen bzw. am Europäischen Patentamt angemeldet haben. Je nach Branche ist der Anteil der Unternehmen mit zehn und mehr Patentanmeldungen unterschiedlich hoch. Während in der Kfz-Industrie 88 % der analysierten Unternehmen zehn und mehr Patentanmeldungen zu verzeichnen hatten, waren es im Maschinenbau nur 20 % und in der Herstellung von Kunststoffwaren sogar nur 9 %.

Auf der Basis ihrer Stichprobe von 12.990 Patentanmeldungen ermitteln GREIF und POTKOWIK die *Verteilung der Anmeldungen auf die Wirtschaftszweige ihrer Herkunft*. Diese Verteilung ist in Tabelle 3.2-6 wiedergegeben. Die meisten Patente werden von Unternehmen aus dem Bereich der Elektrotechnik angemeldet, gefolgt von Patenten aus dem Maschinenbau und aus der Chemieindustrie. Um die eigenen Ergebnisse mit denen von GREIF und POTKOWIK vergleichen zu können, wurden branchenweise Patentintensitäten analog den FuE-Intensitäten ermittelt. Der Indikator Patentanmeldungen wird dabei mit der Größe eines Unternehmens oder einer Branche gewichtet. Für die Patentintensitäten gibt es keine übliche Bezugsgröße, wie z. B. bei den FuE-Ausgaben den Umsatz oder beim FuE-Personal die Zahl der Beschäftigten. Daher werden hier *Patentintensitäten* sowohl *in bezug auf den Umsatz* als auch *in bezug auf die Beschäftigtenzahl* errechnet. Im ersteren Fall haben die Patentanmeldungen eher Inputcharakter, d. h. es wird angegeben, wieviele Patentanmeldungen notwendig sind, um eine Mrd. DM Umsatz zu erzielen. Im anderen Fall haben sie eher Outputcharakter, d. h. es wird angegeben, wieviele Patentanmeldungen von jeweils 1.000 Beschäftigten erreicht werden.

	WZ-Nr.	Branche	Anteil an allen Patentanmeldungen in %
1	20	Chemie inkl. Pharma, Spalt- u. Brutstoffe, Mineralölverarbeitung	21,0
2	21	Herstellung v. Kunststoff- u. Gummiwaren	1,8
3	22	Gewinnung u. Verarbeitung v. Steinen u. Erden, Keramik u. Glas	0,3
4	23	Metallerzeugung und -bearbeitung	0,9
5	242	Maschinenbau	22,4
6	244	Herstellung v. Kraftwagen u. deren Teile	8,3
7	248	Luft- u. Raumfahrzeugbau	1,6
8	250	Elektrotechnik	34,8
9	252	Feinmechanik, Optik	2,4
10	26	Holz-, Papier-, Druckgewerbe	0,1
	2	Verarbeitendes Gewerbe	96,9
Quelle: GREIF u. POTKOWIK (1990, S. 32)			

Tabelle 3.2-6: Verteilung der Patentanmeldungen deutscher Anmelder am DPA auf die Herkunftssektoren

Die Berechnung der Patentintensitäten für die Stichprobe stellte keine Schwierigkeit dar, da nahezu für jedes Unternehmen Angaben über die Zahl der Patentanmeldungen, den Umsatz und die Beschäftigtenzahl vorhanden waren. Lediglich für acht Unternehmen konnten keine Angaben zur Zahl der

Patentanmeldungen gemacht werden, da sie ihre Erfindungen nicht unter eigenem Namen anmelden, so daß sich die berechneten Werte auf eine Stichprobe von 249 Unternehmen stützen können, wobei die *Softwareindustrie unberücksichtigt* bleibt, da geräteungebundene Software *nicht patentierbar* ist. Anhand der Verteilung der Patentanmeldungen auf die Herkunftssektoren wurde aus der um Erfindungen von Privatpersonen bereinigten Zahl der Patentanmeldungen am Deutschen Patentamt im Jahr 1987, welche bei ca. 26.000 lag,[1] die Zahl der Anmeldungen pro Wirtschaftszweig berechnet. Die so berechneten Patentanmeldezahlen pro Branche wurden dann mit dem Umsatz bzw. der Beschäftigtenzahl einer Branche gewichtet. Die auf dieser Basis ermittelten Patentintensitäten sind allerdings nur grobe, sicherlich nicht unverzerrte Schätzungen der Branchenwerte, denn, wie oben bereits angedeutet, bestehen Zweifel, ob die in Tabelle 3.2-6 ausgewiesenen Anmelderelationen die tatsächlichen Verhältnisse in der Grundgesamtheit widerspiegeln. Außerdem setzt die vorgenommene Berechnung stabile Relationen in den Jahren 1983 und 1987 voraus. Als Umsatz- und Beschäftigtengrößen wurden Angaben des Statistischen Bundesamtes eingesetzt, und nicht etwa die vom Stifterverbandes ausgewiesenen, da sich die Angaben des Statistischen Bundesamtes auf einen größeren Berichtskreis von Unternehmen (> 20 Beschäftigte) beziehen. Dieser Berichtskreis korrespondiert besser als der des Stifterverbandes mit der um Einzelerfinder bereinigten Grundgesamtheit aller Patentanmeldungen deutscher Unternehmen am Deutschen Patentamt.[2]

In den Tabellen 3.2-7 und 3.2-8 sind die aus der Stichprobe berechneten *Patentintensitäten* in bezug auf den Umsatz bzw. auf die Beschäftigung den *entsprechenden Größen*, die mit Hilfe der Angaben *von GREIF und POTKOWIK* berechnet wurden, *gegenübergestellt*. Wie schon beim Vergleich der anderen Innovationsindikatoren mit Indikatoren aus alternativen statistischen Quellen gilt auch hier, daß die Branchenabgrenzungen nicht exakt übereinstimmen. Schon aus diesem Grund sind Abweichungen der jeweiligen Branchenwerte voneinander zu erwarten. Zusätzlich aber wirkt sich noch die unterschiedliche Stichprobenzusammensetzung auf die Übereinstimmung der alternativen Ansätze aus.

---

1) Die Berechnung dieser Zahl basiert auf den Angaben des Deutschen Patentamtes in dessen Jahresbericht 1988.

2) Siehe hierzu auch Fußnote 1, S. 128.

	Branche	n	Patentanmeldungen pro Mrd. DM Umsatz (Stichprobe)	Patentanmeldungen pro Mrd. DM Umsatz (nach GREIF u. POTKOWIK)
1	**Chemie inkl. Pharma; Mineralölverarbeitung, Spalt- u. Brutstoffe**	**57**	**36,9**	**22,4**
	Chemie ohne Pharma; Mineralölverarbeitung, Spalt- u. Brutstoffe	43	35,9	
	Pharmaindustrie	14	50,4	
2	**Herstell. v. Kunststoffwaren**	**11**	**8,9**	**8,3** 1)
3	**Steine u. Erden, Keramik u. Glas**	**10**	**31,6**	**1,6**
4	**Metall, Stahl**	**9**	**12,8**	**2,3** 2)
5	**Maschinenbau**	**68**	**32,7**	**35,0**
	Werkzeugmaschinenbau	11	11,1	
	Maschinenbau für NuG- u. chemische Industrie	11	42,1	
	Restlicher Maschinenbau	46	34,7	
6	**Kfz-Industrie**	**17**	**10,7**	**10,4**
	Kfz-Hersteller	8	7,7	
	Kfz-Teile-Hersteller	9	70,7	
7	**Luft- u. Raumfahrt**	**5**	**34,5**	**42,2**
8	**Elektrotechnik, Büromaschinen, ADV**	**53**	**35,7**	**54,3** 3)
	Nachrichten-, Meß- u. Regeltechnik	29	43,8	
	Restliche Elektrotechnik	17	39,6	
	Büromaschinen, ADV-Geräte	7	10,2	
9	**Feinmechanik, Optik**	**13**	**38,7**	**35,3**
10	**Holz u. Papier**	**6**	**18,7**	**0,2**
	Verarbeitendes Gewerbe	**249**	**25,9**	**17,3**

Quelle: Geschäftsberichte aus Bundesanzeiger 1988, Nr. 42 - 244, und 1989, Nr. 1 - 86; Datenbank PATDPA; Berechnungen gemäß GREIF u. POTKOWIK (1990, S. 32), Deutsches Patentamt Jahresbericht 1988, S. 11, und Statistisches Bundesamt (Hrsg., 1989, S. 164)

1) inkl. Gummi
2) ohne Stahlbau
3) ohne Büromasch. usw.

Tabelle 3.2-7: Patentanmeldungen pro Mrd. DM Umsatz nach Branchen für das Jahr 1987

Dennoch läßt sich eine *Ähnlichkeit der Branchenrangfolgen* in bezug auf die Patentintensität am Umsatz *nicht verkennen*. So liegt der aus Tabelle 3.2-7 berechnete Spearman-Rangkorrelationskoeffizient bei $R_S = 0{,}65$ bei einem Signifikanzniveau von $\alpha = 0{,}04$. Anmeldeintensive Branchen mit über 30 Patentanmeldungen pro Mrd. DM Umsatz sind in beiden Fällen der Maschinenbau, die Luft- und Raumfahrtindustrie, die Elektrotechnik und die feinmechanische und optische Industrie, wobei abgesehen von der feinmechanischen und optischen Industrie die Patentintensitäten auf der Basis von GREIF und POTKOWIK durchweg höher sind.

Besonders fällt der *hohe Wert* von 54,3 in der *Elektrotechnik* auf. Im Falle der eigenen Stichprobe wirkt sich die Hinzunahme der *Büromaschinen- und Computerhersteller*, deren Patentintensität bei 10,2 liegt, *dämpfend* auf den Wert der Gesamtbranche aus. Dagegen ist zu vermuten, daß in der Stichprobe von GREIF und POTKOWIK die besonders patentintensiven Unternehmen der Nachrichten-, Meß- und Regeltechnik überrepräsentiert sind,[1] so daß der Wert von 54,3 etwas zu hoch gegriffen scheint. Übereinstimmung zwischen beiden Ansätzen besteht auch darin, daß es sich bei der *Herstellung von Kunststoffwaren*, der *Metall-*, der *Kfz-Industrie* und dem *Holz- und Papiergewerbe* um die *weniger patentanmeldeintensiven Branchen* handelt. Auffallend sind allerdings die großen Unterschiede zwischen den alternativen Werten im Falle der Metallindustrie und dem Holz- und Papiergewerbe. Darin spiegelt sich die Diskrepanz zwischen den beiden Stichprobenansätzen wider. Während vermutlich im Falle der auf GREIF und POTKOWIK zurückgehenden Werte die Mindestzahl von zehn Patentanmeldungen zu einer Unterrepräsentation der beiden Branchen in der errechneten Verteilung der Patentanmeldungen gemäß Tabelle 3.2-6 führt, ist anzunehmen, daß die eigene Stichprobe zugunsten besonders innovativer Unternehmen dieser beiden Branchen verzerrt ist. Dieselbe Erklärung kommt auch für die Branche *Steine, Erden, Keramik und Glas* in Betracht, bei der die Werte derart auseinanderklaffen, daß *im Falle der eigenen Stichprobe* diese Branche zu den *besonders patentintensiven* gezählt werden muß, während sie aufgrund der Zahlen von GREIF und POTKOWIK nach dem Holz- und Papiergewerbe am wenigsten patentintensiv ist. Die *Chemiebranche* nimmt bei dem auf GREIF und POTKOWIK beruhenden Ansatz nur einen Mittelplatz ein, während sie

---

1) Allein die Siemens AG vereinigt 12 % aller Patentanmeldungen der Stichprobe von GREIF und POTKOWIK auf sich.

auf der Basis der eigenen Stichprobe zu den *patentanmeldeintensivsten Branchen* zählt. Der Wert von 36,9 resultiert aus dem niedrigen Anteil von mineralölverarbeitenden Unternehmen in der Stichprobe bei *stark auseinanderklaffenden Patentintensitäten* zwischen der *Chemie-* und der *mineralölverarbeitenden Industrie*, wo die Zahl der Patentanmeldungen pro Mrd. DM Umsatz bei nur 1,2 liegt. Während in der Stichprobe die mineralölverarbeitenden Unternehmen einen Umsatzanteil von nur 12 % innehaben, verzeichnen sie bei dem auf GREIF und POTKOWIK beruhenden Ansatz einen Anteil von 30 %.

Die aus der eigenen Stichprobe errechnete höhere Patentintensität für das Verarbeitende Gewerbe gegenüber der auf GREIF und POTKOWIK beruhenden Berechnung deutet auf die bekannte Verzerrung der eigenen Stichprobe zugunsten von Unternehmen aus besonders innovativen und patentintensiven Branchen hin. Im Gegensatz dazu scheint der Wert des Steigungskoeffizienten aus der homogenen Regression der Patentintensität nach GREIF und POTKOWIK auf die aus der eigenen Stichprobe ermittelte Patentintensität zu stehen. Dieser ist nämlich mit $b = 0{,}89$ kleiner als Eins. Der Wert des Koeffizienten erklärt sich aus der Überrepräsentation der patentintensiven Branchen Elektrotechnik, Luft- und Raumfahrt und Maschinenbau in der Stichprobe von GREIF und POTKOWIK und der daraus folgenden Überschätzung der entsprechenden Patentintensitäten.

Die weitere Aufgliederung der Branchen ergibt für die Patentintensitäten z. T. ähnliche Verhältnisse wie bei den FuE-Intensitäten, aber in einigen Fällen zeigen sich auch je nach verwendetem Indikator deutliche Unterschiede. So ist die FuE-Ausgaben-Intensität in der *Pharmaindustrie* mehr als dreimal so hoch wie in der restlichen Chemiebranche, die Patentintensität ist dagegen nur *etwa doppelt so hoch*. Während sich die FuE-Ausgaben-Intensitäten in den Teilbereichen des Maschinenbaus nur wenig unterscheiden, ergeben sich bei den Patentintensitäten deutliche Abweichungen. Auffallend ist die *niedrige Patentintensität* von 11,1 im *Werkzeugmaschinenbau*. Vermutlich richtet sich in dieser Branche ein Großteil der FuE-Arbeiten auf die Steuerungstechnik und die zugehörige nur schwer patentierbare Software. Diese Art der FuE schlägt sich wohl in den Indikatoren FuE-Ausgaben und -Personal nieder, aber nur ungenügend im Indikator Patentanmeldungen. Im *Maschinenbau für die Nahrungs- und Genußmittel- sowie für die chemische*

Industrie ist die Patentintensität fast so hoch wie in der Nachrichten-, Meß- und Regeltechnik. Wie im Falle der FuE-Personal-Intensität wird der *hohe Wert* stark durch den Wert der *Barmag AG* beeinflußt, welche, wie später noch in Tabelle 3.2-9 deutlich wird, mit einer Patentintensität von 101,7 zu den Spitzenreitern des gesamten Maschinenbaus zählt.

Ganz *frappierend* ist der *Unterschied* in den Patentintensitäten zwischen den *Kfz-Herstellern* und den *Kfz-Teile-Herstellern.* Zwar zeigten bereits die anderen Innovationskennziffern stärkere Innovationsaktivitäten der Teilehersteller an, aber das Auseinanderdriften der beiden Teilbranchen nimmt beim Patentindikator ein vielfach größeres Ausmaß an. So rangieren die *Kfz-Hersteller* mit 7,7 Patentanmeldungen pro Mrd. DM Umsatz *am unteren Ende* der für alle Branchen und Teilbranchen gebildeten Skala der Patentintensitäten, während die *Kfz-Teile-Hersteller* mit einem Wert von 70,7 die *Spitzenposition* einnehmen. Es scheint, daß die Teilehersteller viele kleine Produktverbesserungen zum Patent anmelden. Bei den KFZ-Herstellern dagegen scheinen die seltener zum Patent angemeldeten Verfahrensinnovationen im Vordergrund zu stehen. Hinzu kommt, daß ein großer der Teil der Entwicklung und Produktion der KFZ-Hersteller in der Systemintegration hochwertiger von der Zuliefererbranche gefertigter Teile besteht. Wie bereits oben erwähnt, ist in der Elektrotechnik die *Nachrichten-, Meß- und Regeltechnik* besonders *patentintensiv*, während die Patentintensität bei der Herstellung von *Büromaschinen und Computern* besonders *niedrig* ist. Dies hat auf der einen Seite ähnlich wie im Werkzeugmaschinenbau mit einem hohen Softwareanteil an den FuE-Arbeiten in diesem Bereich zu tun. Auf der anderen Seite wird dieser Wert maßgeblich von der IBM Deutschland GmbH bestimmt, die im Verhältnis zu ihrer Größe nur wenig eigene FuE betreibt und nur wenige Erfindungen zum Patent anmeldet. So liegt die Zahl der Patentanmeldungen der IBM Deutschland GmbH pro Mrd. DM Umsatz bei nur 1,4. Der Großteil der von IBM in Deutschland eingesetzten Technologie stammt aus den FuE-Labors der amerikanischen Muttergesellschaft.

Wird die *Patentintensität* wie in Tabelle 3.2-8 als Zahl der *Patentanmeldungen pro Tausend Beschäftigter* berechnet, so bleibt der aus Tabelle 3.2-7 gewonnene Gesamteindruck hinsichtlich der *Rangfolge der Patentintensitäten* der verschiedenen Branchen zwar *erhalten*, aber in einzelnen Fällen gibt es auch Abweichungen gegenüber Tabelle 3.2-7.

	Branche	n	Patentanmeldungen pro Tsd. Beschäftiger (Stichprobe)	Patentanmeldungen pro Tsd. Beschäftigter (nach GREIF u. POTKOWIK)
1	**Chemie inkl. Pharma; Mineralölverarbeitung, Spalt- u. Brutstoffe**	**57**	**11,1**	**8,8**
	Chemie ohne Pharma; Mineralölverarbeitung, Spalt- u. Brutstoffe	43	11,1	
	Pharmaindustrie	14	11,1	
2	**Herstell. v. Kunststoffwaren**	**11**	**2,3**	**1,5** 1)
3	**Steine u. Erden, Keramik u. Glas**	**10**	**5,6**	**0,3**
4	**Metall, Stahl**	**9**	**5,8**	**0,5** 2)
5	**Maschinenbau**	**68**	**6,4**	**5,9**
	Werkzeugmaschinenbau	11	2,0	
	Maschinenbau für NuG- u. chemische Industrie	11	7,1	
	Restlicher Maschinenbau	46	7,0	
6	**Kfz-Industrie**	**17**	**2,9**	**2,6**
	Kfz-Hersteller	8	2,2	
	Kfz-Teile-Hersteller	9	10,5	
7	**Luft- u. Raumfahrt**	**5**	**5,9**	**6,7**
8	**Elektrotechnik, Büromaschinen, ADV**	**53**	**6,7**	**8,8** 3)
	Nachrichten-, Meß- u. Regeltechnik	29	7,2	
	Restliche Elektrotechnik	17	7,4	
	Büromaschinen, ADV-Geräte	7	2,2	
9	**Feinmechanik, Optik**	**13**	**5,6**	**4,6**
10	**Holz u. Papier**	**6**	**4,0**	**0,0**
	Verarbeitendes Gewerbe	**249**	**6,2**	**3,7**

Quelle: Geschäftsberichte aus Bundesanzeiger 1988, Nr. 42 - 244, und 1989, Nr. 1 - 86; Datenbank PATDPA; Berechnungen gemäß GREIF u. POTKOWIK (1990, S. 32), Deutsches Patentamt Jahresbericht 1988, S. 11, und Statistisches Bundesamt (Hrsg., 1989, S. 164)

1) inkl. Gummi
2) ohne Stahlbau
3) ohne Büromasch. usw.

Tabelle 3.2-8: Patentanmeldungen pro Tsd. Beschäftigter nach Branchen für das Jahr 1987

Je nachdem wie personalintensiv die Produktion in den einzelnen Branchen ist, sind die Unterschiede gegenüber der Patentintensität in bezug auf den Umsatz verschieden stark ausgeprägt. Sowohl in Übereinstimmung mit Tabelle 3.2-7 als auch mit dem auf GREIF und POTKOWIK basierenden Werten in Tabelle 3.2-8 sind die Branchen Elektrotechnik, Luft- und Raumfahrt und Maschinenbau als besonders patentintensiv einzustufen. Die in Tabelle 3.2-7 noch zu den Spitzenreitern zählende *feinmechanische und optische Industrie* ist aufgrund ihrer *hohen Personalintensität* bei beiden Ansätzen ins *Mittelfeld* zurückgefallen. Im Gegensatz dazu steht die *Chemieindustrie*. Diese Branche nimmt sowohl auf der Basis der eigenen Stichprobe als auch aufgrund der Berechnungen nach GREIF und POTKOWIK die *Spitzenposition* in der Rangliste der patentintensivsten Branchen ein. Ursache hierfür ist die relativ *kapitalintensive Produktionsweise*, vor allem auch in der mineralölverarbeitenden Industrie. So hat die wenig patentintensive mineralölverarbeitende Industrie in der eigenen Stichprobe nur einen Anteil von 3,7 % an der Beschäftigung der Gesamtbranche gegenüber einem Umsatzanteil von 12 % und in dem auf GREIF und POTKOWIK beruhenden Ansatz auch nur noch von 5 % gegenüber einem Umsatzanteil von 30 %. Wie auch in Tabelle 3.2-7 herrscht in Tabelle 3.2-8 Übereinstimmung hinsichtlich der niedrigen Patentintensitäten bei der Herstellung von Kunststoffwaren und in der Kfz-Industrie. Auch setzt sich die Diskrepanz der Werte in den Branchen Steine, Erden, Keramik und Glas und Holz und Papier, die auf den unterschiedlich verzerrten Stichproben beruhen, in Tabelle 3.2-8 fort.

Die *Metallbranche* ist auf der Basis der eigenen Stichprobe in bezug auf die Beschäftigung fast genauso patentintensiv wie die Luft- und Raumfahrtindustrie. Der Wert von 5,8 wird im wesentlichen wieder von der *Degussa AG beeinflußt*, deren Patentintensität bei 8,0 liegt. Daß der Wert der Gesamtbranche nicht diese Höhe erreicht, folgt aus der dämpfenden Wirkung der niedrigen Patentintensitäten der Unternehmen des Stahl- und Leichtmetallbaus. Die starke Abweichung der Werte der Metallbranche in Tabelle 3.2-8 resultiert somit auf der einen Seite aus einer Verzerrung der eigenen Stichprobe zugunsten von Unternehmen der Nicht-Eisen-Metallerzeugung und -verarbeitung, allen voran die Degussa AG, und einer Unterrepräsentation der Metallbranche in der Stichprobe von GREIF und POTKOWIK. Die tiefere Aufgliederung der Branchen in Tabelle 3.2-8 spiegelt, abgesehen von der Pharmaindustrie, im großen und ganzen die schon aus Tabelle 3.2-7 bekannten Relationen zwischen den Teilbranchen wider. In der *Pharmaindustrie* sorgt die im Vergleich zur restlichen Chemiebranche relativ *personalintensive* Produktionsweise für eine Angleichung der auf die Beschäftigung bezogenen Patentintensitäten der Teilbranchen.

Insgesamt ist bei der Patentintensität in bezug auf die Beschäftigtenzahl die Übereinstimmung der Branchenrangfolgen der beiden alternativen Ansätze größer als bei der Patentintensität in bezug auf den Umsatz. Dies wird durch den Spearman-Rangkorrelationskoeffizient von $R_S = 0{,}74$ und die Irrtumswahrscheinlichkeit von $\alpha = 0{,}01$ bestätigt. Auch der Steigungskoeffizient der homogenen Regression der Patentintensität nach GREIF und POTKOWIK auf die aus der eigenen Stichprobe ermittelte Patentintensität von $b = 1{,}04$ deutet auf eine gute Übereinstimmung der Werte aus beiden Ansätzen hin. Daß der aufgrund der eigenen Stichprobe ermittelte Wert für das Verarbeitende Gewerbe mit 6,2 Patentanmeldungen pro Tausend Beschäftigter wesentlich höher liegt als der auf der Basis von GREIF und POTKOWIK errechnete von 3,7, liegt wiederum an der Verzerrung der eigenen Stichprobe zugunsten von Unternehmen aus besonders patentintensiven Branchen.

Im allgemeinen sind patentanmeldeintensive Branchen auch FuE-intensive Branchen, wie ein grober Vergleich der Tabellen 3.2-1 und 3.2-5 mit den Tabellen 3.2-7 und 3.2-8 zeigt. Im einzelnen sind jedoch auch Positionsverschiebungen in der Skala der Innovationsstärke je nach verwendetem Indikator zu beobachten. Zum Beispiel *rutscht* die *Luft- und Raumfahrtindustrie* von ihrer Spitzenposition bei den FuE-Intensitäten *deutlich ab*, wenn der Patentindikator zur Beurteilung der Innovationsstärke herangezogen wird. Umgekehrt klettert auf der Basis der Patentindikatoren die Chemiebranche auf einen der Spitzenplätze. Aber auch die Branche Steine, Erden, Keramik, Glas ist anhand der Patentintensität als innovativer einzustufen als anhand der FuE-Intensität, zumindest auf der Basis der aus der eigenen Stichprobe stammenden Werte. Eine detaillierte Untersuchung des Zusammenhangs der verschiedenen Innovationsindikatoren ist in Abschnitt 3.2.2 vorgesehen, so daß hier auf einen ausführlichen Vergleich der bisher ermittelten Branchenwerte alternativer Indikatoren verzichtet wird. Abschnitt 3.2.2 geht dann auch der Frage nach, was eine Patentanmeldung gemessen am Input in Form von FuE-Ausgaben und FuE-Personal je nach Branche kostet, und versucht, die branchentypischen Unterschiede zu erklären.

Einen tieferen Einblick in das branchentypische Patentanmeldeverhalten ermöglicht die *Liste der patentanmeldeintensivsten Unternehmen* einer Branche. In Tabelle 3.2-9 sind daher die drei bzw. fünf anmeldeintensivsten Unternehmen der bereits im Falle der FuE-Ausgaben-Intensität analysierten Branchen aufgeführt. Aus Gründen der Vergleichbarkeit wurde darauf verzichtet, die Branchen nach der Anmeldeintensität anzuordnen. Vielmehr wurde die in Tabelle 3.2-2 eingeführte Reihenfolge nach der FuE-Ausgaben-Intensität beibehalten. Zusätzlich wird in Tabelle 3.2-9 die Branche Steine, Erden, Keramik, Glas hinzugenommen, da sie sich hier als sehr patentintensiv erwies. Ebenso wegen der besseren Vergleichbarkeit mit den FuE-Ausgaben-intensivsten Unternehmen aus Tabelle 3.2-2 und, um den Einfluß unterschiedlicher Faktorintensitäten auszuschalten, wird in Tabelle 3.2-9 der Umsatz als Bezugsgröße für die Patentintensität gewählt. Die Liste der anmeldeintensivsten Unternehmen ist mit zusätzlicher Vorsicht zu interpretieren. Da Patentanmeldungen gerade in kleinen Unternehmen relativ diskontinuierlich anfallen, kann eine zufällige Häufung bzw. Abwesenheit von Anmeldungen im Erhebungszeitraum zu relativ unsicheren Schätzungen der Patentintensitäten führen. Diese Gefahr ist hauptsächlich bei kleinen, weniger dagegen bei größeren Unternehmen und auf Branchenebene gegeben.[1] Es ist daher im Einzelfall bei starken Abweichungen der Patentintensitäten vom Branchenwert zu überprüfen, ob dies einen systematischen Grund hat, wie z. B. fachliche Spezialisierung, oder ob dies möglicherweise ein Zufallsergebnis ist.

Trotz dieser eventuellen Zufallseinflüsse zeigt ein Vergleich der patentanmeldeintensivsten Unternehmen mit den FuE-Ausgaben-intensivsten keine allgemeine Tendenz, daß die patentaktivsten Unternehmen eher kleiner sind als die FuE-aktivsten. Im Vergleich zu Tabelle 3.2-2 fällt auf, daß zehn der FuE-Ausgaben-intensivsten Unternehmen auch zu den patentanmeldeintensivsten zählen. Außerdem würden einige Unternehmen, die jetzt in Tabelle 3.2-9 fehlen, bei einer Verlängerung der Liste weiterhin vordere Plätze einnehmen. Ähnliches gilt auch für die in Tabelle 3.2-9 auftauchenden und in Tabelle 3.2-2 fehlenden Unternehmen.

---

1) Wie in Abschnitt 3.1 erläutert, wurde die Zahl der Patentanmeldungen über einen Zeitraum von dreieinhalb Jahren erhoben und der daraus ermittelte jährliche Durchschnitt als Beobachtung verwendet, um die Auswirkungen dieser Diskontinuität zu mildern.

Branche	Patentanmelde-intensivste Unternehmen	Patent-anmeldungen pro Mrd. DM Jahresumsatz	Umsatz in Mio. DM
Luft- u. Raumfahrt	1. Bodenseewerk Gerätetechnik GmbH	44,7	371,0
	2. MTU München GmbH	36,3	1.307,5
	3. MBB GmbH	35,0	5.707,2
Pharmaindustrie	1. Biotest Pharma GmbH	74,8	122,2
	2. Behringwerke AG	64,7	882,6
	3. Dr. Karl Thomae GmbH	64,2	534,3
Elektrotechnik, Büromaschinen, ADV-Einrichtungen	1. MAN Technologie GmbH	81,0	232,9
	2. ANT Nachrichtentechnik GmbH	79,4	1.288,3
	3. Krone AG,	78,5	262,0
	4. RxS Schrumpftechnik-Garnituren GmbH	76,1	131,4
	5. Telefunken electronic GmbH	72,3	580,9
Feinmechanik, Optik	1. Drägerwerk AG	84,2	685,5
	2. J. D. Möller Optische Werke GmbH	67,9	28,0 *
	3. Aesculap AG	61,1	205,6
Chemie o. Pharma, Mineralölverarb., Spalt- u. Brutstoffe	1. Henkel KGaA	73,3	4.039,9
	2. Bayern-Chemie Ges. für flugchemische Antriebe mbH	65,3	96,3
	3. Bayer AG	54,9	16.697,0
	4. Th. Goldschmidt AG	53,6	490,2
	5. Cassella AG	50,7	540,5
Maschinenbau	1. Gewerkschaft Eisenhütte Westfalia GmbH	176,5	338,3
	2. Leybold AG	106,0	482,9 **
	3. Barmag AG	101,7	578,5
	4. SMS Hasenclever Maschinenfabrik GmbH	101,6	81,5
	5. Interatom GmbH	99,9	368,8
Kfz-Industrie	1. Alfred Teves GmbH	112,8	1.593,6
	2. VDO Adolf Schindling AG	88,8	1.351,6
	3. Knorr-Bremse AG	86,8	427,9
Steine, Erden, Keramik, Glas	1. Didier-Werke AG	59,5	691,9
	2. Steuler-Industriewerke GmbH	48,5	82,5
	3. Hoechst CeramTec AG	35,1	227,6

* Umsatz aus zehnmonatigem Rumpfgeschäftsjahr
** Umsatz aus neunmonatigem Rumpfgeschäftsjahr

Quelle: Geschäftsberichte aus Bundesanzeiger 1988, Nr. 42 - 244, u. 1989, Nr. 1 - 86; Datenbank PATDPA, Host STN

Tabelle 3.2-9: Rangliste der patentanmeldeintensivsten Unternehmen für das Jahr 1987

In der Luft- und Raumfahrtindustrie wird die Dornier GmbH durch die Bodenseewerk Gerätetechnik GmbH, welche zum Zeitpunkt der Datenerhebung zum amerikanischen Perkin-Elmer-Konzern gehörte und heute ein Gemeinschaftsunternehmen der Nürnberger Diehl-Gruppe und des französischen Matra-Konzerns ist, von der Spitze verdrängt. Möglicherweise liegt das daran, daß die FuE-Ausgaben-Intensität der Dornier GmbH anhand der FuE-Ausgaben des Gesamtkonzerns geschätzt werden mußten. Vielleicht hätte ein Teil der FuE-Ausgaben verstärkt anderen Konzernunternehmen zugerechnet werden müssen. Im Gegensatz zu den FuE-Ausgaben wurden aber die Patentanmeldungen exakt unter dem Firmennamen der Muttergesellschaft recherchiert. Die Bodenseewerk Gerätetechnik GmbH, deren Patentintensität deutlich höher liegt als die der ihr folgenden Unternehmen MTU München GmbH und MBB GmbH, unterscheidet sich von den großen Unternehmen der Luft- und Raumfahrtindustrie insofern, als sie neben Flugkörpersystemen hauptsächlich für die Luftfahrt bestimmte elektronische Geräte entwickelt und herstellt. Wie auch bei den anderen Luft- und Raumfahrtunternehmen werden die FuE-Arbeiten der Bodenseewerk Gerätetechnik GmbH überwiegend durch Aufträge Dritter, vermutlich in starkem Maß durch das Verteidigungsministerium, finanziert. Die Auftragsentwicklung beläuft sich dabei auf drei Viertel des gesamten FuE-Budgets.

Insgesamt fällt an den patentintensivsten Unternehmen der *Luft- und Raumfahrtindustrie* auf, daß deren *Patentintensitäten* nicht stark vom Branchendurchschnittswert abweichen und daß diese *niedriger* sind als die Patentintensitäten von fast allen anderen Unternehmen aus Tabelle 3.2-9. Dies ist umso erstaunlicher, als die Luft- und Raumfahrtunternehmen, gemessen an den FuE-Ausgaben-Intensitäten, über alle Branchen hinweg zu den innovationsstärksten zählen. Da die Luft- und Raumfahrtindustrie eine Branche ist, deren FuE in hohem Maße durch staatliche Aufträge finanziert ist, kann spekuliert werden, daß staatlich finanzierte FuE weniger produktiv ist als privat finanzierte und demzufolge der Outputindikator Patente entsprechend niedrigere Werte aufweist. Allerdings muß diese *geringere Produktivität staatlich finanzierter FuE* nicht zwangsläufig auf mangelnder Effizienz beruhen, sondern ein wesentlicher Grund hierfür ist der in dieser Branche übliche *hohe Grundlagenforschungsanteil* an der gesamten FuE, aus dem generell wenig patentierbare Ergebnisse hervorgehen. Hinzu kommt, daß die Luft- und Raumfahrtunternehmen allesamt auch *militärische Technologie* entwickeln.

Hierbei handelt es sich um einen besonders *geheimhaltungsbedürftigen* Bereich, in dem Erfindungen erst gar nicht zum Patent angemeldet werden oder aber nur in Form von nicht veröffentlichten Geheimanmeldungen nach §§ 50 - 56 PatG.

Auch in der *Pharmaindustrie* ist die Abweichung der Patentintensität der Spitzenreiter vom Branchendurchschnitt relativ moderat, was ein Indiz für die *technologische Homogenität* dieser Branche ist. Aus der Liste der FuE-Ausgaben-intensivsten Unternehmen ist die Dr. K. Thomae GmbH bereits bekannt, welche Arzneimittel für Herz-Kreislauf- und Atemwegserkrankungen und für Durchblutungsstörungen herstellt. Am innovativsten gemessen an den Patentaktivitäten ist die kleine Biotest Pharma GmbH, eine Tochtergesellschaft der bereits in der Liste der BMFT-förderungsintensivsten Unternehmen erwähnten Biotest AG. Die Biotest Pharma GmbH befaßt sich mit der Entwicklung und Herstellung von Immunglobulinen, Blutgerinnungspräparaten und Transfusionsprodukten. Die Behringwerke AG ist als Tochtergesellschaft der Hoechst AG auf dem Gebiet der Plasmaproteine, Impfstoffe und Seren, Tumortherapeutika und im Diagnostikabereich tätig. In der Liste der FuE-Ausgaben-intensivsten Unternehmen konnte sie nicht berücksichtigt werden, da sie in ihrem Geschäftsbericht keine Angaben über ihre FuE-Ausgaben machte. Die veröffentlichte Zahl der FuE-Beschäftigten, läßt eine nur wenig niedrigere FuE-Ausgaben-Intensität als z. B. die der Grünenthal GmbH vermuten. Während die FuE-Ausgaben-intensive Boehringer Mannheim GmbH immer noch eine überdurchschnittlich, wenn auch nicht für einen der ersten drei Plätze ausreichend hohe Patentintensität aufweist, liegt die Patentintensität der FuE-Ausgaben-intensiven Grünenthal GmbH weit unter dem Branchendurchschnitt.

In der *Elektrotechnik* wird die Rangliste der *patentintensivsten Unternehmen* hauptsächlich von Unternehmen aus dem Bereich der *Nachrichten-, Meß- und Regeltechnik* sowie der *Bauelementetechnik* angeführt. Die MAN Technologie GmbH ist bereits als Unternehmen mit der mit 55,8 % zweithöchsten BMFT-Förderungsquote aufgefallen. Sie ist im Bereich der elektronischen Antriebs- und Steuerungstechnik tätig. Nachrichtentechnische Unternehmen sind die ANT Nachrichtentechnik GmbH, eine Tochtergesellschaft der Robert Bosch GmbH, und die Krone AG. Eine Tochtergesellschaft der Siemens AG ist die RxS Schrumpftechnik-Garnituren GmbH, welche Produkte für die

Elektrizitätsverteilung herstellt. Auf Platz Fünf rangiert schließlich die über die AEG AG zum Daimler-Benz-Konzern gehörige Telefunken electronic GmbH, welche bei den FuE-Ausgaben-intensivsten Unternehmen noch an erster Stelle stand. Sie ist auf dem Gebiet der Halbleiterbauelemente und integrierten Schaltungen tätig. Außer der Krone AG stehen somit alle patentintensivsten Unternehmen der Elektrotechnik im Einflußbereich großer Konzerne. Typisch ist das Fehlen des in Tabelle 3.2-2 noch auf Platz Zwei stehenden informationstechnischen Unternehmens Dr. Ing. Rudolf Hell GmbH bei den patentintensivsten Unternehmen, denn die Patentintensität der ADV-Branche liegt, wie Tabelle 3.2-7 gezeigt hat, weit unter dem Durchschnitt der Gesamtbranche. In der *feinmechanischen und optischen Industrie* ist die Spitzengruppe der patentintensivsten Unternehmen völlig anders zusammengesetzt als die der FuE-Ausgaben-intensivsten und auch als die der BMFT-förderungsintensivsten. Während in Tabelle 3.2-2 noch vor allem die im Grenzbereich zwischen Elektronik und Feinmechanik operierenden Gerätehersteller dominierten, sind die nach Patentanmeldungen führenden Unternehmen, die Drägerwerk AG, die J. D. Möller Optische Werke GmbH und die Aesculap AG, allesamt in der *Medizintechnik* beheimatet. Die Medizintechnik zeichnet sich durch die Integration einer Vielzahl technologisch fortgeschrittener Disziplinen, wie z. B. der Mikroelektronik, der Lasertechnologie und der Materialforschung, aus.

Unter den patentintensivsten Unternehmen der *Chemiebranche* sind mit der Bayer AG und der Bayern-Chemie Gesellschaft für flugchemische Antriebe mbH zwei der FuE-Ausgaben-intensivsten Unternehmen der Branche vertreten. Allerdings steht die mit 42,0 % mehr als überdurchschnittlich hohe FuE-Ausgaben-Intensität der MBB-Tochtergesellschaft Bayern-Chemie, welche Raketentreibstoffe herstellt, nicht im entsprechenden Verhältnis zur Patentausbeute. Auch das Fehlen der FuE-Ausgaben-intensiven Uranit GmbH ist bezeichnend. Bei der Bayer AG und der Cassella AG ist zu vermuten, daß die *hohen Pharmaanteile* im Produktprogramm für die hohen Patentintensitäten verantwortlich sind. Klarer Spitzenreiter der patentintensivsten Unternehmen der Chemiebranche mit 73,3 Patentanmeldungen pro Mrd. DM Umsatz ist die *Henkel KGaA*. Sie ist vor allem im Bereich der chemisch-technischen Erzeugnisse, wie z. B. Klebstoffe, Wasch- und Reinigungsmittel und Hygiene- und Kosmetikprodukte, tätig. Möglicherweise ist diese hohe Patentanmeldeintensität technologisch begründet, aber auch eine besonders *starke unternehmensindividuelle Patentierneigung* könnte Ursache dieser hohe Quote sein.[1)] Unter den patentintensivsten bekleidet die Th. Goldschmidt AG, die mit einer FuE-Ausgaben-Intensität von 6,5 % auch ein relativ FuE-Ausgaben-intensives Unternehmen ist, den vierten Platz. Ihre Hauptarbeitsgebiete sind organische Spezialitäten mit einem Schwerpunkt auf Silikonpolymeren, anorganische Chemieprodukte und die Weißblechentzinnung. Somit gibt es in der Chemiebranche eine relativ gute Übereinstimmung zwischen den FuE-Ausgaben-intensivsten und den patentintensivsten Unternehmen. Zwei der großen deutschen Chemieunternehmen zählen direkt zu den patentintensivsten Unternehmen, die Hoechst AG ist indirekt als Muttergesellschaft der Cassella AG vertreten.

Beim *Maschinenbau* fallen sofort die im Verhältnis zum Branchenwert überdurchschnittlich hohen Patentintensitäten der führenden Unternehmen auf. Wie schon in Tabelle 3.2-2 wird auch hier die *technologische Heterogenität* dieser Branche sichtbar. Aus der Liste der FuE-Ausgaben-intensivsten Unternehmen sind in Tabelle 3.2-9 die Leybold AG, die als Tochtergesellschaft der Degussa AG vakuumtechnische Anlagen baut, und die Interatom GmbH, die im Bau von kerntechnischen Anlagen tätige Siemens-Tochter, vertreten. Ähnlich wie im Falle der Bayern-Chemie steht die hohe FuE-Ausgaben-Intensität der Interatom GmbH von 31,8 % nicht im angemessenen Verhältnis zu deren Patentintensität. Mit 176,5 Patentanmeldungen pro Mrd. DM Umsatz ist die Patentintensität der Gewerkschaft Eisenhütte Westfalia GmbH, welche Systeme und Geräte für den Berg-, Tief- und Tunnelbau herstellt, außergewöhnlich hoch. Für diese über alle Branchen hinweg höchste Patentintensität kommen zwei Erklärungen in Betracht. Einerseits stammt die Mehrzahl der Patentanmeldungen aus technologischer Sicht nicht aus dem Maschinenbau, sondern aus dem Ingenieurbauwesen und Bergbau, wo möglicherweise eine besonders hohe Patentanmeldeaktivität üblich ist, andererseits ist die Bezugsgröße, der Umsatz, im Jahr 1987 von einem besonders starken Rückgang betroffen gewesen.

Die Barmag AG ist eine Tochtergesellschaft der im Chemiefasergeschäft tätigen Enka AG und gehört somit zum niederländischen Akzo-Konzern Sie stellt Maschinen und Anlagen für die Chemiefaser-, Textil- und Kunststoffin-

1) Gemäß dem Industriemagazin 10/87 legt die Henkel KGaA besonderen Wert auf umfassenden Patentschutz.

dustrie her. Ein kleiner Geschäftszweig ist außerdem die Automobiltechnik. Die Barmag AG ist bereits durch eine außergewöhnlich hohe FuE-Personal-Intensität aufgefallen. Allerdings lag die Ursache hierfür u. a. in der Einrechnung von Mitarbeitern aus der Konstruktion zum FuE-Personal. Interessanterweise meldet die Muttergesellschaft Enka AG selbst keine Patente unter eigenem Namen an. Es ist daher möglich und vom Patentprofil her sogar wahrscheinlich, daß die Barmag AG Schutzrechtsinteressen der Muttergesellschaft wahrnimmt. Eine sehr hohe Patentintensität weist auch die kleine SMS Hasenclever Maschinenfabrik GmbH auf, was angesichts der geringen FuE-Ausgaben-Intensität von nur 1,4 % überrascht. Die SMS Hasenclever Maschinenfabrik GmbH stellt Maschinen und Anlagen für die Schmiede- und Strangpressindustrie her. Indirekt ist sie mit dem MAN-Konzern verbunden. Typisch ist das *Fehlen* der *FuE-Ausgaben-intensiven KUKA Wehrtechnik GmbH* in Tabelle 3.2-9. Wie schon bei den Unternehmen der Luft- und Raumfahrtindustrie erläutert, resultieren aus einem auf *militärische Technologie* ausgerichteten FuE-Budget aufgrund besonderer Geheimhaltungsbedürfnisse und des höheren Grundlagenforschungsanteils *weniger Patentanmeldungen* als aus einem vergleichbaren auf zivile Technologie ausgerichteten FuE-Budget. Außerdem ist eine geringere Effizienz der überwiegend aus staatlichen Mitteln finanzierten FuE-Arbeiten möglich. Von den fünf patentintensivsten Unternehmen des Maschinenbaus liegen drei Unternehmen mit ihrem Umsatz unter dem Durchschnitt der Branche. Vier von ihnen gehören größeren Konzernen an. Die Verhältnisse sind also in bezug auf die Unternehmensgröße und Abhängigkeitsverhältnisse ähnlich wie beim Indikator FuE-Ausgaben.

In der *Kfz-Industrie* sind erwartungsgemäß die *Teile-Hersteller* am patentintensivsten. So ist es nicht verwunderlich, daß die Dr. Ing. h.c. F. Porsche AG von ihrer Spitzenposition in Tabelle 3.2-2 durch die Alfred Teves GmbH, eine Beteiligungsgesellschaft der amerikanischen ITT Corporation, verdrängt wurde. Die Alfred Teves GmbH stellt Bremsen und Antiblockiersysteme her. An den Plätzen Zwei und Drei, die von der Adolf Schindling AG und der Knorr-Bremse AG eingenommen werden, hat sich gegenüber Tabelle 3.2-2 nichts geändert. Die VDO Adolf Schindling AG stellt mechanisches, elektromechanisches und elektronisches Kfz-Zubehör her, die Knorr-Bremse AG Bremsen für Schienen- und Nutzfahrzeuge. Von den patentintensivsten Unternehmen der Branche *Steine, Erden, Keramik, Glas* sind die Didier-Werke

AG und die Hoechst CeramTec AG bereits aus der Liste der BMFT-förderungsintensivsten Unternehmen bekannt. Sowohl die Didier-Werke AG als auch die Steuler-Industriewerke GmbH sind im Bereich der *Feuerfesterzeugnisse* tätig. Dagegen hat die Hoechst CeramTec AG ihren Schwerpunkt in der *chemisch-technischen Keramik*, die z. B. in der Elektronik eingesetzt wird.

Insgesamt bestätigt die Liste der patentanmeldeintensivsten Unternehmen die aus den Branchenwerten in Tabelle 3.2-7 und Tabelle 3.2-8 gewonnenen Eindrücke bezüglich der Patentanmeldeintensitäten einzelner Branchen und Teilbranchen. Allerdings fallen die patentintensivsten Unternehmen des Maschinenbaus durch wesentlich über dem Branchendurchschnitt liegende Patentintensitäten auf. Die Ursache hierfür liegt in der sehr starken technologischen Heterogenität dieser Branche. Bemerkenswert ist auch, daß in der Feinmechanik und Optik nicht wie bei den FuE-Ausgaben-intensivsten Unternehmen die im Grenzbereich zur Elektronik tätigen Instrumentenhersteller am patentintensivsten sind, sondern die multidisziplinären medizintechnischen Unternehmen. Erwartungsgemäß sind unter den ersten der Elektrotechnik nachrichtentechnische und in der Mikroelektronik tätige Unternehmen zu finden, ebenso wie in der chemischen und mineralölverarbeitenden Industrie Unternehmen mit hohem Pharmaanteil vordere Plätze einnehmen. Auch die hohe Patentintensität der Kfz-Teile-Hersteller wird durch Tabelle 3.2-9 eindrucksvoll unterstrichen. Außerdem vermitteln die Patentintensitäten der Unternehmen aus den Sektor Steine, Erden, Keramik, Glas den Eindruck, daß die Entwicklung neuer Materialien ein innovationsträchtiges Tätigkeitsfeld ist.

Weiterhin fällt an Tabelle 3.2-9 auf, daß die in Abschnitt 3.2.1.1 als besonders FuE-Ausgaben-intensiv ausgewiesenen Unternehmen der *Luft- und Raumfahrt*, der *Wehrtechnik* und des *Kernenergiesektors* entweder in Tabelle 3.2-9 fehlen oder aber *bei weitem nicht so hohe Werte* bei den Patentintensitäten erzielen wie bei den FuE-Ausgaben-Intensitäten. Als mögliche Ursachen kommen *Geheimhaltungsbedürfnisse*, ein *hoher Grundlagenforschungsanteil* und *eventuell mangelnde Effizienz* von staatlicher Seite finanzierter FuE in Betracht. Als weitere Ursache für im Vergleich zu den FuE-Ausgaben-Intensitäten *niedrige Patentintensitäten* hat sich die Art der Entwicklungsarbeiten erwiesen. Liegt ein Schwergewicht der Entwicklungsarbeiten auf der *Systemintegration* oder auf der *Verfahrenstechnik*, wie z. B. bei den *Kfz-Herstellern*, oder auf der *Softwareentwicklung*, wie z. B. in der *Computerbranche* und bei den *Werkzeugmaschinenherstellern*, dann ist die Zahl der daraus resultierenden Patentanmeldungen relativ gering. Bezüglich der Größe der patentintensivsten Unternehmen haben sich keine großen Unterschiede gegenüber den FuE-Ausgaben-intensivsten Unternehmen ergeben. Die eingangs geäußerte Befürchtung, daß sich kleine Unternehmen wegen zufallsbedingter erhöhter Patentaktivitäten als besonders patentintensiv erweisen würden, hat sich nicht bestätigt. Ebensowenig konnte das Fehlen von besonders FuE-Ausgaben-intensiven Unternehmen in Tabelle 3.2-9 auf eine nur zufällig niedrige Patentaktivität zurückgeführt werden. Von den ganz großen Unternehmen ist die Siemens AG nicht mehr unter den ersten fünf ihrer Branche vertreten. Dagegen nimmt die Bayer AG nach wie vor einen Spitzenplatz in ihrer Branche ein. Indirekt sind die großen Konzernobergesellschaften im Hintergrund der patentintensivsten Unternehmen in fünfzehn Fällen vertreten, die Daimler-Benz AG viermal, die Hoechst AG dreimal, die Siemens AG und die MAN AG je zweimal. So läßt sich auch gemessen am Patentindikator eine *Konzentration industrieller Innovationsstärke* im *Einflußbereich der großen Konzerne* feststellen.

3.2.1.5 Messung durch Investitionen

In dieser Arbeit werden neben den etablierten Innovationsindikatoren wie FuE-Ausgaben, FuE-Personal und den in jüngster Zeit auch in der deutschen Innovationsforschung häufiger verwendeten Patentdaten auch die *Bruttoanlageinvestitionen* zur Messung unternehmerischer Innovationsaktivitäten herangezogen. Auf sektoraler und gesamtwirtschaftlicher Ebene wird diese Größe eher unter konjunkturellen und strukturellen Gesichtspunkten erhoben, um Nachfrage- und Kapazitätseffekte zu messen. Hier aber steht die mit der Anschaffung neuer Sachanlagen vollzogene technische Neuerung, die oft eine Voraussetzung für die *Einführung neuer Produktionsverfahren* und/oder *neuer Produkte* ist, im Vordergrund. So nannten in den Jahren 1986 bis 1990 durchschnittlich 60 % der vom Ifo-Institut im Rahmen des Investitionstests befragten Unternehmen die Einführung neuer Produktionstechniken als Investitionsziel. [1] MEYER-KRAHMER (1984) bezeichnet den Kauf von Produktionseinrichtungen und deren Einsatz zur Einführung neuer Produkte und Pro-

---

1) NEUMANN (1990)

zesse als einen möglichen *externen "Innovationskanal"*, der insbesondere von größeren Unternehmen genutzt wird. Gerade um diesen externen "Innovationskanal" zu berücksichtigen, aber auch um die Prozeßinnovationen stärker miteinzubeziehen, als dies bei den anderen Innovationsindikatoren möglich ist, wurden aus den Jahresabschlüssen der untersuchten Unternehmen die im Anlagespiegel ausgewiesenen "Zugänge zu den Sachanlagen" erhoben. Da diese Daten es nicht erlauben, zu unterscheiden, welcher Anteil der Investionen lediglich Ersatz- bzw. Erweiterungszwecken dient und welcher Anteil letztlich im Zusammenhang mit neuen Prozessen und Produkten steht, ist der Indikator Bruttoanlageinvestitionen nur als sehr unscharfes Maß für Innovationsaktivitäten zu werten. Andererseits zeigen die Ergebnisse des Ifo-Instituts, daß seit Mitte der 80er Jahre das Innovationsmotiv bei der Anschaffung neuer Anlagen an Bedeutung gewonnen hat,[1)] so daß eine empirische Auseinandersetzung mit dieser Größe unter dem Innovationsgesichtspunkt auf jeden Fall gerechtfertigt ist.

Wie bereits bei den anderen Innovationskennziffern wird auch hier ein Vergleich der Stichprobenwerte mit Ergebnissen aus alternativen Quellen angestrebt. Um die Daten sowohl intersektoral als auch gegenüber anderen statistischen Quellen vergleichbar zu machen, ist daher die *Festlegung einer Bezugsgröße* notwendig. Beim Ifo-Investitionstest werden die Bruttoanlageinvestitionen zum einen auf die Zahl der Beschäftigten und zum anderen auf den Umsatz bezogen. Im ersteren Fall wird die Kennziffer Investitionsintensität, im letzteren Investitionsquote genannt. Leider eignen sich die vom Ifo-Institut veröffentlichten Werte nur bedingt für einen Vergleich mit der eigenen Stichprobe, da sie nur in relativ hochaggregierter Form vorliegen. Das Deutsche Institut für Wirtschaftsforschung (DIW) bezieht die Bruttoanlageinvestitionen auf den Umsatz, die Lohn- und Gehaltssumme und auf die Bruttowertschöpfung und bezeichnet die entsprechenden Quoten als Investitions-Umsatz-Relation, Investitions-Lohn-Relation und Investitionsquote, wobei es sich bei letzterer um das Verhältnis zweier realer Größen handelt. Da das DIW (1990) sowohl die Bruttoanlageinvestitionen als auch die entsprechenden Bezugsgrößen auf der Sypro-Zweistellerebene veröffentlicht, werden die DIW-Zahlen verwendet, um Vergleichswerte entsprechend den von den anderen Innovationsindikatoren her bekannten Branchenabgrenzungen zu berechnen. Von den DIW-Bezugsgrößen steht aus der eigenen Stichprobe nur der Um-

1) NEUMANN (1990)

satz zur Verfügung, so daß unten in Tabelle 3.2-10 nur ein Vergleich der Bruttoanlageinvestitionen als Anteil am Umsatz möglich ist. Dabei wird im folgenden an der DIW-Bezeichnung *"Investitions-Umsatz-Relation"* festgehalten, unabhängig davon, aus welcher Datenquelle die jeweiligen Werte stammen.

Erfreulich ist, daß immerhin für 247 Unternehmen der Stichprobe Angaben zu den Bruttoanlageinvestitionen zur Verfügung stehen. Da der Umsatz ein Indikator für die Größe eines Unternehmens ist, der im Vergleich zu anderen Größenindikatoren, wie z. B. Beschäftigtenzahl oder Bilanzsumme, in Abhängigkeit vom Markterfolg stärkeren Schwankungen ausgesetzt ist, gelten hinsichtlich der Interpretation der errechneten Werte ähnliche Vorbehalte wie schon bei den anderen umsatzbezogenen Innovationskennziffern. Zusätzlich wirkt sich erschwerend aus, daß die *Investitionen* selbst in starkem Maße von den gegenwärtigen und in die Zukunft projezierten *Nachfrageverhältnissen abhängen*. Während das FuE-Budget, sofern es sich auf interne FuE-Arbeiten durch eigenes FuE-Personal gründet, schlechter anzupassen ist und meist auch langfristiger strategischer Planung entstammt, ist der Kauf neuer Anlagegüter zeitlich flexibler zu handhaben. Ältere Maschinen können über den Abschreibezeitraum hinaus genutzt werden, umgekehrt können Investitionen vorgezogen werden, oder es werden neue Anlagegüter nicht gekauft, sondern gemietet. Da Bruttoinvestitionen auch lediglich den Ersatz ausgedienter Anlagen zum Ziel haben können, wird ihre Höhe durch die vom Produktionsprozeß vorgegebene *Kapitalintensität mitbeeinflußt*. Aus diesen Gründen muß sich nicht unbedingt ein durch technologischen Wettbewerb bedingtes Muster der Investitions-Umsatz-Relationen der einzelnen Branchen oder Unternehmen ergeben.

Die vom DIW veröffentlichten Zeitreihen der Investitions-Umsatz-Relation zeigen die *konjunkturelle Abhängigkeit* dieser Größe, deren Tiefpunkt bezogen auf das gesamte Verarbeitende Gewerbe im Jahr 1984 lag. Dabei lassen sich je nach Branche unterschiedliche Aufschwungphasen erkennen. Zum Beispiel setzte der Aufschwung im verbrauchsgüterproduzierenden Gewerbe langsamer ein als im investitionsgüterproduzierenden. Allerdings übertraf die Investitions-Umsatz-Relation des verbrauchsgüterproduzierenden dann ab 1988 die des investitionsgüterproduzierenden Gewerbes. Abgesehen von konjunkturellen Einflüssen sind auch *gewisse Grundstrukturen der Investiti-*

onsaktivität im Verhältnis der Branchen erkennbar. Extrem niedrig ist die Investitions-Umsatz-Relation in der mineralölverarbeitenden Industrie mit Werten um etwa 1 %, auch im Stahlbau ergeben sich mit knapp 3 % relativ niedrige Werte. Überdurchschnittlich *hoch* liegt die Investitions-Umsatz-Relation dagegen in der *Büromaschinen- und ADV-Branche* mit Werten um ca. 11 %. Allerdings *variieren* ansonsten die *Branchenwerte* des DIW *nicht sehr stark*, was auch aus Tabelle 3.2-10 deutlich wird. So ist es nicht verwunderlich, daß der Spearman-Rangkorrelationskoeffizient für Tabelle 3.2-10 mit $R_S = 0{,}43$ keine signifikante Rangkorrelation anzeigt. Der Tendenz nach liegen die Branchenwerte auf der Basis der eigenen Stichprobe um ca. 10 % höher als die auf der Basis des DIW, was den Schluß nahelegt, daß im großen und ganzen die *Branchenstichproben zugunsten* der *investitionsfreudigeren Unternehmen verzerrt* sind. Die aus der Stichprobe ermittelte höhere durchschnittliche Investitions-Umsatz-Relation für das Verarbeitende Gewerbe von 6,5 gegenüber dem Durchschnittswert des DIW von 5,0 deutet sowohl auf eine Verzerrung zugunsten der investitionsfreudigeren Unternehmen als auch der investitionsfreudigeren Branchen hin.

Auf der Basis der eigenen Stichprobe ist die *Investitions-Umsatz-Relation* in den gemeinhin als innovationsstark geltenden Branchen *Elektrotechnik* und *Luft- und Raumfahrt* überdurchschnittlich *hoch*, wobei innerhalb der Elektrotechnik die *Nachrichten-, Meß- und Regeltechnik* und die miteinbezogene *Büromaschinen- und ADV-Branche* besondere Investitionsaktivitäten entwikkeln. Auch die höheren Werte der Teilbranchen Pharma und Kfz-Teile-Hersteller gegenüber dem Rest der jeweiligen Gesamtbranche decken sich mit dem aus den übrigen Innovationsindikatoren gewonnenen Eindruck von der Innovationsstärke einzelner Sektoren. Wie bereits der Indikator FuE-Ausgaben-Intensität deutet auch die Investitions-Umsatz-Relation auf die *überragende Innovationsaktivität des Softwaresektors* hin. Überraschend ist allerdings im Vergleich mit den anderen Innovationsindikatoren die *hohe Investitions-Umsatz-Relation* bei der *Herstellung von Kunststoffwaren* und in der Branche *Steine, Erden, Keramik, Glas*. Diese überdurchschnittlichen Werte finden auch in der Statistik des DIW ihre Entsprechung. Möglicherweise nutzen diese, gemessen an den herkömmlichen Innovationsindikatoren, niedrigtechnologischen Branchen in besonderem Maße den externen "Innovationskanal" in Form von Käufen neuer Produktionsanlagen und würden bei alleiniger Betrachtung dieser Indikatoren in ihrer Innovationsstärke unterschätzt.

	Branche	n	Bruttoanlage-Investitionen in % vom Umsatz (Stichprobe)	Bruttoanlage-Investitionen in % vom Umsatz (nach DIW)
1	**Chemie inkl. Pharma; Mineralölverarbeitung, Spalt- u. Brutstoffe**	**59**	**6,1**	**4,3**
	Chemie ohne Pharma; Mineralölverarbeitung, Spalt- u. Brutstoffe	45	6,0	
	Pharmaindustrie	14	7,1	
2	**Herstell. v. Kunststoffwaren**	**10**	**9,5**	**6,4** 1)
3	**Steine u. Erden, Keramik u. Glas**	**10**	**7,2**	**6,7**
4	**Metall, Stahl**	**10**	**2,5**	**5,0** 2)
5	**Maschinenbau**	**67**	**5,4**	**4,5**
	Werkzeugmaschinenbau	11	6,0	
	Maschinenbau für NuG- u. chemische Industrie	11	6,1	
	Restlicher Maschinenbau	45	5,2	
6	**Kfz-Industrie**	**15**	**5,5**	**5,9**
	Kfz-Hersteller	7	5,4	
	Kfz-Teile-Hersteller	8	6,7	
7	**Luft- u. Raumfahrt**	**5**	**7,1**	**5,3**
8	**Elektrotechnik, Büromaschinen, ADV**	**54**	**8,9**	**5,5** 3)
	Nachrichten-, Meß- u. Regeltechnik	32	10,4	
	Restliche Elektrotechnik	15	6,4	
	Büromaschinen, ADV-Geräte	7	9,6	
9	**Feinmechanik, Optik**	**12**	**6,3**	**5,7**
10	**Holz u. Papier**	**5**	**2,6**	**5,9**
	Verarbeitendes Gewerbe	**247**	**6,5**	**5,0**
	Softwareindustrie	**2**	**16,5**	

Quelle: Geschäftsberichte aus Bundesanzeiger 1988, Nr. 42 - 244, und 1989, Nr. 1 - 86; Berechnungen gemäß DIW 1990

1) inkl. Gummi
2) ohne Stahlbau
3) ohne Büromasch. usw.

Tabelle 3.2-10: Investitions-Umsatz-Relation nach Branchen für das Jahr 1987

Während also die auf der Basis der eigenen Stichprobe berechneten Branchenwerte eine gewisse Übereinstimmung mit den Werten anderer Innovationsindikatoren erkennen lassen, ist dies aus den DIW-Werten nicht ersichtlich. Es ist daher anzunehmen, daß in der Grundgesamtheit der Unternehmen die *Höhe der Investitionen noch von sehr vielen anderen Einflüssen abhängt*, so daß dort der Einfluß des Innovationsmotivs statistisch nicht sichtbar wird. Diese Tatsache spricht jedoch nicht generell gegen die Bruttoanlageinvestitionen als Innovationsindikator, denn auch bei nicht primär technologisch motivierten Investitionsentscheidungen handelt es sich meist um die Anschaffung technisch fortgeschrittener Produktionsmittel, die dann zwangsläufig zu Neuerungen im Produktionsprozeß führen. Allerdings wird aufgrund der vielfältigen anderen Bestimmungsgründe für die Höhe der Bruttoanlageinvestitionen auf die Aufstellung einer Rangliste der investitionsintensivsten Unternehmen verzichtet. Während im Falle der anderen Innovationsindikatoren die Spitzenstellung einzelner Unternehmen überwiegend durch die Art des Produktionsprogramms und dessen Technologiegehalt erklärt werden konnten, sind beim Indikator Bruttoanlageinvestitionen sehr viele andere, z. T. unbekannte Einflüsse für einen überdurchschnittlichen Investitionsumfang verantwortlich, so daß eine mögliche Rangliste der investitionsintensivsten Unternehmen weitgehend unkommentiert bleiben müßte.

3.2.1.6 Bewertung der Meßergebnisse

Die vorhergehende Analyse hat deutlich gemacht, daß verschiedene Branchen unterschiedlich hohe Innovationsaktivitäten aufweisen. Dabei gab es bei den *verschiedenen Innovationsindikatoren* durchaus *Übereinstimmungen* in der *Einschätzung der Innovationsstärke* der verschiedenen Branchen, aber es gab *auch deutliche Unterschiede*, je nachdem ob die *Input-Indikatoren* FuE-Ausgaben und FuE-Personal oder der *Output-Indikator* Patentanmeldungen verwendet wurden. Beispielhaft ist das Abrutschen der außergewöhnlich FuE-intensiven Luft- und Raumfahrtindustrie auf einen besseren Mittelplatz, wenn statt der FuE-Ausgaben oder des FuE-Personals der Indikator Patentanmeldungen herangezogen wird. Auch die *Bruttoanlageinvestitionen*, welche als Indikatoren für externen Innovationsinput verwendet werden, rücken nach Maßstäben anderer Innovationsindikatoren weniger innovative Branchen wie die Herstellung von Kunststoffwaren oder die Branche Steine, Erden, Keramik und Glas in ein günstigeres Licht.

Die Aufspaltung von Branchen in Teilbranchen sowie die Analyse der innovativsten Unternehmen haben gezeigt, daß *innerhalb einzelner Branchen große technologische Unterschiede* bestehen können. Ein Beispiel hierfür ist der Fahrzeugbau, wo sich die Teilehersteller als wesentlich innovativer erweisen als die großen Automobilhersteller. Als insgesamt *heterogenes* Gebilde hat sich besonders der *Maschinenbau* dargestellt. Die Einzelanalyse der Unternehmen hat verdeutlicht, daß die Unternehmen mit einem hohen Anteil an staatlicher FuE-Förderung von der Inputmessung her als technologisch besonders fortgeschritten eingestuft werden müssen. Dies sind insbesondere die Unternehmen des *Luft- und Raumfahrtbereichs*, der *Wehrtechnik* und der *Kernenergietechnik*. Derartige *"High-Tech"-Unternehmen* finden sich *in verschiedenen Branchen*, wie z. B. in der Luft- und Raumfahrtindustrie, der Elektrotechnik, dem Maschinenbau, der feinmechanischen und optischen Industrie und in der Chemiebranche. Innerhalb der jeweiligen Branche sind sie hochspezialisierte Unternehmen und daher wenig repräsentativ für die Geschäftsfelder der jeweiligen Restbranche. Des weiteren ist die *Schlüsseltechnologie Mikroelektronik* für besondere Innovationsanstrengungen einzelner Unternehmen aus unterschiedlichen Branchen verantwortlich.

Vom technologischen Standpunkt her wären also durchaus von der offiziellen Wirtschaftsstatistik abweichende Branchenklassifizierungen sinnvoll, wobei insbesondere die jeweiligen High-Tech-Unternehmen der einzelnen Branchen neu zugeordnet werden sollten. Daß das *Technologieprinzip nicht* unbedingt mit der *Branchengliederung der Wirtschaftsstatistik* übereinstimmt, wurde auch bei der Analyse der BMFT-Förderung deutlich. Die Förderung richtet sich nämlich weniger auf bestimmte Branchen als auf bestimmte Technologien, welche häufig branchenübergreifend entwickelt werden. Allerdings verlangt die Zuordnung der Unternehmen nach technologischen Gesichtspunkten eine weitergehende Kenntnis über die betreffenden Unternehmen, als sie aufgrund der in dieser Arbeit genutzten Quellen erhältlich ist. Als ein *grobes technologisches Raster* ist jedoch die *Branchenaufgliederung entsprechend der Wirtschaftsstatistik* immer noch hilfreich, was die zumindestens in Teilbereichen sichtbar gewordene Übereinstimmung der verschiedenen Innovationsindikatoren auf der Branchenebene nahelegt. Dieses Raster läßt sich noch verfeinern, je tiefer die Aufgliederung in Teilbranchen gelingt.

3.2.2 Beziehungen zwischen Innovationsindikatoren

In diesem Abschnitt wird die bereits durch Augenschein festgestellte Übereinstimmung der verschiedenen Innovationsindikatoren *mit Hilfe der Korrelationsrechnung* näher überprüft, wobei aus Gründen der Übersichtlichkeit branchenspezifische Besonderheiten nur *für die drei großen Branchen Chemie, Maschinenbau* und *Elektrotechnik* herausgestellt werden. Die sich daran anschließende *deskriptive Analyse des Zusammenhanges* zwischen den *Inputindikatoren* FuE-Ausgaben bzw. FuE-Personal und dem *Outputindikator* Patentanmeldungen erfolgt allerdings auf möglichst disaggregiertem Niveau, da sich daraus interessante Schlußfolgerungen über den *sektoral unterschiedlichen Wert einer Patentanmeldung* ziehen lassen und vergleichbare Statistiken zumindest für die deutsche Volkswirtschaft bisher nicht verfügbar sind.

3.2.2.1 Korrelationen

Um die Stärke des Zusammenhangs zwischen den in Abschnitt 3.2.1 behandelten Innovationsindikatoren zu messen, wird im folgenden der Korrelationskoeffizient nach Bravais-Pearson verwendet. Hierbei interessiert nicht eine eventuelle Abhängigkeit zwischen diesen Größen, sondern hinter der Berechnung der Korrelationskoeffizienten steht der Gedanke, daß sich diese *Indikatoren* alle aus *derselben nicht direkt meßbaren Größe Innovationsaktivität* ableiten. Da sie unterschiedliche Aspekte messen, wie z. B. Innovationsinput oder Innovationsoutput, ist eine mehr oder weniger gute Übereinstimmung bzw. Korrelation zwischen den einzelnen Innovationsindikatoren zu erwarten. Starke Korrelationen eröffnen die Möglichkeit, das Problem der Datenverfügbarkeit in empirischen Analysen durch die *Substitution* des schwerer zugänglichen Indikators durch den leichter verfügbaren zu lösen. Schwächere Korrelationen dagegen deuten auf eigenständige Innovationsaspekte der jeweiligen Indikatoren hin, so daß sich für die empirische Analyse unter Umständen ein *komplementärer Einsatz* der entsprechenden Indikatoren empfiehlt.

In Tabelle 3.2-11 sind die Korrelationskoeffizienten für die hier verwendeten Innovationsindikatoren für die Unternehmen des Verarbeitenden Gewerbes zusammengestellt. Die Variablenkurzbezeichnungen sind in der Variablenliste zu Beginn dieser Arbeit erläutert. Es ist zu berücksichtigen, daß es je nach Indikatorenpaar eine mehr oder weniger große Anzahl fehlender Daten gibt, so daß die Stichproben i. d. R. nicht identisch sind. Abgesehen von den Korrelationen, die sich auf das FuE-Personal beziehen, fehlen jedoch höchstens bei 20 % der Fälle die entsprechenden Daten. Obwohl es sich bei der zugrundeliegenden Stichprobe um Unternehmen aus unterschiedlichen Branchen handelt und die Ergebnisse aus Abschnitt 3.2.1 je nach Branche verschiedene Verhältnisse zwischen einzelnen Innovationsindikatoren nahelegen, zeigen die Korrelationskoeffizienten eine relativ gute Übereinstimmung zwischen den einzelnen Innovationsindikatoren an. Alle Korrelationskoeffizienten sind mit $\alpha < 0{,}001$ hoch signifikant.

Indikator	**FuEA**	**BMFT**	**FuEP**	**PA**	**Inv**
FuEA	1,00				
BMFT	0,79	1,00			
FuEP	0,98°°	0,88°°	1,00		
PA	0,88	0,71	0,90°°	1,00	
Inv	0,94	0,67	0,96°°	0,80	1,00

alle Korrelationen auf 0,1 % - Niveau (***) signifikant

Quelle: Geschäftsberichte aus Bundesanzeiger 1988, Nr. 42 - 244, und 1989, Nr. 1 - 86; Datenbanken FORKAT u. PATDPA	= bis zu 20 % fehlende Daten ° = 20 - 50 % fehlende Daten °° = 50 % und mehr fehlende Daten

Tabelle 3.2-11: Korrelationsmatrix der Innovationsindikatoren für Unternehmen des Verarbeitenden Gewerbes (n = 257)

Am *stärksten* sind die *Korrelationen zwischen den Inputindikatoren* FuE-Ausgaben, FuE-Personal und Bruttoanlageinvestitionen. Der erste repräsentiert internen und externen Innovationsinput, der zweite überwiegend internen, letzterer hauptsächlich externen Innovationsinput. Immer noch beachtlich hoch sind die Korrelationen zwischen den genannten Inputindikatoren und dem Outputindikator Patentanmeldungen, wenn auch nicht ganz so hoch wie unter den Inputindikatoren. Ursachen hierfür sind vermutlich *technologiespezifische Input-Output-Relationen,* aber auch die bei den Patentanmeldungen auftretenden Nullbeobachtungen können zu den niedrigeren Korrelationskoeffizienten führen. Viel gravierender ist das *Problem der Nullbeobachtungen* beim BMFT-Förderungsindikator, da im Beobachtungszeitraum überhaupt nur 88 der 257 Unternehmen in den Genuß dieser Förderung gekommen sind. Entsprechend niedrig sind folglich die Korrelationskoeffizienten des BMFT-Indikators in bezug auf die übrigen Innovationsindikatoren. Allerdings spiegelt sich in den etwas geringeren Korrelationen auch der in Abschnitt 3.2.1.2 gewonnene Eindruck, daß die *BMFT-Förderung* nicht nur den FuE-intensivsten Unternehmen und Branchen gilt, sondern daß die BMFT-Förderung *übergeordneten Zielen* folgt, was z. B. die Schwerpunktsetzung im Energie- und Rohstoffbereich zeigt. Dennoch ist die BMFT-Förderung am stärksten mit den Inputgrößen FuE-Ausgaben und FuE-Personal korreliert, weniger dagegen mit dem Patentoutput und dem externen Innovationsinput Bruttoanlageinvestitionen.

Ein direkter *Vergleich der Ergebnisse* mit *anderen Studien* ist leider nicht möglich, da es keine vergleichbaren Untersuchungen mit unternehmensbezogenen Innovationsindikatoren für die Bundesrepublik Deutschland gibt. Dennoch sollen zwei Studien auf der Basis von FuE-Ausgaben und Patentanmeldungen zum Vergleich herangezogen werden. SCHERER (1982) hat sich mit dem Verhältnis von FuE-Ausgaben und Patenten amerikanischer Unternehmen befaßt. Auf der Ebene von 20 Branchen (unter Ausschluß der Kfz-Industrie) erhält er einen Korrelationskoeffizient von $r = 0{,}88$ zwischen den eigenfinanzierten FuE-Ausgaben und den am amerikanischen Patentamt erteilten Patenten. Führt er die Korrelationsanalyse auf der Ebene von 4.274 Geschäftsbereichen von 443 Unternehmen durch, wobei diesmal die Kfz-Industrie eingeschlossen ist, so liegt, die Korrelation bei $r = 0{,}7$. Sie ist geringfügig höher als die Branchenkorrelation unter Einschluß der Kfz-Industrie. Die Korrelation von $r = 0{,}88$ zwischen FuE-Ausgaben und Patentanmeldungen gemäß Tabelle 3.2-11 kann vor diesem Hintergrund als ausgesprochen gut bezeichnet werden, zumal sie unter Einschluß der Unternehmen der Kfz-Industrie berechnet ist. Daß diese Branche auch in dieser Untersuchung eine vom Durchschnitt der Branchen abweichende Rolle spielt, wurde schon in Abschnitt 3.2.1 anhand der außergewöhnlichen Indikatorenwerte deutlich, welche ihrerseits besondere Relationen zwischen den Innovationsindikatoren erwarten lassen. Es ist zu vermuten, daß das *Verhältnis der FuE-Ausgaben* zu den *Patentanmeldungen* unmittelbarer und *enger* ist *als* zu den *Patenterteilungen*. Auch scheint die *Korrelation* auf *Unternehmens- bzw. Geschäftsbereichsebene stärker* zu sein *als auf Branchenebene*. Diese Vermutung wird durch die Ergebnisse von ACS und AUDRETSCH (1988) bestätigt, die mit

$r = 0{,}44$ einen relativ niedrigen Korrelationskoeffizienten für eigenfinanzierte FuE-Ausgaben und erteilte US-Patente auf der Dreisteller-SIC-Ebene errechnen. Auffällig ist bei den beiden Studien von SCHERER (1982) und ACS und AUDRETSCH (1988), daß die Korrelationen auf der Basis eigenfinanzierter FuE-Ausgaben jeweils höher sind als auf der Basis der gesamten FuE-Ausgaben. In dieser Studie kann diese Unterscheidung nicht getroffen werden, da die Unternehmen i. d. R. nur Angaben über ihr gesamtes FuE-Engagement machen.

Wie schon im vorhergehenden Abschnitt 3.2.1 deutlich wurde, sind *branchentypische Beziehungen* zwischen den einzelnen Innovationsindikatoren zu erwarten, welche ihre Ursachen in den dort vorherrschenden Technologien haben. Daher werden nachfolgend in den Tabellen 3.2-12 bis 3.2-14 die Korrelationskoeffizienten für den Zusammenhang zwischen den einzelnen Innovationsindikatoren für die *drei größten Branchen Chemie inkl. Mineralöl, Pharma und Spalt- und Brutstoffe*, *Maschinenbau* und *Elektrotechnik inkl. Büromaschinen und Computer* ausgewiesen. Um die Vergleichbarkeit mit den vorherigen Auswertungen zu gewährleisten, ist die Branchengliederung beibehalten worden, obwohl eine mehr technologieorientierte Analyse eventuell die sinnvollere Vorgehensweise gewesen wäre.

Indikator	**FuEA**	**BMFT**	**FuEP**	**PA**	**Inv**
FuEA	1,00				
BMFT	0,84	1,00			
FuEP	0,98°	0,81°	1,00		
PA	0,98	0,85	0,96°	1,00	
Inv	0,97	0,79	0,95°	0,96	1,00

alle Korrelationen auf 0,1 % - Niveau (***) signifikant

Quelle: Geschäftsberichte aus Bundesanzeiger 1988, Nr. 42 - 244, und 1989, Nr. 1 - 86; Datenbanken FORKAT u. PATDPA

= bis zu 20 % fehlende Daten
° = 20 - 50 % fehlende Daten
°° = 50 % und mehr fehlende Daten

Tabelle 3.2-12: Korrelationsmatrix der Innovationsindikatoren für Unternehmen der Chemieindustrie inkl. Mineralöl, Pharma und Spalt- und Brutstoffe (n = 59)

Betrachtet man die Korrelationskoeffizienten für die *chemische und damit verwandte Industrien* gemäß Tabelle 3.2-12, so fällt die *Verbesserung* der meisten *Koeffizientenwerte* gegenüber der Korrelationsmatrix des Verarbeitenden Gewerbes auf. Wie schon in Tabelle 3.2-11 sind die Korrelationen zwischen den Inputindikatoren FuE-Ausgaben, FuE-Personal und Bruttoanlageinvestitionen mit Werten von $r \geq 0{,}95$ sehr hoch. Die Korrelationen in bezug auf den BMFT-Förderungsindikator sind ebenso wie beim Verarbeitenden Gewerbe unter allen anderen Korrelationen in Tabelle 3.2-12 am schwächsten ausgeprägt, aber in ihrer Absolutheit übertreffen sie diejenigen für das Verarbeitende Gewerbe. Einerseits folgt auch hier aus der vergleichsweise schwachen Korrelation des BMFT-Förderungsindikators mit den übrigen Innovationsindikatoren, daß die BMFT-Förderung nicht unbedingt an den Innovationsumfang der geförderten Unternehmen gekoppelt ist. Andererseits deuten die im Vergleich zum Verarbeitenden Gewerbe höheren Koeffizientenwerte des BMFT-Förderungsindikators auf branchenspezifische Relationen zwischen Innovationsaktivitäten und BMFT-Förderung hin. Bemerkenswert sind auch die gestiegenen Korrelationskoeffizienten zwischen den Inputindikatoren und dem Patentindikator. Auch hier ist von *branchen- bzw. technologiespezifischen Input-Output-Relationen* auszugehen.

Die *Korrelationskoeffizienten* der Innovationsindikatoren für die Unternehmen des *Maschinenbaus* sind *durchweg niedriger* als für das Verarbeitende Gewerbe insgesamt. Dies ist einerseits erstaunlich, da man durch die Branchenaufspaltung eher bessere Korrelationen erwartet hätte. Andererseits ist bereits aus der Betrachtung in Abschnitt 3.2.1 deutlich geworden, daß die Maschinenbaubranche vom technologischen Standpunkt aus ein überaus *heterogenes Gebilde* ist. Diese Branche ist ein Beispiel dafür, daß die Branchenabgrenzung nicht unbedingt mit der Abgrenzung von Technologiebereichen einhergeht. Wie beim Verarbeitenden Gewerbe gilt auch beim Maschinenbau, daß die Korrelationen unter den Inputindikatoren FuE-Ausgaben, FuE-Personal sowie Bruttoanlageinvestitionen relativ stark sind. Am schlechtesten sind die Korrelationen in bezug auf den BMFT-Förderungsindikator, dessen Korrelationskoeffizienten allesamt nicht signifikant sind. Hierzu ist zu vermerken, daß 52 Unternehmen im Beobachtungszeitraum überhaupt keine BMFT-Förderung erhalten haben und daß von den 17 begünstigten Unternehmen die des kerntechnischen Anlagenbaus sehr hohe Förderungsquoten aufweisen. Hierin spiegelt sich, daß der *Maschinenbau an und für sich ein förde-*

rungsarmer Sektor ist, daß aber einige wenige hochspezialisierte Unternehmen intensivst gefördert werden. Auch die gegenüber dem Verarbeitenden Gewerbe relativ schwachen Korrelationen der Inputindikatoren FuE-Ausgaben und Bruttoanlageinvestitionen mit dem Patentindikator sind die Folge der technologischen Heterogenität des Maschinenbaus.

Indikator	FuEA	BMFT	FuEP	PA	Inv
FuEA	1,00				
BMFT	0,51	1,00			
FuEP	0,93°°	0,38°°n.s.	1,00		
PA	0,62	0,19 n.s.	0,84°°	1,00	
Inv	0,80	0,17 n.s.	0,85°°	0,70	1,00
n.s. = nicht signifikant (Maßstab 5 % - Niveau), sonst alle Korrelationen auf 0,1 % - Niveau (***) signifikant					
Quelle: Geschäftsberichte aus Bundesanzeiger 1988, Nr. 42 - 244, und 1989, Nr. 1 - 86; Datenbanken FORKAT u. PATDPA			= bis zu 20 % fehlende Daten ° = 20 - 50 % fehlende Daten °° = 50 % und mehr fehlende Daten		

Tabelle 3.2-13: Korrelationsmatrix der Innovationsindikatoren für Unternehmen aus dem Maschinenbau (n = 69)

Die Korrelation zwischen FuE-Personal und Patentanmeldungen von $r = 0{,}84$ deutet auf eine starke Beziehung zwischen diesen beiden Indikatoren hin. Zu bedenken ist jedoch, daß dieser Wert infolge fehlender Daten lediglich auf elf Beobachtungen beruht, die möglicherweise einen technologisch homogeneren Ausschnitt aus der Maschinenbaubranche repräsentieren. Andererseits könnte die vergleichsweise höhere Korrelation zwischen FuE-Personal und Patentanmeldungen gegenüber FuE-Ausgaben und Patentanmeldungen symptomatisch für die Technologieentwicklung im Maschinenbau sein. Denn der Maschinenbau ist durch einen besonders hohen Anteil externer FuE-Arbeiten gekennzeichnet,[1] welche sich beim beauftragenden Unternehmen in aller Regel nicht in Patentoutput niederschlagen, wohl aber in FuE-Ausgaben. Das FuE-Personal repräsentiert dagegen den mit Patentanmeldungen in engerem Zusammenhang stehenden FuE-Input.

1) Vgl. GRUPP u. a. (1987, S. 41).

Indikator	FuEA	BMFT	FuEP	PA	Inv
FuEA	1,00				
BMFT	0,97	1,00			
FuEP	0,998°°	0,97°°	1,00		
PA	0,98	0,92	0,98°°	1,00	
Inv	0,99	0,93	0,97°°	0,95	1,00
alle Korrelationen auf 0,1 % - Niveau (***) signifikant					

Quelle: Geschäftsberichte aus Bundesanzeiger 1988, Nr. 42 - 244, und 1989, Nr. 1 - 86; Datenbanken FORKAT u. PATDPA

= bis zu 20 % fehlende Daten
° = 20 - 50 % fehlende Daten
°° = 50 % und mehr fehlende Daten

Tabelle 3.2-14: Korrelationsmatrix der Innovationsindikatoren für Unternehmen der Elektrotechnik inkl. Büromaschinen und Computer (n = 57)

In Tabelle 3.2-14 sind die Korrelationskoeffizienten für die Unternehmen der *Elektrotechnik und der Büromaschinen- und Computerindustrie* dargestellt. Die Koeffizientenwerte liegen sowohl bei den Inputindikatoren FuE-Ausgaben, FuE-Personal und Bruttoanlageinvestitionen als auch beim Outputindikator Patentanmeldungen bei $r \geq 0{,}95$. Sogar der BMFT-Förderungsindikator korreliert in starkem Maße ($r \geq 0{,}92$) mit den anderen Innovationsindikatoren. Die *hohen Koeffizientenwerte* vermitteln den Eindruck einer *technologisch relativ homogenen Branche*, obwohl die disaggregierte Betrachtung in Abschnitt 3.2.1 durchaus unterschiedliche Indikatorrelationen in den Teilbranchen nahelegte. Daß sich diese in den Korrelationskoeffizienten nicht niederschlagen, liegt an der *zahlen- und größenmäßigen Dominanz* der Unternehmen der Elektrotechnik, insbesondere der *Nachrichten-, Meß- und Regeltechnik*, gegenüber den Unternehmen der Büromaschinen- und Computerindustrie in der betreffenden Branchenstichprobe.

Die Korrelationskoeffizienten in den Tabellen 3.2-11 bis 3.2-14 weisen i. d. R. auf starke Zusammenhänge zwischen den einzelnen Innovationsindikatoren hin, wobei *tendenziell eine engere Beziehung* zwischen den *Inputindikatoren* besteht als zwischen den Inputindikatoren und dem Outputindikator Patentanmeldungen. *Am schwächsten* sind die Beziehungen zwischen dem *BMFT-Förderungsindikator* und den übrigen Innovationsindikatoren. Bei Aufspaltung der Stichprobe in Branchen ergeben sich stärkere Korrelationen zwischen den Innovationsindikatoren, insbesondere auch zwischen den Inputindikatoren und den Patentanmeldungen, sofern die Branchen aus technologischer Sicht genügend homogen sind. Da die Aufspaltung nach Branchen, abgesehen vom heterogenen Maschinenbausektor, deutlich stärkere Zusammenhänge zwischen den Inputindikatoren und dem Outputindikator Patentanmeldungen erbrachte, erhärtet sich die Annahme *technologisch begründeter Innovations-Input-Output-Verhältnisse*. Nachfolgend werden daher in Abschnitt 3.2.2.2 Messungen für derartige branchenspezifische Input-Output-Verhältnisse anhand der Indikatoren FuE-Ausgaben, FuE-Personal und Patentanmeldungen vorgenommen.

3.2.2.2 Patent-FuE-Relationen

Aus empirischer Sicht ist die Kenntnis der *Beziehung* zwischen den etablierteren Indikatoren *FuE-Ausgaben* und *FuE-Personal* zu dem noch schwer einschätzbaren Indikator *Patentanmeldungen* sehr wichtig, da sie dazu beiträgt, das Meß- und Datenproblem zu entschärfen. Wie bereits in Abschnitt 2.2.2.3 dargelegt, handelt es sich bei dem Indikator Patentanmeldungen um einen über elektronische Datenbanken relativ leicht und in sehr feiner Disaggregation verfügbaren Indikator, dessen Aussagekraft allerdings durch eine Reihe von Einschränkungen geschmälert ist. Ein Kritikpunkt ist die *branchenabhängige Patentneigung*. Darunter wird die Zahl der Patentanmeldungen verstanden, welche durch zusätzliche FuE-Anstrengungen, gemessen durch FuE-Ausgaben oder FuE-Personal, hervorgerufen wird. Diese Größe ist einerseits abhängig von der sogenannten *Patentierneigung*, d. h. die Zahl der zum Patent angemeldeten Erfindungen pro tatsächlich getätigter Erfindung,[1] und andererseits von *technologisch bedingten Input-Output-Relationen*. Außerdem kommen weitere Einflußgrößen, wie z. B. die Unternehmensgröße oder die Wettbewerbsstruktur, für die Erklärung der Patentneigung in Betracht, welche in Abschnitt 3.3 näher beleuchtet werden. An dieser Stelle steht das Problem der Messung von Innovationsaktivitäten im Vordergrund. Daher werden zunächst nur *deskriptiv Branchenunterschiede* in der *durchschnittlichen Patentanmeldequote* in bezug auf FuE-Ausgaben bzw. FuE-Personal aufgezeigt. Auf die regressionsanalytische Ermittlung der Patentneigung, d. h. der marginalen Patentanmeldequote, oder der Patentanmeldeelastizität

---

1) Zur Definition der Begriffe Patent- und Patentierneigung vgl. Abschnitt 2.2.2.3, S. 105.

wird verzichtet, da in einigen Teilbranchen nur sehr wenige Beobachtungen bzw. viele Nullbeobachtungen zur Verfügung stehen.

Die in Tabelle 3.2-15 dargestellten Patentanmeldequoten sollen als Anhaltspunkt für die branchenverschiedene Wertigkeit von Patentanmeldungen dienen und damit empirischen Studien, welche sich nur auf Patentindikatoren stützen können, zu größerer Aussagekraft verhelfen. Da die berechneten Quoten zum Teil auf *sehr kleinen Stichproben* beruhen, ermöglichen sie nur eine *grobe Einschätzung* der sektoralen Unterschiede. Ein Vergleich mit einer Untersuchung zur Patentneigung amerikanischer Unternehmen von SCHERER (1983) zeigt jedoch, daß die ermittelten Quoten durchaus *realistische Größenverhältnisse* wiedergeben. Dabei hat SCHERERs Untersuchung den Vorteil, daß sie auf einer fast doppelt so großen Stichprobe von Unternehmen beruht und diese Unternehmen noch einmal auf mehr als 4.000 Geschäftszweige heruntergebrochen sind. SCHERERs Quoten beziehen sich auf am amerikanischen Patentamt erteilte Patente, während sich die Quoten in Tabelle 3.2-15 auf Patentanmeldungen beziehen. Bei einen Vergleich werden daher implizit für alle Branchen gleich hohe Erteilungsquoten unterstellt.

Im Durchschnitt aller Unternehmen der Stichprobe erbrachte 1 Mrd. DM an FuE-Ausgaben 391 Patentanmeldungen oder umgekehrt: *Eine Patentanmeldung* kostete im Durchschnitt ca. *2,6 Mio. DM an FuE-Aufwand.* Nimmt man das FuE-Personal als Inputfaktor, so ergibt sich pro Tausend FuE-Beschäftigter ein Output von ca. 64 Patentanmeldungen bzw. für das Hervorbringen einer Patentanmeldung ist der Jahresarbeitseinsatz von ca. *16 FuE-Beschäftigten* notwendig. Bei einer Gegenüberstellung der beiden Quoten ist zu berücksichtigen, daß sie aus unterschiedlichen Stichproben resultieren. Während die FuE-Ausgaben-bezogenen Quoten auf Angaben von 219 Unternehmen zurückgehen, beruhen die FuE-Personal-bezogenen Quoten lediglich auf einer Stichprobe von 98 Unternehmen. Letztere sind tendenziell größere Unternehmen, für die die Angabe des FuE-Personals im Geschäftsbericht ein zusätzlicher Imagefaktor ist. Falls die Patentneigung, wie von PAVITT (1982) behauptet, mit der Unternehmensgröße abnimmt, so ist anzunehmen, daß die Patentanmeldequoten in bezug auf das FuE-Personal eher zu niedrig geschätzt sind.

	Branche	n	Patentanmeld. pro Mrd. DM FuE-Ausgaben	n	Patentanmeld. pro Tsd. FuE-Beschäftigt.
1	**Chemie inkl. Pharma; Mineralölverarbeitung, Spalt- u. Brutstoffe**	**51**	**576**	**31**	**98,0**
	Chemie ohne Pharma; Mineralölverarbeitung, Spalt- u. Brutstoffe	42	639	18	110,6
	Pharmaindustrie	9	279	13	49,6
2	**Herstell. v. Kunststoffw.**	**11**	**446**	--	--
3	**Steine u. Erden, Keramik u. Glas**	**6**	**661**	**5**	**147,0**
4	**Metall, Stahl**	**8**	**507**	**4**	**73,5**
5	**Maschinenbau**	**58**	**634**	**21**	**77,8**
	Werkzeugmaschinenbau	9	246	3	19,9
	Maschinenbau für NuG- u. chemische Industrie	9	1.069	4	110,6
	Restlicher Maschinenbau	40	637	14	78,0
6	**Kfz-Industrie**	**16**	**239**	**8**	**33,5**
	Kfz-Hersteller	8	177	6	29,8
	Kfz-Teile-Hersteller	8	1.057	2	107,9
7	**Luft- u. Raumfahrt**	**5**	**119**	--	--
8	**Elektrotechnik, Büromaschinen, ADV**	**47**	**412**	**22**	**54,8**
	Nachrichten-, Meß- u. Regeltechnik	27	374	8	51,4
	Restliche Elektrotechnik	15	575	9	78,2
	Büromaschinen, ADV-Geräte	5	98	4	14,0
9	**Feinmechanik, Optik**	**13**	**429**	**4**	**24,6**
10	**Holz u. Papier**	**4**	**483**	**2**	**104,3**
	Verarbeitendes Gewerbe	**219**	**391**	**98**	**63,5**

Quelle: Geschäftsberichte aus Bundesanzeiger 1988, Nr. 42 - 244, und 1989, Nr. 1 - 86; Datenbank PATDPA

Tabelle 3.2-15: Patentanmeldequoten in bezug auf FuE-Ausgaben und FuE-Personal nach Branchen für das Jahr 1987

Sowohl zwischen als auch innerhalb von Branchen bestehen z. T. erhebliche Unterschiede in der Höhe der Patentanmeldequoten. Auch gibt es Unterschiede im Verhältnis der Branchen je nach verwendeter Bezugsgröße. Allerdings bleibt die Tendenzaussage, ob es sich um eine Branche mit einer über- oder unterdurchschnittlichen Patentanmeldequote handelt, i. d. R. erhalten, unabhängig davon, welche Bezugsgröße gewählt wird. Im folgenden werden daher nur die auf der größeren Stichprobe basierenden FuE-Ausgaben-bezogenen Quoten kommentiert. Die FuE-Personal-bezogenen Quoten sind in Tabelle 3.2-15 nur erwähnt, um einen Vergleich mit anderen (zukünftigen) Studien zu ermöglichen, die diesen Indikator verwenden. In auffallender Weise übereinstimmend mit den Ergebnissen von SCHERER (1983) ist die *Patentanmeldequote* in der *Büromaschinen- und Computerindustrie*, in der *Luft- und Raumfahrt* und in der Kfz-Industrie *besonders niedrig*, wobei innerhalb der Kfz-Industrie ein gravierender Unterschied zwischen der Hersteller- und der Teileindustrie besteht. Während in der *Kfz-Herstellung* ein großer Teil der FuE auf *Systemintegration*, *Entwicklung und Testen von Prototypen* und *Design* gerichtet ist, also auf Bereiche, in denen wenige patentierbare Erfindungen anfallen, konzentriert sich die Kfz-Teile-Industrie auf die Entwicklung neuer bzw. verbesserter Produkte, welche sich durch eine ausreichende Erfindungshöhe auszeichnen, was eine wichtige Voraussetzung zur Erlangung von Patentschutz ist.

In der Raumfahrt stellt ein großer Teil der in dieser Branche durchgeführten FuE *Grundlagenforschung* dar, die i. d. R. nicht zu patentfähigem Forschungsoutput führt. Auch der hohe *militärisch motivierte FuE-Anteil* in der Luft- und Raumfahrtindustrie ist eine mögliche Ursache für geringen Patentoutput.[1)] Außerdem machen die *hochkonzentrierte Industriestruktur* sowie der *protektionierte Markt* die Mittel des gewerblichen Rechtsschutzes in mancher Hinsicht entbehrlich. Möglicherweise ist aber auch die FuE-Produktivität in dieser durch Forschungsgelder hochsubventionierten Branche geringer als in anderen Branchen. In der Büromaschinen- und Computerindustrie liegt die niedrige Patentanmeldequote an dem hohen, *nicht patentierbaren Softwareanteil* an den FuE-Arbeiten. Ähnliches gilt im übrigen auch für den Werkzeugmaschinenbau, bei dem die Steuerungssoftware von großer Bedeutung ist.

---

1) Zur Thematik von "Geheimpatenten" bei militärisch bedeutsamen Erfindungen vgl. auch S. 165 dieser Arbeit.

Auffällig *hoch* ist die *Patentanmeldequote* - wie oben schon erwähnt - bei den *Kfz-Teile-Herstellern* und auch im Maschinenbau für die Nahrungs- und Genußmittel- sowie für die chemische Industrie. Die hohe Quote in letzterem Industriezweig läßt sich einerseits dadurch erklären, daß der Chemiesektor, für den die Produkte bestimmt sind, selbst ein Sektor mit hoher Patentaktivität ist. Andererseits wurde bereits in Abschnitt 3.2.1.4 spekuliert, daß die Patentindikatoren für diese Teilbranche durch die ungeheuer große Patentaktivität der Barmag AG nach oben verzerrt sind, da die Barmag AG möglicherweise Patentanmeldungen für mehrere deutsche Tochtergesellschaften des niederländischen Akzo-Konzerns tätigt. Weitere Branchen mit überdurchschnittlich hohen Patentanmeldequoten von 600 und mehr Patentanmeldungen pro Mrd. DM FuE-Ausgaben sind wie analog auch bei SCHERER die Branche *Steine, Erden, Keramik und Glas* und die *Chemieindustrie ohne den Pharmasektor.* Die sehr niedrige Quote in der Pharmaindustrie, in der sehr viel Grundlagenforschung betrieben wird und die Entwicklung neuer Produkte durch sehr langwierige Testprozeduren gekennzeichnet ist, gegenüber der Chemiebranche im allgemeinen findet sich ebenso in SCHERERs Ergebnissen wieder.

Abweichend zu SCHERER weist die Gesamtbranche *Maschinenbau* eine *relativ hohe Patentanmeldequote* auf, wobei die Teilbranchen aufgrund der technologischen Heterogenität des Maschinenbaus stark variieren. Möglicherweise deutet dies darauf hin, daß der Innovationsoutput deutscher Maschinenbauunternehmen relativ höher ist als der amerikanischer Unternehmen. Unterschiede zeigen sich auch innerhalb des Elektrotechniksektors. So ist die Patentanmeldequote in der Nachrichten-, Meß- und Regeltechnik weniger hoch als in der restlichen Elektrotechnik. Hiermit kompatibel sind die relativ hohen Quoten SCHERERs bei elektrischen Ausrüstungsgütern für die Industrie und bei Haushaltsgeräten gegenüber *niedrigeren Quoten* in der *Kommunikations- und Elektronikindustrie.* Daß der Patentoutput in der Nachrichten-, Meß- und Regeltechnik im Verhältnis zum FuE-Input nicht so hoch liegt, liegt einerseits an dem relativ hohen *Grundlagenforschungsbedarf* für weiteren Fortschritt in der Elektronik, andererseits haben einige *nachrichtentechnische Produkte Systemcharakter,* wie z. B. die Vermittlungsstellen für das öffentliche Fernmeldenetz, bei denen die Integration technologisch hochwertiger Komponenten ebenso wie die *Softwareentwicklung* eine wichtige Rolle spielen. Nicht zu vergessen ist, daß es sich beim Fernmeldemarkt nach wie vor um einen *staatlich reglementierten Bereich* handelt, in dem gewerblichem Rechtsschutz nicht die Bedeutung zukommt wie in Wettbewerbsmärkten. Bei der Unterhaltungselektronik ist der Wettbewerbsdruck dagegen schon wieder so stark, daß hohe Produktzyklusfrequenzen zu *schnellen Vermarktungsstrategien* zwingen und Patentschutz überflüssig erscheinen lassen. Bei den elektrischen Ausrüstungsgütern und den Haushaltsgeräten ist der Forschungsbedarf erheblich geringer. Anstöße für Neuerungen ergeben sich häufig durch die Berücksichtigung bisher nicht befriedigter Kundenwünsche auf der Basis vorhandenen technologischen Wissens.

Wie aufgrund der unterschiedlichen Korrelationskoeffizienten zwischen den Inputindikatoren und zwischen den Input- und Outputindikatoren gemäß Abschnitt 3.2.2.1 bereits vermutet, variiert das Verhältnis zwischen Input- und Outputindikatoren je nach dem technologischen Hintergrund einer Branche. Stehen *Software-, Verfahrens- und Systementwicklung* und *langwierige Tests* im Vordergrund oder ist die Technologie stark *grundlagenforschungsabhängig*, so sind erhebliche FuE-Inputs zu leisten, der in Patentanmeldungen *meßbare Output* ist jedoch *gering*. Andererseits ist der meßbare *Output hoch* in Branchen, in denen *Komponenten und Geräte* gefertigt werden. Ein hoher Patentoutput fällt auch in Wirtschaftszweigen an, wo die Hauptaktivitäten auf schon seit einiger Zeit *bekannten Technologien* aufbauen und wo nun mit bescheidenerem FuE-Einsatz *anwendungsorientierte Produktinnovationen* hervorgebracht werden. Beispiele hierfür sind die Produkte der Polymerchemie, welche ein bedeutendes Aktivitätsfeld der Chemiebranche darstellt.[1)] Ähnliches gilt auch für den Bereich der Haushaltsgeräte, wo die technischen Prinzipien bekannt sind und wo sich Verbesserungsinnovationen auf Benutzer- und Umweltfreundlichkeit beziehen.

Für die Messung der Innovationsaktivität ergeben sich aus dem Vergleich von FuE- und Patentindikatoren Schlußfolgerungen einmal in bezug auf die Substituierbarkeit von Indikatoren und zum anderen in bezug auf deren Komplementarität. FuE-Indikatoren und Patentanmeldungen sind zwar über alle Branchen hinweg stark korreliert, was aus der gemeinsamen Ableitung der Indikatoren aus dem Innovationsprozeß resultiert, aber es bestehen darüber

---

1) Vgl. hierzu die Untersuchung von GRUPP u. a. (1990, S. 65 ff.) zur Patentaktivität auf dem Gebiet der Polymerchemie und der Diffusion von speziellen Polymeren in die Anwendungsbereiche.

hinaus branchenspezifische Unterschiede im Input-Output-Verhältnis. Diese wurden in diesem Abschnitt auf der Basis technologischer Unterschiede erklärt, wobei bereits angedeutet wurde, daß auch ökonomische Faktoren für die Input-Output-Relation eine Rolle spielen können. Nach SCHERER (1983) liegt der Erklärungsbeitrag der FuE-Ausgaben zur Patentaktivität bei 49 %, der zusätzliche Erklärungsbeitrag durch die Bildung von 125 Technologiegruppen bei immerhin 36 %. Ein *substitutiver Einsatz* von *Patentindikatoren* anstelle von *FuE-Indikatoren* ist daher *nur auf Branchen- oder besser auf Teilbranchenebene* zu empfehlen, wobei bei Zeitreihenuntersuchungen gegebenenfalls Korrekturen für unterschiedliche Trends [1)] der jeweiligen Indikatoren vorgenommen werden müssen. Stehen dagegen weniger die Innovationsinputs im Zentrum des empirischen Interesses wie im Falle eines substitutiven Verwendung der Patentindikatoren, sondern mehr die marktgerichteten Outputs, so hat der Patentindikator auch branchenübergreifende Aussagefähigkeit. Zum Beispiel schlagen sich *grundlagenorientierte FuE-Arbeiten kaum* in *Patentanmeldungen* nieder und sind auch nicht sofort marktwirksam, wohingegen *anwendungsorientierte Verbesserungsinnovationen* zu *mehr Patentanmeldungen* führen und schnellere Auswirkungen auf die Nachfrage haben. Im nachfolgenden Abschnitt wird mit der sektorübergreifenden faktorenanalytischen Messung der Innovationsaktivitäten vom *selbständigen Erklärungsgehalt des Patentindikators* ausgegangen. Die zu messende Größe Innovationsaktivität verkörpert dann sowohl die möglicherweise marktferneren FuE-Anstrengungen als auch die durch Patentanmeldungen gemessenen marktnäheren Innovationsbemühungen.

3.2.3 Faktorenanalytische Innovationsmessung

Die Anwendung der Faktorenanalyse zur Messung der *Innovationsstärke* von Branchen und Unternehmen resultiert aus der Vorstellung, daß Innovationsstärke eine *latente*, d. h. nicht direkt beobachtbare, ökonomische *Größe* ist, die sich jedoch *in meßbaren Größen ausprägt*. Die hier angewandte explorative Faktorenanalyse [2)] ist eine in den Sozialwissenschaften beheimatete statistische Methode, deren Hauptanwendungsgebiet die Intelligenzmessung ist, um einerseits unbekannte latente Variablen aufzuspüren und um andererseits die *Komplexität* des Untersuchungsgegenstandes, die sich in einer Viel-

---

1) Zu den unterschiedlichen Zeitverläufen von FuE-Ausgaben und Patentanmeldungen siehe GREIF (1985).

2) Zur Faktorenanalyse siehe ÜBERLA (1971) oder BACKHAUS u. a. (1987, S. 67 ff.).

zahl von beobachtbaren Variablen ausdrückt zu *reduzieren*, indem diese zu einem oder mehreren Variablenbündeln zusammengefaßt werden. In volkswirtschaftlichen Studien ist die Faktorenanalyse bisher wenig gebräuchlich. Schon eher findet man diese Methode sowie weitere multivariate Analysemethoden in betriebswirtschaftlichen Marketingstudien.[1)] Auf dem Gebiet der Innovationsforschung sind der Autorin nur die Untersuchungen von BLACKMAN u. a. (1973) und von SCHLEGELMILCH (1988) bekannt, in welchen die Faktorenanalyse zur Messung von Innovationsgrößen eingesetzt wird.[2)] Ziel dieses Abschnittes ist es, aus den in Abschnitt 3.2.1 vorgestellten Indikatoren einen oder mehrere Innovationsfaktoren zu ermitteln, sie wertmäßig zu beziffern und die Beziehung der Indikatoren zu der oder den latenten Variablen darzustellen. Zunächst werden auf der Basis der ausgewiesenen Branchenkennziffern *Innovationsindexwerte für sechzehn Wirtschaftszweige* berechnet. Im Anschluß daran erfolgt eine *unternehmensbezogene Analyse*, wobei einerseits die *latente Größe Innovationsstärke* und andererseits die *latente Variable Unternehmensgröße* extrahiert werden.

3.2.3.1 Faktorenextraktion aus Branchenkennziffern

Die vorhergehende Analyse hat gezeigt, daß innerhalb verschiedener Branchen z. T. unterschiedliche Technologien vorherrschen, die zu unterschiedlichem Innovationsverhalten von Unternehmen derselben Branche führen können. Besonders ausgeprägt war dieses Phänomen im Maschinenbausektor. Andererseits gab es auch Branchen mit homogeneren Innovationsmustern, so daß eine branchenweise Analyse gerechtfertigt, wenn auch gegenüber einer technologieorientierten Untersuchung nicht optimal ist. Je besser die Disaggregation von Branchen in Teilbranchen gelingt, desto eher läßt sich branchentypisches Innovationsverhalten durch die jeweils vorherrschende Technologie erklären. Im folgenden werden daher auf dem *niedrigsten* statistisch noch einigermaßen sinnvollen *Aggregationsniveau* sechzehn *Branchen bzw. Teilbranchen* faktorenanalytisch bezüglich ihres *typischen Innovationsmusters* ausgewertet. Probleme der Zuordnung von Unternehmen zu Branchen sowie geringe Stichprobengrößen sprechen allerdings gegen eine weitergehende Disaggregation.

---

1) Als Beispiele seien nur die Arbeiten von CALATONE u. COOPER (1981) und von BROCKHOFF u. CHAKRABARTI (1988) genannt.

2) Siehe hierzu auch Abschnitt 2.2.2.1, S. 94 f.

	FuEAUms	FuEPBe	PAUms	PABe	InvUms	InvBe
Chemie ohne Pharma; Mineralölverarbeitung, Spalt- u. Brutstoffe	5.60	10.90	35.90	11.10	6.00	18.40
Pharmaindustrie	19.00	22.70	50.40	11.10	7.10	15.70
Herstellung v. Kunststoffwaren	2.00	4.20	8.90	2.30	9.50	23.20
Steine u. Erden, Keramik u. Glas	3.60	4.30	31.60	5.60	7.20	12.60
Metall, Stahl	2.20	10.50	12.80	5.80	2.50	7.60
Werkzeugmaschinenbau	4.60	7.00	11.10	2.00	6.00	11.00
Maschinenbau für NuG- u. chemische Industrie	4.10	13.20	42.10	7.10	6.10	10.40
Restlicher Maschinenbau	5.30	9.40	34.70	7.00	5.20	10.30
Kfz-Hersteller	4.30	7.60	7.70	2.20	5.40	15.30
Kfz-Teile-Hersteller	6.90	10.60	70.70	10.50	6.70	10.20
Luft- u. Raumfahrt	28.80	21.80 *	34.50	5.90	7.10	12.00
Nachrichten-, Meß- u. Regeltechnik	11.80	14.40	43.80	7.20	10.40	17.30
Restliche Elektrotechnik	7.20	11.60	39.60	7.40	6.40	12.90
Büromaschinen, ADV-Geräte	10.60	15.00	10.20	2.20	9.60	27.80
Feinmechanik, Optik	9.00	17.40	38.70	5.60	6.30	9.00
Holz u. Papier	1.10	5.00	18.70	4.00	2.60	5.40

Quelle: Berechnungen auf der Basis der Datenbanken PATDPA u. FORKAT und von Geschäftsberichten gemäß Bundesanzeiger 1988, Nr. 42 - 244, u. 1989, Nr. 1 - 86;
* ECHTERHOFF-SEVERITT u. a. (1990, S. 66)

Tabelle 3.2-16: Rohdatenmatrix aus Innovationskennziffern für sechzehn Branchen

Tabelle 3.2-16 gibt einen Überblick über die eingesetzten Innovationsindikatoren. Es werden die Inputindikatoren FuE-Ausgaben in Prozent vom Umsatz *(FuEAUms)*, FuE-Personal in Prozent der Beschäftigung *(FuEPBe)*, die Outputindikatoren Patentanmeldungen pro Mrd. DM Umsatz *(PAUms)*, Patentanmeldungen pro Tausend Beschäftigter *(PABe)* sowie die Indikatoren für externen Technologieinput Bruttoanlageinvestitionen in Prozent vom Umsatz *(InvUms)* und Tausend DM Bruttoanlageinvestitionen pro Beschäftigtem *(InvBe)* verwendet. Mit *Umsatz* und *Beschäftigung* werden absichtlich *verschiedene Bezugsgrößen* eingesetzt, da eine unterschiedliche Größennormierung zu abweichenden Reihenfolgen der Innovationsstärken führen kann. Um die Inputseite nicht zu sehr zu betonen, wurden FuE-Ausgaben und FuE-Personal nur je einmal als Meßgrößen herangezogen, und zwar mit der jeweils üblichen Größennormierung. *Wünschenswert* wäre es, *weitere Innovationsindikatoren*, wie z. B. die Zahl der wissenschaftlichen Publikationen oder die Anteile neuer Produkte am Umsatz, einzubeziehen, um die Komplexität des Innovationsprozesses besser zu berücksichtigen. Dies ist jedoch mit dem vorhandenen Datenmaterial nicht möglich, zumal es das Bestreben dieser empirischen Auswertung ist, nur veröffentlichte und damit frei zugängliche Daten zu verwenden. Eine Zusammenführung mit anderen Statistiken erscheint auch nicht sinnvoll, da die Abgrenzungen nicht deckungsgleich sind. Selbst hier mußten hinsichtlich der Einheitlichkeit der Abgrenzungen Kompromisse gemacht werden, da die durchschnittlichen Branchenkennziffern wegen unvollständiger Daten nur aus jeweils unterschiedlich großen Branchenstichproben berechnet werden konnten.

	FuEAUms	FuEPBe	PAUms	PABe	InvUms	InvBe
FuEAUms	1,00					
FuEPBe	0,86 ***	1,00				
PAUms	0,34	0,45 *	1,00			
PABe	0,27	0,43 *	0,85 ***	1,00		
InvUms	0,36	0,25	0,14	-0,04	1,00	
InvBe	0,14	0,09	-0,26	-0,18	0,78 ***	1,00

*** = auf 1 % - Niveau signifikant
* = auf 10 % - Niveau signifikant

Quelle: Berechnungen auf der Basis der Datenbanken PATDPA u. FORKAT und von Geschäftsberichten gemäß Bundesanzeiger 1988, Nr. 42 - 244, u. 1989, Nr. 1 - 86

Tabelle 3.2-17: Korrelationsmatrix der Brancheninnovationsindikatoren

In Tabelle 3.2-17 sind die *Korrelationen* zwischen den *Innovationsindikatoren* aufgezeigt. Erwartungsgemäß sind jeweils die FuE-, die Patent- und die Investitionsgrößen untereinander stark korreliert. Sonst sind die Korrelationen *relativ schwach* ausgeprägt oder sogar gegenläufig. Da es sich bei den Indikatoren um *Relativzahlen* handelt, ist die schwache Korrelation im Vergleich zu den absoluten Innovationsgrößen in Abschnitt 3.2.2.1 nicht überraschend. Es scheint sich aber auch hier zu bestätigen, daß die *Patentindikatoren besser* mit dem Indikator für internen FuE-Input *FuE-Personal korrelieren* als mit dem sowohl internen als auch externen Input repräsentierenden Indikator FuE-Ausgaben. Die übrigen Korrelationen sind nicht einmal mehr auf dem 10-%-Irrtumsniveau signifikant, jedoch sind Vorzeichen und Höhe der Werte durchaus interpretierbar, so daß eine weitergehende Analyse immer noch angemessen erscheint. Zum Beispiel harmonieren mit den Bruttoanlageinvestitionen, welche externen Innovationsinput darstellen, die relativen FuE-Ausgaben noch am besten. Patentanmeldungen und Bruttoanlageinvestitionen gehen sogar in gegenläufige Richtungen, was dadurch erklärt werden kann, daß Patentanmeldungen überwiegend Produktinnovationen zugrundeliegen, Investitionen aber vorwiegend mit der Einführung neuer Produktionstechniken, also Prozeßinnovationen, zusammenhängen.

Variable	**Faktor 1** Interne Innovationsaktivität (produktorientiert)	**Faktor 2** Externe Innovationsaktivität (prozeßorientiert)	**Kommunalität**
FuEAUms	**0,750**	0,239	0,620
FuEPBe	**0,812**	0,107	0,671
PAUms	**0,791**	-0,395	0,783
PABe	**0,730**	-0,441	0,728
InvUms	0,374	**0,800**	0,779
InvBe	0,080	**0,883**	0,786
Summe			4,367
Eigenwert	2,528	1,838	
Anteil an Gesamtvarianz	42,13 %	30,63 %	
Anteil an gemeinsamer Varianz	57,90 %	42,10 %	

Tabelle 3.2-18: Ladungen und Varianzanteile der Innovationsfaktoren

Anhand der Korrelationsmatrix gemäß Tabelle 3.2-17 wurde eine Hauptfaktorenanalyse durchgeführt. Nach dem Kaiser-Kriterium wurden zwei Faktoren mit einem Eigenwert größer als Eins extrahiert. Deren unrotierte[1)] Ladungen, die nichts anderes als Korrelationskoeffizienten zwischen Variablen und Faktoren verkörpern, sind in Tabelle 3.2-18 dargestellt. Da FuE-Ausgaben überwiegend interne, FuE-Personal und Patentanmeldungen im Prinzip ausschließlich interne Innovationsaktivität repräsentieren und sich Patentanmeldungen hauptsächlich auf Produktinnovationen beziehen, wird der *erste Faktor* entsprechend den Variablen, die ihn hochladen, als *interne, produktorientierte Innovationsaktivität* interpretiert. Dabei wird absichtlich nur der Begriff

1) Es wurde auch eine Varimax-Rotation durchgeführt. Diese führte jedoch zu keinem wesentlich anderen Ladungsmuster. Da die Faktorenwerte nur auf der Basis der unrotierten Lösung berechnet werden konnten und das unrotierte Ladungsmuster gut zu interpretieren ist, wird hier die unrotierte Lösung vorgezogen.

der Produktorientierung verwendet und nicht auf ausschließliche Produktinnovationen abgestellt, da sich FuE-Ausgaben und FuE-Personal sowohl auf neue Produkte als auch auf neue Prozesse beziehen können. Außerdem beinhaltet die Entwicklung eines neuen Produktes oftmals auch Verfahrensverbesserungen. Der *zweite Faktor* wird von den Investitionsvariablen hochgeladen, so daß eine Interpretation als *externe, prozeßorientierte Innovationsaktivität* naheliegt.

Außer den Faktorladungen sind in Tabelle 3.2-18 auch verschiedene Varianzanteile der beiden Innovationsfaktoren aufgeführt. Die Kommunalitäten sagen aus, welchen Anteil die Varianzen der Innovationsfaktoren an der Varianz der jeweiligen Indikatorvariablen haben. Demnach wird die Variable *InvBe*, welche die höchste Kommunalität zu verzeichnen hat, durch die beiden Innovationsfaktoren am besten erklärt. Die Summe aller Kommunalitäten ist die durch die beiden Faktoren erklärte gemeinsame Varianz aller Indikatorvariablen. Bezieht man sie auf die Gesamtvarianz aller Indikatoren, die bei sechs standardisierten Variablen den Wert *6,0* hat, ergibt sich ein Erklärungsanteil der beiden Faktoren von 72,76 %, wobei auf den ersten Faktor 42,13 und auf den zweiten Faktor 30,63 %-Punkte entfallen. Die *unerklärte Varianz* geht, von Meßfehlern abgesehen, auf *indikatorspezifische Faktoren* zurück. Daß für die einzelnen Variablen nach der Faktorextraktion nicht zuvernachlässigende unerklärte Varianzanteile zwischen 21 und 38 % verbleiben, spricht angesichts der spezifischen Aussagekraft eines jeden Indikators, die ja in Abschnitt 3.2.1 eingehend beleuchtet wurde, nicht gegen das Konzept der latenten Innovationsfaktoren. Denn es findet sich kaum ein Indikator, der eine latente Größe zu 100 % widerspiegelt, es sei denn Indikator und theoretische Größe sind identisch. Die Faktorenanalyse bietet somit nicht nur die Möglichkeit, die latenten Größen zu identifizieren und sogar, wie nachfolgend getan, Schätzwerte dafür zu ermitteln, sondern gibt sowohl Hinweise auf die spezifischen Komponenten der Indikatorvariablen als auch auf deren Treffsicherheit in bezug auf die latente Größe.

Für einen Vergleich der Innovationsstärke verschiedener Branchen sind die *Schätzungen* der *Faktorwerte* von Interesse. Die Faktorwerte sind standardisierte Größen mit Mittelwert *0* und Standardabweichung *1*, die als Indexwerte für interne, produktorientierte Innovationsaktivität und für externe, prozeßorientierte Innovationsaktivität dienen. Tabelle 3.2-19 weist die Rangfolgen der sechzehn betrachteten Industriezweige bezüglich ihrer internen und externen Innovationsstärke aus. Branchen mit positiven Werten entfalten *überdurchschnittliche*, Branchen mit negativen Werten *unterdurchschnittliche Innovationsaktivitäten*.

Interne, produktorientierte Innovationsstärke (Faktor 1)			**Externe, prozeßorientierte Innovationsstärke** (Faktor 2)		
	Branche	Indexwert		Branche	Indexwert
1	Pharmaindustrie	2,029	1	Büromaschinen, ADV-Geräte	2,505
2	Luft- u. Raumfahrt	1,580	2	Herstellung v. Kunststoffwaren	1,823
3	Kfz-Teile-Hersteller	1,051	3	Nachrichten-, Meß- u. Regeltechnik	0,966
4	Nachrichten-, Meß- u. Regeltechnik	0,976	4	Luft- u. Raumfahrt	0,446
5	Feinmechanik, Optik	0,447	5	Kfz-Hersteller	0,397
6	Chemie ohne Pharma; Mineralölverarbeitung, Spalt- u. Brutstoffe	0,436	6	Werkzeugmaschinenbau	0,128
7	Restliche Elektrotechnik	0,250	7	Pharmaindustrie	- 0,032
8	Maschinenbau für NuG- u. chemische Industrie	0,192	8	Steine u. Erden, Keramik u. Glas	- 0,081
9	Büromaschinen, ADV-Geräte	- 0,134	9	Chemie ohne Pharma; Mineralölverarbeitung, Spalt- u. Brutstoffe	- 0,226
10	Restlicher Maschinenbau	- 0,188	10	Restliche Elektrotechnik	- 0,322
11	Steine u. Erden, Keramik u. Glas	- 0,598	11	Feinmechanik, Optik	- 0,424
12	Metall, Stahl	- 0,976	12	Maschinenbau für NuG- u. chemische Industrie	- 0,646
13	Herstellung v. Kunststoffwaren	- 1,183	13	Restlicher Maschinenbau	- 0,759
14	Werkzeugmaschinenbau	- 1,213	14	Kfz-Teile-Hersteller	- 1,145
15	Kfz-Hersteller	- 1,251	15	Metall, Stahl	- 1,228
16	Holz u. Papier	- 1,420	16	Holz u. Papier	-1,402

Tabelle 3.2-19: Branchenranglisten interner, produktorientierter und externer, prozeßorientierter Innovationsstärken

Tabelle 3.2-19 ist in Verbindung mit Abbildung 3.2-1 auf S. 198 zu interpretieren, wo die Branchen entsprechend ihren Faktorwerten in der *zweidimensionalen Innovationslandschaft* angeordnet sind. Branchen im ersten Quadranten sind bezüglich beider Innovationsfaktoren überdurchschnittlich aktiv, im zweiten Quadranten nur in bezug auf externe, prozeßorientierte Innovationen, im vierten Quadranten nur in bezug auf interne, produktorientierte Innovationen. Branchen im dritten Quadranten weisen in beiderlei Beziehung unterdurchschnittliche Innovationsaktivitäten auf.[1)]

Was die *interne, produktorientierte Innovationsstärke* betrifft, so nehmen die *Pharmaindustrie*, die *Luft- und Raumfahrtindustrie*, die *Kfz-Teile-Hersteller, Nachrichten-, Meß- und Regeltechnik* und die *feinmechanische und optische Industrie* die *vorderen Plätze* ein. Die absolute Spitzenstellung der Luft- und Raumfahrtindustrie bei den FuE-Ausgaben kann beim faktorenanalytisch ermittelten Innovationsindex nicht behauptet werden. Dies resultiert aus der bereits in Abschnitt 3.2.1.4 aufgedeckten Patentierschwäche der Branche. Dagegen erreichen die Kfz-Teile-Hersteller dank ihres hohen Patentaufkommens einen Indexwert für interne, produktorientierte Innovationsaktivität, welche sie auf einen Spitzenplatz der Innovationsrangliste hinaufkatapultiert. Die *niedrigen Plazierungen* der softwareintensiven Branchen *Büromaschinen und ADV-Geräte* und *Werkzeugmaschinenbau* ist mit ein Ergebnis der Einbeziehung von Patentindikatoren zur Isolierung der latenten Innovationsgröße. Da geräteungebundene Software nicht patentierbar ist, ist die Messung der Innovationsstärke von softwareintensiven Branchen durch Patentindikatoren oder durch Innovationsindizes auf der Basis von Patentindikatoren mit Vorsicht zu interpretieren, wobei die Messung durch ein möglichst vielseitiges Indikatorenbündel die Verzerrungen, wie sie durch die Verwendung nur eines einzelnen Indikators entstehen würden, mildert. Durch die Berücksichtigung der Investitionen als Indikator für *externen, prozeßorientierten Innovationsinput* erweisen sich die beiden letztgenannten Branchen sogar als besonders innovativ, was die Zufuhr neuer Technologien von außen und die Einführung neuer Prozesse betrifft.

---

1) Die Begriffe "über- bzw. unterdurchschnittlich" können sich nur auf die in der Stichprobe vertretenen Branchen beziehen. Zum Beispiel fehlen FuE-schwache Branchen wie die Textilindustrie oder das Ernährungsgewerbe, so daß vermutlich einige hier als unterdurchschnittlich eingestufte Sektoren in Wirklichkeit eher durchschnittlich oder überdurchschnittlich innovativ sind. Auch ist zu bedenken, daß die Branchenwerte in Tabelle 3.2-19 auf der Basis besonders innovativer Unternehmen errechnet sind.

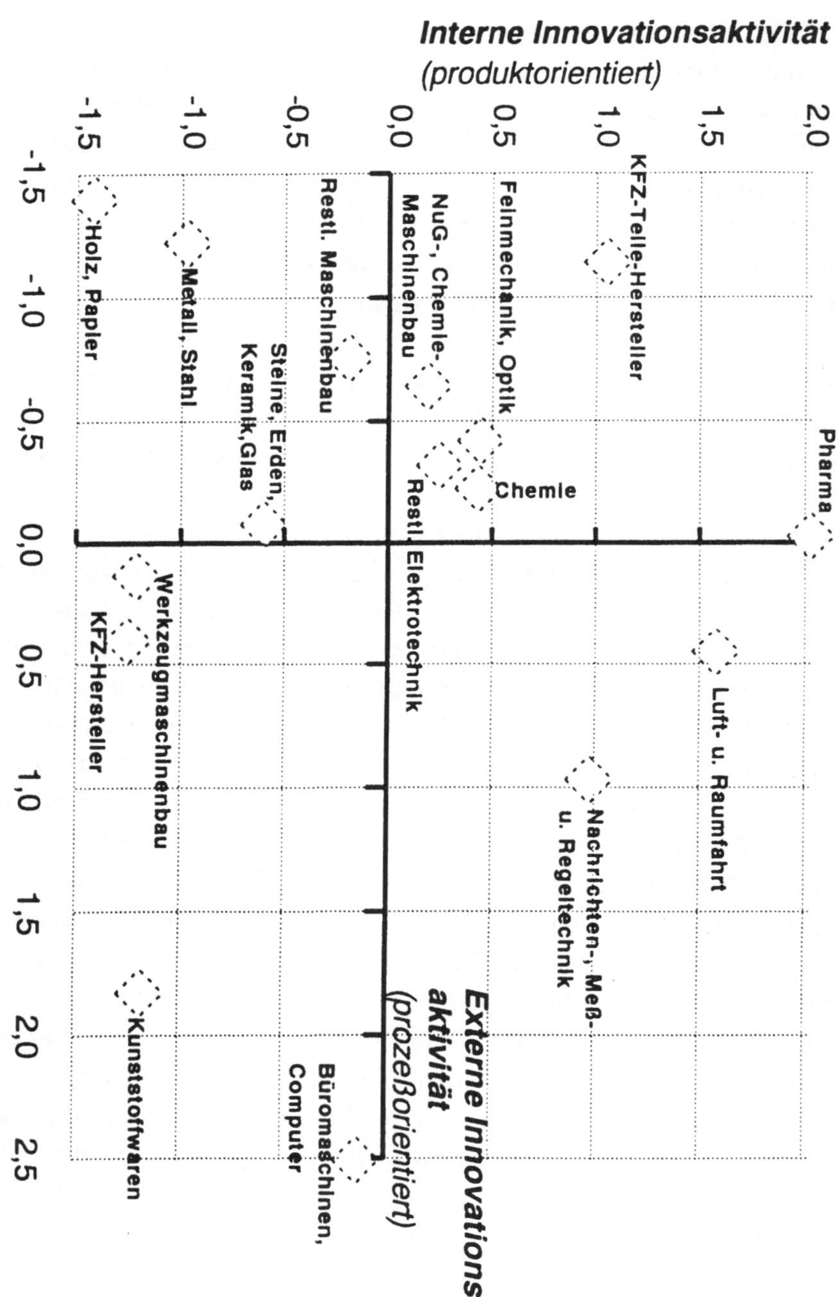

Abbildung 3.2-1: Faktorpositionen von Branchen für interne, produktorientierte und für externe, prozeßorientierte Innovationsstärke

Wie einseitig die Innovationsmessung durch Indikatoren für vorwiegend interne Innovationsaktivitäten ist, zeigt auch das Abschneiden der *Kfz-Hersteller* und der *Kunststoffwarenindustrie* in Tabelle 3.2-19. Während sie nach Maßstäben des internen, produktbezogenen Innovationsfaktors auf den letzten Plätzen rangieren, nehmen sie in bezug auf den externen, prozeßorientierten Innovationsfaktor vordere Plätze ein.

Wie in Abbildung 3.2-1 gut erkennbar ist, sind die Luft- und Raumfahrtindustrie und die Nachrichten-, Meß- und Regeltechnik die einzigen Branchen mit überdurchschnittlichen Aktivitäten hinsichtlich beider Innovationsfaktoren. Durchweg unterdurchschnittliche Aktivitäten zeigen der restliche Maschinenbau, die Branche Steine, Erden, Keramik, Glas, die Metall- und Stahlbranche sowie der Sektor Holz und Papier. Die genannten Branchen entsprechen in ihren Faktorwerten den von PAVITT (1984) postulierten Merkmalen der Gruppe der *lieferantendominierten Unternehmen*.[1] Aber auch bei den anderen Branchen sind typische Muster erkennbar. Für die Gruppe der *Spezialanbieter* mit ihren Stärken bei der Produktinnovation empfehlen sich z. B. die feinmechanische und optische Industrie und die Kfz-Teile-Hersteller. Die *wissensbasierten Unternehmen* können sich sowohl durch hohe Produkt- als auch Prozeßinnovationsaktivität auszeichnen. Auf jeden Fall ist ein hohes Maß an Inhouse-FuE notwendig. Hierzu fallen sofort die Positionen der Pharmaindustrie, der Luft- und Raumfahrt sowie der Nachrichten-, Meß- und Regeltechnik auf. Ein typischer Vertreter der Gruppe der *skalenintensiven Unternehmen* mit einem hohen Anteil an Verfahrensinnovationen sind die Kfz-Hersteller.

Mit Hilfe der *Faktorenanalyse* können die durch verschiedene Indikatoren gemessenen *branchenspezifischen Innovationscharakteristika* zu *zwei Einflußfaktoren verdichtet* werden. Diese zeigen teilweise in dieselbe Richtung, wie z. B. in der Nachrichten-, Meß- und Regeltechnik oder der Holz- und Papierbranche, teilweise driften sie weit auseinander, wie z. B. in der Kunststoffwarenindustrie oder bei den Kfz-Teile-Herstellern. Nachfolgend wird auf der Basis der Innovationszahlen von Unternehmen ein einziger Innovationsindex für Branchen und Unternehmen faktorenanalytisch ermittelt, was eine noch grö-

---

1) Vgl. hierzu die in Abschnitt 2.1.2.3, S. 62 f., beschriebene Industriegruppeneinteilung von PAVITT (1984).

ßere Verdichtung der Einzelaspekte des Innovationsprozesses zu einem Gesamteindruck bedeutet.

3.2.3.2 Faktorenextraktion aus unternehmensbezogenen Kennziffern

Ziel dieses Abschnittes ist die Aufstellung eines *größenbereinigten Innovationsindexes* auf *Unternehmensebene*, der mit den Innovationskennziffern des Abschnittes 3.2.1 vergleichbar ist. Hierfür wird in einem ersten Schritt ein absoluter *Innovationsfaktor* aus den Innovationsindikatoren FuE-Ausgaben, FuE-Personal, BMFT-Zuwendungen, Patentanmeldungen und Bruttoanlageinvestitionen extrahiert, und in einem zweiten Schritt wird ein *Unternehmensgrößenfaktor* aus den Größenindikatoren Umsatz, Beschäftigung, Bilanzsumme, Anlagevermögen und Sachanlagevermögen gewonnen. Nach Schätzung der Faktorwerte für Innovations- und Größenfaktor und geeigneter Transformation werden die Werte des Innovationsfaktors durch die des Größenfaktors geteilt, so daß eine relative Innovationskennziffer, im weiteren *Innovationsintensität* genannt, entsteht.

Ein großes Problem des Datenmaterials dieser Arbeit sind die unvollständigen Datensätze. In der Literatur werden im wesentlichen drei Vorschläge zur Lösung des "Missing-Value"-Problems gemacht: Einmal der fallweise Ausschluß von Daten, dann der variablenweise Ausschluß und zuletzt die Substitution fehlender Daten durch Mittelwerte.[1] Für die in Abschnitt 3.2.1 errechneten und im vorhergehenden Abschnitt als Meßgrößen verwendeten Branchenkennziffern wurde der variablenweise Ausschluß gewählt, um möglichst wenig Information aus dem vorhandenen Datenmaterial zu verschenken, wohlwissend, daß diese Vorgehensweise zu Verzerrungen führen kann. In der nachfolgenden unternehmesbezogenen Analyse ist beabsichtigt, anhand der Indikatorenwerte eine Schätzung der Innovationsfaktorwerte für alle Unternehmen der Stichprobe durchzuführen. Fehlende Indikatorwerte bei den Innovationsindikatoren müssen daher durch möglichst realistische Schätzwerte ersetzt werden. Da ein Bezug zwischen Unternehmensgröße, Branchenzugehörigkeit[2] und Innovationsaktivität unterstellt wird, werden die Schätzwerte fehlender absoluter Innovationsindikatoren durch Multiplikation der relativen Branchenkennziffern mit dem Wert des jeweiligen Größenindi-

---

1) Siehe z. B. BACKHAUS u. a. (1987, S. 107. f.).

2) Genaugenommen besteht der Bezug, wie in dieser Arbeit schon mehrfach erläutert, zur vorherrschenden Technologie.

kators errechnet. Trotz der unterschiedlichen Behandlung des "Missing-Value"-Problems weichen die Korrelationskoeffizienten der nun folgenden Analyse kaum von den in Abschnitt 3.2.2.1 in Tabelle 3.2-11 ausgewiesenen Werten ab. Nur beim FuE-Personal, einer Variablen mit sehr vielen fehlenden Daten, sind die Korrelationen geringfügig schlechter als beim variablenweisen Ausschluß gemäß Tabelle 3.2-11. Auf eine Darstellung der Korrelationen mit den substitutierten Daten wird daher verzichtet. Bei den Unternehmensgrößenindikatoren tritt das "Missing-Value"-Problem nicht auf. Die Korrelationskoeffizienten sind hier allesamt hochsignifikant und liegen im Wertebereich zwischen $0{,}90 < r < 0{,}97$.

Da mit der folgenden Analyse ein relativer Innovationsindex ähnlich den FuE- und Patentintensitäten gewonnen werden soll, stützen sich die durchgeführten Faktorenanalysen nicht wie im vorhergehenden Abschnitt allein auf die Korrelations-, sondern zusätzlich auf die Varianz-Kovarianz-Matrizen. Somit können Faktorenwerte geschätzt werden, welche die Streuungsverhältnisse der Indikatorvariablen widerspiegeln. Bei der Bildung einer Verhältniszahl aus Innovations- und Größenfaktor ergeben sich dann ähnliche Dimensionen wie bei den Kennziffern aus Abschnitt 3.2.1. Da die Stärke des Zusammenhangs zwischen Faktoren und Variablen am besten durch den dimensionslosen Korrelationskoeffizient zum Ausdruck kommt, werden allerdings die Ladungsmuster für Innovationsfaktor und Größenfaktor auf der Basis der jeweiligen Korrelationsmatrizen präsentiert.

Tabelle 3.2-20 faßt die Ergebnisse zweier getrennt durchgeführter Hauptfaktorenanalysen, bei denen jeweils nur ein Faktor extrahiert wurde, zusammen. Im linken Teil der Tabelle ist das *Ladungsmuster des Innovationsfaktors* in bezug auf die Innovationsindikatoren FuE-Ausgaben *(FuEA)*, BMFT-Zuwendungen *(BMFT)*, FuE-Personal *(FuEP)*, Patentanmeldungen *(PA)* und Bruttoanlageinvestitionen *(Inv)* dargestellt. Rechts ist das *Ladungsmuster des Unternehmensgrößenfaktors* in bezug auf die Größenindikatoren Umsatz *(Ums)*, Beschäftigte *(Be)*, Bilanzsumme *(BiSu)*, Anlagevermögen *(AV)* und Sachanlagevermögen *(SAV)* ersichtlich. Da in Einklang mit dem Kaiser-Kriterium jeweils nur ein Faktor extrahiert wurde, erübrigt sich die Angabe der Kommunalitäten. Sie können als Quadrat der jeweiligen Faktorladung errechnet werden. Der Eigenwert des einen Faktors entspricht der gemeinsamen Varianz der Indikatorvariablen. An der gesamten Varianz der Innovationsindikatoren hat der Innovationsfaktor einen Anteil von 84,38 %, der Unternehmensgrößenfaktor erklärt sogar 94,56 % der Gesamtvarianz der Größenindikatoren. Sieht man von Meßfehlern ab, bedeutet dies, daß die *Innovationsindikatoren* eine *größere spezifische Komponente* aufweisen *als die Größenindikatoren*. Somit ist bei empirischen Untersuchungen die gegenseitige Substitution bei Innovationsindikatoren kritischer zu beurteilen als bei Größenindikatoren.

Variable	Innovationsfaktor	Variable	Größenfaktor
FuEA	0,983	Ums	0,961
BMFT	0,800	Be	0,973
FuEP	0,989	BISu	0,986
PA	0,885	AV	0,967
Inv	0,923	SAV	0,976
Eigenwert / gemeinsame Varianz	4,219		4,728
Anteil an Gesamtvarianz	84,38 %		94,56 %
Anteil an gemeinsamer Varianz	100,00 %		100,00 %

Tabelle 3.2-20: Ladungen und Varianzanteile des Innovationsfaktors und des Unternehmensgrößenfaktors

Die Schätzung der Faktorwerte auf der Basis der Varianz-Kovarianz-Matrizen führt beim Innovationsfaktor zu negativen und positiven Werten mit Mittelwert *0* und einer Standardabweichung von *529*, beim Größenfaktor zu negativen und positiven Werten ebenso mit Mittelwert *0* und einer Standardabweichung von *6.462*. Um durchweg positive Werte zu erhalten, welche für die Bildung einer Verhältniszahl unerläßlich sind, müssen bei beiden Faktoren durch Addition von Konstanten Mittelwertverschiebungen vorgenommen werden. Als Grundlage der Verschiebungen wurden die Verhältnisse beim Innovationsindikator FuE-Ausgaben und beim Größenindikator Umsatz genommen. Die Additionskonstante beim Größenfaktor wird so gewählt, daß der niedrigste Wert des transformierten Größenfaktors dem Produkt aus dem niedrigsten Umsatzwert und dem Verhältnis der Standardabweichungen von Größenfaktor und Umsatz entspricht. In analoger Weise ergibt sich die Mittelwertverschiebung beim Innovationsfaktor. Nachfolgend werden unter den Begriffen Innovationsfaktor und Unternehmensgrößenfaktor nur noch die transformierten Größe verstanden.

	Branche	Innovations-Intensität in %	FuE-Ausgaben-Intensität in %
1	**Chemie inkl. Pharma; Mineralölverarbeitung, Spalt- u. Brutstoffe**	**6,6**	**6,4**
	Chemie ohne Pharma; Mineralölverarbeitung, Spalt- u. Brutstoffe	6,1	5,6
	Pharmaindustrie	12,2	19,0
2	**Herstellung v. Kunststoffwaren**	**6,2**	**2,0**
3	**Steine u. Erden, Keramik u. Glas**	**5,5**	**3,6**
4	**Metall, Stahl**	**3,1**	**2,2**
5	**Maschinenbau**	**5,7**	**5,1**
	Werkzeugmaschinenbau	5,6	4,6
	Maschinenbau für NuG- u. chemische Industrie	5,3	4,1
	Restlicher Maschinenbau	5,7	5,3
6	**Kfz-Industrie**	**6,1**	**4,4**
	Kfz-Hersteller	5,9	4,3
	Kfz-Teile-Hersteller	8,4	6,9
7	**Luft- u. Raumfahrt**	**16,9**	**28,8**
8	**Elektrotechnik, Büromaschinen, ADV**	**9,6**	**9,8**
	Nachrichten-, Meß- u. Regeltechnik	10,5	11,8
	Restliche Elektrotechnik	8,2	7,2
	Büromaschinen, ADV-Geräte	10,0	10,6
9	**Feinmechanik, Optik**	**8,2**	**9,0**
10	**Holz u. Papier**	**2,2**	**1,1**
	Verarbeitendes Gewerbe	**7,4**	**6,8**
	Softwareindustrie	**22,0**	**24,2**

Quelle: Berechnungen auf der Basis der Datenbanken PATDPA u. FORKAT und von Geschäftsberichten gemäß Bundesanzeiger 1988, Nr. 42 - 244, u. 1989, Nr. 1 - 86

Tabelle 3.2-21: Innovationsintensität versus FuE-Ausgaben-Intensität nach Branchen für das Jahr 1987

In Tabelle 3.2-21 sind die harmonischen *Branchenmittelwerte* der als Verhältnis von Innovationsfaktor zu Unternehmensgrößenfaktor definierten Kennziffer *Innovationsintensität* dargestellt. Die Größe Innovationsintensität *bündelt die Einzelaspekte* der in Abschnitt 3.2.1 analysierten Innovationsindikatoren zu einem *Gesamteindruck*. Sie umfaßt sowohl grundlagenorientierte Forschung als auch anwendungsbezogene Entwicklung, sowohl Produkt- als auch Prozeßinnovationen, sowohl internen als auch externen Innovationsinput. Sie beschreibt nicht nur Innovationsinput, sondern durch die Berücksichtigung von Patentanmeldungen auch Innovationsoutput. Um die neue Größe beurteilen zu können, werden ihr in Tabelle 3.2-21 die Werte der *umsatzbezogenen FuE-Ausgaben-Intensität*, welche die am häufigsten verwendete Innovationskennziffer ist, *gegenübergestellt*. Bei einem Vergleich der Gesamtgröße Innovationsintensität mit dem Indikator FuE-Ausgaben-Intensität fällt zunächst die *geringere Streuung der Innovationsintensität* gegenüber der FuE-Ausgaben-Intensität auf. Der Variationskoeffizient [1)] für die Innovationsintensität hat den Wert *0,59*, der Variationskoeffizient für die FuE-Ausgaben-Intensität dagegen *0,90*. Der harmonische Mittelwert der Innovationsintensität für alle Unternehmen des Verarbeitenden Gewerbes liegt mit 7,4 % etwas höher als bei der FuE-Ausgaben-Intensität mit 6,8 %.

Beide Beobachtungen haben ihre Ursache in der *Berücksichtigung auch anderweitiger Innovationsaktivitäten als formale FuE*. Dies wird z. B. bei der Luft- und Raumfahrtindustrie und der Pharmaindustrie besonders deutlich. Deren Meßwerte für die Innovationsaktivität sind zwar immer noch Spitzenwerte, sie liegen aber im Vergleich zur FuE-Ausgaben-Intensität erheblich niedriger, da die neue Größe nicht nur FuE-Input, sondern auch produktorientierte Anwendung, inkrementale Innovationen und extern zugeführte Prozeßtechnologie berücksichtigt.

Lediglich der Softwaresektor kann in etwa die hohe Bewertung seiner Innovationsaktivität behaupten. Obwohl die Werte des Softwarebereichs mit nur drei Unternehmen wenig repräsentativ sind, soll hier nicht die Gelegenheit versäumt werden, anhand dieser Werte auf die *ungeheure Innovationsaktivität* und das *-potential* im *Dienstleistungs-* und hier speziell im *Softwarebe-*

---

1) Berechnungsgrundlage sind die Werte der Teilbranchen bzw. in den Fällen, in denen keine weiteren Untergliederungen vorgenommen wurden, die Werte der Hauptbranche. Unter Einschluß des Softwaresektors liegt die Stichprobengröße bei n = 17.

reich hinzuweisen. Im Sinne technologischer Paradigmen gemäß FREEMAN und PEREZ (1988) wird hierin das *Paradigma der Informationswirtschaft und -gesellschaft* erkennbar. Dies sollte auch Konsequenzen für die Ausrichtung künftiger Innovationsforschung haben. Die weniger FuE-intensiven Branchen erfahren eine Aufwertung in der Beurteilung ihrer Innovationsstärke durch die Einbeziehung anderer Innovationsgesichtpunkte als FuE. Ein ganz deutliches Beispiel ist die hohe Innovationsintensität der Kunststoffwarenindustrie, welche auf das überaus hohe Engagement bei den Anlageinvestitionen zurückgeht.

Innovations-kennziffer	Spearman-Rangkorrelations-koeffizient in bezug auf die "Innovationsintensität"	Irrtumswahrscheinlichkeit α
FuEAUms	0,90	0,000
FuEPBe	0,70	0,002
BMFTFuEA	0,38	0,148
PAUms	0,38	0,152
PABe	0,34	0,194
InvUms	0,70	0,002
InvBe	0,51	0,042

Tabelle 3.2-22: Rangkorrelation der Innovationsintensität mit diversen Innovationskennziffern auf Branchenebene (n = 16) [1)]

Trotz der nicht unbeträchtlichen Auf- und Abwertungen in der Einschätzung der Innovationsstärken verschiedener Branchen ist die *Rangfolge der Branchen* bei der Messung durch die Gesamtgröße Innovationsintensität *gegenüber der FuE-Ausgaben-Intensität nahezu unverändert*, wie der Wert des Spearman-Rangkorrelationskoeffizienten von $R_S = 0{,}90$ zeigt. Die Übereinstimmung der Rangfolgen ist allerdings nicht bei allen Branchenkennziffern aus Abschnitt 3.2.1 gegeben. Tabelle 3.2-22 zeigt die unterschiedlichen Rangkorrelationen. Am *schwächsten* ist die *Korrelation* mit den *Patentindikatoren* und dem *BMFT-Indikator* ausgeprägt. Allerdings weicht der BMFT-Indikator *(BMFTFuEA)* durch den Bezug auf die FuE-Ausgaben und nicht auf einen Größenindikator von der Konstruktion her von den übrigen Innovationskennziffern ab. Diese Abweichung hat ihren Grund darin, daß der staatliche Finanzierungsanteil an den FuE-Ausgaben ein sehr häufig verwendeter FuE-

1) ohne Softwareindustrie

Indikator ist. Die schlechtere Rangkorrelation von Patentindikatoren und BMFT-Indikator auf Branchenebene ist kompatibel mit den relativ schwächeren Korrelationen dieser Indikatoren mit den übrigen Innovationsindikatoren auf Unternehmensebene gemäß Tabelle 3.2-11, ebenso mit dem in Tabelle 3.2-20 aufgezeigten Ladungsmuster des Innovationsfaktors, nach dem die Patentanmeldungen und die BMFT-Zuwendungen den Innovationsfaktor weniger hoch laden als die übrigen Indikatoren. Während die Gesamtgröße Innovationsintensität im Vergleich zur FuE-Ausgaben-Intensität in etwa die Rangfolge der Branchen beibehält, wenn auch verbunden mit einer größeren Nivellierung, bleibt nachfolgend noch zu prüfen, ob die neue Größe auf Unternehmensebene zu einer veränderten Bewertung führt.

Tabelle 3.2-23 gibt einen Überblick über die innovationsintensivsten Unternehmen verschiedener Branchen. Um die Einstufung der Unternehmen beurteilen zu können, wird zum Vergleich auch die jeweilige FuE-Ausgaben-Intensität aufgeführt. In der Regel gehören die *innovationsintensivsten Unternehmen* einer Branche *auch zu den FuE-Ausgaben-intensivsten*, wie die hohen FuE-Ausgaben-Intensitäten in Tabelle 3.2-23 und ein Vergleich mit Tabelle 3.2-2 zeigen, aber fast in allen Branchen gibt es ein oder mehrere innovationsintensive Unternehmen, deren FuE-Ausgaben-Intensität bei weitem keinen Spitzenwert darstellt. Wie schon in Tabelle 3.2-2 sind auch in Tabelle 3.2-23 sehr viele Unternehmen als besonders innovationsstark ausgewiesen, die Produkte von strategischem staatlichen Interesse oder die hierfür benötigten Anlagen herstellen und meist auch entsprechende staatliche FuE-Förderung erhalten. Hierbei handelt es sich um Produkte der Luft- und Raumfahrt-, der Kern- und der Wehrtechnik. Zu diesen Unternehmen zählen neben den Unternehmen der Luft- und Raumfahrtindustrie Unternehmen aus unterschiedlichen Branchen, wie z. B. die Telefunken electronic GmbH, die MAN Technologie GmbH, die Eltro GmbH, die VDO Luftfahrtgeräte Werk Adolf Schindling GmbH, die Bayern-Chemie Gesellschaft für flugchemische Antriebe GmbH sowie die KUKA Wehrtechnik GmbH. Lieferanten kerntechnischer Anlagen sind die Interatom GmbH und die Nukem GmbH.

Branche	Unternehmen mit höchster Innovationsintensität-	Innovations-intensität in %	FuE-Ausgaben-Intensität in %
Luft- u. Raumfahrt	1. Dornier GmbH 2. MBB GmbH 3. MTU München GmbH	17,7 17,1 16,2	36,2 29,8 24,5
Pharmaindustrie	1. Boehringer Mannheim GmbH 2. Dr. K. Thomae GmbH 3. Biotest Pharma GmbH	17,1 14,3 13,5	21,2 30,0 12,9
Elektrotechnik, Büromaschinen, ADV-Einrichtungen	1. Telefunken electronic GmbH 2. MAN Technologie GmbH 3. RxS Schrumpftechnik-Garnituren GmbH 4. PKI AG 5. Dr. Ing. Rudolf Hell GmbH	16,4 15,2 13,6 13,5 12,4	18,1 8,9 12,4 13,3 17,1
Feinmechanik, Optik	1. Eltro GmbH 2. Drägerwerk AG 3. VDO Luftfahrtgeräte Werk Adolf Schindling GmbH	16,1 11,3 11,1	23,7 8,8 16,0
Chemie o. Pharma, Mineralölverarb., Spalt- u. Brutstoffe	1. Bayern-Chemie Ges. für flugchemische Antriebe mbH 2. Fuchs Petrolub 3. Ciba-Geigy Marienberg GmbH 4. Ticona Polymerwerke GmbH 5. Hoffmann's Stärkefabriken AG	29,7 11,5 8,7 8,6 7,8	42,0 2,7 4,0 8,1 1,4
Maschinenbau	1. Interatom GmbH 2. KUKA Wehrtechnik GmbH 3. Leybold AG 4. Arthur Pfeiffer Vakuumtechnik Wetzlar GmbH 5. Nukem GmbH	19,2 14,7 10,4 10,4 10,3	31,8 20,0 10,9 7,0 11,8
Kfz-Industrie	1. VDO Adolf Schindling AG 2. Dr. Ing. h.c. F. Porsche AG 3. Alfred Thun & Co. GmbH	12,3 10,1 9,2	9,8 11,1 9,0
Steine, Erden, Keramik, Glas	1. Hoechst CeramTec AG 2. Interpane Glas Industrie	12,0 7,0	6,8 3,3 *

* Schätzung durch Branchenmittelwert

Quelle: Berechnungen auf der Basis der Datenbanken PATDPA u. FORKAT und von Geschäftsberichten gemäß Bundesanzeiger 1988, Nr. 42 - 244, u. 1989, Nr. 1 - 86

Tabelle 3.2-23: Rangliste der innovationsintensivsten Unternehmen für das Jahr 1987

Eine weitere Gruppe innovationsintensivster Unternehmen, die sich zum Teil mit der obengenannten überschneidet, ist durch ihr Engagement in und für die Mikroelektronik gekennzeichnet. Hierzu gehören nicht nur die Unternehmen der Elektrotechnikbranche, sondern auch Hersteller elektronischer Instrumente aus der feinmechanischen und optischen Industrie, Zulieferer der Kfz-Industrie und auch die Lieferanten der für die Mikroelektronik erforderlichen Prozeßtechnologie wie die Leybold AG oder die Arthur Pfeiffer Vakuumtechnik Wetzlar GmbH. Unbestritten bleibt auch die Innovationsstärke der forschungsintensiven pharmazeutischen Unternehmen.

Insgesamt aber sind die *Abstände zwischen den Unternehmen* gemessen an der *Innovationsintensität erheblich geringer* als gemessen an der FuE-Ausgaben-Intensität. So heben sich die Spitzenreiter der Luft- und Raumfahrtindustrie und der Pharmaindustrie kaum oder gar nicht von denen der Elektrotechnik ab. Dies ist mit ein Ergebnis der größeren Patent- und Investitionsaktivität der Elektrotechnik. In Tabelle 3.2-23 fallen auch einzelne Unternehmen aus anderen Branchen auf, deren *Innovationsstärke* sich nicht unbedingt auf hohen FuE-Input begründet, sondern *eher auf erhöhte Patent- oder Investitionsaktivität*. So sind die Boehringer Mannheim GmbH und die Biotest Pharma GmbH besonders investitionsstark, wobei die Biotest Pharma GmbH überdies noch einen hohen Patentaustoß hat und sich dem BMFT gegenüber als besonders förderungswürdig erwiesen hat. Ähnliches wie für die Biotest Pharma GmbH gilt für die MAN Technologie GmbH. Die Dr. Ing. Rudolf Hell GmbH ist zwar nach wie vor unter den innovationsstärksten der Branche, ist aber aufgrund geringer Patentaktivitäten, die für ein Unternehmen der Informationstechnik typisch sind, in der Bewertung etwas zurückgefallen. In der feinmechanischen und optischen Industrie ist die Drägerwerk AG aufgrund hoher Patent- und Investitionsaktivitäten nach vorne gerückt. Stärker verändert als in anderen Branchen ist das Bild in der Chemiebranche. Hier ist zum einen die Uranit GmbH von den vordersten Plätzen verdrängt worden. Dies liegt aber weniger an einer Patent- oder Investitionsschwäche im Vergleich zur FuE-Aktivität als an dem Wert des Größenfaktors. Im Verhältnis zu den anderen Größenindikatoren ist nämlich der üblicherweise als Größenmaßstab verwendete Umsatz bei der Uranit GmbH besonders niedrig. Zum anderen sind Unternehmen wie Fuchs Petrolub, Ciba Geigy Marienberg GmbH und Hoffmann's Stärkefabriken AG aufgrund ihres starken Investitionsengagements als besonders innovationsintensiv eingestuft worden. Auch beim

Maschinenbau ist mit der Arthur Pfeiffer Vakuumtechnik Wetzlar GmbH ein besonders investitionsfreudiges Unternehmen in die Spitzengruppe der innovationsstärksten vorgedrungen. Des weiteren überrascht die hohe Einstufung der Hoechst CeramTec AG, die fast an die der Spitzenreiter der Elektrotechnik heranreicht. Auch sie ist auf eine überdurchschnittlich hohe Investitionsaktivität zurückzuführen.

In dieser Arbeit wurden zwei verschiedene faktorenanalytische Auswertungen zur Messung industrieller Innovationsaktivitäten durchgeführt. Auf der *Basis von größenbereinigten Branchenindikatoren*, konnten ein *interner, produktorientierter Innovationsfaktor* und ein *externer, prozeßorientierter Innovationsfaktor* isoliert werden. Auf der *Unternehmensebene* wurden mit Hilfe von zwei separat durchgeführten Faktorenanalysen sowohl ein *Innovationsfaktor* als auch ein *Größenfaktor* ermittelt, die dann zueinander ins Verhältnis gesetzt wurden und somit die *Indexgröße Innovationsintensität* bildeten. Neben den hier gegangenen Wegen sind mehrere andere Varianten denkbar, z. B. die Analyse von größenbereinigten Indikatoren auf Unternehmensebene oder separate unternehmensbezogene Analysen für ausgewählte Branchen. Es ist jedoch nicht Ziel dieser Arbeit, alle möglichen Spielarten der Konstruktion faktorenanalytischer Innovationsindizes aufzuzeigen. Vielmehr war beabsichtigt, die Möglichkeit der Zusammenfassung verschiedenartiger Innovationsindikatoren zur Gesamtgröße Innovationsaktivität darzustellen und anhand empirischer Gegenheiten zu untermauern. Die Ergebnisse der beiden Faktorenanalysen ermöglichen den gewünschten Gesamteindruck und sind in Verbindung mit den Ergebnissen der einzelnen Indikatoren des Abschnittes 3.2.1 gut interpretierbar.

Vergleicht man die faktorenanalytisch gewonnenen Meßergebnisse mit den Ergebnissen der einzelnen Indikatoren, ist insbesondere bei der Indexgröße Innovationsintensität eine *nivellierende Bewertung* zu erkennen. Zwar ist die Übereinstimmung des neuen Innovationsindex mit den Inputindikatoren FuE-Ausgaben und FuE-Personal immer noch am größten, aber dennoch wird die *Forschungs- und Produktlastigkeit*, wie sie bei ausschließlicher Verwendung dieser beiden Einzelindikatoren auftritt, deutlich *korrigiert*. Der neue Innovationsindex berücksichtigt via einbezogene Patentanmeldungen *auch inkrementale, eher marktgerichtete Innovationen* und via Bruttoanlageinvestitionen *auch verfahrensbezogene Innovationsaktivitäten*. Besonders deutlich wird dies im Falle der Luft- und Raumfahrtindustrie, deren Spitzenstellung sich eher auf hohen Forschungsinput und ein gewisses Maß an Prozeßtechnologie gründet, die aber nur relativ wenig patentierbaren Output hervorbringt. Umgekehrt erfahren beispielsweise die Kunststoffwarenindustrie und einzelne Unternehmen der chemischen und mineralölverarbeitenden Industrie infolge hohen Investitionsengagements eine höhere Bewertung ihrer Innovationsaktivität. Die eindimensionale Indexgröße Innovationsintensität ermöglicht die Bildung von Rangfolgen entsprechend der latenten Größe Innovationsaktivität und erleichtert somit Unternehmens- und Branchenvergleiche.

Sozusagen als Nebenprodukte der Indexbildung enthüllt die Faktorenanalyse auch das Ausmaß der spezifischen Komponente einzelner Indikatoren. So korrelieren z. B. die Patentindikatoren am wenigsten mit dem Innovationsfaktor, was vermutlich auf die Abhängigkeit der Patentaktivität von der vorherrschenden Technologie und den branchentypischen Aneignungsmöglichkeiten zurückzuführen ist. Für die Substituierbarkeit von Innovationsindikatoren bedeutet dies, daß Indikatoren mit großer spezifischer Komponente schwerer gegeneinander austauschbar sind als solche mit geringer Spezifität. Generell konnte festgestellt werden, daß die *Spezifität bei den Unternehmensgrößenindikatoren geringer* als bei den *Innovationsindikatoren* war. Damit wird aber auch klar, daß für spezifische Innovationsaspekte Einzelindikatoren weiterhin ihre Berechtigung haben. So können z. B. Fragen zu einzelnen Innovationsphasen, zum Wissens- und Technologietransfer oder zur Qualität des Innovationsprozesses nicht mit Hilfe einer Gesamtgröße Innovationsaktivität beantwortet werden, sondern nur durch jeweils geeignete Indikatoren. Soll ein möglichst differenziertes Bild zum Innovationsgeschehen von Unternehmen, Branchen oder Volkswirtschaften gezeichnet werden, ist *ein großer Kranz von Innovationsindikatoren wünschenswert*, um *viele Detailaspekte* abbilden zu können. Im Anschluß daran sollte aber um der besseren Übersicht willen eine *Komplexitätsreduktion* hin zu einfacheren Strukturen z. B. mit Hilfe der *Faktorenanalyse* erfolgen. Dabei muß die Faktorenextraktion nicht immer bei nur einem oder zwei Faktoren enden. Je mehr verschiedenartige Indikatoren berücksichtigt werden können, desto vielseitiger ist wiederum die aufgedeckte Faktorenstruktur. Leider konnte in dieser Arbeit nur eine begrenzte Zahl von Innovationsindikatoren berücksichtigt werden, da als empirische Basis nur frei zugängliches Datenmaterial verwendet wurde. Höchst interessant wäre die Analyse eines beispielsweise um Publikationsindikatoren, Umsatzanteile oder Produktivitätskennziffern erweiterten Indikatorenbündels, um differenziertere Innovationsmuster herauszuarbeiten.

Bereits bei der Messung der industriellen Innovationsaktivitäten wurden Vermutungen hinsichtlich der Abhängigkeit von Branchen- und Technologieeinflüssen angestellt. Daneben wurde immer wieder der Bezug zur Unternehmensgröße gesucht, wobei implizit ein proportionaler Zusammenhang zwischen Innovationsaktivität und Unternehmensgröße unterstellt wurde. Aufgabe des folgenden Abschnittes ist es, anhand des vorhandenen Datenmaterials *Zusammenhänge* zwischen *Innovationsgrößen* und *verschiedenen ökonomischen oder technologischen Einflußgrößen* aufzudecken. Dabei soll auch geklärt werden, welche *Rolle verschiedene Meßansätze* für den jeweiligen Erkärungszusammenhang spielen.

3.3 Innovationserklärung

Wie am Anfang dieser Arbeit ausgeführt, sind die Ursachen des technischen Wandels neben der Indikatorenproblematik ein zentrales Thema der empirischen Innovationsforschung. Hierbei ist die Überprüfung der sogenannten *SCHUMPETER-Hypothese* zum Zusammenhang zwischen Wettbewerb und Innovation ein immer wiederkehrender Forschungsgegenstand.[1] Nach WITT läßt sich die SCHUMPETER-Hypothese wie folgt zusammenfassen: "Die Möglichkeit, *monopolistische Praktiken* anzuwenden, erhöht die Bereitschaft zur Übernahme des Innovationsrisikos und begünstigt daher die Durchsetzung neuer Kombinationen mit einem positiven Effekt auf das Innovationstempo." [2] Eine zweite mit SCHUMPETER assoziierte, aber keinesfalls identische Hypothese ist die, daß große Unternehmen innovativer sind als kleine. Diese auch als Unternehmensgrößen-Hypothese bezeichnete Aussage sollte eher GALBRAITH (1952, S. 86 ff.) zugerechnet werden, der argumentiert, daß die billigen, d. h. mit wenig FuE-Aufwand verbundenen, Erfindungen in ihrer Mehrzahl schon im vorigen Jahrhundert gemacht worden sind und daher technischer Fortschritt nur mit sehr teuren Methoden und Verfahren zu erzielen ist. Daher können nur die großen Unternehmen die für Innovationen notwendigen Ressourcen aufbringen. Darüber hinaus führt GALBRAITH den SCHUMPETERschen Gedanken des Wettbewerbs durch Innovationen weiter, indem er behauptete, daß in oligopolistischen Industrien Wettbewerb in

1) Ausführlicheres zur Schumpeter-Hypothese vgl. Abschnitt 1.1.2, S. 5 ff.
2) Siehe WITT (1987, S. 48).

erster Linie durch Innovationen und nicht über den Preis stattfindet. Auf polypolistischen Märkten dagegen ist preisabgestimmtes Verhalten weniger wahrscheinlich, so daß sich dort Wettbewerb eher über den Preis und weniger durch Innovationen vollzieht.[1)]

Gegenstand der nachfolgenden empirischen Analyse sind in Anknüpfung an den vorangegangenen Abschnitt zunächst verschiedene *Varianten der Unternehmensgrößen-Hypothese*. Denn implizit wurde bereits bei der Innovationsmessung ein Zusammenhang zwischen Unternehmensgröße und Innovationsaktivität unterstellt, indem die Innovationsindikatoren in "größenbereinigter" Form präsentiert wurden. Danach werden verschiedene *Brancheneinflüsse* analysiert, in der Hoffnung, dadurch den Einfluß unterschiedlicher Technologien abbilden zu können. Aus anderen Studien ist allerdings bekannt, daß Brancheneinflüsse sowohl unterschiedliche *technologische Möglichkeiten* als auch unterschiedliche *Aneignungsmöglichkeiten* der Gewinne aus Innovationen als auch verschiedene *Marktstrukturen* repräsentieren können.[2)] Daher wird der Einfluß *unterschiedlicher Technologien* außerdem über *Arbeits- und Kapitalkoeffizienten* und über einen *technologischen Diversifikationsindex* gemessen. Im Anschluß daran erfolgt eine Untersuchung des Zusammenhangs zwischen Wettbewerb und Innovation. Dabei wird die SCHUMPETER-Hypothese unter dem sektoralen Gesichtspunkt untersucht, indem der Frage nach einer für *Innovationsaktivitäten optimalen Marktstruktur* nachgegangen wird.[3)] Vorbild der nachfolgenden Auswertungen sind insbesondere die Arbeiten von SCHERER (1965, 1967b) für die USA, der bereits TABBERT (1974) und erst kürzlich ZIMMERMANN und SCHWALBACH (1991) zu den wenigen ähnlichen Untersuchungen für die Bundesrepublik Deutschland[4)] inspiriert hat. Zur Innovationserklärung kommt in dieser Arbeit noch das Ziel hinzu, den *Einfluß der Indikatorenwahl* auf das empirische Ergebnis aufzuzeigen.

---

1) Siehe GALBRAITH (1952, S. 86 ff.).

2) Vgl. z. B. SCHERER (1967b), TABBERT (1974) und LEVIN u. a. (1985).

3) Bei entsprechend verfügbaren Daten wäre auch eine Untersuchung auf Unternehmensebene sinnvoll gewesen, wobei dann die Marktstellung des einzelnen Unternehmens als Einflußgröße hätte herangezogen werden müssen.

4) Vgl. hierzu auch Abschnitt 2.2.1.2, S. 78 ff.

3.3.1 Erklärung durch die Unternehmensgröße

3.3.1.1 Lineare Zusammenhänge zwischen Innovations- und Größenindikatoren

Bereits bei der faktorenanalytischen Messung der relativen Innovationsaktivität in Abschnitt 3.2.3.2 wurde deutlich, daß es für die *Größe eines Unternehmens* keineswegs eine eindeutig definierte Meßgröße gibt. Üblicherweise werden für Größenvergleiche *Umsatz- und Beschäftigtenzahlen* oder auch die *Bilanzsumme* herangezogen. In der nachfolgenden Untersuchung werden ergänzend noch die Werte des *Anlagevermögens* und des *Sachanlagevermögens* und die in Abschnitt 3.2.3.2 *faktorenanalytisch ermittelte Unternehmensgröße* miteinbezogen. Zunächst wird der Einfluß der Unternehmensgröße auf die Innovationsaktivitäten als linear angenommen. Später wird auch geprüft, ob die Beziehungen möglicherweise über- oder unterlinear sind. Um die Stärke des Zusammenhanges zu quantifizieren, werden zahlreiche *lineare Regressionen* zwischen den *Innovationsindikatoren* und den *Größenindikatoren* gerechnet. Die hierfür verwendeten Daten stammen wie schon im Abschnitt zur Innovationsmessung aus einer Stichprobe von 257 westdeutschen Unternehmen des Verarbeitenden Gewerbes. Eine Untergruppierung nach einzelnen Branchen ist erst in Abschnitt 3.3.2 vorgesehen. Wie schon mehrfach darauf hingewiesen, sind die Datensätze der Unternehmen der Stichprobe nicht immer komplett. Daher wurden die Regressionen einmal mit fallweisem und einmal mit variablenweisem Ausschluß fehlender Daten gerechnet, um die Sensibilität der Ergebnisse auf die alternative Behandlung des "Missing-Value"-Problems beurteilen zu können. Da sich die Werte als relativ stabil erwiesen, werden im folgenden der besseren Übersicht wegen nur jeweils die Ergebnisse bei variablenweisem Ausschluß präsentiert.

Dagegen werden angesichts der Größenverteilung der Unternehmen der Stichprobe, in der die zehn größten Unternehmen für mehr als 60 % des Umsatzes und der FuE-Ausgaben verantwortlich sind, also wesentlichen Anteil an der Varianz der Daten haben und somit die Schätzergebnisse stark beeinflussen können, die *Ergebnisse* jeweils ***mit und ohne Einschluß der Top10 der Umsatzrangliste*** aufgezeigt. Da das Erkenntnisinteresse weniger an den Größenordnungen der marginalen Innovationskoeffizienten liegt, sondern vielmehr an der Richtung und der Stärke des Einflusses, werden wegen der besseren Vergleichbarkeit nachfolgend in Tabelle 3.3-1 die Schätzwerte der

Korrelationskoeffizienten zwischen Innovationsindikatoren und Größenindikatoren aufgeführt. In allen Fällen besteht ein signifikant positiver Zusammenhang zwischen Unternehmensgröße und Innovationsaktivität, unabhängig von der Wahl des jeweiligen Indikatorenpaares. Allerdings ist der Erklärungsanteil jeweils unterschiedlich hoch.

Indikator	Ums	Be	BiSu	AV	SAV	Grfakt
FuEA	0,84	0,94	0,95	0,89	0,89	0,91
BMFT	0,43	0,63	0,66	0,55	0,51	0,54
FuEP	0,84°°	0,95°°	0,94°°	0,88°°	0,88°°	0,91°°
PA	0,68	0,81	0,87	0,86	0,76	0,78
Inv	0,93	0,97	0,98	0,93	0,95	0,97
Infakt	0,90	0,97	0,98	0,93	0,94	0,95
alle Korrelationen unter 1 % - Niveau signifikant						
Quelle: Geschäftsberichte aus Bundesanzeiger 1988, Nr. 42 - 244, und 1989, Nr. 1 - 86; Datenbanken FORKAT u. PATDPA				= bis zu 20 % fehlende Daten °° = 50 % und mehr fehlende Daten		

Tabelle 3.3-1: Korrelationskoeffizienten zwischen Innovations- und Unternehmensgrößenindikatoren (Verarb. Gewerbe in 1987)

So ist z. B. die BMFT-FuE-Förderung *(BMFT)* zwar positiv mit der Unternehmensgröße korreliert, aber der Erklärungsanteil (r^2) liegt nur zwischen 18 % beim Umsatz *(Ums)* und 44 % bei der Bilanzsumme *(BiSu)*. Es spiegelt sich hierin die schon in Abschnitt 3.2.1.2 gemachte Beobachtung, daß der Tendenz nach eher kleine Unternehmen, wenn es sich hierbei auch um Tochtergesellschaften der Großunternehmen handelt, besonders förderungsintensiv sind. Die Tatsache, daß die Korrelationen des BMFT-Indikators mit den übrigen Innovationsindikatoren durchweg stärker sind als mit den Größenindikatoren, deutet auf eine *eher technologie- als größenorientierte direkte Forschungsförderung* hin.[1] Im nachhinein bestätigt sich auch die Vorgehensweise in Abschnitt 3.2.1.2, nicht einen der üblichen Größenindikatoren als Bezugsgröße der BMFT-Förderung zu wählen, sondern besser den Innovationsindikator FuE-Ausgaben.

1) Vgl. hierzu auch Abschnitt 3.2.2.1, Tabelle 3.2-11, S. 178.

Bei den erklärenden Größenindikatoren fallen besonders der *Umsatz*, weil er in allen Fällen den *kleinsten Erklärungsanteil* hat, und die *Bilanzsumme* auf, die in den meisten Fällen den *stärksten Zusammenhang* aufweist. Insgesamt schneiden alle Bestandsgrößen besser als die Stromgröße Umsatz ab. Dies widerspricht nicht unbedingt der Behauptung SCHERERs, daß FuE-Entscheidungen sich am Umsatz ausrichten, der so seine Präferenz für den Umsatz als Größenmaßstab begründet.[1] Es ist zu vermuten, daß sich *Innovationsentscheidungen* am *erwarteten, über mehrere Jahre kumulierten Umsatz* ausrichten, der je nach Art der Erwartungsbildung und sich entwickelnder Marktlage mehr oder weniger eng mit dem realisierten Umsatz der Innovationsperiode zusammenfällt. Der erwartete kumulierte Umsatz ist vermutlich eine stabilere Größe als der aufgrund von äußeren Einflüssen schwankende Umsatz der Innovationsperiode. Es kann angenommen werden, daß die *Bestandsgrößen* Beschäftigtenzahl, Bilanzsumme, Anlagevermögen, und Sachanlagevermögen ebenfalls *in einer bestimmten Relation zum erwarteten langfristigen Umsatz* stehen und daß sie stabilere Größen sind, da sie weniger als der Umsatz äußeren Einflüssen unterliegen. Somit sind Innovationsaktivitäten sowie Beschäftigtenzahl und die Höhe verschiedener Vermögensteile möglicherweise beide gleichzeitig durch den erwarteten langfristigen Umsatz bestimmt. Für die Annahme, daß sich Innovationsentscheidungen am erwarteten langfristigen Umsatz ausrichten, spricht auch, daß zumindest die internen Innovationsaktivitäten ebenso wie die obengenannten Bestandsgrößen nur langfristig steuerbare Parameter der Unternehmenspolitik sind.

Bei den Innovationsindikatoren fallen die *Bruttoanlageinvestitionen* als *am stärksten* von den *Größenindikatoren* abhängend auf. Selbst in bezug auf den Umsatz ist die Korrelation mit $r = 0{,}93$ ausgesprochen hoch. Es zeigt sich, daß die Investitionen, welche hier externen Innovationsaufwand repräsentieren, noch in der laufenden Periode kurzfristigen Marktschwankungen anpaßbar sind. Insgesamt wird deutlich, daß der Innovationsindikator Bruttoanlageinvestitionen eine andere Qualität hat als die anderen Innovationsindikatoren. Während bei FuE-Entscheidungen und Patentaktivitäten das Innovationsmotiv dominierend ist und technologische Rahmenbedingungen eine entscheidende Rolle spielen, so ist das Innovationsmotiv bei der Investitionstätigkeit nur eines von vielen und möglicherweise anderen Motiven untergeordnet. Nicht umsonst ist die Investitionstätigkeit ein beliebter Konjunkturindi-

1) Siehe SCHERER (1965, S. 1103).

kator. Dennoch stellen Investitionen Neuerungen dar, die zu veränderten Produktionsprozessen und Organisationsformen führen, und sollten daher zur Beurteilung der Innovationsaktivität mit in Betracht gezogen werden. Der *Innovationsfaktor* ist mit den Unternehmensgrößenindikatoren *ähnlich hoch korreliert wie die Investitionen*. Dies hat seine Ursache darin, daß *technologische Besonderheiten*, die sich in dem einen oder anderen Innovationsindikator ausdrücken, z. B. eine große Forschungsnähe oder eine starke Marktorientierung, sich *beim Innovationsfaktor ausmitteln*, so daß dann nur der relativ enge Zusammenhang mit der Unternehmensgröße bleibt. Der Unternehmensgrößenfaktor weist zwar einen höheren Erklärungsanteil als der Umsatz auf, ist aber wohl doch zu stark vom Umsatzindikator beeinflußt, als daß er an die Erklärungsanteile der Bilanzsumme heranreichen könnte.

Indikator	Ums	Be	BiSu	AV	SAV	Grfakt
FuEA	0,65	0,78	0,76	0,59	0,74	0,71
BMFT	0,40	0,51	0,48	0,33	0,46	0,44
FuEP	0,76°°	0,91°°	0,81°°	0,71°°	0,74°°	0,80°°
PA	0,73	0,83	0,82	0,77	0,68	0,79
Inv	0,80	0,81	0,82	0,75	0,91	0,84
Infakt	0,77	0,86	0,85	0,72	0,84	0,82
alle Korrelationen unter 1 % - Niveau signifikant						
Quelle: Geschäftsberichte aus Bundesanzeiger 1988, Nr. 42 - 244, und 1989, Nr. 1 - 86; Datenbanken FORKAT u. PATDPA				° = bis zu 20 % fehlende Daten °° = 50 % und mehr fehlende Daten		

Tabelle 3.3-2: Korrelationskoeffizienten zwischen Innovations- und Unternehmensgrößenindikatoren (Verarb. Gewerbe ohne Top10 in 1987)

Es ist anzunehmen, daß die Ergebnisse in hohem Maße von den Ausprägungen der Indikatoren der zehn größten Unternehmen abhängig sind. Daher sind in Tabelle 3.3-2 zum Vergleich die Korrelationskoeffizienten aus einer um die zehn umsatzstärksten Unternehmen gekürzten Stichprobe berechnet worden. Insgesamt fallen im Vergleich von Tabelle 3.3-2 mit Tabelle 3.3-1 die fast überall niedrigeren Werte der Korrelationskoeffizienten auf. Sie sind zwar alle noch in hohem Maße signifikant positiv, aber der Zusammenhang zwichen Innovationsaktivität und Unternehmensgröße ist im Bereich der "kleineren" [1] Unternehmen i. d. R. nicht so stark wie unter Einbeziehung der Top10-Unternehmen. Eine Ausnahme stellt der durch Patentanmeldungen gemessene Innovationsoutput dar. Hier ist der Zusammenhang zwischen Patentanmeldungen und Umsatz und Beschäftigtenzahl sogar etwas stärker, wenn die größten Unternehmen ausgeschlossen sind. Dies liegt an der Industriezugehörigkeit der Umsatzriesen, denn vier von ihnen sind Automobilunternehmen (VW, Daimler-Benz, Opel, Ford) und eines ist ein Unternehmen der Computerbranche (IBM). Somit zählen *fünf der Großen zu traditionell patentschwachen Branchen*, was zur Folge hat, daß die Zahl der Patentanmeldungen bei den sehr großen Unternehmen im Verhältnis zur Größe stark streut. Die *wesentlichen Tendenzen*, die sich schon in Tabelle 3.3-1 abgezeichnet haben, *bleiben* auch unter Ausschluß der Umsatzriesen *erhalten*. Am schwächsten ist durchweg der Zusammenhang zwischen BMFT-Zuwendung und Unternehmensgröße. Auch setzt sich fort, daß der Umsatz eher schwächer mit den Innovationsaktivitäten korreliert, wenn auch diesmal die Korrelationen mit dem Anlagevermögen noch schlechter sind. Wie oben sind auch hier wieder die Investitionen die am meisten von der Unternehmensgröße beeinflußten Innovationsaktivitäten. Auch für den Innovationsfaktor und den Größenfaktor gilt im wesentlichen dasselbe, wie für Tabelle 3.3-1 festgestellt wurde.

3.3.1.2 Nichtlineare Zusammenhänge zwischen Innovations- und Größenindikatoren

Die obigen Ergebnisse haben gezeigt, daß ein positiver Zusammenhang zwischen Unternehmensgröße und Innovationsaktivität besteht, der, wenn auch in abgeschwächter Form, auch für die "kleineren" Unternehmen der Stichprobe gilt. Die Frage der Zusammensetzung der Stichprobe und die daraus folgende *statistische Behandlung der großen Unternehmen* ist besonders *problematisch*, wenn versucht werden soll, nichtlineare Zusammenhänge aufzuspüren. Einerseits beeinflussen die wenigen großen Unternehmen die statistischen Ergebnisse in starkem Maße und überdecken so möglicherweise die Zusammenhänge für den großen Rest der Unternehmen, andererseits handelt es sich bei den großen Konzerngesellschaften keinesfalls um statistische "Ausreißer", sondern deren Existenz ist ja gerade der Auslöser für die

1) Die "kleineren" Unternehmen der Stichprobe liegen mit ihrem Umsatz immerhin noch zwischen 8,2 Mio. und 8,9 Mrd. DM.

Überlegungen hinsichtlich möglicher Innovationsvorteile großer monopolistischer Unternehmen. Es ist daher wenig sinnvoll, die ganz großen Unternehmen bei der Analyse völlig auszuschließen. Allerdings wird darauf verzichtet, die Zusammenhänge als Polynome 2. oder 3. Grades anzupassen, da Multikollinearität und Heteroskedastie zu statistisch nicht gesicherten Ergebnissen führen.

Die probeweise Anpassung derartiger Kurven hat gezeigt, daß deren Verlauf, d. h. an- und absteigende Bereiche, im wesentlichen *von den Werten der drei größten Unternehmen* der Stichprobe (VW, Daimler-Benz und Siemens) *abhängt*. Eine *kubische Regressionsgleichung* zur Erklärung der Patentaktivitäten, geschätzt für alle Unternehmen, führte zu einer zunächst progressiv, dann ab ca. 10 Mrd. DM Umsatz degressiv ansteigenden Kurve mit einem Maximum bei etwa 30 Mrd. DM Umsatz und einem Schnitt mit der X-Achse bei ca. 45 Mrd. DM Umsatz. Das Maximum geht eindeutig auf die Werteposition von Siemens, einem elektrotechnischen Unternehmen, zurück, das rasche Absinken der Kurve auf die Positionen von Daimler-Benz und VW, zwei Automobilherstellern. Wird die gleiche Funktion ohne die drei Großen geschätzt, ist sie nurmehr linear, ohne Wendepunkt und Maximum. Wählt man nicht den Umsatz, sondern die Beschäftigtenzahl als Größenindikator, so ergeben sich wieder andere Kurvenverhältnisse, da dann Daimler-Benz und VW kleiner als Siemens sind, d. h. daß die Kurve dann von Daimler-Benz und VW aus zu Siemens hin wieder ansteigt. Angesichts der technologischen Ausrichtung der deutschen Groß- bzw. Größtunternehmen müssen auch die Ergebnisse von ZIMMERMANN und SCHWALBACH (1991), die eine kubische Gleichung für den Zusammenhang zwischen der Patentaktivität deutscher Aktiengesellschaften und deren durchschnittlichen Umsatzerlösen schätzen, kritisch betrachtet werden. Nach zunächst mit der Unternehmensgröße ansteigender Patentaktivität ermitteln sie einen Bereich fallender Patentaktivität, die erst im Bereich sehr großer Unternehmen wieder ansteigt. Ohne Kenntnis der Stichprobenzusammensetzung - die Stichprobe besteht aus 91 deutschen Aktiengesellschaften - kann hier nur spekuliert werden, daß sich unter den sehr großen Unternehmen der Elektrotechnikriese Siemens befindet. Sicherlich wäre es angebracht, kubische Kurven nur für Unternehmen aus technologisch homogenen Branchen zu berechnen. Dieser Weg wird z. B. von SCHERER (1965) und TABBERT (1974) gewählt. Hier allerdings führen die methodischen Bedenken zu einem generellen Verzicht auf eine weitere Verfolgung des polynomen Ansatzes, da auch in der Einzelbranche die Lage der Kurve jeweils von den zwei oder drei größten Unternehmen entscheidend beeinflußt wird.

Zahl der Unternehmen, geordnet nach Größenfaktor	**Anteil an der jeweiligen Gesamtsumme in %**						
	FuEA	**BMFT**	**PA**	**Inv**	**Infakt**	**Ums**	**Grfakt**
die ersten 4	39,7	37,9	31,4	47,7	43,1	38,4	39,7
die ersten 8	54,3	41,8	50,4	62,0	57,8	56,7	57,8
die ersten 12	66,9	58,2	61,5	69,0	67,8	66,9	66,9
die ersten 30	82,6	72,3	81,1	83,3	83,1	82,7	82,9
die ersten 50	90,0	78,0	88,5	89,1	89,7	89,0	89,3
die ersten 75	94,2	85,6	94,0	93,3	94,0	93,1	93,6
die ersten 100	96,3	88,6	96,8	96,0	96,4	96,0	96,3
die ersten 150	99,1	99,3	99,2	99,2	99,2	98,8	98,9
alle 210	100,0	100,0	100,0	100,0	100,0	100,0	100,0

Datenquelle: Datenbanken PATDPA u. FORKAT und Geschäftsberichte gemäß Bundesanzeiger 1988, Nr. 42 - 244, u. 1989, Nr. 1 - 86

Tabelle 3.3-3: Konzentration von Innovationsaktivitäten und Unternehmensgröße (210 Unternehmen des Verarb. Gewerbes in 1987)

Nichtlinearitäten lassen sich auch mit Hilfe *kumulierter Anteilssätze* feststellen. So gibt Tabelle 3.3-3 Anhaltspunkte, ob die Innovationsaktivitäten möglicherweise in stärkerem Maße konzentriert sind als die Unternehmensgröße. Für die Innovationsindikatoren, für den Unternehmensgrößenfaktor und für den am häufigsten verwendeten Größenindikator Umsatz sind die kumulierten Anteile der jeweils x größten Unternehmen an der entsprechenden Gesamtsumme der Stichprobe errechnet worden. Von den 257 Unternehmen der Stichprobe konnten nur 210 Unternehmen mit kompletten Datensätzen berücksichtigt werden, wobei die Variable FuE-Personal von vorneherein ausgeschlossen wurde, da sonst noch weniger Beobachtungen verblieben wären. Innerhalb der Stichprobe sind *Umsatz*, *Unternehmensgröße* gemäß Unternehmensgrößenfaktor und *FuE-Ausgaben* etwa *gleichermaßen konzentriert*. Es deutet also nichts auf ein über- oder unterproportionales FuE-Engagement der größeren Unternehmen hin. Dagegen verläuft die *BMFT-Förderung eher unterproportional zur Unternehmensgröße*, woraus sich auch die in Tabellen 3.3-1 und 3.3-2 ausgewiesenen niedrigeren Korrelationskoeffizienten des Förderungsindikators mit den Größenindikatoren erklären. Der dennoch hohe Anteil der ersten vier Unternehmen der Stichprobe geht vornehmlich auf die hohen Zuwendungen an die Siemens AG zurück.

Die Zahl der *Patentanmeldungen* zeigt sich ebenfalls in einem *unterproportionalen* Verhältnis zur *Unternehmensgröße*. Daraus eine Innovationsoutputschwäche der größeren Unternehmen abzuleiten, wäre allerdings voreilig. Denn, wie oben schon ausgeführt, befinden sich unter den ersten acht großen Unternehmen *vier traditionell patentarme Automobilhersteller*. Das Gegengewicht zur relativen Patentschwäche der *großen Unternehmen* ist die relative *Investitionsstärke*. Hier wirken sich vor allem das überaus starke Investitionsengagement von Siemens und die Tatsache aus, daß auch die großen Chemieunternehmen überdurchschnittlich hohe Investitionsaufwendungen getätigt haben. Der Innovationsfaktor, vermutlich beeinflußt durch die Indikatorvariable Bruttoanlageinvestitionen, zeigt einen leichten Innovationsvorteil bei den ersten acht Unternehmen im Vergleich zur Unternehmensgröße.

Während sich bei den ersten acht bis zwölf größten Unternehmen je nach verwendetem Innovationsindikator noch unterschiedliche Konzentrationen von Innovationsaktivitäten und Unternehmensgröße zeigen, die, wie oben erläutert, weitgehend von der Produktpalette der betreffenden Unternehmen beeinflußt sind, verläuft die Konzentration der Innovationsaktivitäten und der Unternehmensgröße, unabhängig vom betrachteten Indikator, ab den ersten dreißig Unternehmen fast im Gleichschritt. Der Augenschein von Tabelle 3.3-3 führt dazu, *relative Innovationsvorteile größerer Unternehmen im großen und ganzen zu verneinen*, d. h. die Unternehmensgrößen-Hypothese bezogen auf relative Innovationsaktivitäten abzulehnen. Andererseits zeigen sich *auch keine relativen Innovationsnachteile*, die aufgrund einer gewissen Schwerfälligkeit der FuE-Organisation großer Unternehmen oder zu geringen Wettbewerbsdrucks erwachsen könnten.

Eine weitere Möglichkeit der Abbildung von *Nichtlinearitäten* zwischen Innovationsaktivität *(IA)* und Unternehmensgröße *(UG)* geht von der *Annahme konstanter Innovationselastizitäten*, wie in Gleichung (42) mittels eines exponentiellen Ansatzes ausgedrückt, aus. Durch Logarithmierung von Gleichung (42) ergibt sich der *loglineare Ansatz* gemäß Gleichung (43), aus der sich der Elastizitätsparameter b mittels linearer Regressionsrechnung schätzen läßt.

Ist b größer als Eins, so bedeutet dies, daß die Innovationsaktivität überproportional mit der Unternehmensgröße ansteigt, d. h. größere Unternehmen sind relativ innovationsstärker als kleinere. Ist b gleich Eins, bestätigt sich der lineare Zusammenhang. Ist b kleiner als Eins, deutet dies auf einen relativen Innovationsvorteil kleinerer Unternehmen hin.

(42) $IA = a\, UG^{b}\, \varepsilon$

(43) $\log IA = \log a + b \log UG + \log \varepsilon$

Wie bereits beim linearen Ansatz werden nachfolgend die Zusammenhänge anhand der verschiedenen Innovations- und Größenindikatoren geschätzt, um aufzuzeigen, inwiefern die Ergebnisse von der Wahl der Indikatoren beeinflußt werden. Ebenso werden separate Rechnungen für die Stichprobe unter Einschluß der zehn größten Unternehmen und für die Stichprobe unter Ausschluß derselben durchgeführt. Nachfolgend sind in Tabellen 3.3-4 und 3.3-5 die Schätzwerte für b für das jeweilige Indikatorenpaar dargestellt.

Indikator	Ums	Be	BlSu	AV	SAV	Grfakt
FuEA *(FG = 223)*	1,06 *(1,73)*	1,09 * *(2,48)*	1,03 *(0,87)*	0,87 ** *(-3,35)*	0,91 * *(-2,37)*	1,05 *(1,49)*
FuEP *(FG = 101)*	1,13 ** *(2,69)*	1,18 ** *(4,33)*	1,11 * *(2,52)*	0 97 *(-0 56)*	0,98 *(-0,38)*	1,13 ** *(2,75)*
PA *(FG = 213)*	1,00 *(-0,02)*	1,06 *(1,38)*	0,99 *(-0,29)*	0,83 ** *(-3,54)*	0,83 ** *(-3,31)*	1,00 *(-0,05)*
Inv *(FG = 245)*	1,06 *(1,93)*	1,06 *(1,87)*	1,02 *(0,68)*	0,92 ** *(-2,83)*	1,00 *(-0,07)*	1,05 *(1,72)*
Infakt *(FG = 255)*	1,08 ** *(3,30)*	1,08 ** *(2,81)*	1,04 *(1,76)*	0,90 ** *(-3,54)*	0,94 * *(-2,09)*	1,07 ** *(3,02)*
in Klammern t-Werte, wobei H_0: b = 1; FG = Freiheitsgrade			** = auf 1 % - Niveau signifikant * = auf 5 % - Niveau signifikant			
Quelle: Berechnungen auf der Basis der Datenbank PATDPA und von Geschäftsberichten gemäß Bundesanzeiger 1988, Nr. 42 - 244, u. 1989, Nr. 1 - 86						

Tabelle 3.3-4: Innovationselastizitäten in bezug auf die Unternehmensgröße (Verarb. Gewerbe in 1987)

Die Werte in Klammern sind die für die Nullhypothese $b = 1$ errechneten t-Werte. Für die Angabe der Signifikanzniveaus wurde ein zweiseitiger Test zugrundegelegt, da als Alternativhypothesen sowohl $b < 1$ als auch $b > 1$ zugelassen sind. Ein *Problem* beim loglinearen Ansatz stellen die *Nullbeobachtungen* dar, da bei diesen Werten der zugehörige Logarithmus nicht definiert ist. Im Falle der Patentanmeldungen *(PA)* wurden die Unternehmen mit Nullbeobachtungen aus der Analyse ausgeschlossen. Im Falle der BMFT-Zuwendungen war dies allerdings nicht vertretbar, da mehr als die Hälfte der Unternehmen keine BMFT-Förderung erhielten, so daß hier auf einen loglinearen Ansatz verzichtet werden mußte.

Indikator	Ums	Be	BiSu	AV	SAV	Grfakt
FuEA *(FG = 214)*	1,07 *(1,51)*	1,08 *(1,86)*	1,03 *(0,63)*	0,84 ** *(-3,60)*	0,87 * *(-2,79)*	1,05 *(1,28)*
FuEP *(FG = 92)*	1,06 *(0,98)*	1,10 * *(2,00)*	1,04 *(0,77)*	0,89 * *(-2,04)*	0,87 *(-1,96)*	1,06 *(0,99)*
PA *(FG = 203)*	1,00 *(0,04)*	1,06 *(1,26)*	0,99 *(-0,26)*	0,80 ** *(-3,75)*	0,79 ** *(-3,57)*	1,00 *(0,03)*
Inv *(FG = 235)*	1,04 *(1,93)*	1,02 *(1,87)*	0,99 *(0,68)*	0,89 ** *(-2,83)*	0,98 *(-0,07)*	1,03 *(1,72)*
Infakt *(FG = 245)*	1,10 ** *(3,08)*	1,07 ** *(1,98)*	1,05 *(1,48)*	0,88 ** *(-3,77)*	0,91 * *(-2,53)*	1,08 ** *(2,81)*
in Klammern t-Werte, wobei H_0: b = 1; FG = Freiheitsgrade			** = auf 1 % - Niveau signifikant * = auf 5 % - Niveau signifikant			
Quelle: Berechnungen auf der Basis der Datenbank PATDPA und von Geschäftsberichten gemäß Bundesanzeiger 1988, Nr. 42 - 244, u. 1989, Nr. 1 - 86						

Tabelle 3.3-5: Innovationselastizitäten in bezug auf die Unternehmensgröße (Verarb. Gewerbe ohne Top10 in 1987)

Insgesamt fällt an den Tabellen 3.3-4 und 3.3-5, abgesehen von den FuE-Personal-Elastizitäten, eine relative gute Übereinstimmung bei den Schätzwerten auf, so daß im folgenden i. d. R. nur auf Tabelle 3.3-4 Bezug genommen wird. Sämtliche *Innovationselastizitäten* in bezug auf *Umsatz, Beschäftigung* und *Größenfaktor* sind entweder *Eins oder größer als Eins.* Bezüglich der *Bilanzsumme* sind die Elastizitäten meist *größer Eins oder fast Eins (0,99).* In acht dieser zwanzig Fälle übertreffen die Werte in statistisch signifikanter Weise den Wert Eins. In Tabelle 3.3-5 sind es allerdings nur noch vier von zwanzig. Eine weitere Auffälligkeit in Tabelle 3.3-4 sind die *kleineren Werte als Eins* der Innovationselastizitäten in bezug auf *Anlage- und Sach-*

anlagevermögen. Sieben von zehn Werte liegen dabei signifikant unter Eins, in Tabelle 3.3-5 sind es sogar acht von zehn. Beim Indikator FuE-Personal ist der relative Innovationsvorteil der großen Unternehmen bei Einschluß der zehn größten Unternehmen besonders deutlich. Abgesehen von den Elastizitäten in bezug auf Anlage- und Sachanlagevermögen sind die Werte für b alle deutlich größer als Eins. Allerdings ist dies in dieser Deutlichkeit nicht mehr gegeben, wenn die Top10 aus der Analyse ausgeschlossen sind.

Die verschiedenen Schätzwerte für die Innovationselastizitäten unterstreichen zunächst einmal die Problematik der adäquaten Indikatorenwahl. Interessant sind in diesem Zusammenhang die meist *signifikant kleineren Werte als Eins* in bezug auf *Anlage- und Sachanlagevermögen*, denen zum größten Teil *signifikant größere Werte als Eins* in bezug auf die *Beschäftigtenzahl* gegenüberstehen. Dieses Phänomen scheint seine Ursache in der wohl *stärkeren Anlagen- und geringeren Personalintensität größerer Unternehmen* zu haben. Da es sich bei den großen Unternehmen meist um Konzernobergesellschaften handelt, ist dort das Anlagevermögen, insbesondere auch das Finanzanlagevermögen, stärker konzentriert, während ein großer Teil der Beschäftigten sich auf Tochtergesellschaften verteilt, so daß die Beschäftigtenzahl der Obergesellschaft vergleichweise niedrig ist. Die geringere Personalintensität großer Unternehmen ist vermutlich auch die Ursache für die unterschiedlichen FuE-Ausgaben-Elastizitäten in bezug auf Umsatz und in bezug auf Beschäftigtenzahl in TABBERTs Untersuchung. Während dort die Elastizität in bezug auf den Umsatz für das gesamte Verarbeitende Gewerbe ungefähr bei Eins liegt, ist sie in bezug auf die Beschäftigtenzahl signifikant größer als Eins.[1)]

Eine weitere auffällige Variable ist das *FuE-Personal*. Hier sind die *Elastizitäten* unter Einschluß der Top10-Unternehmen *besonders hoch*. Das hängt sicher damit zusammen, daß die interne *FuE-Kapazität großer Konzerne* häufig in *zentralen FuE-Labors* vorgehalten wird, welche der Konzernobergesellschaft zugeordnet sind, aber Aufgaben für den Gesamtkonzern wahrnehmen. Auch der Innovationsfaktor zeigt in bezug auf Umsatz, Beschäftigte und Größenfaktor signifikant hohe Elastizitäten. Hier bestätigen sich die Ergebnisse aus Tabelle 3.3-3. Dort wurde bereits gemutmaßt, daß der Innovationsfaktor stark durch die Indikatorvariable Bruttoanlageinvestitionen geprägt

---

1) Siehe TABBERT (1974, S. 79 ff.).

ist, denn gerade die großen Unternehmen wie Siemens und die großen Chemieunternehmen haben sich als besonders investitionsfreudig erwiesen. Die allgemeine Tendenz der Ergebnisse läßt die Innovationsaktivität großer Unternehmen nicht in einem so ungünstigen Licht erscheinen, wie z. B. SCHERERs (1965) Untersuchung für die USA, der für die großen amerikanischen Unternehmen eher unterproportionales Innovationsengagement konstatierte. Abgesehen von den Größenindikatoren Anlage- und Sachanlagevermögen ergaben sich überwiegend Elastizitätswerte von etwa Eins oder leicht über Eins, so daß die *SCHUMPETER-Hypothese zumindest nicht rigoros verworfen* werden kann. Als relativ *"neutraler" Größenindikator*, der weder personal- noch anlagenlastig und auch nicht konjunkturellen Gegebenheiten unterworfen ist, hat sich die *Bilanzsumme* erwiesen. Für diesen Indikator ist die Innovationselastizität fast in allen Fällen etwa Eins, d. h. das Verhältnis der Bilanzsumme zu den diversen Innovationsindikatoren ist proportional. Für künftige "größenbereinigte" Messungen von Innovationsaktivitäten erscheint daher die Bilanzsumme als bessere Bezugsgröße als die geläufigen Größen Umsatz und Beschäftigtenzahl. Aufgrund der Ergebnisse dieses "neutralen" Größenindikators ist *weder von Größenvorteilen noch von -nachteilen großer Unternehmen* auszugehen.

Bei den obigen Schlußfolgerungen ist zu bedenken, daß die Aussagen auf den Daten großer veröffentlichungspflichtiger Kapitalgesellschaften beruhen. Bei den Unternehmen der Stichprobe, handelt es sich um besonders FuE-intensive Unternehmen. Wie bereits in Abschnitt 3.1 festgestellt wurde, haben die Unternehmen der Stichprobe einen Anteil von ungefähr 60 % an den gesamten FuE-Ausgaben der Wirtschaft gegenüber einem Anteil von etwa 34 % am Gesamtumsatz.[1] Dies kann bedeuten, daß vermehrt die FuE-intensiven Unternehmen quantitative Angaben machen, oder auch, daß die veröffentlichungspflichtigen - und damit großen - Unternehmen FuE-intensiver als die nichtveröffentlichungspflichtigen kleinen sind. Beides dürfte zutreffen. Die letztere Aussage wird auch durch die FuE-Statistik des Stifterverbandes für die Gesamtwirtschaft gestützt. Danach ist im Jahr 1987 die Konzentration der FuE-Ausgaben bei den Unternehmen mit mehr als 10.000 Beschäftigen mit 58,0 % deutlich höher als die vergleichbaren Konzentrationen des Umsatzes und der Beschäftigung, welche bei 45,8 % bzw. 51,4 % liegen.[2] Für

---

1) Vgl. hierzu Tabelle 3.1-1, S. 121.
2) Siehe ECHTERHOFF-SEVERITT u. a. (1990, S. 53).

die *FuE-Ausgaben* scheint daher eine *überproportionale Häufung bei den Großunternehmen* gegeben zu sein.

Leider gibt es keine entsprechende Gesamtstatistik für andere Innovationsindikatoren,[1)] so daß beurteilt werden könnte, ob sich auch dort eine überproportionale Häufung bei den Großunternehmen ergibt. So behauptet z. B. PAVITT (1982) für Patentaktivitäten einen umgekehrten Zusammenhang, d. h. ein *Abnehmen der Patentaktivitäten mit zunehmender Unternehmensgröße*. Dieser Trend konnte zwar in Tabelle 3.3-3 auch beobachtet werden, es fällt jedoch schwer angesichts der speziellen Zusammensetzung der Stichprobe, diesen Trend zu verallgemeinern. Eine gesamtwirtschaftliche Übersicht über die Verteilung der Patentanmeldungen nach Unternehmensgrößenklassen, die es leider noch nicht gibt, könnte hier Abhilfe schaffen. Plausibel wären relativ stärkere Patentaktivitäten kleiner Unternehmen, die möglicherweise eher marktorientierte inkrementale Innovationen als forschungsintensive technologische Durchbrüche verfolgen. Dies sieht nach einer *Arbeitsteilung in der Art der Innovationsaktivitäten zwischen großen und kleinen Unternehmen* aus. Aus technologiepolitischer Sicht ist daher die Fragestellung, ob große oder kleine Unternehmen innovativer sind, - unabhängig von dem Problem der adäquaten Messung der Innovationsstärke - nicht sinnvoll.

Die obigen Auswertungen haben gezeigt, daß bei der Berücksichtigung einer Vielzahl von Innovationsaspekten die Unterschiede in den Innovationsstärken kleiner werden oder verschwinden. Eher sollte qualitativ gefragt werden, *welcher Art sind die verschiedenen Innovationsaktivitäten kleiner und großer Unternehmen* und wie sieht die Arbeitsteilung zwischen großen und kleinen innovativen Unternehmen aus. In diese Richtung zielt z. B. die Untersuchung von PAVITT u. a. (1987), die über 4.000 Innovationen verschiedenen Unternehmensgrößenklassen und Sektoren zuordnen. Sie haben herausgefunden, daß *kleine innovative Unternehmen* häufig *stark spezialisiert* sind und vorwiegend aus dem *Maschinenbau* oder der *feinmechanischen und optischen Industrie* stammen. Hierbei handelt es sich um Sektoren, deren Technologien vielfach auch von (großen) Unternehmen außerhalb dieser Sektoren be-

---

1) Das Deutsche Patentamt veröffentlicht in seinem Jahresbericht lediglich eine Größenklassenstatistik, bei der die Unternehmensgröße durch die Zahl der Patentanmeldungen eines Unternehmens gemessen wird. Danach tätigten im Jahr 1988 nur 0,2 % aller Anmelder mehr als 100 Patentanmeldungen und hatten damit einen Anteil von 22,7 % an der Gesamtzahl aller Anmeldungen.

herrscht und eingesetzt werden. *Große innovative Unternehmen* sind dagegen häufig breiter ausgerichtet und gehören vorwiegend der *Chemie- und der Elektronikindustrie* an. Deren Technologien sind nur schwer von Unternehmen aus anderen Sektoren zu imitieren. Um diese qualitativen Aspekte der Innovationsaktivität beurteilen zu können, wird im folgenden versucht, die interindustriellen Unterschiede im Innovationsverhalten aufzuzeigen und zunächst in Abschnitt 3.3.2 durch technologische Unterschiede und schließlich in Abschnitt 3.3.3 durch unterschiedliche Marktstrukturen zu erklären.

3.3.2 Erklärung durch technologische Unterschiede

Im vorherigen Abschnitt wurde der Zusammenhang zwischen Unternehmensgröße und Innovationsaktivität ohne Berücksichtigung von sektoralen Unterschieden gemessen. Aber es deutete sich schon an, daß die Branchenzusammensetzung der Stichprobe einen nicht unerheblichen Einfluß auf die Meßergebnisse hat. So hat man beim Indikator Patentanmeldungen den Eindruck, daß die Innovationsaktivität großer Unternehmen im Vergleich zu ihrer Größe eher niedriger ist. Wenn man jedoch berücksichtigt, daß vier der zehn größten Unternehmen der Stichprobe patentierarme Automobilhersteller sind, wird klar, daß neben der Unternehmensgröße technologische Unterschiede eine entscheidende Rolle für die Höhe und die Art der Innovationsaktivitäten spielen.

Im folgenden werden zwei mögliche Technologieeinflüsse, *Faktorintensität* und *technologische Diversifikation*, näher untersucht. Dabei wird getestet, welche Rolle der technologische Einflußfaktor *neben der Unternehmensgröße* spielt und inwiefern *innerhalb einzelner Sektoren technologische Unterschiede* noch ins Gewicht fallen. Da sich im vorherigen Abschnitt die *Bilanzsumme* als der am engsten mit den Innovationsaktivitäten korrelierende Größenindikator erwiesen hat, stützt sich die nachfolgende Analyse lediglich auf diesen einen Größenindikator. Für die Innovationsaktivitäten werden weiterhin alternative Indikatoren, wie *FuE-Ausgaben*, *BMFT-Zuwendungen*, *FuE-Personal*, *Patentanmeldungen* und *Bruttoanlageinvestitionen*, sowie der *faktorenanalytisch ermittelte Innovationsfaktor* herangezogen, da eine der Ausgangshypothesen der Arbeit ist, daß sich in den einzelnen Innovationsindikatoren auch technologische Unterschiede im Innovationsprozeß abbilden. Da die Regressionsergebnisse stark durch die Werte der großen Unternehmen beeinflußt sind, die den Zusammenhang zwischen Innovationsaktivität und Unternehmensgröße möglicherweise enger erscheinen lassen, als er vermutlich ist, wird im folgenden der Technologieeinfluß nur für eine *Stichprobe von Unternehmen unter Ausschluß der zehn größten* untersucht. Dies bedeutet jedoch gleichzeitig, daß auch die wenigen verbliebenen Automobilhersteller aus der Stichprobe ausgeschlossen werden mußten, da für diesen Sektor dann eine Branchenanalyse nicht mehr sinnvoll gewesen wäre.

3.3.2.1 Brancheneinflüsse und Faktorintensitäten

Die faktorenanalytische Messung der Innovationsaktivitäten hat gezeigt, daß verschiedene Branchen unterschiedliche Innovationsmuster aufweisen. So gibt es Branchen, die eher über produktorientierte, interne Innovationsstärke verfügen, wie z. B. die Kfz-Teile-Hersteller oder die feinmechanische und optische Industrie, oder solche, die sich eher auf prozeßbezogene Innovationen stützen, wie z. B. die Computer-, Kunststoffwaren- oder Kfz-Hersteller-Industrie. Angesichts des Branchenmusters gemäß Abbildung 3.2-1 in Abschnitt 3.2.3.1 wird hier die Vermutung geäußert, daß bei *arbeitsintensiver Produktionsweise Produktinnovationen* im Vordergrund stehen, während die *kapitalintensive Produktionsweise* eher *Prozeßinnovationen*, z. B. durch extern erworbene Technologie, begünstigt. Auch die in Tabellen 3.3-4 und 3.3-5 ermittelten unterschiedlichen Innovationselastizitäten in bezug auf die Beschäftigtenzahl und auf das Sachanlagevermögen stützen diese These. Um diese Vermutungen zu überprüfen, werden Beobachtungen für die jeweiligen *Faktorintensitäten* eines Unternehmens benötigt. Dies ist insofern problematisch, als für die *Outputgröße*, auf die der jeweilige Produktionsfaktor bezogen wird, nur der *Umsatz* zur Verfügung steht. Dieser stimmt zwar bis auf Veränderungen des Lagerbestandes mit der Outputgröße Bruttowertschöpfung überein, dennoch wäre die geeignetere Outputgröße die Nettowertschöpfung gewesen.[1] Der *Faktor Arbeit* wird durch die *Zahl der Beschäftigten* eines Unternehmens, der *Faktor Kapital* durch den aus der Bilanz ermittelten *Sachanlagenbestand* gemessen. Bei letzterem wäre eventuell auch eine Stromgrößenmessung, d. h. eine Messung des Kapitalverzehrs, über die Abschreibungen möglich gewesen. Da aber auch beim Faktor Arbeit nicht die Leistungsabgabe, sondern der Bestand gemessen wird, basieren beide im folgenden verwendeten Faktorintensitäten auf umsatzbezogenen Bestandsgrößen.

---

1) Auch BROCKHOFF (1970) muß sich für seine Schätzungen zur FuE-Produktivität deutscher Pharmaunternehmen mit dem Umsatz als Outputmaß begnügen.

Um den Einfluß unterschiedlicher Technologien auf die Innovationsaktivität zu überprüfen, wurde der in Gleichung (44) dargestellte multiple Regressionsansatz geschätzt. Hierbei wird unterstellt, daß die Innovationsaktivität *(IA)* von der Unternehmensgröße, gemessen durch die Bilanzsumme *(BiSu)*, und von der vorherrschenden Technologie, gemessen durch die Technologieindikatoren Arbeits- und Kapitalintensität *(ArbI, KapI)*, abhängig ist.

(44) $IA \quad = a + b_1\, BiSu + b_2\, ArbI + b_3\, KapI + \varepsilon$

In Tabelle 3.3-6 sind die Regressionskoeffizienten auf der Basis standardisierter Regressionsvariablen wiedergegeben. Die Innovationsaktivität wird alternativ durch die Indikatoren FuE-Ausgaben *(FuEA)*, BMFT-Zuwendungen *(BMFT)*, FuE-Personal *(FuEP)*, Patentanmeldungen *(PA)*, Bruttoanlageinvestitionen *(Inv)* und den Innovationsfaktor *(Infakt)* gemessen.

Indikator	**R^2**	**BISu**	**ArbI**	**KapI**
FuEA *(FG = 205)*	0,59	0,77 *** *(17,02)*	0,09 * *(1,93)*	0,01 *(0,27)*
BMFT *(FG = 236)*	0,25	0,50 *** *(8,78)*	0,06 *(1,01)*	-0,02 *(-0,42)*
FuEP *(FG = 87)*	0,68	0,84 *** *(13,70)*	0,14 * *(2,03)*	-0,03 *(-0,44)*
PA *(FG = 228)*	0,67	0,82 *** *(21,49)*	0,10 ** *(2,59)*	-0,06 *(-1,44)*
Inv *(FG = 229)*	0,68	0,81 *** *(21,74)*	-0,05 *(-1,24)*	0,10 ** *(2,59)*
Infakt *(FG = 236)*	0,73	0,86 *** *(25,22)*	0,04 *(1,23)*	0,02 *(0,65)*
in Klammern t-Werte FG = Freiheitsgrade		*** = auf 0,1 % - Niveau signifikant ** = auf 1 % - Niveau signifikant * = auf 5 % - Niveau signifikant		
Datenquelle: Geschäftsberichte gemäß Bundesanzeiger 1988, Nr. 42 - 244, u. 1989, Nr. 1 - 86, Datenbanken FORKAT und PATDPA				

Tabelle 3.3-6: Koeffizienten der standardisierten Regression der Innovationsaktivität auf Unternehmensgröße und Arbeits- und Kapitalintensität (Verarb. Gewerbe ohne Top10 und Kfz-Hersteller 1987)

Die unterschiedliche Zahl der Freiheitsgrade bei den einzelnen Schätzungen beruht wieder auf dem zuvor schon mehrfach erwähnten Problem unvollständiger Datensätze. Trotz der etwas problematischen Indikatorenwahl für die Größen Arbeits- und Kapitalintensität sind die in Tabelle 3.3-6 dargestellten Schätzergebnisse in höchstem Maße plausibel. In allen Fällen geht von der *Unternehmensgröße* der *stärkste Einfluß* auf die *Innovationsaktivität* aus. Eine zusätzliche Rolle spielt die Faktorintensität der Produktionsweise. Es bestätigt sich, daß gerade bei den Indikatoren, die stärker den *internen, produktorientierten Innovationsprozeß* repräsentieren, wie z. B. FuE-Personal und Patentanmeldungen, die *Arbeitsintensität* einen *signifikanten positiven Einfluß* hat, während sich dort die Kapitalintensität - wenn auch nicht signifikant - eher negativ auswirkt.

Bei den FuE-Ausgaben weist der Einfluß der Arbeitsintensität ebenso in die Richtung der internen, produktorientierten Innovationsaktivität, aber die FuE-Ausgaben beinhalten durchaus zu einem kleinen Teil auch externe, eher verfahrensorientierte Komponenten, so daß der positive - nicht signifikante - Koeffizient der Kapitalintensität Sinn macht. Der *BMFT-Zuwendungsindikator* ist durch die *Faktorintensitäten nicht signifikant* beeinflußt. Allerdings ist bei der Interpretation der Regressionskoeffizienten zu berücksichtigen, daß es sich bei mehr als zwei Drittel der Beobachtungen um sogenannte Nullbeobachtungen handelt. Die Vorzeichen der Regressionskoeffizienten - positiv im Falle der Arbeitsintensität und negativ im Falle der Kapitalintensität - sprechen für eine bevorzugte Förderung eher arbeitsintensiver als kapitalintensiver Unternehmen. Daß die *Kapitalintensität* einen *positiven Einfluß* auf die *Investitionstätigkeit*, und damit auf die *Zufuhr externer Technologie*, hat, während sich die Arbeitsintensität hierauf negativ auswirkt, leuchtet unmittelbar ein. Interessant ist der Einfluß unterschiedlicher Faktorintensitäten auf den *Innovationsfaktor. Weder Kapital-, noch Arbeitsintensität* üben einen *signifikanten Einfluß* aus, während die Unternehmensgröße einen beachtlichen Erklärungsanteil hat. Dieser Effekt ist beim Innovationsfaktor durchaus erwünscht, denn die Bündelung verschiedenartiger Innovationsindikatoren zu einer Größe soll unter anderem die technologisch bedingten Einseitigkeiten einzelner Innovationsindikatoren ausgleichen.

Vergleicht man in Tabelle 3.3-6 die verschiedenen Werte des multiplen Korrelationskoeffizienten, so springt außer dem niedrigen R^2 beim BMFT-Indikator das niedrige R^2 bei den FuE-Ausgaben ins Auge. Es ist zu vermuten, daß die FuE-Ausgaben über die Faktorintensitäten hinaus verstärkt noch von weiteren, zum Teil technologisch bedingten Einflüssen, abhängen. Aufklärung hierzu kann die nachfolgende *Varianzanalyse* zum zusätzlichen Erklärungsbeitrag der Branchenzugehörigkeit bringen. Der *Erklärungsbeitrag der Branchenzugehörigkeit* wird dabei als eine Art *Obergrenze für den technologiebedingten Innovationseinfluß* interpretiert. In Anlehnung an SCHERER (1965) wird dann untersucht, ob der Einfluß der Technologievariablen, hier Arbeits- und Kapitalintensität, auch innerhalb einer Branche noch Wirkung zeigt oder ob er mit dem Brancheneinfluß zusammenfällt. Allerdings kann diese Überprüfung aufgrund fehlender Daten beim FuE-Personal und den vielen Nullbeobachtungen beim BMFT-Indikator nur für die Indikatoren *FuE-Ausgaben*, *Patentanmeldungen*, *Bruttoanlageinvestitionen* und den *Innovationsfaktor* durchgeführt werden.

In Tabelle 3.3-7 sind die Ergebnisse einer Varianzanalyse zum Anteil der Technologievariablen an der Erklärung der FuE-Aktivität dargestellt. Danach hängt die Höhe der FuE-Ausgaben zu 57,75 % von der Unternehmensgröße, gemessen durch die Bilanzsumme, ab. Die zusätzliche Erklärungskraft durch die Kapitalintensität ist mit 0,06 % äußerst gering und nicht signifikant. Dagegen ist der Einfluß der Arbeitsintensität mit 0,81 % zwar auch nur klein, aber immerhin auf dem 5 %-Niveau signifikant. Arbeits- und Kapitalintensität tragen zu 0,82 % gemeinsam zur Erklärung der FuE-Ausgaben bei und damit kaum mehr als die Arbeitsintensität alleine. Die obigen Ausführungen wiederholen im Prinzip nur das Regressionsergebnis für den Indikator FuE-Ausgaben in Tabelle 3.3-6 und bringen soweit keine neuen Erkenntnisse. Sie werden hier jedoch ergänzend für den Vergleich der Regressionen auf der Basis aller Unternehmen mit den separaten Regressionen auf Branchenebene benötigt. So sind die Schritte 5 bis 8 Wiederholungen der Schritte 1 bis 4, wobei jeweils für jeden einzelnen von dreizehn Industriezweigen separat eine Regressionsanalyse durchgeführt wurde. Da jede Branche nun ihre individuellen Schätzwerte für die Regressionskoeffizienten annehmen kann, ist die Summe der Residuenquadrate aus den dreizehn Einzelregressionen bedeutend niedriger als aus den jeweiligen Ansätzen für alle Unternehmen.

	Regression FuEA auf ...		Quadrat-summe	Varianz-anteil	FG	F-Wert
0	keine unabhäng. Variable	Gesamte SQ	4.618.395	100,00 %		
1	BiSu	Erklärte SQ Residual SQ	2.667.203 1.951.192	57,75 % 42,25 %	1 207	282,96 ***
2	BiSu, Kapl	Zusätzl. zu 1 erklärte SQ Residual SQ	2.996 1.948.196	0,06 % 42,18 %	1 206	0,32
3	BiSu, Arbl	Zusätzl. zu 1 erklärte SQ Residual SQ	37.218 1.913.974	0,81 % 41,44 %	1 206	4,01 *
4	BiSu, Kapl, Arbl	Zusätzl. zu 1 erklärte SQ Residual SQ	37.910 1.913.282	0,82 % 41,43 %	2 205	2,03
5	separat 13 IZ: BiSu	Zusätzl. zu 1 erklärte SQ Residual SQ	1.644.976 306.216	35,62 % 6,63 %	24 183	40,96 ***
6	separat 13 IZ: BiSu, Kapl	Zusätzl. zu 5 erklärte SQ Residual SQ	14.829 291.387	0,32 % 6,63 %	13 170	0,67
7	separat 13 IZ: BiSu, Arbl	Zusätzl. zu 5 erklärte SQ Residual SQ	26.270 279.946	0,57 % 6,06 %	13 170	1,23
8	separat 13 IZ: BiSu, Kapl, Arbl	Zusätzl. zu 5 erklärte SQ Residual SQ	41.779 264.437	0,90 % 5,73 %	26 157	0,95

FG = Freiheitsgrade
IZ = Industriezweige
SQ = Summe der Quadrate

*** = auf 0,1 % - Niveau signifikant
** = auf 1 % - Niveau signifikant
* = auf 5 % - Niveau signifikant

Datenquelle: Geschäftsberichte gemäß Bundesanzeiger 1988, Nr. 42 - 244, u. 1989, Nr. 1 - 86

Tabelle 3.3-7: Erklärung von FuE-Ausgaben durch Faktorintensitäten und Branchenzugehörigkeit (Verarb. Gewerbe ohne Top10 und Kfz-Hersteller 1987)

Aus Schritt 5 geht der *zusätzliche Einfluß der Branchenzugehörigkeit* zu dem der Unternehmensgröße auf die *FuE-Aktivität* hervor. Dieser ist mit einem *Anteil von 35,62 % sehr hoch*. Dies wurde bereits bei der Gegenüberstellung der technologie- und größenabhängigen Regressionen für alternative Innovationsindikatoren in Tabelle 3.3-6 gemutmaßt, da der FuE-Ausgaben-Indikator, abgesehen vom BMFT-Indikator, von allen anderen Indikatoren am schlechtesten durch die Unternehmensgröße erklärt werden konnte. Der Erklärungsanteil der Branchenzugehörigkeit ist weitaus höher als die Erklärungsanteile der beiden Faktorintensitäten. Die Schritte 6 bis 8 zeigen, daß die *Faktorintensitäten nicht mehr signifikant* sind, wenn *separate Branchenregressionen* gerechnet werden. Dies bedeutet, daß die *Faktorintensitäten innerhalb von Branchen keinen nennenswerten Einfluß* auf die Höhe der FuE-Ausgaben haben. Es ist daher zu vermuten, daß es sich beim Einfluß der *Faktorintensität* eher um ein *branchentypisches Muster* handelt, zumal die Koeffizienten der Einzelregressionen in den wenigsten Fällen signifikant waren und deren Vorzeichen in unsystematischer Weise wechselten. An dieser Stelle sei noch einmal an Abbildung 2.1-4 auf S. 65 erinnert, in der sowohl inter- als auch intrasektorale Innovationsdeterminanten in Anlehnung an DOSI (1988) aufgezeigt sind. Daraus wird klar, daß die *Sektorzugehörigkeit* zwar unterschiedliche *technologische Möglichkeiten* in sich birgt, daß damit aber auch noch weitere Einflußfaktoren, wie z. B. *Aneignungsmöglichkeiten* oder *Marktbedingungen*, verbunden sind. Es wäre daher falsch, aus Tabelle 3.3-7 die Schlußfolgerung zu ziehen, daß die Höhe der FuE-Aktivität zu mehr als 35 % technologisch bedingt ist. Der hohe Erklärungsbeitrag der Branchenzugehörigkeit ist lediglich ein Indiz dafür, daß unterschiedliche Technologien beim FuE-Ausgaben-Indikator - neben anderen branchentypischen Faktoren - eine große Rolle spielen.

Inwiefern sich die Branchenzugehörigkeit auf die Zahl der Patentanmeldungen auswirkt und welche Rolle bei separater Branchenanalyse die Technologievariablen Arbeits- und Kapitalintensität noch spielen, geht aus Tabelle 3.3-8 hervor. Sie zeigt wie schon zuvor Tabelle 3.3-7 die Ergebnisse einer Varianzanalyse. Die Schritte 1 bis 4 basieren auf Regressionen für alle Unternehmen, die Schritte 5 bis 8 dagegen auf separaten Regressionen für dreizehn Industriezweige. Im Vergleich zu den FuE-Ausgaben ist bei den Patentanmeldungen der *Erklärungsanteil* der *Unternehmensgröße* mit fast 66 % *sehr hoch*. Bei den Technologievariablen Arbeits- und Kapitalintensität geht lediglich von der *Arbeitsintensität* ein *signifikanter Einfluß* mit einem Varianzanteil von 0,81 % aus. Aber auch dieser Einfluß *wird insignifikant*, wenn wie in Schritt 7 *separate Regressionen für dreizehn Industriezweige* gerechnet werden. Im Gegensatz aber zu den FuE-Ausgaben ist hier der *Brancheneinfluß* mit ca. 12 %-Anteil *erheblich geringer*.

	Regression PA auf ...		Quadrat-summe	Varianz-anteil	FG	F-Wert
0	keine unabhäng. Variable	Gesamte SQ	382.045	100,00 %		
1	BiSu	Erklärte SQ Residual SQ	251.872 130.173	65,93 % 34,07 %	1 230	445,03 ***
2	BiSu, Kapl	Zusätzl. zu 1 erklärte SQ Residual SQ	527 129.646	0,14 % 33,93 %	1 229	0,93
3	BiSu, Arbl	Zusätzl. zu 1 erklärte SQ Residual SQ	3.091 127.082	0,81 % 33,26 %	1 229	5,57 *
4	BiSu, Kapl, Arbl	Zusätzl. zu 1 erklärte SQ Residual SQ	4.235 125.937	1,11 % 32,96 %	2 228	3,83 *
5	separat 13 IZ: BiSu	Zusätzl. zu 1 erklärte SQ Residual SQ	45.747 84.426	11,97 % 22,10 %	24 206	4,65 ***
6	separat 13 IZ: BiSu, Kapl	Zusätzl. zu 5 erklärte SQ Residual SQ	1.723 82.703	0,45 % 21,65 %	13 193	0,31
7	separat 13 IZ: BiSu, Arbl	Zusätzl. zu 5 erklärte SQ Residual SQ	4.970 79.456	1,30 % 20,80 %	13 193	0,93
8	separat 13 IZ: BiSu, Kapl, Arbl	Zusätzl. zu 5 erklärte SQ Residual SQ	6.256 78.170	1,64 % 20,46 %	26 180	0,55

FG = Freiheitsgrade
IZ = Industriezweige
SQ = Summe der Quadrate

*** = auf 0,1 % - Niveau signifikant
** = auf 1 % - Niveau signifikant
* = auf 5 % - Niveau signifikant

Datenquelle: Datenbank PATDPA,
Geschäftsberichte gemäß Bundesanzeiger 1988, Nr. 42 - 244, u. 1989, Nr. 1 - 86

Tabelle 3.3-8: Erklärung von Patentanmeldungen durch Faktorintensitäten und Branchenzugehörigkeit (Verarb. Gewerbe ohne Top10 und Kfz-Hersteller 1987)

Insgesamt bleibt beim Patentindikator bei Berücksichtigung von Branchen-, Technologie- und Größeneinflüssen mit ca. 20 %-igem Anteil eine viel größere Restvarianz als bei den FuE-Ausgaben, wo der nicht erklärte Teil nur bei knapp 6 % liegt. Möglicherweise ist die *hohe Restvarianz* ein Hinweis auf die *Unwägbarkeiten des Patentindikators* aufgrund unternehmensindividueller Patentierneigung oder aufgrund diskontinuierlich anfallender Erfindungen.[1]

1) Vgl. hierzu auch die Ausführungen in Abschnitt 2.2.2.3, S. 107 ff., zur Kritik am Patentindikator.

	Regression Inv auf ...		Quadrat-summe	Varianz-anteil	FG	F-Wert
0	keine unabhäng. Variable	Gesamte SQ	974.218	100,00 %		
1	BiSu	Erklärte SQ Residual SQ	657.337 316.881	67,47 % 31,75 %	1 231	479,19 ***
2	BiSu, Kapl	Zusätzl. zu 1 erklärte SQ Residual SQ	7.612 309.268	0,78 % 31,75 %	1 230	5,66 *
3	BiSu, Arbl	Zusätzl. zu 1 erklärte SQ Residual SQ	650 316.231	0,07 % 32,46 %	1 230	0,47
4	BiSu, Kapl, Arbl	Zusätzl. zu 1 erklärte SQ Residual SQ	9.676 307.205	0,99 % 31,53 %	2 229	3,61 *
5	separat 13 IZ: BiSu	Zusätzl. zu 1 erklärte SQ Residual SQ	38.364 278.517	3,94 % 28,59 %	24 207	1,19
6	separat 13 IZ: BiSu, Kapl	Zusätzl. zu 5 erklärte SQ Residual SQ	13.829 264.688	1,42 % 27,17 %	13 194	0,78
7	separat 13 IZ: BiSu, Arbl	Zusätzl. zu 5 erklärte SQ Residual SQ	23.935 254.582	2,46 % 26,13 %	13 194	1,40
8	separat 13 IZ: BiSu, Kapl, Arbl	Zusätzl. zu 5 erklärte SQ Residual SQ	40.986 237.530	4,21 % 24,38 %	26 181	1,20

FG = Freiheitsgrade
IZ = Industriezweige
SQ = Summe der Quadrate

*** = auf 0,1 % - Niveau signifikant
** = auf 1 % - Niveau signifikant
* = auf 5 % - Niveau signifikant

Datenquelle: Geschäftsberichte gemäß Bundesanzeiger 1988, Nr. 42 - 244, u. 1989, Nr. 1 - 86

Tabelle 3.3-9: Erklärung von Bruttoanlageinvestitionen durch Faktorintensitäten und Branchenzugehörigkeit (Verarb. Gewerbe ohne Top10 und Kfz-Hersteller 1987)

Tabelle 3.3-9 zeigt, inwiefern sich die *Branchenzugehörigkeit* auf die *Höhe der Investitionen* auswirkt und welche Rolle bei separater Branchenanalyse die Technologievariablen Arbeits- und Kapitalintensität noch spielen. Die Schritte 1 bis 4 basieren wiederum auf Regressionen für alle Unternehmen, während die Schritte 5 bis 8 auf separaten Regressionen für dreizehn Industriezweige beruhen. Wie schon bei den Patentanmeldungen ist der Erklärungsanteil der Unternehmensgröße mit ca. 67 % relativ hoch. Einen zusätzlichen *signifikanten Beitrag* zur Erklärung der Investitionstätigkeit von 0,78 %

liefert die *Kapitalintensität*. Interessant ist der *niedrige - nicht signifikante - Erklärungsanteil* der *Branchenzugehörigkeit* von nur knapp 4 %. Die *Investitionstätigkeit* ist demnach von allen Innovationsaktivitäten *am wenigsten branchenabhängig*. Diese Beobachtung ist kompatibel mit den in Abschnitt 3.2.1.5 gewonnenen Eindrücken. Schon dort wurde beim Vergleich der sektoralen Investitions-Umsatz-Relationen mit den Zahlenwerten des DIW eine schlechte Übereinstimmung festgestellt. Die Branchenwerte des DIW variierten viel weniger als die aus der eigenen Stichprobe errechneten Werte. Es wurde bereits vermutet, daß die Investitionen viel mehr als z. B. FuE-Ausgaben und Patentanmeldungen von *kurzfristigen unternehmensindividuellen Einflüssen* abhängen und weniger als branchentypisch anzusehen sind. Der *hohe Restvarianzanteil* von knapp 25 % in Tabelle 3.3-9 unterstreicht diese Hypothese. Lediglich die *Kapitalintensität* der Produktion macht sich als *sektoraler Technologieeinfluß* signifikant bemerkbar. Daß es sich um einen sektoralen Technologieeinfluß handelt, ergibt sich daraus, daß die Kapitalintensität nicht mehr signifikant ist, sobald separate Regressionen für die verschiedenen Industriezweige zugelassen werden.

Eine letzte Varianzanalyse zur *Rolle der Branchenzugehörigkeit* und der Technologiekomponenten Arbeit- und Kapitalintensität wurde für den *faktorenanalytisch ermittelten Innovationsfaktor* durchgeführt. Die Ergebnisse sind in Tabelle 3.3-10 nach dem gleichen Schema wie für die einzelnen Innovationsindikatoren dargestellt. Wie bereits schon in Tabelle 3.3-6 aufgezeigt, kann die *Unternehmensgröße* beim Innovationsfaktor mit einem Anteil von fast 73 % den *höchsten Erklärungsbeitrag* verzeichnen. Die *Faktorintensitäten* spielen daneben *keine signifikante Rolle* mehr, weder für alle Unternehmen noch auf Branchenebene. Allerdings hat die *Branchenzugehörigkeit* mit mehr als 17 % einen *nicht unerheblichen Anteil an der Erklärung* der durch den Innovationsfaktor gemessenen Innovationsaktivität. Dies bedeutet, daß der Innovationsfaktor zwar technologische Unterschiede, wie sie über die Faktorintensitäten gemessen werden können, nivelliert, daß aber darüberhinaus noch weitere sektorale Unterschiede bestehen bleiben, die eng mit den sektoralen Bestimmungsgrößen der FuE-Indikatoren zusammenhängen müssen. Dies ist kompatibel mit den Ergebnissen aus Abschnitt 3.2.3.2. Dort zeigte die Innovationsintensität ihre beste branchenweise Übereinstimmung mit der FuE-Ausgaben-Intensität.

	Regression Infakt auf ...		Quadrat-summe	Varianz-anteil	FG	F-Wert
0	keine unabhäng. Variable	Gesamte SQ	4.820.178	100,00 %		
1	BiSu	Erklärte SQ Residual SQ	3.505.478 1.314.700	72,73 % 27,27 %	1 238	634,60 ***
2	BiSu, Kapl	Zusätzl. zu 1 erklärte SQ Residual SQ	4.724 1.309.976	0,10 % 27,18 %	1 237	0,85
3	BiSu, Arbl	Zusätzl. zu 1 erklärte SQ Residual SQ	10.720 1.303.980	0,22 % 27,05 %	1 237	1,95
4	BiSu, Kapl, Arbl	Zusätzl. zu 1 erklärte SQ Residual SQ	13.049 1.301.651	0,27 % 27,00 %	2 236	1,18
5	separat 13 IZ: BiSu	Zusätzl. zu 1 erklärte SQ Residual SQ	844.039 470.661	17,51 % 9,76 %	24 214	15,99 ***
6	separat 13 IZ: BiSu, Kapl	Zusätzl. zu 5 erklärte SQ Residual SQ	19.519 451.142	0,40 % 9,36 %	13 201	0,67
7	separat 13 IZ: BiSu, Arbl	Zusätzl. zu 5 erklärte SQ Residual SQ	28.987 441.674	0,60 % 9,16 %	13 201	1,01
8	separat 13 IZ: BiSu, Kapl, Arbl	Zusätzl. zu 5 erklärte SQ Residual SQ	44.804 425.857	0,93 % 8,83 %	26 188	0,76

FG = Freiheitsgrade
IZ = Industriezweige
SQ = Summe der Quadrate

*** = auf 0,1 % - Niveau signifikant
** = auf 1 % - Niveau signifikant
* = auf 5 % - Niveau signifikant

Datenquelle: Datenbanken PATDPA und FORKAT, Geschäftsberichte gemäß Bundesanzeiger 1988, Nr. 42 - 244, u. 1989, Nr. 1 - 86

Tabelle 3.3-10: Erklärung des Innovationsfaktors durch Faktorintensitäten und Branchenzugehörigkeit (Verarb. Gewerbe ohne Top10 und Kfz-Hersteller 1987)

Wie bereits oben erwähnt, verbergen sich hinter den *sektoralen Besonderheiten* nicht nur nicht näher bestimmte *technologische Ursachen*, sondern *auch* eine Reihe *ökonomischer Einflußfaktoren*. Es wäre eine *eigene Studie* wert, diese *sektoralen Einflüsse* auf das Innovationsgeschehen - im Zusammenspiel mit den *unternehmensindividuellen Einflüssen* - zu analysieren. Eine Untersuchung, die schon in diese Richtung zielt, stammt von LEVIN u. a. (1985). Es würde allerdings den Rahmen dieser Arbeit sprengen, insbesondere auf der Basis des verwendeten Datenmaterials, die sektoralen Einflußfaktoren erschöpfend zu behandeln. Partiell allerdings können noch weitere sektorale Aspekte ausgeleuchtet werden, wie z. B. im folgenden Abschnitt, wo die Rolle der *technologischen Diversifikation* wiederum im Zusammenhang mit der Branchenzugehörigkeit analysiert wird. Schließlich wird als letzter Punkt dieser Arbeit zur Beurteilung des SCHUMPETERschen Innovations-Wettbewerbs-Zusammenhanges der *Einfluß der Marktstruktur*, einer wichtigen sektoralen Größe, untersucht.

3.3.2.2 Brancheneinflüsse und technologische Diversifikation

Mit der Unternehmensgrößen-Hypothese eng verbunden ist die Annahme, daß große Unternehmen aufgrund besserer Möglichkeiten, ihr Produktprogramm zu diversifizieren, Vorteile bei der Einführung von Innovationen haben. Die Vorteile liegen in den besseren Verwertungsmöglichkeiten von unerwarteten Erfindungen. Da FuE ein Prozeß mit nicht immer kalkulierbarem Ausgang ist, sind die Anreize, in FuE zu investieren, bei den Unternehmen größer, die auch von den unerwarteten Ergebnissen profitieren können. SCHERER (1965) konnte am Beispiel von 448 amerikanischen Unternehmen zeigen, daß das Ausmaß der Diversifikation eines Unternehmens einen nicht unerheblichen Beitrag zur Erklärung von FuE- und von Patentaktivität liefert. Dabei spielt die *Diversifikation* vor allem in den *Low-Tech-Sektoren* eine *innovationsverstärkende Rolle*. In diesen Sektoren geht die Diversifikation in Richtung technologisch höherwertiger Produktzweige. Im folgenden wird untersucht, inwieweit diese Aussagen auch für die westdeutsche Industrie Gültigkeit haben. Allerdings ist hier zu berücksichtigen, daß die zugrundeliegende Unternehmensstichprobe zugunsten der FuE-intensiveren Unternehmen verzerrt ist, d. h. es sind nur ganz wenige Unternehmen aus sogenannten Low-Tech-Branchen, wie z. B. Textil, Holz oder Ernährung, vertreten, so daß im folgenden mit einem schwächeren Einfluß der Diversifkation auf die Innovationsaktivität gerechnet werden muß.

Um die Wirkung der Diversifikation für die verschiedenen Arten der Innovationsaktivität überprüfen zu können, bedarf es zunächst eines Diversifikationsmaßes. SCHERER (1965) verwendet hierfür die Zahl der Industriezweige, in denen ein Unternehmen operiert, wobei er von etwa 200 verschiedenen Industriezweigen auf der Basis von SIC-Vierstellern ausgeht. In dieser Arbeit wird ein alternatives, *mehr technologie- als produktorientiertes Diversifikationsmaß* verwendet. Hierbei wird zur Bildung von Technologieklassen auf die

Technikfelder-Liste des Fraunhofer-Instituts für Systemtechnik und Innovationsforschung (ISI) zurückgegriffen. Die ISI-Liste definiert mit Hilfe der Internationalen Patentklassifikation (IPC) 28 homogene Technikfelder, denen sich sämtliche Patentanmeldungen am Deutschen und Europäischen Patentamt gemäß ihrer Klassifizierung in Patenthauptklassen eindeutig zuordnen lassen.[1] Zur Messung der divergierenden Unternehmensaktivität wird das in der Informationstheorie gebräuchliche *Maß für die Unordnung*, die *Entropie*, verwendet. Die Entropie ist eine positive Größe, die mit zunehmender Zahl von Technikfeldern, in denen sich ein Unternehmen erfinderisch betätigt, wächst.[2] Um den Einfluß der technologischen Diversifikation auf die Innovationsaktivität zu überprüfen, wurde der in Gleichung (45) dargestellte multiple Regressionsansatz geschätzt, bei dem die Innovationsaktivität *(IA)* von der Unternehmensgröße, gemessen durch die Bilanzsumme *(BiSu)*, und von der technologischen Diversifikation *(Div)* abhängt.

$$(45) \quad IA = a + b_1\, BiSu + b_2\, Div + \varepsilon$$

In Tabelle 3.3-11 sind die Regressionskoeffizienten auf der Basis standardisierter Variablen wiedergegeben. Die Innovationsaktivität wird alternativ durch die Indikatoren FuE-Ausgaben *(FuEA)*, BMFT-Zuwendungen *(BMFT)*, FuE-Personal *(FuEP)*, Patentanmeldungen *(PA)*, Bruttoanlageinvestitionen *(Inv)* und den Innovationsfaktor *(Infakt)* gemessen. Wie schon im vorherigen Abschnitt haben die unvollständigen Datensätze eine unterschiedliche Zahl von Freiheitsgraden bei den einzelnen Schätzungen zur Folge. Die Ergebnisse in Tabelle 3.3-11 sprechen für einen *positiven Einfluß* der *technologischen Diversifikation* auf die verschiedenen Arten der *Innovationsaktivität*. Allerdings ist der hier gemessene Einfluß der Diversifikation bei weitem nicht so stark wie bei SCHERER (1965). Dies kann durchaus daran liegen, daß die hier zugrundeliegende Unternehmensstichprobe zugunsten der High-Tech-Branchen verzerrt ist, so daß die Diversifikationsrichtung nicht so eindeutig wie bei SCHERER in die technologisch höherwertigen Sektoren zielt. Mögli-

---

1) Zur Definition der Technikfelder siehe GRUPP u. a. (1990, S. 9 - 11) oder GRUPP u. SCHMOCH (1992, S. 85).

2) Die Entropie ist definiert als: $S = -\Sigma_i\, p_i \ln p_i$, wobei im obigen Beispiel $i = 1,...,28$ für die Technikfelder steht und p_i der Anteil der Patentanmeldungen eines Unternehmens ist, der auf Technikfeld i entfällt. Der Wertebereich des Entropiemaßes liegt unter Zugrundelegung von 28 Technikfeldern zwischen *0* im Falle der völligen Spezialisierung auf nur ein Technikfeld und *3,33* bei gleichmäßiger Diversifikation in alle 28 Technikfelder. Vgl. hierzu GRUPP (1990b) und GRUPP u. a. (1990).

cherweise ist auch die von SCHERER verwendete *Produktdiversifikation* im Vergleich zur hier verwendeten *technologischen Diversifikation* die bessere erklärende Größe. Leider konnte in Ermangelung von Daten zur Produktdiversifikation kein Vergleich zwischen den beiden Diversifikationsebenen durchgeführt werden.

Indikator	R^2	**BISu**	**Div**
FuEA *(FG = 176)*	0,59	0,74 *** *(13,37)*	0,06 *(1,02)*
BMFT *(FG = 198)*	0,27	0,39 *** *(5,60)*	0,19 ** *(2,73)*
FuEP *(FG = 72)*	0,73	0,75 *** *(10,25)*	0,18 * *(2,43)*
PA *(FG = 196)*	0,67	0,75 *** *(15,56)*	0,12 ** *(2,59)*
Inv *(FG = 192)*	0,73	0,79 *** *(18,26)*	0,11 * *(2,57)*
Infakt *(FG = 198)*	0,76	0,83 *** *(20,68)*	0,07 *(1,83)*
in Klammern t-Werte FG = Freiheitsgrade		*** = auf 0,1 % - Niveau signifikant ** = auf 1 % - Niveau signifikant * = auf 5 % - Niveau signifikant	
Datenquelle: Geschäftsberichte gemäß Bundesanzeiger 1988, Nr. 42 - 244, u. 1989, Nr. 1 - 86, Datenbanken FORKAT und PATDPA			

Tabelle 3.3-11: Koeffizienten der standardisierten Regression der Innovationsaktivität auf Unternehmensgröße und technologische Diversifikation (Verarb. Gewerbe ohne Top10 und Kfz-Hersteller 1987)

Interessant ist der zwar positive, aber nicht signifikante Einfluß der technologischen Diversifikation auf die FuE-Ausgaben im Vergleich zu den signifikanten Regressionskoeffizienten bei den Indikatoren FuE-Personal und Patentanmeldungen.[1)] Eine mögliche Begründung könnte darin liegen, daß eine größere Diversifikationsbreite zu einer höheren Bereitschaft führt, interne Innovationsaktivitäten, wie sie durch die Indikatoren FuE-Personal und Pa-

1) Die Ergebnisse von SCHERER (1965) zur Rolle der Diversifikation beziehen sich im übrigen nur auf Patente und FuE-Personal.

tentanmeldungen gemessen werden, durchzuführen. Die *Diversifikation mildert* somit das *Innovationsrisiko*, das beim Aufbau *eigener Innovationskapazitäten* höher ist als z. B. bei der befristeten Vergabe externer FuE-Aufträge. Da der FuE-Ausgaben-Indikator auch externe Innovationsaktivitäten mit geringerem Risiko umfaßt, ist der schwächere Einfluß der Diversifikation auf die FuE-Ausgaben durchaus erklärlich. Beim FuE-Personal-Indikator könnte allerdings auch die kleine Stichprobe eine verzerrende Rolle spielen. Da z. B. für die Unternehmen der Luft- und Raumfahrtindustrie überhaupt keine FuE-Personal-Daten vorliegen, ist zumindest ein Sektor, bei dem die Diversifikationsrichtung vermutlich eher in weniger technologieintensive Bereiche geht, ausgeschlossen, so daß das Gewicht der Unternehmen mit umgekehrter Diversifikationsrichtung stärker ist.

Der hohe signifikante Koeffizient bei den BMFT-Zuwendungen besagt, daß *technologisch diversifiziertere Unternehmen* eine *größere Chance* auf *direkte staatliche FuE-Förderung* haben als technologisch einseitigere. Da, wie in Abschnitt 3.2.1.2 gezeigt, die BMFT-Förderung nach verschiedenen technologisch und gesellschaftlich ausgerichteten Förderschwerpunkten erfolgt, erhöht ein Unternehmen seine Förderungschancen, wenn es technologisch breiter ausgerichtet ist und sich daher innerhalb unterschiedlicher Forschungsprogramme um Förderung bemühen kann. Bei den Investitionen wirkt sich die technologische Breite ebenfalls signifikant positiv aus. Vermutlich ist bei einem technologisch diversifizierteren Produktionsprogramm aufgrund der *verschiedenartigen Produktionsprozesse* die Anlagenausnutzung nicht so hoch wie bei spezialisierteren Unternehmen, so daß ein *stärkerer Investitionsbedarf* vorhanden ist. Andererseits mag auch die *Investitionsbereitschaft* infolge einer größeren *Risikostreuung* bei einem diversifizierteren Programm erhöht sein. Auch der Innovationsfaktor hängt in positiver Weise von der technologischen Diversifikation ab. Allerdings ist die Wirkung nicht so stark ausgeprägt und nur noch bei einer Irrtumswahrscheinlichkeit von ca. 7 % signifikant. Dies hängt wiederum mit der starken Anbindung des Innovationsfaktor an den FuE-Ausgaben-Indikator zusammen.

SCHERERs (1965) Untersuchung hat ergeben, daß der Diversifikationsindex nur noch eine minimale Rolle spielt, wenn separate Regressionen für einzelne Industriezweige gerechnet werden. Der Tendenz nach waren Unternehmen aus patentierfreudigeren Branchen diversifizierter als Unternehmen aus

Branchen mit geringerer Patentaktivität. Um auch hier *sektorale* und *unternehmensspezifische Einflüsse unterscheiden* zu können, wurden wie schon im vorherigen Abschnitt mehrere *Varianzanalysen* durchgeführt. Allerdings erstreckt sich diese Untersuchung wegen fehlender Daten beim FuE-Personal und den vielen Nullbeobachtungen beim BMFT-Indikator nur auf die Indikatoren FuE-Ausgaben, Patentanmeldungen, Bruttoanlageinvestitionen und den Innovationsfaktor. Die Ergebnisse der Varianzanalysen für die einzelnen Innovationsindikatoren sind in den Tabellen 3.3-12 bis 3.3-15 festgehalten.

Vergleicht man diese Ergebnisse mit denen aus dem vorhergehenden Abschnitt, so fällt an Tabellen 3.3-12 bis 3.3-15 zunächst auf, daß die sektoralen Erklärungsanteile in etwa gleich hoch sind, d. h. ca. 36 % bei den FuE-Ausgaben, ca. 12 % bei den Patentanmeldungen, ca. 4 % bei den Bruttoanlageinvestitionen und ca. 17 % beim Innovationsfaktor. Die *Diversifikationsvariable* erweist sich in allen Fällen als *insignifikant*, wenn *separate Branchenregressionen* gerechnet werden, wobei zu berücksichtigen ist, daß sie im Falle der FuE-Ausgaben und des Innovationsfaktors schon bei der Gesamtregression nicht signifikant ist. Trotz der geringen Signifikanz auf Branchenebene sollte die technologische Diversifikation nicht alleine als sektoraler Faktor interpretiert werden. Denn im Gegensatz zu den Technologievariablen Arbeits- und Kapitalintensität, wo auf *Branchenebene* die Vorzeichen der Koeffizienten relativ unsystematisch wechselten, ergaben sich hier nahezu in allen Fällen *positive Koeffizienten* für die *Diversifikationsvariable*. Eine Ausnahme bildet hierbei die *Luft- und Raumfahrtindustrie*, wo der Einfluß der *technologischen Diversifikation* für alle vier Innovationsindikatoren *negativ* ist. Wenn diese Koeffizienten auch nicht signikant sind, wie fast alle auf Branchenebene geschätzten Koeffizienten, so sind deren negative Werte doch plausibel. Die Innovationsaktivitäten in der Luft- und Raumfahrtindustrie sind vielfach von staatlicher Seite initiiert und dabei hoch subventioniert. Die Frage nach dem Innovationsrisiko, das durch Diversifikation gemildert werden müßte, stellt sich nicht in dem Maße wie in wettbewerblicheren Sektoren. Des weiteren ist zu bedenken, daß die Luft- und Raumfahrtindustrie gemeinhin als der führende Hochtechnologiesektor gilt. Technologische Diversifikation in andere Bereiche müßte zwangsläufig auf weniger technologieintensive Felder führen, so daß von daher der Einfluß der Diversifikation auf die Innovationsaktivität nur negativ ausfallen kann.

	Regression FuEA auf ...		Quadrat-summe	Varianz-anteil	FG	F-Wert
0	keine unabhäng. Variable	Gesamte SQ	4.346.191	100,00 %		
1	BiSu	Erklärte SQ Residual SQ	2.573.771 1.772.420	59,22 % 40,78 %	1 177	257,03 ***
2	BiSu, Div	Zusätzl. zu 1 erklärte SQ Residual SQ	10.358 1.762.062	0,24 % 40,54 %	1 176	1,03
3	separat 13 IZ: BiSu	Zusätzl. zu 1 erklärte SQ Residual SQ	1.557.390 215.030	35,83 % 4,95 %	24 153	46,17 ***
4	separat 13 IZ: BiSu, Div	Zusätzl. zu 3 erklärte SQ Residual SQ	16.852 198.179	0,40 % 4,56 %	13 140	0,92

FG = Freiheitsgrade
IZ = Industriezweige
SQ = Summe der Quadrate

*** = auf 0,1 % - Niveau signifikant
** = auf 1 % - Niveau signifikant
* = auf 5 % - Niveau signifikant

Datenquelle: Geschäftsberichte gemäß Bundesanzeiger 1988, Nr. 42 - 244, u. 1989, Nr. 1 - 86

Tabelle 3.3-12: Erklärung von FuE-Ausgaben durch technologische Diversifikation und Branchenzugehörigkeit (Verarb. Gewerbe ohne Top10 und Kfz-Hersteller 1987)

	Regression PA auf ...		Quadrat-summe	Varianz-anteil	FG	F-Wert
0	keine unabhäng. Variable	Gesamte SQ	369.540	100,00 %		
1	BiSu	Erklärte SQ Residual SQ	242.376 127.164	65,59 % 34,41 %	1 197	375,48 ***
2	BiSu, Div	Zusätzl. zu 1 erklärte SQ Residual SQ	4.211 122.954	1,14 % 33,27 %	1 196	6,71 *
3	separat 13 IZ: BiSu	Zusätzl. zu 1 erklärte SQ Residual SQ	45.504 81.660	12,31 % 22,10 %	24 173	4,02 ***
4	separat 13 IZ: BiSu, Div	Zusätzl. zu 3 erklärte SQ Residual SQ	4.798 76.863	1,30 % 20,80 %	13 160	0,77

FG = Freiheitsgrade
IZ = Industriezweige
SQ = Summe der Quadrate

*** = auf 0,1 % - Niveau signifikant
** = auf 1 % - Niveau signifikant
* = auf 5 % - Niveau signifikant

Datenquelle: Datenbank PATDPA,
Geschäftsberichte gemäß Bundesanzeiger 1988, Nr. 42 - 244, u. 1989, Nr. 1 - 86

Tabelle 3.3-13: Erklärung von Patentanmeldungen durch technologische Diversifikation und Branchenzugehörigkeit (Verarb. Gewerbe ohne Top10 und Kfz-Hersteller 1987)

	Regression Inv auf ...		Quadrat-summe	Varianz-anteil	FG	F-Wert
0	keine unabhäng. Variable	Gesamte SQ	816.454	100,00 %		
1	BiSu	Erklärte SQ Residual SQ	584.682 231.773	71,61 % 28,39 %	1 193	486,87 ***
2	BiSu, Div	Zusätzl. zu 1 erklärte SQ Residual SQ	7.731 224.042	0,95 % 27,44 %	1 192	6,63 *
3	separat 13 IZ: BiSu	Zusätzl. zu 1 erklärte SQ Residual SQ	35.173 196.600	4,31 % 24,08 %	24 169	1,26
4	separat 13 IZ: BiSu, Div	Zusätzl. zu 3 erklärte SQ Residual SQ	21.102 175.498	2,58 % 21,50 %	13 156	1,44

FG = Freiheitsgrade
IZ = Industriezweige
SQ = Summe der Quadrate

*** = auf 0,1 % - Niveau signifikant
** = auf 1 % - Niveau signifikant
* = auf 5 % - Niveau signifikant

Datenquelle: Geschäftsberichte gemäß Bundesanzeiger 1988, Nr. 42 - 244, u. 1989, Nr. 1 - 86

Tabelle 3.3-14: Erklärung von Bruttoanlageinvestitionen durch technologische Diversifikation und Branchenzugehörigkeit (Verarb. Gewerbe ohne Top10 und Kfz-Hersteller 1987)

	Regression Infakt auf ...		Quadrat-summe	Varianz-anteil	FG	F-Wert
0	keine unabhäng. Variable	Gesamte SQ	4.364.413	100,00 %		
1	BiSu	Erklärte SQ Residual SQ	3.295.701 1.068.712	75,51 % 24,49 %	1 199	613,68 ***
2	BiSu, Div	Zusätzl. zu 1 erklärte SQ Residual SQ	17.849 1.050.863	0,41 % 24,08 %	1 198	3,36
3	separat 13 IZ: BiSu	Zusätzl. zu 1 erklärte SQ Residual SQ	760.189 308.523	17,42 % 7,07 %	24 175	17,97 ***
4	separat 13 IZ: BiSu, Div	Zusätzl. zu 3 erklärte SQ Residual SQ	30.724 277.799	0,70 % 6,37 %	13 162	1,38

FG = Freiheitsgrade
IZ = Industriezweige
SQ = Summe der Quadrate

*** = auf 0,1 % - Niveau signifikant
** = auf 1 % - Niveau signifikant
* = auf 5 % - Niveau signifikant

Datenquelle: Datenbanken PATDPA und FORKAT,
Geschäftsberichte gemäß Bundesanzeiger 1988, Nr. 42 - 244, u. 1989, Nr. 1 - 86

Tabelle 3.3-15: Erklärung des Innovationsfaktors durch technologische Diversifikation und Branchenzugehörigkeit (Verarb. Gewerbe ohne Top10 und Kfz-Hersteller 1987)

Beim *Maschinenbau*, für den von allen Sektoren die meisten Beobachtungen vorliegen, sind außer bei den Investitionen für alle anderen Innovationsindikatoren die Koeffizienten der *Diversifikationsvariable signifikant positiv*. Die Diversifikationsrichtung geht hier also eindeutig in technologieintensivere Bereiche, z. B. hin zur Automatisierung mit Hilfe moderner Mikroelektronik und Datenverarbeitung oder zum Einsatz verbesserter Werkstoffe.

Die obigen Untersuchungen haben deutlich gemacht, daß *neben der Größe* eines Unternehmens die *sektorale Zugehörigkeit* die *wichtigste Rolle* für die *Höhe der Innovationsaktivität* spielt. Für die Stärke des sektoralen Einflusses gibt es jedoch je nach Art der Innovationsaktivität erhebliche Unterschiede. So lassen sich z. B. die FuE-Ausgaben zu fast 36 % durch sektorale Unterschiede erklären, die Investitionen dagegen nur zu statistisch nicht signifikanten 4 %. Oben wurde bereits gezeigt, daß die sektoralen Unterschiede teilweise technologisch bedingt sind. *Arbeitsintensivere Branchen* neigen eher zu *interner, produktorientierter Innovationsaktivität*, während die *kapitalintensiven Branchen* eher zu *externer, prozeßorientierter Innovationsaktivität* tendieren. Die technologische Diversifikation als Bestimmungsgröße der Innovationsaktivität konnte allerdings nicht so eindeutig als sektorales Phänomen identifiziert werden. Es spricht sehr viel dafür, daß innerhalb der meisten Branchen *diversifizierte Unternehmen stärkere Innovationsaktivitäten* zeigen als technologisch einseitige Unternehmen. In einer weitergehenden Untersuchung müßte versucht werden, die für den Innovationsprozeß relevanten sektoralen Unterschiede noch weiter aufzubrechen und deren Auswirkungen auf die verschiedenen Innovationsarten zu ermitteln. Dies kann im Rahmen dieser Arbeit allerdings nur partiell geleistet werden. Da sich *Industriezweige* nicht nur von ihren Produkten und Produktionsprozessen her unterscheiden, sondern auch durch *unterschiedliche ökonomische Rahmenbedingungen* gekennzeichnet sind, ist die nachfolgende Untersuchung zum Einfluß der *Marktstruktur* als ein Beitrag zu verstehen, die sektorale Innovationskomponente aus ökonomischer Sicht weiter aufzuschlüsseln.

3.3.3 Erklärung durch die Marktstruktur

3.3.3.1 Lineare Zusammenhänge zwischen Innovationsaktivitäten und Marktstruktur

Ausgangspunkt jüngerer und älterer Ansätze zur Erklärung industrieller Innovationsaktivitäten ist immer wieder die *SCHUMPETER-Hypothese*, nach der die Anwendung monopolistischer Praktiken das Hervorbringen von Innovationen begünstigt. Diese Aussage ist in vielerlei Hinsicht interpretationsfähig und bietet daher viele Anknüpfungspunkte für eine empirische Überprüfung. So wurde die SCHUMPETER-Hypothese bereits in eine *Unternehmensgrößen-* und eine *Marktmacht-Hypothese* unterteilt. Nach der Unternehmensgrößen-Hypothese, welche in Abschnitt 3.3.1 untersucht wurde, haben große Unternehmen entscheidende Vorteile bei der Aufbringung der für den Innovationsprozeß benötigten Ressourcen. Nach der *Marktmacht-Hypothese* begünstigen Monopolgewinne die Bereitschaft zur Übernahme von Innovationsrisiken. Auch diese Hypothese hat inzwischen in der empirischen Literatur die Aufteilung in *zwei Varianten* erfahren. Einmal wird untersucht, wie sich die *Marktstellung* auf die Innovationsaktivitäten der einzelnen Unternehmen auswirkt.[1] Zum anderen wird der Frage nachgegangen, welche *Marktstruktur* für die Innovationsstärke eines Sektors optimal ist. Dahinter steckt die Vorstellung, daß es eine Marktstruktur gibt, in der die Innovationsanreize besonders hoch bzw. die Innovationshemmnisse besonders niedrig sind.[2] Die letztere Fragestellung ist Gegenstand dieses Abschnitts.

Die Marktstruktur-Hypothese wird hier unter dem *Gesichtspunkt des sektoralen Innovationseinflusses* untersucht, allerdings nicht ohne darauf hinzuweisen, wie problematisch die Hypothesen über die Anreizmechanismen verschiedener Marktstrukturen sind. Zum Beispiel zeigt TABBERT auf, daß in den Marktformen Polypol, Oligopol und Monopol jeweils unterschiedliche Innovationsanreize wirken, wobei er wie auch viele andere Autoren[3] in erster Linie Prozeßinnovationen im Auge hat. So wirken im Polypol die hohen Gewinnchancen bei vollkommen preiselastischer Nachfrage, im Oligopol die Furcht vor Verdrängung durch innovativere Konkurrenten und im Monopol die geringe Furcht vor Imitation durch Konkurrenten innovationsverstärkend. TABBERT selbst relativiert diese Aussagen jedoch, indem er darauf hinweist, daß ihnen eine statische, dem Innovationsgeschehen nicht adäquate Sichtweise zugrundeliegt. Gerade der potentielle Wettbewerb durch mögliche Markteintritte ist eine Triebfeder für Innovationen auch in vermeintlich ge-

---

1) Siehe z. B. SCHERER (1965).
2) Siehe z. B. SCHERER (1967b), TABBERT (1974) oder LEVIN u. a. (1985).
3) Beispiele sind die in Abschnitt 2.1.1 diskutierten neoklassischen Ansätze von ARROW (1962), DASGUPTA u. STIGLITZ (1980b) und LEVIN u. REISS (1984), aber auch der in Abschnitt 2.1.2.2 vorgestellte evolutionstheoretische Ansatz von NELSON u. WINTER (1982).

schützten Marktpositionen.[1] Berücksichtigt man aber den potentiellen Wettbewerb in Form von Markteintritten, was LEVIN und REISS (1984, 1988) formal sehr elegant aufgezeigt haben, dann ist die Einflußrichtung nicht mehr einseitig kausal von der *Marktstruktur* zur *Innovationsaktivität*. Beide Größen sind dann *simultan* durch weitere Einflußfaktoren *bestimmt*. Diese *Simultanität* ist vermutlich eine der *wichtigsten Erkenntnisse* der *jüngeren Innovationsforschung*, unabhängig davon, auf welcher theoretischer Grundlage jeweils argumentiert wird. So haben LEVINs und REISS' (1988) Einflußfaktoren auf Marktstruktur und Innovationsaktivität, die FuE-Elastizitäten in bezug auf Produktattraktivität und Stückkosten und die diversen Spillover-Maße, ihre Entsprechung in DOSIs (1988) technologische Chancen und Aneignungsmöglichkeiten. Auch berücksichtigen sowohl LEVIN und REISS als auch DOSI, daß auch die Nachfrage eine wichtige Bestimmungsgröße für die Höhe der FuE-Ausgaben und für die Anbieterkonzentration darstellt.[2]

Während in einigen empirische Arbeiten, wie z. B. von SCHERER (1965, 1967b), TABBERT (1974) und LEVIN u. a. (1985), lediglich festgestellt wurde, daß die *Marktstruktur* mit den *technologischen Chancen* und den *Aneignungsmöglichkeiten* um die Erklärung industrieller Innovationsaktivität *konkurriert*, zeigen PAVITT u. a. (1987) und ACS u. AUDRETSCH (1988) explizit auf, daß die Unternehmensgrößenverteilung und die Innovationsstärke eines Sektors gemeinsam durch die Einflußfaktoren technologische Chancen und Aneignungsmöglichkeiten bestimmt sind.[3] Die statistische Insignifikanz der Marktstruktur, die dann auftritt, wenn verschiedene Technologiedummies einbezogen werden, ist dann nur scheinbar Ausdruck einer "Konkurrenz", wenn davon ausgegangen werden muß, daß die Marktstruktur selbst durch diese technologischen Einflüsse bestimmt ist. Nach PAVITT u. a. (1987) sind die Innovationsintensitäten hoch in Sektoren mit hohen technologischen Chancen, z. B. in der feinmechanischen und optischen Industrie oder in der Elektrotechnik, unterschiedliche Aneignungsmöglichkeiten - gute in der feinmechanischen und optischen Industrie und erschwerte in der Elektrotechnik - würden jedoch zu unterschiedlichen Industriestrukturen führen. So herrschen in der feinmechanischen und optischen Industrie eher die kleinen Spezialanbieter vor, während in der Elektrotechnik die großen Konzerne dominieren.

---

1) Siehe TABBERT (1974, S. 22 ff.).
2) Siehe hierzu auch die Abschnitte 2.1.1.3 und 2.1.2.3 dieser Arbeit.
3) Siehe hierzu auch Abschnitt 2.2.1.2 dieser Arbeit.

Angesichts der Erkenntnis, daß der Zusammenhang zwischen Innovationsaktivität und Marktstruktur interdependent ist, fällt es schwer, die Innovationsaktivität durch die Marktstruktur kausal erklären zu wollen. Nachfolgend kann daher *lediglich* der *statistische Zusammenhang* der beiden Größen aufgezeigt werden, der dann vorsichtig interpretiert und keinesfalls zu einem Mittel-Zweck-Zusammenhang umgemünzt werden sollte.

Sollten sich die Ergebnisse von PAVITT u. a. (1987), wonach sowohl Sektoren mit vielen kleinen als auch solche mit wenigen großen Unternehmen innovationsstark sind, auch auf die Bundesrepublik Deutschland übertragen lassen, so deutet dies auf eine *nichtlineare Beziehung* zwischen der *Unternehmenskonzentration* und der *sektoralen Innovationsstärke* hin. Die Ergebnisse dürften jedoch differieren, je nachdem welcher Innovationsindikator verwendet wird, da der eine Indikator vielleicht stärker auf die technologischen Chancen und der andere stärker auf die unterschiedlichen Aneignungsmöglichkeiten oder auf die Nachfrageverhältnisse reagiert. Da der Schwerpunkt dieser Arbeit bei der Innovationsmessung liegt, wird nachfolgend zwar die Vielfalt des Innovationsprozesses durch die Einbeziehung alternativer Innovationsindikatoren berücksicht, was aber nicht geleistet werden kann, ist eine genauso differenzierte Betrachtung des Einflusses der Marktstruktur. Trotzdem oder gerade deswegen muß an dieser Stelle darauf hingewiesen werden, daß die *Messung der Rolle der Marktstruktur* angesichts nicht eindeutig abzugrenzender Märkte und der Vielfalt möglicher Konzentrationsmaße äußerst *problematisch* ist.[1)] Auch kann nicht ohne weiteres im Sinne des "Market Structure - Conduct - Performance" - Modells aus der Marktstruktur auf die Intensität des Wettbewerbs geschlossen werden.[2)] Die Marktstruktur, die nachfolgend als Anteil der sechs größten Unternehmen am Gesamtumsatz einer Branche *(UmsTop6)* gemessen wird, kann daher nur als ein möglicher Anhaltspunkt für den Zustand des Wettbewerbs in einer Branche gewertet werden.

Für die Messung der Beziehung zwischen Innovationsaktivität und Marktstruktur wird zunächst ein *linearer Zusammenhang* zwischen relativer *Innovationsaktivität (IA/UG)* und der *Konzentrationsvariable (UmsTop6)* gemäß Glei-

---

1) Zur Konzentrationsmessung in der Bundesrepublik Deutschland vgl. LAUX (1983).
2) Zur Problematik des Zusammenhangs zwischen Marktstruktur und Wettbewerb und seiner Messung siehe z. B. BÖBEL (1984).

chung (46) unterstellt. In Anlehnung an SCHERER (1967b) wird sie durch die Hinzunahme dreier *Technologie-Dummyvariablen* *(HiTec, Elec, Chem)* zu Gleichung (47) erweitert, um den Einfluß der Marktkonzentration bei gleichzeitiger Berücksichtigung technologischer Rahmenbedingungen beurteilen zu können.

$$(46)\quad IA/UG = a + b\,UmsTop6 + \varepsilon$$

$$(47)\quad IA/UG = a + b\,UmsTop6 + c_1\,HiTec + c_2\,Elec + c_3\,Chem + \varepsilon$$

Hierfür werden die verschiedenen Branchen zu technologischen Gruppen zusammengefaßt. Abweichend von SCHERER wird mit der Dummygröße *HiTec* eine Extrakategorie für die Hochtechnologie-Unternehmen der Sektoren Luft- und Raumfahrt und Spalt- und Brutstoffe geschaffen. Die technologischen Besonderheiten der Branchen Elektrotechnik, Datenverarbeitungstechnik, und Feinmechanik und Optik werden durch die Dummyvariable *Elec* verkörpert. Eine weitere technologische Kategorie *(Chem)* bilden die Unternehmen der chemischen, der pharmazeutischen und der mineralölverarbeitenden Industrie. Da die dieser Arbeit zugrundeliegende Stichprobe einen Bias zugunsten der innovationsstärkeren Unternehmen und Branchen aufweist, erscheint die Aufteilung der restlichen Branchen auf mäßig fortschrittliche und nicht fortschrittliche Technologiegruppen, wie bei SCHERER (1965) und TABBERT (1974), nicht sinnvoll. Die Restkategorie in dieser Arbeit, abgebildet durch das Absolutglied *a* in Gleichung (47), verkörpert überwiegend die als *mäßig fortschrittlich* einzustufenden Sektoren. Hierzu gehören u. a. der Maschinenbau ebenso wie die Kfz-Hersteller[1]. Durch die Dummyvariablen sollen "konkurrierende" Technologieeinflüsse aufgefangen werden. Da aus theoretischen Überlegungen heraus die Marktstruktur selbst von diesen Technologieeinflüssen abhängt, ist auch in dieser Untersuchung ähnlich wie schon bei SCHERER (1967), TABBERT (1974) und LEVIN u. a. (1985) ein drastischer *Rückgang des Erklärungsbeitrages der Konzentrationsvariable* zu erwarten, sobald die Technologieeinflüsse berücksichtigt werden.

---

1) Auf der Sypro-Zweisteller-Ebene mußte die Kfz-Industrie als Ganze der mäßig fortschrittlichen Technologie zugeordnet werden, während auf der Viersteller-Ebene die Kfz-Teile-Hersteller der Kategorie *Elec* zugeschlagen werden konnten.

	UmsTop6 - Sypro2			UmsTop6 - Sypro4		
	N	r	R_S	N	r	R_S
FuEAUms	19	0,69 ***	0,54 *	41	0,39 *	0,32 *
FuEPBe	15	0,49 °	0,45 °	32	0,19	0,21
BMFTFuEA	19	0,53 *	0,63 **	45	0,29 °	0,36 *
PAUms	19	0,06	0,10	43	-0,02	0,02
PABe	19	0,05	0,08	43	0,03	0,06
InvUms	20	0,45 *	0,40 °	45	0;23	0,12
InnoInt	19	0,42 °	0,30	45	0,23	0,14
PAFuEA	18	-0,66 **	-0,75 ***	39	-0,27 °	-0,33 *

*** = auf 0,1 % - Niveau signifikant
** = auf 1 % - Niveau signifikant
* = auf 5 % - Niveau signifikant
° = auf 10 % - Niveau signifikant

Datenquelle: Geschäftsberichte gemäß Bundesanzeiger 1988, Nr. 42 - 244, u. 1989, Nr. 1 - 86, Datenbanken FORKAT und PATDPA, Statistisches Bundesamt (1990), Fachserie 4, Reihe 4.2.3

Tabelle 3.3-16: Korrelationen zwischen relativer Innovationsaktivität und Umsatzkonzentration auf Sypro-Zweisteller- und Sypro-Viersteller-Ebene im Jahr 1987

In Tabelle 3.3-16 sind die Gleichung (46) entsprechenden Korrelationskoeffizienten nach Bravais-Pearson *(r)* zwischen verschiedenen Indikatoren der relativen Innovationsaktivität und der Kenngröße für die Marktstruktur *(UmsTop6)* sowie die entsprechenden Spearman-Rangkorrelationskoeffizienten (R_S) ausgewiesen. Um den Einfluß der *Marktabgrenzung* auf die Ergebnisse darstellen zu können, wurden die Berechnungen sowohl für die ***weiter definierten Märkte*** auf Sypro-Zweisteller-Ebene (Sypro2) als auch für die ***engeren Märkte*** auf Sypro-Viersteller-Ebene (Sypro4) durchgeführt. Die Branchen-Innovationsindikatoren, FuE-Ausgaben in bezug auf den Umsatz *(FuEAUms)*, FuE-Personal in bezug auf die Beschäftigung *(FuEPBe)*, BMFT-Zuwendung in bezug auf die FuE-Ausgaben *(BMFTFuEA)*, Patentanmeldungen in bezug auf Umsatz und Beschäftigung *(PAUms, PABe)*, Bruttoanlageinvestitionen in bezug auf den Umsatz *(InvUms)*, die faktorenanalytisch bestimmte Innovationsintensität *(InnoInt)* sowie die Zahl der Patentanmeldungen pro Mrd. DM FuE-Ausgaben *(PAFuEA)*, sind auf der Basis der hier verwendeten Unternehmensstichprobe errechnet. Die Branchenkonzentrationsdaten sind der Konzentrationsstatistik des Statistischen Bundesamtes[1] entnommen worden. Bei einigen wenigen, meist hochkonzentrierten, Branchen mußten die Umsatzanteile der sechs größten Unternehmen aus Vergangenheitszahlen bzw. aus anderen Konzentrationsmaßen geschätzt werden, da aus Geheimhaltungsgründen keine Umsatzanteile für das Jahr 1987 veröffentlicht wurden. Leider konnten nicht für alle Branchen des Verarbeitenden Gewerbes, weder auf der Sypro-Zweisteller-Ebene und erst recht nicht auf der Sypro-Viersteller-Ebene, Innovationsindikatoren berechnet werden. Es *fehlen* insbesondere *einige weniger FuE-intensive Branchen*, wie z. B. Gießerei, Holzbe- und -verarbeitung, Textil-, Bekleidungs-, und Ernährungsgewerbe. Diese Branchen sind meist *wenig oder mittelmäßig konzentriert*. Bei der Interpretation der Ergebnisse sollte dies berücksichtigt werden. Der Nachteil der Unvollständigkeit wird in Kauf genommen, da es sich bei der hier durchgeführten Analyse um die derzeit einzige Möglichkeit handelt, Konzentrations- und Innovationsdaten einander auf dem gleichen Disaggregationsniveau gegenüberzustellen.

Die Ergebnisse aus Tabelle 3.3-16 zeigen deutliche Unterschiede in den Korrelationen, je nachdem welche Innovationsindikatoren verwendet werden. Von den positiven Korrelationen sind die zwischen Marktkonzentration und FuE-Ausgaben-Intensität mit $r = 0{,}69$ bzw. $R_S = 0{,}54$ sowie der relativen BMFT-Förderung mit $r = 0{,}53$ bzw. $R_S = 0{,}63$ im Falle der Sypro-Zweisteller-Branchenabgrenzung am stärksten. Aber auch bei den weiteren *Inputindikatoren* wie FuE-Personal in bezug auf die Beschäftigung und Investitionen in bezug auf den Umsatz sind die *Korrelationen* noch signifikant *positiv*, wenn z. T. auch nur auf dem 10 %-Irrtumsniveau und nur in der Sypro-Zweisteller-Abgrenzung. Gleiches gilt auch für die faktorenanalytisch ermittelte Innovationsintensität. So gut wie überhaupt *keine Korrelation* besteht zwischen der Umsatzkonzentration und den beiden *Patentintensitäten*. Dies überrascht nicht, zumal die Vorergebnisse gezeigt haben, daß die FuE-intensivsten Branchen nicht zugleich auch die patentintensivsten sind und daß der sektorale Einfluß auf die Patentaktivität erheblich geringer ist als auf die FuE-Aktivität. Überraschend ist allerdings die signifikant positive Korrelation der

1) Siehe Statistisches Bundesamt (1990).

Marktkonzentration mit den Investitionen, denn dort wurde ein noch geringerer sektoraler Einfluß gemessen als bei den Patentanmeldungen. Dennoch ist die positive Korrelation verständlich, wenn man berücksichtigt, daß die investitionsintensivsten Branchen meist dieselben sind wie die FuE-intensivsten. Die Ergebnisse aus Tabelle 3.3-16 legen den Schluß nahe, daß in *höher konzentrierten Branchen* relativ *mehr Mittel für Innovationen inklusive Investitionen* aufgebracht werden als in den weniger konzentrierten. Um der oben behaupteten Interdependenz gerecht zu werden, kann man auch den Schluß ziehen, daß die Unternehmenskonzentration dort hoch ist, wo erhebliche Summen für FuE und für Investitionen aufgebracht werden müssen.

Die *zugleich konzentrierten* und *FuE- sowie investitionsintensiven Branchen* sind insbesondere die Luft- und Raumfahrtindustrie, die Spalt- und Brutstoffindustrie, die Computerindustrie und die Nachrichten-, Meß- und Regeltechnik. Wenn man diese betrachtet, fällt auf, daß alle vier Branchen relativ *forschungsnahe Technologien* entwickeln, d. h. es besteht ein hoher Bedarf an Grundlagenforschung, welche als *besonders risikoreich* einzustufen ist. Da die sehr hohen FuE-Aufwendungen überwiegend Fixkostencharakter haben, amortisieren sich die Aufwendungen erst bei entsprechend hohen Umsätzen bzw. Marktanteilen. Umsatzeinbrüche bewirken ein rasches Abrutschen in die Verlustzone, da die Kosten nicht proportional gesenkt werden können. Am Ende stehen nationale oder internationale Unternehmensübernahmen[1] mit der Folge einer Zunahme der Unternehmenskonzentration und einer Internationalisierung des Wettbewerbs durch die Erschließung neuer Märkte. Des weiteren handelt es sich bei der Luft- und Raumfahrtindustrie, bei der Herstellung von Spalt- und Brutstoffen und auch bei der Nachrichtentechnik um Bereiche von hohem staatlichen Interesse, wo nicht nur FuE-Subventionen fließen, sondern wo der *Staat* oder seine Einrichtungen als *Hauptnachfrager* auftreten. Am Beispiel dieser Branchen wird deutlich, daß die Messung des Wettbewerbs lediglich anhand der Anbieterkonzentration und bei gleichzeitiger stillschweigender Unterstellung atomistischer Nachfragestruktur zu einseitigen Schlüssen führen kann. Auf High-Tech-Märkten mit alleiniger oder überwiegender staatlicher Nachfrage ist die Innovationskonkurrenz auch insofern eingeschränkt, als die Initiative zur Innovation inkl. der *Übernahme*

1) Als Beispiele seien die Übernahme der Aktienmehrheit der Nixdorf Computer AG durch die Siemens AG im April 1990 oder die suksessive Übernahme der öffentlichen Telekommunikationssparte des niederländischen Philips-Konzerns durch AT&T Ende der 80er Jahre genannt. Vgl. hierzu auch SCHWITALLA (1991, S. 165).

des Innovationsrisikos vielfach vom Nachfrager ausgeht. Gerade in der öffentlichen Nachrichtentechnik sind hier die vielfältigsten Symbiosen zwischen Anbieter und Nachfrager bekannt - von gemeinsamer Forschung und Entwicklung, über offene FuE-Zuschüsse, über kostenlose Überlassung von FuE-Ergebnissen aus öffentlichen FuE-Labors bis zu exklusiven Lieferverträgen zu kostendeckenden Preisen.[1] Eine vertiefte Untersuchung des Innovations-Wettbewerbs-Zusammenhangs hätte daher auch solche Fragestellungen wie Anbieter-Nachfrager- oder auch nur Anbieter-Kooperationen zu berücksichtigen.[2]

Betrachtet man die *patentanmeldeintensivsten* Branchen, so fallen darunter *weniger konzentrierte Bereiche* wie die Kfz-Zulieferer, die pharmazeutische, die feinmechanische und optische Industrie oder der Maschinenbau, aber *auch konzentriertere Branchen* wie die Nachrichten-, Meß- und Regeltechnik, die Chemieindustrie oder die Luft- und Raumfahrtindustrie. Man kann also nicht behaupten, daß in konzentrierten Branchen bezogen auf die Unternehmensgröße weniger Erfindungen anfallen bzw. weniger Erfindungen zum Patent angemeldet werden als in den weniger konzentrierten Branchen. Was aber die *Patentausbeute im Verhältnis zum FuE-Einsatz* betrifft, scheinen hohe *Marktkonzentrationen* von *Nachteil* zu sein. Sowohl der Bravais-Pearsonsche als auch der Spearman-Rangkorrelationskoeffizient sind signifikant negativ. Wie bereits im Laufe dieser Arbeit festgestellt, variiert das Verhältnis zwischen FuE-Input und Patentoutput je nach dem technologischen Hintergrund einer Branche. Software-, Verfahrens- und Systementwicklung sowie eine starke Forschungsabhängigkeit führen zu einer relativ geringeren Patentausbeute, dagegen fallen relativ viele Erfindungen in Bereichen an, wo eher anwendungsorientierte Produktinnovationen im Vordergrund stehen und die technischen Prinzipien schon länger bekannt sind. Hier wird die Simultanität der technologischen Einflüsse auf die Innovationsaktivitäten und die Marktstruktur deutlich. Die zuerst genannten *Technologien* sind i. d. R. *risikoreich* und *mit hohem finanziellem Aufwand* verbunden, der sich nur bei zugleich hohem Umsatz amortisieren kann und der zugleich als *Markteintrittsbarriere* wirkt. Dies spricht für eine Tendenz zu einer stärkeren Marktkonzentration. Die zuletzt genannten Bereiche erfordern eher das *Aufspüren von*

---

1) Zur Organisation von Forschung und Entwicklung im Telekommunikationssektor siehe GRUPP u. SCHNÖRING (Hrsg., 1990, 1991).

2) Diese Fragestellung untersucht z. B. v. HIPPEL (1988).

Marktnischen in Form von *inkrementalen Innovationen*. Da hier die *Markteintrittsbarrieren niedriger* sind, ist mit einer geringeren Konzentration zu rechnen.

In Tabelle 3.3-16 fällt auf, daß die *Korrelationen* auf der Sypro-Zweisteller-Ebene und auf der Sypro-Viersteller-Ebene zwar überwiegend das gleiche Vorzeichen aufweisen, daß sie aber auf der *Zweisteller-Ebene* durchweg *stärker* sind. Dies hat sowohl inhaltliche als auch statistische Gründe. So ist anzunehmen, daß das Gesamtinnovationsengagement eines Unternehmens eher von den *Wettbewerbsbedingungen auf breiter definierten Tätigkeitsfeldern* als von den engen Marktnischen abhängt. Ein *statistischer Effekt* rührt daher, daß es sich bei dem verwendeten Konzentrationsmaß, dem Umsatzanteil der sechs größten Unternehmen einer Branche oder Teilbranche, um ein Maß der absoluten Konzentration handelt, das nicht die relativen Anteile der Merkmalsträger berücksichtigt.[1)] Da auf den enger definierten Märkten der Sypro-Viersteller-Ebene naturgemäß weniger Unternehmen agieren, sind dort die Umsatzanteile der sechs größten Unternehmen fast immer höher als auf der jeweils übergeordneten Zweisteller-Ebene. Die Varianz der Konzentrationsraten ist dadurch auf der Viersteller-Ebene geringer als in den höher aggregierten Branchen, was mit ein Grund für die Verschlechterung der Korrelationen mit den Innovationsindikatoren sein kann. Während die Varianz der Konzentrationsvariable auf der Viersteller-Ebene geringer wird, wird sie dagegen bei den Innovationsindikatoren immer größer. Da auf diesem Disaggregationsniveau manchmal nur noch für ein oder zwei Unternehmen Beobachtungen vorliegen, sind die daraus errechneten Branchenwerte zum Teil mit starken Zufallsschwankungen behaftet. Auch dies ist ein Grund für eine schlechtere Korrelation auf der Viersteller-Ebene.

Tabelle 3.3-17 zeigt die Auswirkungen auf den Zusammenhang zwischen den diversen Innovationsindikatoren und der Konzentrationsgröße, wenn *zusätzlich Technologiedummies* gemäß Gleichung (47) eingeführt werden. Um die Ergebnisse einigermaßen übersichtlich darzustellen, wurde auf quantitative Angaben verzichtet und lediglich die Wirkungsrichtung anhand des Vorzeichens des jeweiligen Regressionskoeffizienten und das zugehörige Signifikanzniveau aufgezeigt.

---

1) Zum Unterschied zwischen absoluter und relativer Konzentration siehe z. B. HAUSER (1981, S. 40).

	Sypro2				Sypro4			
	Ums-Top6	HiTec	Elec	Chem	Ums-Top6	HiTec	Elec	Chem
FuEAUms	+	+***	+***	+	-	+***	+***	+**
FuEPBe	-	+**	+**	+	-°	+***	+***	+***
BMFTFuEA	+	+°	+	-	+	+***	+	+
PAUms	-	+*	+°	+	-	+	+°	+
PABe	-	+	+	+	-	+	+	+*
InvUms	+	+	+	-	-	+**	+°	+
InnoInt	+	+	+°	-	-	+**	+***	+°
PAFuEA	-*	+	-	-	-	-	-	-

*** = auf 0,1 % - Niveau signifikant
** = auf 1 % - Niveau signifikant
* = auf 5 % - Niveau signifikant
° = auf 10 % - Niveau signifikant

Datenquelle: Geschäftsberichte gemäß Bundesanzeiger 1988, Nr. 42 - 244, u. 1989, Nr. 1 - 86, Datenbanken FORKAT und PATDPA, Statistisches Bundesamt (1990), Fachserie 4, Reihe 4.2.3

Tabelle 3.3-17: Konzentrations- und Technologieeinfluß auf die relative Innovationsaktivität auf Sypro-Zweisteller- und Sypro-Viersteller-Ebene im Jahr 1987

Gemäß theoretischer Vorüberlegungen ist zu erwarten, daß der Einfluß der Konzentration statistisch unbedeutet wird, wenn gleichzeitig Technologieeinflüsse berücksichtigt werden. Der Grund hierfür liegt in der simultanen Determiniertheit von Innovationsaktivität und Marktstruktur durch eben diese Einflüsse. Somit ist eigentlich das Nebeneinanderstellen der Konzentrations- und Technologieeinflüsse wenig sinnvoll. Adäquater wäre sicherlich ein simultaner Ansatz, dessen Aufstellung und Schätzung alles andere als trivial ist.[1] Wenn hier dennoch gemäß Gleichung (47) verfahren wird, dann um die Vergleichbarkeit der Ergebnisse mit Vorgängeruntersuchungen[2] zu gewährleisten und um die Problematik der Bildung technologischer Kategorien, die

1) Als Beispiel seien die Arbeiten von LEVIN u. REISS (1984, 1988) genannt. Gleichzeitig wird auf die Anmerkungen hierzu in Abschnitt 2.1.1.3 sowie 2.2.1.3 verwiesen.
2) Siehe SCHERER (1965, 1967b) und TABBERT (1974).

sich an bestimmten Innovationsindikatoren, i. d. R. dem FuE-Ausgaben-Indikator, orientieren, aufzuzeigen.

Erwartungsgemäß ist der *Einfluß der Konzentrationsvariable* (*UmsTop6*) auf die Innovationsaktivität bis auf den Fall des FuE-Produktivitätsindikators *PAFuEA* auf der Sypro-Zweisteller-Ebene und den Fall der FuE-Personal-Intensität *FuEPBe* auf der Sypro-Viersteller-Ebene *statistisch nicht mehr signifikant*, sobald die oben erläuterten Technologiedummies *HiTec, Elec* und *Chem* eingeführt werden. Vergleicht man Tabelle 3.3-17 mit Tabelle 3.3-16, so fällt auf, daß die *Wirkungsrichtung der Umsatzkonzentration* in den meisten Fällen *negativ* wird. Dies gilt insbesondere für die Viersteller-Abgrenzung. In der Zweisteller-Abgrenzung bleiben abgesehen vom FuE-Personal in bezug auf die Beschäftigung *FuEPBe* wenigsten bei den Inputindikatoren und bei der Innovationsintensität die positiven Vorzeichen erhalten. Ganz deutlich bestätigt sich bei der Zweisteller-Abgrenzung die negative Wirkung der Konzentrationsvariable auf den Patentoutput im Verhältnis zum FuE-Input. Auffällig ist der Vorzeichenwechsel auf der Sypro-Zweisteller-Ebene bei den Patentanmeldungen im Verhältnis zum Umsatz, wo die Irrtumswahrscheinlichkeit immerhin bei nur 13 % liegt, und bei den Patentanmeldungen in bezug auf die Beschäftigung, wo die Irrtumswahrscheinlichkeit allerdings etwas höher ist. Was die Höhe des *Patentoutputs* angeht, so scheint eine *Einschränkung des Wettbewerbs* im Gegensatz zur Marktstruktur-Hypothese eher *nachteilig* als vorteilhaft zu sein. Allerdings sollten die auf einem Kausalansatz beruhenden Ergebnisse aus Tabelle 3.3-17 nicht überinterpretiert werden, zumal davon auszugehen ist, daß Marktstruktur und Innovationsaktivität simultan bestimmt sind und daß Patentanmeldungen ganz unterschiedliche Arten von Innovationen verkörpern können.

Aus Tabelle 3.3-17 zwar nicht erkennbar, aber trotz statistischer Insignifikanz bemerkenswert ist, daß wie schon bei Gleichung (46) bzw. der daraus abgeleiteten Tabelle 3.3-16 die *Beziehungen* zwischen der Innovationsaktivität und der *Umsatzkonzentration* im Falle der *weiteren Branchenabgrenzung (Sypro2)* i. d. R. *stärker* als im Falle der engeren Branchenabgrenzung (Sypro4) sind. Dagegen sind die *Wirkungen der Technologievariablen* auf der *Sypro-Viersteller-Ebene* meist *ausgeprägter* als auf der Zweisteller-Ebene. Meist sind die Vorzeichen der Technologievariablen positiv, und meist ist der Wert der Koeffizienten bei der Kategorie *HiTec* am höchsten, gefolgt von *Elec* und *Chem*. Das heißt, daß sich die mit Hilfe von Dummygrößen definierten *Technikbereiche* sowohl *voneinander* als auch insbesondere von der Restkategorie *mäßig Fortschrittliche abheben*. Die technologische Bedeutung des chemischen Bereichs kommt hauptsächlich auf der Viersteller-Ebene zur Geltung. Dort sind die Vorzeichen fast alle positiv und sogar in vier Fällen signifikant von Null verschieden. Dies liegt daran, daß auf der Viersteller-Ebene sieben eher homogene Subbranchen durch den *Chem*-Dummy charakterisiert sind, auf der Zweisteller-Ebene dagegen mit der chemischen und der mineralölverarbeitenden Industrie nur zwei, und dazu noch relativ verschiedene, Hauptbranchen. Lediglich beim Input-Output-Indikator Patentanmeldungen pro einer Mrd. DM FuE-Ausgaben sind die Technologievorzeichen überwiegend negativ, wenn auch nicht signifikant. Das bedeutet, daß sich die gemeinhin als *fortschrittlicher angenommenen Technologiebereiche* von den restlichen Bereichen, was die *FuE-Produktivität* in bezug auf den Patentoutput betrifft, gar *nicht oder eher negativ unterscheiden*.

Die Anpassungsgüte von Gleichung (47) ist mit R^2-Werten von 0,93 und 0,79 (Sypro2) bzw. 0,75 und 0,54 (Sypro4) bei den Inputindikatoren FuE-Ausgaben in bezug auf den Umsatz und FuE-Personal in bezug auf die Beschäftigung am besten. Dort sind auch die meisten signifikanten Technologiedummies vorhanden. Eine weniger gute Anpassung und weniger signifikante Technologieeinflüsse findet sich bei den Patentindikatoren. Dies bedeutet, daß die Kategorienbildung *HiTec, Elec* und *Chem* und *mäßig Fortschrittliche* eher inputorientiert ist. Wie schon oben mehrfach betont, ist eine *lineare Technologieklassifizierung von Branchen* nach der *Höhe des FuE-Inputs nicht unbedingt sinnvoll*. So gibt es Branchen mit ähnlich hohem FuE-Einsatz, die ganz andere Arten von Innovationen, z. B. forschungsorientierte Basisinnovationen versus produktorientierte inkrementale Innovationen, hervorbringen. Diese Branchen unterscheiden sich allerdings in ihrer Patentaktivität, im Investitionsverhalten und auch in der Industriestruktur. Um diese These zu untermauern, wird im nächsten Abschnitt ein nichtlinearer Ansatz verwendet, um den Zusammenhang zwischen Innovationsaktivität und Marktstruktur darzustellen.

3.3.3.2 Nichtlineare Zusammenhänge zwischen Innovationsaktivitäten und Marktstruktur

Die Annahme, daß die Beziehung zwischen Innovationsaktivität und Marktstruktur nichtlinear sein könnte, wurde bisher meist im Sinne eines *"optimalen Konzentrationsgrades"* getroffen. SCHERER (1967b) vermutet, daß die Innovationsaktivität mit zunehmender Konzentration ansteigt, da Unternehmen erst ab einem gewissen Wettbewerbsdruck von Preisstrategien auf Innovationsstrategien wechseln. Bei oligopolistischer Konkurrenz ist dann die Innovationsaktivität am stärksten, während sie zum Monopol hin wieder nachläßt. Die Existenz eines optimalen Konzentrationsgrades führt dazu, daß der Zusammenhang zwischen Konzentration und Innovationsaktivität die Form eines *umgekehrten "U"s* annimmt. Auch im entscheidungstheoretischen Ansatz von KAMIEN und SCHWARTZ ergibt sich bei einer bestimmten Parameterkonstellation ein Maximum an Innovationsaktivität bei einer Wettbewerbsintensität, die zwischen Polypol und Monopol liegt.[1]. LEVIN u. a. (1985) zeigen zwar auch den "Umgekehrten-U"-Zusammenhang auf, machen aber deutlich, daß der Zusammenhang zwischen Innovationsaktivität und Marktstruktur keinesfalls kausal zu sehen ist. So erfährt in deren Untersuchung die Konzentrationsvariable den erwarteten Bedeutungsrückgang, sobald zusätzliche erklärende Größen, die technologische Chancen und Aneignungsmöglichkeiten verkörpern, eingeführt werden. An dieser Stelle wird der nichtlineare Ansatz verwendet, um zu zeigen, daß, wie bereits von PAVITT u. a. (1987) herausgefunden, sowohl *Industrien mit vielen kleineren Unternehmen* als auch *Industrien mit wenigen großen Unternehmen* zu *hohen Innovationsanstrengungen* fähig sind. Hier wird behauptet, daß es sich dabei jeweils um andere Qualitäten von Innovationen handelt. Die *Beziehung* zwischen Innovationsaktivitäten und Marktstruktur würde dann allerdings *eher einem "U"* als einem umgekehrten "U" entsprechen oder wäre relativ *unsystematisch*.

(48) $IA/UG = a + b\,UmsTop6 + c\,UmsTop6^2 + \varepsilon$

Gemäß Gleichung (48) wird ein quadratischer Ansatz für den Zusammenhang zwischen relativer Innovationsaktivität (IA/UG) und der Konzentrationsvariable $(UmsTop6)$ geschätzt. Die Tabellen 3.3-18 und 3.3-19 zeigen die

1) KAMIEN u. SCHWARTZ (1982, S. 118 f.). Vgl. auch Abschnitt 2.1.1.2, S. 25 f.

Schätzergebnisse für Gleichung (48), einmal in der Sypro-Zweisteller-Abgrenzung und einmal in der Viersteller-Abgrenzung. In Tabelle 3.3-20 sind dann auf der Basis der Schätzergebnisse für Gleichung (48) die Extremwerte für die jeweilige Innovationsaktivität und die zugehörige "optimale" Umsatzkonzentration errechnet.

	UmsTop6 - Sypro2				
	N	a	b	c	R^2
FuEAUms	19	5,07	-20,69	37,70 *	0,64 ***
FuEPBe	15	6,92	-1,58	10,85	0,26
BMFTFuEA	19	4,04	-21,23	34,65 °	0,41 *
PAUms	19	18,50	12,68	-9,73	0,01
PABe	19	3,01	8,57	-8,06	0,05
InvUms	20	5,10	-2,60	8,80	0,23
InnoInt	20	3,47	5,31	-0,12	0,18
PAFuEA	18	877,79	-1.136,57	342,79	0,44 *

*** = auf 0,1 % - Niveau signifikant * = auf 5 % - Niveau signifikant
** = auf 1 % - Niveau signifikant ° = auf 10 % - Niveau signifikant

Datenquelle: Geschäftsberichte gemäß Bundesanzeiger 1988, Nr. 42 - 244, u. 1989, Nr. 1 - 86, Datenbanken FORKAT und PATDPA, Statistisches Bundesamt (1990), Fachserie 4, Reihe 4.2.3

Tabelle 3.3-18: Regressionskoeffizienten der quadratischen Beziehung zwischen relativer Innovationsaktivität und Umsatzkonzentration auf Sypro-Zweisteller-Ebene im Jahr 1987

Die beiden Tabellen 3.3-18 und 3.3-19 unterscheiden sich bezüglich der Vorzeichen der Koeffizienten a, b und c kaum. Lediglich bei den Indikatoren Innovationsintensität *InnoInt* und Patentanmeldungen in bezug auf FuE-Ausgaben *PAFuEA* gibt es Unterschiede, die später noch kommentiert werden. Zunächst aber sollen die gemeinsamen Merkmale der Schätzergebnisse aufgezeigt werden. Das Absolutglied a repräsentiert das Innovationsniveau, das bei einem Marktanteil von Null der sechs größten Unternehmen einer Branche bzw. bei atomistischer Konkurrenz erreicht wird.[1] Vergleicht man diese Werte mit den Meßergebnissen aus Abschnitt 3.2,[2] so sind sie alle von der Größenordnung her als im Bereich des Möglichen einzustufen. Ob die Beziehung nun die einem *"optimalen" Konzentrationsgrad* entsprechende Form eines umgekehrten "U"s oder, wie hier vermutet, eines normalen "U"s annimmt, läßt sich am *Vorzeichen* des Koeffizienten c ablesen. Daher ist dessen Signifikanzniveau von besonderem Interesse. Ist c negativ, so liegt eine Kurve mit der Form eines umgekehrten "U"s. Ist c positiv, so ist die Kurve "U"-förmig.

Die Vorzeichen von c in den Tabellen 3.3-18 und 3.3-19 und die in Tabelle 3.3-20 dargestellten Extremwerten zeigen an, daß die *Inputindikatoren FuEAUms, FuEPBe, BMFTFuEA* und *InvUms*, wie erwartet, in einer *"U"-förmigen Beziehung* zur *Marktstruktur* stehen, während bei den *Outputindikatoren PAUms* und *PABe* der Kurvenverlauf eines *umgekehrten "U"s* vorliegt und damit eher die These eines "optimalen" Konzentrationsgrades gestützt wird. Bei den Inputindikatoren sind allerdings die Schätzwerte für c nur im Falle von *FuEAUms* und *BMFTFuEA* auf der Sypro-Zweisteller-Ebene und von *InvUms* auf der Sypro-Viersteller-Ebene statistisch signifikant. Bei den Outputindikatoren *PAUms* und *PABe* sind entgegen der bisherigen Beobachtung, nach der die Beziehungen zwischen Innovationsaktivität und Marktstruktur auf der Zweisteller-Ebene stärker sind, die Schätzwerte nur auf der Viersteller-Ebene signifikant. Da aufgrund des diskontinuierlichen Anfalls von Erfindungen Patentanmeldungen starken Schwankungen unterliegen, die sich bei hoher Disaggregation nicht völlig ausmitteln lassen, kann dieses Ergebnis zufällig sein. Aber es ist auch durchaus plausibel, daß sich der *Patentwettbewerb* stärker auf den *engeren Märkten* abspielt und daß tatsächlich die *Patentaktivität* im *Oligopol* am *höchsten* ist, wo die Konkurrenz am stärksten fühlbar ist.

Beispiele solcher Branchen mit "optimaler" hoher Patentaktivität und einer Sypro-Viersteller-Konzentrationsrate um die 55 % sind die Hersteller von

---

1) Das verwendete PC-Statistikprogramm CSS von StatSoft, Inc., gibt für das Absolutglied leider weder eine Standardabweichung noch eine Irrtumswahrscheinlichkeit aus, so daß in den Tabellen 3.3-18 und 3.3-19 auch keine entsprechenden Angaben zur statistischen Signifikanz gemacht werden können.

2) Siehe insbesondere die Tabellen 3.2-1, 3.2-3, 3.2-5, 3.2-7, 3.2-8, 3.2-10, 3.2-15 und 3.2-21.

feuerfester Grobkeramik, die Erzeuger von Nicht-Eisen-Metall-Halbzeugwerken, die Hersteller von Geräten zur Elektrizitätserzeugung, -umwandlung und -verteilung und die Hersteller von Wasch- und Reinigungsmittel. Branchen mit niedriger Patentaktivität und gleichzeitig niedriger Konzentrationsrate sind Stahlverformer und Oberflächenveredler, Werkzeugmaschinenbauer, Holzbe- und -verarbeiter und Hersteller von Kunststoffwaren. Am anderen Ende der Patent-Konzentrations-Kurve stehen die Branchen mit niedriger Patentaktivität bei gleichzeitig hoher Konzentrationsrate, wie die Mineralölverarbeiter, die Kfz-Hersteller, die Hersteller von fotochemischen Erzeugnissen, die Computerindustrie und die Hersteller von Fliesen und Baukeramik. Es scheint sich zu bestätigen, daß *Patentindikatoren* nicht nur technologische, sondern *auch marktgerichtete Indikatoren* sind, die etwas über den Zustand des Wettbewerbs in einem Markt aussagen. SCHMOCH u. a. (1988) bezeichnen Patentindikatoren daher aufgrund ihrer Ambivalenz als janusköpfig.

	UmsTop6 - Sypro4				
	N	**a**	**b**	**c**	**R^2**
FuEAUms	41	6,48	-13,86	19,93	0,21 *
FuEPBe	32	9,13	-2,04	5,44	0,04
BMFTFuEA	45	3,07	-10,83	15,74	0,11 °
PAUms	43	6,85	104,02 *	-97,33 *	0,10 °
PABe	43	0,16	26,22 *	-23,73 *	0,13 °
InvUms	45	7,18	-11,29	12,93 °	0,12 °
InnoInt	45	5,24	-0,58	2,88	0,06
PAFuEA	39	239,43	2.850,54 °	-3.095,83 *	0,19 *

*** = auf 0,1 % - Niveau signifikant　　* = auf 5 % - Niveau signifikant
** = auf 1 % - Niveau signifikant　　° = auf 10 % - Niveau signifikant

Datenquelle: Geschäftsberichte gemäß Bundesanzeiger 1988, Nr. 42 - 244, u. 1989, Nr. 1 - 86,
Datenbanken FORKAT und PATDPA,
Statistisches Bundesamt (1990), Fachserie 4, Reihe 4.2.3

Tabelle 3.3-19: Regressionskoeffizienten der quadratischen Beziehung zwischen relativer Innovationsaktivität und Umsatzkonzentration auf Sypro-Viersteller-Ebene im Jahr 1987

	Sypro2				Sypro4			
	Maximum		Minimum		Maximum		Minimum	
	Ums-Top6	IA/UG	Ums-Top6	IA/UG	Ums-Top6	IA/UG	Ums-Top6	IA/UG
FuEAUms			0,27	2,23			0,35	4,07
FuEPBe			0,07	6,86			0,19	8,94
BMFTFuEA			0,31	0,79			0,34	1,20
PAUms	0,65	22,63			0,53	34,64		
PABe	0,53	5,28			0,55	7,40		
InvUms			0,15	4,91			0,44	4,77
InnoInt	22,13 x	62,21					0,10	5,27
PAFuEA			1,66 x	-64,32	0.45	881,86		

x = außerhalb des Definitionsbereichs (0 < *UmsTop6* ≤ 1)

Datenquelle: Geschäftsberichte gemäß Bundesanzeiger 1988, Nr. 42 - 244, u. 1989, Nr. 1 - 86
Datenbanken FORKAT und PATDPA,
Statistisches Bundesamt (1990), Fachserie 4, Reihe 4.2.3

Tabelle 3.3-20: Maximale und minimale Innovationsaktivität und zugehörige Umsatzkonzentration auf Sypro-Zweisteller- und Viersteller-Ebene im Jahr 1987

Daß die "optimalen" Konzentrationsgrade auf der Sypro-Viersteller-Ebene i. d. R. höher ausfallen als auf der Zweisteller-Ebene, liegt an dem schon weiter oben erwähnten statistischen Effekt, daß es sich bei der verwendeten Konzentrationsvariable *UmsTop6* um ein absolutes Konzentrationsmaß handelt. So sind auf den enger definierten Märkten der Sypro-Viersteller-Ebene die Umsatzanteile der sechs größten Unternehmen fast immer höher als auf der jeweils übergeordneten Zweisteller-Ebene. Mit einem R^2-Wert von *0,64* und einem statistisch auf dem 5 %-Niveau gesicherten Schätzwert für c ist die Kurvenanpassung für die Beziehung zwischen den umsatzbezogenen FuE-Ausgaben *FuEAUms* und der Umsatzkonzentration gemäß Tabelle 3.3-18 am besten. Die Anpassung der quadratischen Kurve für *FuEAUms* übertrifft auch die im linearen Fall. Wie im linearen Fall ist der Fit der Sypro-

Zweisteller-Abgrenzung gegenüber der Sypro-Viersteller-Abgrenzung deutlich besser. Es scheint, daß das *FuE-Budget* eines Unternehmens sich eher *an den größeren Märkten orientiert*. Je größer der Markt ist, für den eine Entwicklung gemacht wird, desto geringer werden die FuE-Stückkosten, desto eher amortisieren sich die FuE-Kosten. Je breiter eine neuentwickelte Technologie genutzt werden kann, d. h. je mehr Diversifikationsmöglichkeiten bestehen, desto geringer ist das FuE-Risiko. Die Beziehung zwischen *FuEAUms* und der Umsatzkonzentration hat den *vorhergesagten "U"-förmigen Verlauf*. Dies liegt daran, daß auf der einen Seite relativ schwach konzentrierte Branchen wie die feinmechanische und optische Industrie einen verhältnismäßig hohen FuE-Aufwand betreiben - auch der Maschinenbau zählt noch dazu, wenn auch dort die FuE-Ausgaben nicht ganz so hoch sind, - und daß auf der anderen Seite sehr hochkonzentrierte Branchen wie die Computerindustrie, die Hersteller von Spalt- und Brutstoffen und die Luft- und Raumfahrtindustrie einen enorm hohen Anteil ihrer Ausgaben für FuE aufwenden.

Bei den FuE-Indikatoren wird deutlich, daß bestimmte Technologien nur bei bestimmten Marktkonstellationen denkbar sind. Besonders die *forschungsnahen und produktfernen Technologien* finden sich in der Regel auf *hochkonzentrierten Märkten*. Meist sind der Staat oder seine Einrichtungen wichtigste Abnehmer dieser High-Tech-Produkte. Daher begründet sich auch der ähnliche Kurvenverlauf beim FuE-Förderungsindikator *BMFTFuEA*, was die konzentrierten Branchen angeht. Daß die FuE-Förderungs-Kurve auch "U"-förmig verläuft, also die FuE-Förderung auch im Bereich niedriger Umsatzkonzentration hoch ist, liegt daran, daß in der feinmechanischen und optischen Industrie allerlei Gerät für Militär und Luft- und Raumfahrt hergestellt wird und auch im Maschinen- und Anlagenbau militärische Ausrüstung sowie kerntechnische Anlagen produziert werden. Somit besteht naturgemäß ein staatliches Interesse, auch in diesen Branchen Spezialentwicklungen voranzutreiben.

Für die umsatzbezogenen Investitionen *InvUms* läßt sich auf der Sypro-Viersteller-Ebene eine "U"-förmige Kurve mit einer Irrtumswahrscheinlichkeit von $\alpha = 0{,}07$ und auf der Sypro-Zweisteller-Ebene von $\alpha = 0{,}11$ anpassen. Hier sind es, was die hochkonzentrierten Branchen betrifft, wieder dieselben Branchen wie bei den Indikatoren *FuEAUms* oder *FuEPBe*, die ein besonders hohes Investitions- bzw. FuE-Engagement zeigen. Bei den schwach konzentrierten Branchen sind die Holzverarbeiter und die Hersteller von Kunststoffwaren besonders investitionsfreudig. Auch die feinmechanische und optische Industrie hat noch in etwa durchschnittliche Investitionsaktivitäten zu verzeichnen. Ebenso wie die Patentindikatoren ist der *Investitionsindikator* ein sehr vielgesichtiger Indikator. Auf der einen Seite reflektiert er Besonderheiten des Produktionsprozesses, wie z. B. eine kapitalintensive Produktionsweise, auf der anderen Seite ist er in starkem Maße von der Ertragslage sowie von der allgemeinen Konjunktur abhängig. Daneben sind Investitionen unzweifelhaft Ausdruck prozessualer Neuerungen. Es spricht einiges dafür, daß in Märkten mit einem *starken Preiswettbewerb* der Druck zu *Kostensenkungen via Prozeßinnovationen* besonders stark ist. Auf der anderen Seite sind *Produktinnovationen* häufig auch *mit neuen Prozessen verbunden*, so daß die Hochtechnologiebranchen nicht nur in risikoreiche FuE, sondern auch in ebenso mit Risiko verbundene neue Anlagen und Geräte investieren. Der "U"-förmige Verlauf läßt sich also durchaus rationalisieren.

Die quadratische Form für die Beziehung zwischen der *Innovationsintensität* *InnoInt* und der Umsatzkonzentration ist weder auf der Sypro-Zweisteller- noch auf der Sypro-Viersteller-Ebene signifikant. Während sie in der Viersteller-Abgrenzung den Inputindikatoren folgt und eine "U"-Form annimmt, zeigt sie in der Zweisteller-Abgrenzung den umgekehrten Kurvenverlauf, allerdings mit einem Maximum weit außerhalb des Definitionsbereichs für die Umsatzkonzentration *UmsTop6*. Die Beziehung kann somit *im Prinzip als linear mit leicht ansteigender Tendenz* betrachtet werden, denn auch in der Sypro-Viersteller-Abgrenzung liegt die minimale Innovationsintensität im untersten Randbereich der Umsatzkonzentration, welche dort den Wert von 0,10 annimmt. Hierin zeigt sich wieder das Wesen der *Innovationsintensität* als ein *nivellierender Indikator*, der sowohl Innovationsinput- als auch -output quantitativ berücksichtigt, wobei der leicht steigende Verlauf darauf hindeutet, daß der Inputcharakter überwiegt. Die Beziehung zur Umsatzkonzentration ist daher als Konglomerat der Beziehungen der verschiedenen Arten des Innovationsinputs und -outputs zur selbigen Größe zu sehen. Eine weitergehende ökonomische oder technologische Interpretation ist daher nicht sinnvoll.

Beim Indikator Patentanmeldungen in bezug auf FuE-Ausgaben *PAFuEA* liegen ebenso wie bei der Innovationsintensität je nach Branchenabgrenzung unterschiedliche Kurvenverläufe vor. Allerdings erweisen sich hier im Gegensatz zur Innovationsintensität beide Varianten als statistisch signifikant. Im Falle der Sypro-Zweisteller-Ebene ist die Beziehung zwischen *PAFuEA* und *UmsTop6* "U"-förmig, wobei das Minimum der Patentausbeute außerhalb des Definitionsbereichs liegt. Innerhalb des Definitionsbereichs handelt es sich im Prinzip um eine fallende Kurve, die sehr viel Ähnlichkeit mit dem linearen Fall zeigt. Auf der Sypro-Viersteller-Ebene ergibt sich die Kurvenform eines umgekehrten "U"s mit einer "optimalen" Konzentrationsrate von 0,45. Das heißt, daß in einem Bereich niedriger Konzentration zunächst die Patentausbeute pro FuE-Ausgaben mit zunehmender Konzentration steigt und dann nach Erreichen des "Optimums" von etwa 880 Patentanmeldungen pro Mrd. DM FuE-Ausgaben wieder sinkt. Das "Optimum" liegt bei einer in bezug auf die Viersteller-Branchenstichprobe unterdurchschnittlichen [1] Konzentrationsrate, d. h. daß die meisten Sypro-Viersteller-Branchen der Stichprobe im fallenden Bereich der Kurve angesiedelt sind. Da für einige Branchen, insbesondere in schwach konzentrierten und wenig FuE-intensiven Bereichen, Daten fehlen, ist zu vermuten, daß der *Zusammenhang* zwischen *Patentertrag in bezug auf FuE* und der *Umsatzkonzentration* insgesamt *eher negativer Art* ist. Bereits in Abschnitt 3.3.3.1 wurde darauf hingewiesen, daß das Verhältnis zwischen FuE-Input und Patentoutput je nach dem technologischen Hintergrund einer Branche variiert.[2] Da der technologische Hintergrund gleichzeitig auf Innovationsaktivitäten und Marktstruktur einwirkt, ist es von äußerster Wichtigkeit bei der Analyse von Innovationsaktivitäten im Zusammenhang mit der Marktstruktur nach der *Qualität der Innovationen* zu fragen.

Obwohl anfangs einer kausalen Erklärung der *Innovationsaktivität* durch die *Marktstruktur* aufgrund theoretischer Überlegungen große Skepsis entgegen gebracht wurde, haben die obigen Ergebnisse zum statistischen Zusammenhang zwischen verschiedenen Innovationsindikatoren und der Umsatzkonzentration einige wichtige Erkenntnisse gebracht. Bei der Beurteilung des Zusammenhangs spielt es eine *entscheidende Rolle, welcher Innovationsindikator* verwendet wird. Während die Inputindikatoren eher für einen stimulierenden Einfluß - sofern man sich überhaupt auf eine Wirkungsrichtung festlegen kann - der Marktkonzentration auf die Innovationsaktivität nahelegen, deuten die Patentindikatoren eher einen indifferenten bis negativen Einfluß an. Ganz deutlich negativ ist das Verhältnis beim FuE-Produktivitätsindikator

1) Das arithmetische Mittel liegt bei 0,53; der Median bei 0,51.
2) Siehe hierzu insbesondere die Ausführungen auf S. 256 dieser Arbeit.

Patentanmeldungen in bezug auf FuE-Ausgaben. Die größenbereinigten Patentindikatoren sind die einzigen, die die These eines "optimalen" Konzentrationsgrades im entferntesten stützen. Insgesamt aber muß die *These des "optimalen" Konzentrationsgrades* angesichts der verschiedenartigen Ergebnisse je nach dem verwendeten Innovationsindikator *abgelehnt werden*. Bestimmte Arten von Innovationen, wie z. B. besonders forschungsabhängige und daher besonders risikoreiche, werden mit Sicherheit durch den Besitz größerer Marktanteile begünstigt. Insofern kann die Marktstruktur-Hypothese aufrechterhalten werden. Allerdings wäre es in diesem Fall viel zu einseitig, nur die Marktanbieterseite zu betrachten. Häufig werden diese Art von Innovationen in enger Kooperation mit der meist staatlichen Nachfrageseite durchgeführt. Für die eher produktorientierten, marktnäheren Innovationen, die stärker durch die Patentanmeldungen repräsentiert werden, scheint die Anbieterkonkurrenz eher belebend zu sein, was *gegen eine Verallgemeinerung der Marktstruktur-Hypothese* spricht.

Wenn hier im Zusammenhang mit der Marktstruktur immer wieder auf die *Qualität der Innovationsaktivität* abgehoben wird, so wird damit auch dem Umstand Rechnung getragen, daß Marktstruktur und Innovationsaktivitäten in einem interdependenten Zusammenhang stehen. Bestimmte Marktverhältnisse erlauben oder erzwingen die Entwicklung ganz bestimmter Technologien. Auf der anderen Seite führen bestimmte Technologien zu unterschiedlich hohen Marktzutrittsbarrieren. In diesem *simultanen Spiel* von *Innovationsaktivität* und *Marktstruktur* ist demnach der qualitative Aspekt von enormer Bedeutung. Weiterer *Forschungsbedarf* besteht darin, *Qualitätsmerkmale von Innovationen*, und zwar sowohl in technologischer als auch ökonomischer Hinsicht, zu *definieren* und sie dann durch geeignete Größen zu messen und vergleichen. Die hier durch die Gegenüberstellung verschiedener Innovationsinput- und -outputindikatoren geleistete Arbeit kann hierfür nur als erster Problemaufriß gewertet werden.

4. ERGEBNISSE IM ÜBERBLICK

Ausgangspunkt der vorliegenden Untersuchung sind die neueren Ansätze zur Erklärung der Innovationsaktivitäten im Unternehmen, welche angesichts der Wachstumsschwäche Anfang der 80er Jahre das alte SCHUMPETERsche Modell des Zusammenhanges zwischen Wettbewerb und Innovation haben wiederaufleben lassen. Es werden hauptsächlich drei Pfade der SCHUMPETER-Nachfolge identifiziert. Auf der theoretischen Ebene handelt es sich um die neoklassische mikroökonomische Innovationstheorie, die auf der Basis optimierender Marktteilnehmer Aussagen über maximale Innovationsaktivitäten trifft, und um die evolutionstheoretische Innovationsforschung, die bei der Erklärung des technischen Wandels besonders auf das Zusammenwirken von Verhaltensregeln und Institutionen und auf die Interdependenz zwischen Technologie, Ökonomie und Gesellschaft abhebt. Als dritter Forschungsbereich steht die empirische Innovationsforschung neben den beiden theoretischen Richtungen. Ein besonderes Gewicht liegt bei der empirischen Innovationsforschung auf der Suche nach geeigneten Meßmethoden, um die Größen des Innovationsgeschehens sinnvoll abzubilden und Zusammenhänge mit anderen ökonomischen Größen sichtbar machen zu können.

Ziel dieser Arbeit ist, die neueren Ansätze der Innovationserklärung unter dem Aspekt ihrer empirischen Relevanz zu untersuchen und vor diesem Hintergrund unter besonderer Berücksichtigung des Meß- und Datenproblems eine empirische Erklärung der industriellen Innovationslandschaft Bundesrepublik Deutschland zu versuchen. Die Arbeit ist folglich zweigeteilt. Der erste Teil ist theoretisch und methodisch orientiert, der zweite Teil beinhaltet die Ergebnisse der empirischen Analyse. In entsprechender Zweiteilung gestaltet sich dieses abschließende Kapitel, in dem die wichtigsten Erkenntnisse dieser Arbeit thesenhaft präsentiert werden. Abschnitt 4.1 faßt die Ergebnisse der Theorie- und Methodendiskussion zusammen. Abschnitt 4.2 ist den empirischen Ergebnissen gewidmet.

4.1 Ergebnisse der Theorie- und Methodendiskussion

Die Diskussion der verschiedenen neoklassischen mikroökonomischen Erklärungsansätze, angefangen vom ARROWschen Innovationsmodell bis hin zu den jüngeren spieltheoretischen Innovations-Marktstruktur-Modellen, führt zu folgender Einschätzung: Alle neoklassischen Ansätze stützen sich auf die

Annahme des rationalen, gewinnmaximierenden Unternehmers. Typisch für die wirtschaftliche Dynamik ist aber das Neue, Unbekannte und Unberechenbare. Mut, Risikobereitschaft bzw. Vorsicht und Vernunft, wichtige Einflußfaktoren unternehmerischen Handelns, sind bei den Unternehmen in unterschiedlichem Maße gestreut. Gerade aus der Heterogenität ergeben sich Gewinnchancen und Anreize. Dies wird jedoch in den stilisierten neoklassischen Modellen infolge der vereinfachenden Symmetrieannahme sowohl in bezug auf Verhalten als auch Ressourcenausstattung nicht berücksichtigt. Die den Innovationsprozeß prägenden qualitativen Aspekte kommen im neoklassischen Preis-Mengen-Gerüst viel zu kurz. Aufgrund des Festhaltens an der Ceteris-Paribus-Klausel werden Interaktionen mit gesellschaftlichen Subsystemen vernachlässigt.

➤ *Die neoklassische Innovationserklärung ist eine **konsequente Fortentwicklung des neoklassischen Systems**, das nun neben Preisen und Mengen auch FuE als Aktionsparameter optimierender Unternehmen in dynamische und stochastische Modelle einbezieht. Innerhalb dieses Rahmens werden mögliche **Entscheidungskalküle** im Innovationswettbewerb aufgezeigt und damit ein **analytisch geschärftes Verständnis für spezielle Aspekte** des Innovationsgeschehens geliefert.*

➤ *Je besser die Annahmen der Modelle die Realität widerspiegeln, desto **komplexer** werden die aus den Modellen abgeleiteten **Beziehungen**, so daß eine **empirische Überprüfung** - abgesehen vom Meß- und Datenproblem - **nicht mehr möglich** ist.*

➤ *Als wesentlicher Beitrag der spieltheoretischen Ansätze, gerade im Hinblick auf die empirische Arbeit, wird das konsequente Herausarbeiten der **Interdependenz der Beziehung** zwischen Innovationsaktivität und Marktstruktur gewertet. **Innovationsstärke** und **Marktstruktur** sind durch Nachfrageelastizitäten, FuE-Produktivitäten und Internalisierungsmöglichkeiten der FuE-Erfolge **simultan bestimmt**. Hiermit wird davor **gewarnt, aus empirisch gefundenen Korrelationen voreilig auf Kausalbeziehungen zu schließen**.*

Die evolutionstheoretische Innovationsforschung steht dem SCHUMPETERschen Gedankengebäude durch ihre Auffassung vom Wirtschaftsgeschehen als evolutionärem Prozeß näher als die neoklassische Schule. Dabei ist die evolutorische Richtung kein einheitliches Gedankengebäude. Einigkeit besteht in der Ablehnung des Gewinnmaximierungs- und Gleichgewichtsansatzes der Neoklassik und in der Betonung des Entwicklungsgedankens. Im wesentlichen lassen sich zwei Denkströmungen unterscheiden: die individualistisch-behavioristische und die historisch-institutionelle. Erstere setzt bei der Erklärung wirtschaftlicher und gesellschaftlicher Phänomene am Verhalten des Individuums bzw. einer Organisation an, während letztere besonders das Zusammenspiel von Systemen und Institutionen betont. In dieser Arbeit werden zwei Ansätze besonders herausgehoben. Es handelt sich hierbei um die behavioristischen Simulationsmodelle von NELSON und WINTER (1982) und um ein institutionelles Modell inter- und intrasektoraler Innovationserklärung nach DOSI (1988).

Ziel des NELSON-WINTER-Ansatzes ist es, auf der Grundlage mikroökonomischen routinengebundenen Verhaltens in einem formalen Modell den dynamischen Prozeß aufzuzeigen, der gleichzeitig das Innovations- und Investitionsverhaltens der Unternehmen und die Marktergebnisse, wie Gesamtoutput und Marktkonzentration, bestimmt. Mit Hilfe von Simulationsexperimenten und der Vorgabe bestimmter Parameterkonstellationen lassen sich Aussagen über die Innovations- und Marktergebnisse ableiten. Vor dem Hintergrund der empirischen Relevanz wird der NELSON-WINTER-Ansatz wie folgt beurteilt:

➤ *NELSON und WINTER tauschen das neoklassische Gewinnmaximierungsparadigma gegen das* ***Paradigma des regelgebundenen Verhaltens*** *aus. Beide Verhaltensannahmen sind sehr* ***mechanistisch*** *und in ihrer Absolutheit fraglich. Durch die Beschränkung auf* ***Prozeß-innovationen*** *werden* ***qualitative Aspekte vernachlässigt****.*

➤ *Als gravierender Nachteil, auch im Hinblick auf die empirische Relevanz, erscheint, daß im NELSON-WINTER-Modell* ***Marktein- und -austritte nicht vorgesehen*** *sind. Das Eindringen in neue Märkte bzw. das Ausscheiden ist aber ein Charakteristikum des Innovationswettbewerbs.*

➤ *Eine Umsetzung des NELSON-WINTER-Ansatzes in ein* ***empirisches Modell*** *ist* ***nicht möglich*** *und auch nicht sinnvoll. Eher leistet die Empi-*

rie Dienste bei der Ermittlung möglichst realistischer Parameterwerte für die Simulationsexperimente.

➤ *Die Vorteile des NELSON-WINTER-Ansatzes liegen beim* ***Verständnis*** *der* ***prozessualen Abläufe*** *von Innovation und Wettbewerb, da man die* ***Gesamtheit der Wirkungen*** *einzelner Variablen, also sowohl direkte als auch indirekte Effekte, durch deren systematische Variation im Simulationsexperiment* ***numerisch bestimmen*** *kann.*

Als für diese Arbeit am besten geeigneter theoretischer Rahmen erweist sich ein qualitatives Modell inter- und intrasektoraler Innovationsursachen, das von DOSI (1988) als Zusammenfassung der neueren evolutionstheoretischen Erkenntnisse auf dem Gebiet der Innovationsforschung verbal formuliert wurde.[1] Danach sind Innovationen Ergebnisse von Problemlösungsprozessen, die sich innerhalb bestimmter technologischer Paradigmen vollziehen. Die im empirischen Teil erwähnten Schlüsseltechnologien, wie z. B. die Mikroelektronik oder der Softwarebereich, sind Indizien für das gegenwärtige technologische Paradigma. Die Art des Problemlösungsprozesses wird wesentlich von den Faktoren technologische Chancen und Aneignungsmöglichkeiten beeinflußt. Außerdem wirken marktgerichtete Anreizmechanismen, wie z. B. Nachfragewachstum, Nachfrageelastizitäten oder Änderungen der relativen Faktorpreise, auf das Innovationsverhalten und führen zu differentiellem Branchenverhalten. Neben der Erklärung des technischen Wandels durch branchentypische Innovationsmuster steht die Erklärung durch individuelles Innovationsverhalten, das z. B. von der Unternehmensgröße, vom individuellen technologischen Leistungsstand oder von bestimmten Innovationsstrategien abhängt. Letztlich sind auch in diesem Modell Industriestruktur, Größenverhältnisse und Art und Umfang von Innovationsaktivitäten interdependent verwoben.

➤ *Die* ***qualitative, verbale Formulierung*** *des institutionell-evolutorischen Modells* ***überwindet die mechanistische Sichtweise*** *sowohl der neoklassischen Ansätze als auch des NELSON-WINTER-Modells.*

---

1) Für einen raschen Überblick wird auf die zusammenfassende Abbildung 2.1-4, S. 65, verwiesen.

- *Ein Mangel des Ansatzes ist die* ***Vernachlässigung staatlicher Forschungs- und Technologiepolitik****. Für ein umfassendes Bild der Zusammenhänge des sektoralen und intrasektoralen technischen Wandels muß der Ansatz diesbezüglich noch ergänzt werden.*

- *Für die empirische Analyse werden zwar* ***keine formalen Meßvorschriften*** *geliefert, es wird aber ein theoretischer Rahmen geboten, der einerseits dem* ***qualitativen*** *und* ***komplexen*** *Wesen des Innovationsprozesses gerecht wird und andererseits die* ***Interpretation*** *mit Hilfe einfacher statistischer Methoden aufgedeckter* ***empirischer Zusammenhänge*** *auch in* ***qualitativer Hinsicht*** *ermöglicht.*

Die empirische Innovationsforschung richtet ihr Interesse nicht nur auf die Wirkungen des technischen Fortschritts, sondern verstärkt auch auf seine Ursachen. Auch heute noch ist dieses Forschungsgebiet hauptsächlich in den USA und in Großbritannien beheimatet. Die wenigen Studien für die Bundesrepublik Deutschland sind eher selektiver Natur, als daß man von einem einheitlichen und systematisch bearbeiteten Forschungsgegenstand "Industrielle Innovationstätigkeit in Deutschland" sprechen könnte. Inhaltliche Aspekte empirischer Innovationsstudien sind Wirkungen, Ursachen und Phasen des Innovationsprozesses. Methodische Aspekte sind die Wahl der Aggregationsebene, der Analysetechniken und der Innovationsindikatoren. Ein wesentlicher Einflußfaktor für die Methodenwahl ist die oftmals erschwerte Datenzugänglichkeit. Als Vorbilder für diese Arbeit dienen die Untersuchungen zu den Determinanten der Innovationsaktivität, wobei in erster Linie die sogenannte SCHUMPETER-Hypothese im Zentrum des Interesses steht. Danach bringt die Möglichkeit, monopolistische Praktiken anzuwenden, Vorteile im Innovationsprozeß. In den empirischen Analysen wird die SCHUMPETER-Hypothese in zwei Varianten, und zwar als Unternehmensgrößen- und als Marktstruktur-Hypothese, untersucht.

- *Was die* ***Unternehmensgrößen-Hypothese*** *betrifft, so zeigen die bisherigen empirischen Untersuchungen* ***keine Vorteile größerer Unternehmen*** *in bezug auf ihre* ***Innovationsstärke****, andererseits ergeben sich aber auch* ***keine Größennachteile****. Auch für die* ***Marktstruktur-Hypothese****, nach der Industrien mit höherer Marktkonzentration innovativer sind, kann* ***keine Unterstützung*** *gefunden werden.*

- *Scheinbar* ***"optimale" Konzentrationsgrade*** *erweisen sich als* ***insignifikant****, wenn zusätzlich Variablen eingeführt werden, die* ***technologische Chancen*** *oder* ***Aneignungsmöglichkeiten*** *repräsentieren. Dies wird als ein Zeichen dafür gewertet, daß* ***Marktstruktur*** *und* ***Innovationsaktivität simultan*** *durch die eingeführten zusätzlichen Variablen* ***bestimmt*** *sind. Keinesfalls kann daraus auf Unabhängigkeit der Innovationsstärke von der Marktstruktur geschlossen werden.*

- *In methodischer Hinsicht zeichnen sich die meisten Untersuchungen zur SCHUMPETER-Hypothese durch* ***einfache regressionsanalytische Ansätze****, meist auf der Basis von* ***Unternehmens-*** *oder* ***Branchenquerschnitte****, aus.*

- *Als Innovationsindikatoren werden in der Regel die etablierteren* ***Inputindikatoren FuE-Ausgaben*** *und* ***FuE-Personal*** *und in den amerikanischen Studien schon seit geraumer Zeit der* ***Outputindikator Patente*** *verwendet.*

- *Innovationsindikatoren können nur Hinweise auf die Größe Innovationsaktivität geben, die sie mehr oder weniger fehlerhaft abbilden. Wenn die* ***Indikatorenwahl problematisiert*** *wird, dann meist in Form von* ***Alternativschätzungen*** *mit Hilfe weiterer Innovationsindikatoren. Nur in ganz wenigen Studien wird die Innovationsstärke, z. B. mit Hilfe der* ***Faktorenanalyse****, durch ein* ***Indikatorenbündel*** *abgebildet.*

4.2 Ergebnisse der empirischen Analyse

Die vorliegende Untersuchung zur Messung und Erklärung industrieller Innovationsaktivität bezieht sich auf Unternehmen und Branchen vornehmlich aus dem Verarbeitenden Gewerbe in der Bundesrepublik Deutschland im Jahr 1987. Datenquelle für unternehmensbezogene FuE-, Investitions-, Größen- und Kapitaldaten sind die im Bundesanzeiger veröffentlichten Geschäftsberichte großer Kapitalgesellschaften. Insgesamt konnten 270 Unternehmen erfaßt werden, die über FuE quantitativ berichtet haben. Ergänzend wurden in der Patentdatenbank PATDPA die Zahl der Patentanmeldungen am Deutschen Patentamt und am Europäischen Patentamt mit Bestimmungsland Bundesrepublik Deutschland erhoben. Des weiteren wurden die Zuwendungen des Bundesministeriums für Forschung und Technologie (BMFT) in der Datenbank für den BMFT-Förderungskatalog FORKAT ermittelt. Branchenbezogene Größen sind teils selbst errechnet, teils sind sie anderen statistischen Quellen entnommen. Hierbei handelt es sich um die FuE-Statistiken des Stifterverbandes für die Deutsche Wissenschaft, Statistiken zu Beschäftigung, Umsatz und Unternehmenskonzentration des Statistischen Bundesamtes und Investitionsstatistiken des Deutschen Instituts für Wirtschaftsforschung (DIW). Bezüglich branchenbezogener Patentdaten wird auf die Zusammenführung der Internationalen Patentklassifikation und der Systematik der Wirtschaftszweige von GREIF und POTKOWIK (1990) zurückgegriffen.

4.2.1 Ergebnisse zur Innovationsmessung

Zur Messung der Innovationsaktivitäten einzelner Branchen und Unternehmen werden die Indikatoren FuE-Ausgaben, FuE-Personal, Patentanmeldungen, BMFT-Förderung und Bruttoanlageinvestitionen verwendet. Die branchenweise Berechnung von Innovationskennziffern und die Aufstellung von Unternehmensranglisten führte zu folgenden Ergebnissen:

➤ *Besonders **FuE-intensiv** sind Unternehmen und Branchen, die Produkte von strategischem staatlichem Interesse herstellen. Hierbei handelt es sich um Produkte der **Luft- und Raumfahrt**, der **Kerntechnik** und der **Wehrtechnik**. Eine weitere Ursache für überdurchschnittliche FuE-Ausgaben-Intensitäten ist der Einsatz der **Mikroelektronik** quer durch alle Branchen.*

➤ *Die **industrielle Spitzenforschung** konzentriert sich in der Bundesrepublik Deutschland auf **wenige große Konzerne**, allen voran Daimler-Benz und Siemens.*

➤ *Der Vergleich der Meßergebnisse mit der halbamtlichen Statistik des Stifterverbandes zeigt, daß die **Qualität der FuE-Daten**, insbesondere hinsichtlich der **FuE-Ausgaben**, aus den **Geschäftsberichten** erstaunlich **gut** ist. Obwohl die Stichprobe in bezug auf das **FuE-Personal** mit nur 102 Beobachtungen **weniger repräsentativ** ist, ergeben sich durchaus plausible Branchenwerte.*

- *Eine **tiefergehende Disaggregation** der **FuE-Statistik** des Stifterverbandes ist aus **technologischer Sicht** unbedingt **erforderlich**. Die Teilbranchen Grundstoffchemie und Pharmazeutik, Kfz-Herstellung und Kfz-Teile-Herstellung, Haushaltselektrogeräte und Nachrichtentechnik sind Beispiele, bei denen ein separater Ausweis von Innovationskennziffern sinnvoll wäre.*

- *Aufgrund der **branchenübergreifenden Relevanz** von **Schlüsseltechnologien**, wie z. B. der Mikroelektronik, der Lasertechnik oder Informationstechnik inklusive Softwareentwicklung, wäre **zusätzlich** eine **technologieorientierte FuE-Statistik wünschenswert**.*

- *Die direkte **FuE-Förderung** des **BMFT** erfolgt **technologieorientiert.** Geförderte Technologien sind die Weltraumforschung und -technik, die Energieforschung und -technik inklusive der Kerntechnik, die Mikroelektronik, die Informationstechnik inklusive der Softwareentwicklung und die Erforschung und Entwicklung neuer Materialien.*

- *Bei der Erfassung der unternehmensbezogenen direkten staatlichen **FuE-Förderung** sind **fehlende Angaben** über die massiven **FuE-Zuwendungen** des **BMVg** und von **supranationalen Einrichtungen** von Nachteil. Dies führt besonders in den Hochtechnologiebereichen zu gravierenden Verzerrungen bei der Abbildung der Innovationsstruktur.*

- *Nimmt man die Zahl der **Patentanmeldungen** als Maßstab für Innovationsstärke, **fallen** die FuE-intensiven Bereiche **Luft- und Raumfahrt**, **Wehrtechnik** und **Kernenergie** deutlich **zurück**. Dafür erklimmt die weniger FuE-intensive **Chemieindustrie** einen **Spitzenplatz**.*

- *Die "Zusammenführung der Internationalen Patentklassifikation und der Systematik der Wirtschaftszweige" von GREIF und POTKOWIK (1990) basiert auf einer zugunsten der patentfreudigeren Branchen verzerrten Stichprobe. Für eine **systematische Gegenüberstellung** von **Patentanmeldezahlen** und **FuE-Zahlen** nach der sektoralen Herkunft des anmeldenden Unternehmens empfiehlt sich besser die **Totalerhebung**. Dies könnte maschinell erfolgen, indem für jedes anmeldende Unterneh-*

men eine Branchenverschlüsselung mit in die Patentdatenbank PATDPA aufgenommen wird.

➤ *Die **FuE-Statistik** des Stifterverbandes sollte regelmäßig um **sektorale Patentanmeldezahlen ergänzt** werden, und zwar möglichst disaggregiert und in gleicher Abgrenzung wie die FuE-Zahlen.*

➤ ***Anlageinvestitionen** messen die Zufuhr **gekaufter Prozeßtechnologie**. Die **Einschätzung scheinbar innovationsschwacher Branchen**, wie z. B. der Herstellung von Kunststoffwaren oder der Branche Steine, Erden, Keramik und Glas, muß bei Berücksichtigung der Investitionen **revidiert** werden.*

➤ *Das Investitionsniveau variiert von allen verwendeten Innovationsindikatoren zwischen den Sektoren am wenigsten. Ursache hierfür ist, daß **Investitionen nicht in dem Maße** wie andere Innovationsindikatoren **technologieabhängig** sind, sondern in starkem Maße die individuelle Ertragslage und die allgemeine Konjunktur reflektieren.*

➤ *Durch die Aufstellung von **Unternehmensranglisten** können **qualitative Einflüsse** identifiziert werden. Beispielsweise geben die Produktionsprogramme der jeweiligen Branchenspitzenreiter Hinweise auf **Schlüsseltechnologien** und technologische **Schwerpunkte staatlicher Förderpolitik**. Die **Besitz- und Beteiligungsverhältnisse** geben Aufschluß über technologische Verflechtungen.*

Der Zusammenhang zwischen den Innovationsindikatoren wird mit Hilfe des Korrelationskoeffizienten nach Bravais-Pearson gemessen. Starke Korrelationen eröffnen die Möglichkeit, das Problem der Datenverfügbarkeit in empirischen Analysen durch die Substitution des schwerer zugänglichen Indikators durch den leichter verfügbaren zu lösen. Schwächere Korrelationen dagegen deuten auf eigenständige Innovationsaspekte der jeweiligen Indikatoren hin, so daß sich für die empirische Analyse ein komplementärer Einsatz der entsprechenden Indikatoren empfiehlt.

➤ *Am **stärksten** sind die **Korrelationen** zwischen den **Inputindikatoren** FuE-Ausgaben, FuE-Personal und Bruttoanlageinvestitionen.*

➢ *Die Korrelationen der **Inputindikatoren** FuE-Ausgaben und FuE-Personal mit dem **Outputindikator** Patentanmeldungen verbessern sich - abgesehen vom technologisch heterogenen Maschinenbausektor -, wenn Korrelationen für Einzelbranchen gerechnet werden. Dies deutet auf **technologiespezifische Input-Output-Relationen** hin.*

Der Vorteil des Indikators Patentanmeldungen ist, daß er in sehr feiner Disaggregation verfügbar und über elektronische Datenbanken relativ leicht erhebbar ist. Einschränkungen ergeben sich jedoch aus der branchenabhängigen Patentneigung, die einerseits von der Neigung abhängt, patentierfähige Erfindungen auch tatsächlich zum Patent anzumelden, und andererseits durch die erwähnten technologiespezifischen Input-Output-Relationen geprägt ist. Die errechneten sektoralen Patentanmeldequoten in bezug auf die FuE-Ausgaben und auf das FuE-Personal geben interessante Einblicke in die Art der Innovationstätigkeit in den einzelnen Branchen.

➢ *Der statistische Durchschnittswert, gemessen an den FuE-Kosten, **einer Patentanmeldung** im Verarbeitenden Gewerbe betrug im Jahr 1987 **2,6 Mio. DM**, bzw. es mußten **16 FuE-Beschäftigte** ein Jahr lang arbeiten, um eine Patentanmeldung zu erreichen.*

➢ *Die **Patentanmeldequote in bezug auf FuE** ist besonders **niedrig** in der Büromaschinen- und Computerindustrie, in der Luft- und Raumfahrtindustrie, in der Kfz-Hersteller-Industrie und in der Pharmaindustrie. Sie ist **hoch** bei den Kfz-Teile-Herstellern, in der Branche Steine, Erden, Keramik und Glas, im Maschinenbau, in der Chemieindustrie und in der konventionellen Elektrotechnik.*

➢ *Was die **Art der Innovationsaktivität** betrifft, so sind die **Patentanmeldequoten niedrig**, wenn der Anteil der **Grundlagenforschung**, wie z. B. in der Luft- und Raumfahrtindustrie oder in der Pharmaindustrie, erheblich ist. Auch ein hoher **militärisch motivierte FuE-Anteil** ist eine Ursache für geringen Patentoutput. Niedrige Patentanmeldequoten liegen auch vor, wenn die nur schwer patentierbare **Software** eine große Rolle bei der Entwicklung neuer Produkte spielt oder wenn, wie bei der Kfz-Herstellung, ein großer Teil der FuE auf **Systemintegration**, Entwicklung und **Testen** von **Prototypen** und **Design** gerichtet ist.*

- *Der* ***Patentoutput*** *in bezug auf FuE ist* ***hoch****, in Bereichen, in denen* ***Komponenten*** *und* ***Geräte*** *gefertigt werden und wo die Innovationen auf schon seit einiger Zeit* ***bekannten Technologien*** *basieren, so daß mit bescheidenerem FuE-Einsatz* ***anwendungsorientierte, inkrementale Produktinnovationen*** *hervorgebracht werden können.*

- *Aufgrund der sektoral sehr unterschiedlichen FuE-Patentanmelde-Relationen empfiehlt sich ein* ***substitutiver Einsatz*** *von* ***Patentindikatoren*** *anstelle von* ***FuE-Indikatoren*** *allenfalls auf* ***Branchen- bzw. Subbranchenebene****.*

Mittels Faktorenanalyse werden Innovationsindizes für Branchen und Unternehmen aufgestellt. Die Anwendung der Faktorenanalyse zur Innovationsmessung basiert auf der Idee, daß Innovationsstärke eine latente, d. h. nicht direkt beobachtbare, Größe ist, die sich jedoch in verschiedenen meßbaren Größen, den Innovationsindikatoren, ausprägt. Ziel ist die Bündelung der Einzelaspekte der verschiedenen Indikatoren zu wenigen, im Extremfall nur einer Größe. Auf Branchenebene ergibt sich mit Hilfe der Faktorenanalyse ein zweidimensionales Innovationsmuster.

- *Obwohl es wünschenswert gewesen wäre, weitere Innovationsindikatoren in die Analyse miteinzubeziehen, um der Komplexität des Innovationsprozesses besser gerecht zu werden, konnten auf der Basis der verfügbaren Indikatoren* ***zwei Faktoren****, als* ***Hauptcharakteristika*** *des Innovationsprozesses in sinnvoller Weise extrahiert werden. Der erste Faktor wird als* ***interne, produktorientierte Innovationsaktivität*** *interpretiert, der zweite Faktor als* ***externe, prozeßorientierte Innovationsaktivität****.*

- *Die* ***Faktorpositionen*** *der einzelnen Branchen reflektieren das* ***sektorale Innovationsmodell von PAVITT*** *(1984). In den Branchen, die bezüglich beider Faktoren unterdurchschnittlich aktiv sind, findet sich die Gruppe der* ***lieferantendominierten Unternehmen*** *wieder. Zu den* ***Spezialanbietern*** *mit ihren Stärken bei der Produktinnovation können die feinmechanische und optische Industrie und die Kfz-Teile-Hersteller gezählt werden. Zur Gruppe der* ***wissensbasierten Unternehmen****, die sich sowohl durch hohe Produkt- als auch Prozeßinnovationsaktivität* *und ein hohes Maß an Inhouse-FuE auszeichnen, gehören die Pharmaindustrie, die Luft- und Raumfahrt sowie die Nachrichten-, Meß- und Regeltechnik. Ein typischer Vertreter der Gruppe der* ***skalenintensiven Unternehmen*** *mit einem hohen Anteil an Verfahrensinnovationen sind die Kfz-Hersteller.*

Für die Aufstellung eines größenbereinigten Innovationsindexes auf Unternehmensebene wird zunächst ein Innovationsfaktor aus den vorliegenden Innovationsindikatoren und in einem zweiten Schritt ein Unternehmensgrößenfaktor aus verschiedenen Größenindikatoren extrahiert. Auf dieser Basis wird eine relative Innovationskennziffer, die als Innovationsintensität bezeichnet wird, ermittelt.

➤ *Die Indexgröße* ***Innovationsintensität*** *führt zu einer* ***nivellierenden Bewertung*** *der Innovationsstärke von Branchen und Unternehmen, indem sie die* ***Forschungs- und Produktlastigkeit****, wie sie bei ausschließlicher Verwendung von FuE-Indikatoren auftritt, deutlich* ***korrigiert****. Die Innovationsintensität berücksichtigt auch* ***inkrementale****, eher* ***marktgerichtete Innovationen*** *und* ***verfahrensbezogene Innovationsaktivitäten****.*

➤ *Die Faktorenanalyse enthüllt das Ausmaß der* ***spezifischen Komponente*** *einzelner* ***Indikatoren****. So korrelieren die Patentindikatoren am wenigsten mit dem Innovationsfaktor. Generell kann festgestellt werden, daß die* ***Spezifität*** *bei den* ***Innovationsindikatoren höher*** *als bei den* ***Unternehmensgrößenindikatoren*** *ist. Für* ***spezifische Innovationsaspekte*** *sind daher* ***Einzelindikatoren*** *weiterhin sinnvoll und notwendig. Ist aber eine* ***einfache Übersicht*** *erwünscht, sollte mit Hilfe der* ***Faktorenanalyse*** *eine Komplexitätsreduktion erfolgen.*

➤ *Der hohe Wert der Innovationsintensität des Softwaresektors weist auf das* ***technologische Paradigma*** *der* ***Informationswirtschaft und -gesellschaft*** *hin.* ***Dienstleistungen*** *und* ***Software*** *sollten stärker in das* ***Blickfeld*** *der* ***Innovationsforschung*** *rücken.*

4.2.2 Ergebnisse zur Innovationserklärung

Zunächst werden einige Varianten der Unternehmensgrößen-Hypothese überprüft, wobei neben den schon genannten Innovationsindikatoren mit Umsatz, Beschäftigtenzahl, Bilanzsumme, Anlagevermögen, Sachanlagevermögen und Größenfaktor auch eine Auswahl von Größenindikatoren eingesetzt wird. Danach werden verschiedene Brancheneinflüsse analysiert. Da diese sowohl technologische Möglichkeiten als auch Aneignungsmöglichkeiten als auch verschiedene Marktstrukturen repräsentieren können, wird zusätzlich der Einfluß unterschiedlicher Technologien über Arbeits- und Kapitalkoeffizienten und über einen technologischen Diversifikationsindex gemessen. Im Anschluß daran erfolgt eine Untersuchung des Zusammenhangs zwischen Marktstruktur und Innovation. Neben der Innovationserklärung interessiert der Einfluß der Indikatorenwahl auf das empirische Ergebnis. Die Interpretation der Ergebnisse muß behutsam erfolgen, da die dargestellten Beziehungen nicht auf einfachen Kausalitäten beruhen. Wie theoretisch gezeigt wurde, muß davon ausgegangen werden, daß die Innovationsaktivität und die genannten Einflußfaktoren interdependent verbunden sind.

➤ *Am schwächsten korrelieren die Innovationsindikatoren mit dem Umsatz, am besten dagegen mit der Bilanzsumme. Es wird vermutet, daß sich* ***Innovationsentscheidungen*** *am* ***erwarteten****, über mehrere Jahre hinweg* ***kumulierten Umsatz*** *ausrichten, zu dem die stabilere Vermögensgröße Bilanzsumme in einer bestimmten Relation steht.*

➤ *Von den Innovationsindikatoren hängen die* ***Investitionen am stärksten*** *von den Größenindikatoren, insbesondere auch vom* ***Umsatz****, ab. Während bei FuE und Patentaktivitäten das Innovationsmotiv und technologische Erfordernisse eine primäre Rolle spielen, so scheint bei der Investitionstätigkeit das* ***Innovationsmotiv*** *nur eines von vielen und aufgrund der raschen* ***Anpassungsfähigkeit*** *an* ***Marktschwankungen*** *möglicherweise* ***untergeordneten Motiven*** *zu sein.*

➤ *Bei der Überprüfung* ***nichtlinearer*** *Zusammenhänge zwischen Innovationsaktivität und Unternehmensgröße sind* ***kubische Ansätze problematisch****, da die Lage von Wendepunkten und Extrema von den Werten nur einiger weniger Großunternehmen abhängt. Zudem ändert sich der*

Kurvenverlauf im Bereich der größten Unternehmen gravierend, je nachdem welcher Größenindikator gewählt wird.

- *Mißt man **Nichtlinearitäten** mit Hilfe kumulierter Anteilssätze oder durch loglineare Ansätze, so zeigen sich in bezug auf die Indikatoren **FuE-Ausgaben, FuE-Personal, Investitionen** und **Innovationsfaktor** eher **überproportionale bis proportionale**, bei den Indikatoren **Patentanmeldungen** und **BMFT-Zuwendungen** eher **unterpropotionale bis proportionale** Zusammenhänge.*

- *Dabei ist zu berücksichtigen, daß die **kapitalbezogenen Größenindikatoren** Anlage- und Sachanlagevermögen eher zu **unterlinearen** Zusammenhängen führen, während sich bei der **Beschäftigtenzahl überlineare** Beziehungen ergeben. Als **"neutraler" Größenindikator** erweist sich die **Bilanzsumme**.*

- *Insgesamt wird **weder** von relativen **Innovationsvorteilen noch** von relativen **-nachteilen großer Unternehmen** ausgegangen. Allerdings wird für eine **alternative, qualitative Formulierung der Größenhypothese** plädiert, die folgendermaßen lauten sollte: Es besteht **eine Arbeitsteilung** bezüglich der **Art der Innovationsaktivität** zwischen **großen** und **kleinen Unternehmen**. Die Art der Arbeitsteilung sollte in künftigen empirischen Arbeiten weiter erforscht werden.*

Nach der Unternehmensgröße spielt die sektorale Zugehörigkeit für die Höhe der Innovationsaktivität die zweitwichtigste Rolle. Der Einfluß der Branchenzugehörigkeit wird u. a. als Obergrenze für den Technologieeinfluß interpretiert.

- *Am **stärksten** ist der **Einfluß der Branchenzugehörigkeit** beim Indikator **FuE-Ausgaben** mit einem Varianzanteil von 36 %. Am **schwächsten** ist er bei den Indikatoren **Patentanmeldungen** und **Investitionen** mit 12 % bzw. 4 % Varianzanteil. Die **hohen Restvarianzen** bei Patentanmeldungen und Investitionen deuten auf einen hohen Anteil **unternehmensindividueller Einflüsse**. Die Erforschung des **Wechselspiels** zwischen **sektoralen** und **unternehmensindividuellen** Einflüssen im Sinne* *des institutionell-evolutorischen Ansatzes wird als weiterer* ***Forschungsbedarf*** *gesehen.*

Als direkte technologische Einflüsse wurden die Faktorintensitäten und die technologische Diversifikation untersucht. Als Diversifikationsmaß wird die Entropie aus der Verteilung der Patentanmeldungen eines Unternehmens auf 28 Technikfelder verwendet.

- *Die* ***Arbeitsintensität*** *hat einen signifikant* ***positiven*** *Einfluß auf die Indikatoren, die* ***interne, produktorientierte Innovationsaktivitäten*** *repräsentieren, während die* ***Kapitalintensität*** *sich signifikant* ***positiv*** *auf die Zufuhr externer Technologie durch* ***Investitionen*** *auswirkt. Dabei zeigen sich die Faktorintensitäten als* ***sektorale Phänomene****.*

- *Die* ***technologische Diversifikation*** *stärkt die* ***Bereitschaft, interne FuE-Kapazitäten*** *aufzubauen. Sie mildert das* ***Investitionsrisiko*** *und erhöht die Chancen auf* ***BMFT-Förderung****.*

- *Das Ausmaß der* ***technologischen Diversifikation*** *zeigt sich sowohl als* ***sektorales*** *als auch als* ***unternehmensindividuelles Phänomen****. Die* ***Diversifikationsrichtung*** *geht bei den Low-Tech-Unternehmen hin zu den* ***technologisch anspruchsvolleren Techniken****.*

Wie der Technologieeinfluß ist auch die Marktstruktur ein sektorales Phänomen mit Auswirkungen auf die Innovationsaktivität. Gemäß der Marktstruktur-Hypothese wird ein positiver Einfluß der Marktkonzentration auf die Innovationsaktivität postuliert. Obwohl hier Marktstruktur und Innovationsaktivität als simultan bestimmt angesehen werden, werden die Zusammenhänge mittels linearer und quadratischer Einzelgleichungsansätzen dargestellt. Dies erscheint legitim, solange keine Kausalitätsschlußfolgerungen gezogen werden.

- *Die Wahl des Innovationsindikators spielt eine entscheidende Rolle für die Form der Beziehung. Während die* ***Inputindikatoren positiv*** *mit der* ***Marktkonzentration*** *korrelieren, deuten die* ***Patentindikatoren*** *eher einen* ***indifferenten*** *bis* ***negativen*** *Einfluß an.*

- *Im entferntesten wird die These eines "optimalen" Konzentrationsgrades von den Patentindikatoren gestützt. Insgesamt aber muß der* ***Zusammenhang des umgekehrten "U"s*** *angesichts der divergierenden Ergebnisse je nach dem verwendeten Innovationsindikator* ***abgelehnt*** *werden. Im Gegenteil, bei* ***Inputindikatoren*** *entspricht die Beziehung eher einem* ***normalen "U"****.*

- *Bestimmte* ***Arten von Innovationen****, wie z. B. besonders forschungsabhängige und risikoreiche, werden durch den Besitz* ***größerer Marktanteile begünstigt****. Insofern hat die Marktstruktur-Hypothese Bestand. Für die eher produktorientierten, marktnäheren Innovationen, die stärker durch die Patentanmeldungen repräsentiert werden, scheint aber die* ***Anbieterkonkurrenz belebend*** *zu sein. Die Marktstruktur-Hypothese sollte daher nicht verallgemeinert werden, da* ***unterschiedliche Qualitäten von Innovationen*** *mit* ***unterschiedlichen Marktstrukturen*** *einhergehen.*

- *Die Einführung von* ***Technologiedummies*** *hat zur erwarteten* ***Insignifikanz*** *des* ***Konzentrationseinflusses*** *geführt, was als Indiz für die* ***simultane Abhängigkeit*** *von Innovationsaktivitäten und Marktstruktur von der herrschenden Technologie gewertet wird.*

- *Unterschiedliche Ergebnisse bezüglich der Technologie-Scheinvariablen, je nachdem welcher Innovationsindikator verwendet wurde, zeigen, daß eine* ***lineare Technologieklassifizierung*** *nach der* ***Höhe des FuE-Inputs*** *für die Bestimmung der Qualität von Innovationen* ***nicht ausreicht****.*

- *Im Verlauf der empirischen Analyse ist immer wieder der Aspekt der* ***unterschiedlichen Qualität von Innovationen*** *aufgetreten. Künftige Untersuchungen der Messung und Erklärung der industriellen Innovationstätigkeit sollten die qualitative Dimension stärker berücksichtigen, indem* ***Qualitätsmerkmale definiert*** *und* ***Methoden entwickelt*** *werden, um unterschiedliche* ***Qualitäten*** *zu* ***messen****.*

Die empirische Innovationsforschung muß bei der Entwicklung von Methoden und bei der Erschließung von Datenquellen innovativ sein wie ihr Untersuchungsgegenstand. Es hat sich gezeigt, daß die anfangs bestehenden Grenzen im Datenmaterial verschiebbar sind. Geschäftsberichte, Patent- und förderstatistische Datenbanken haben sich als nützliche neue Informationsquellen erwiesen. Schon jetzt liegen für kommerzielle Anwender Unternehmensdaten in elektronischen Datenbanken vor. Die Suche nach FuE-Daten hätte aber im Volltext aller aufgenommenen Geschäftsberichte erfolgen müssen, was auch bei den heutigen leistungsfähigen Computern zu zeit- und kostenaufwendig gewesen wäre. Bei anhaltendem technischen Fortschritt in der Informationstechnik ist jedoch künftig ein datenbankgestütztes systematisches Screening von Geschäftsberichten nach FuE-Informationen denkbar, so daß auch Zeitreihenanalysen auf einer breiten Basis von Unternehmen in den Bereich des Möglichen kommen. In dieser Arbeit wurde deutlich, daß die Weiterentwicklung des empirischen Instrumentariums zwar eine eigene Problemstellung, aber keinesfalls einen Selbstzweck darstellt. Wie hier demonstriert wurde, trägt die mit Hilfe neuer Indikatoren und statistischer Verfahren geschärfte Beobachtung in starkem Maße dazu bei, das Verständnis der Innovationszusammenhänge zu verbessern.

LITERATURVERZEICHNIS

ACS, Z. J., u. D. B. AUDRETSCH (1988): Innovation in Large and Small Firms: An Empirical Analysis; in: American Economic Review, Vol. 78, No. 4, S. 678 - 690

ACS, Z. J., u. D. B. AUDRETSCH (1989): Patents as a Measure of Innovative Activity; in: Kyklos, Vol. 42, S. 171 - 180

ALCHIAN, A. A. (1950): Uncertainty, Evolution, and Economic Theory; in: Journal of Political Economy, Vol. 58, S. 211 - 221

ARBEITSMARKTWIRKUNGEN MODERNER TECHNOLOGIEN (1989, 1990): 8 Bände; Berlin u. New York:

EWERS, H.-J.; C. BECKER u. M. FRITSCH (1990): Wirkungen des Einsatzes computergesteuerter Techniken in Industriebetrieben; Berlin u. New York

FRÜHSTÜCK, W.; G. HANAPPI u. M. WAGNER (1990): Tandem. Innovationsaktivitäten im wirtschaftlichen Gefüge der Bundesrepublik Deutschland; Berlin u. New York

HÖFLICH-HÄBERLEIN, L., u. H. HÄBLER (1989): Technikdiffusion und Beschäftigungswirkungen im privaten Dienstleistungssektor; Berlin u. New York

MEYER-KRAHMER, F. (Hrsg., 1989): Sektorale und gesamtwirtschaftliche Beschäftigungswirkungen moderner Technologien; Berlin u. New York

PENZKOFER, H.; H. SCHMALHOLZ u. L. SCHOLZ (1989): Innovation, Wachstum und Beschäftigung. Einzelwirtschaftliche, sektorale und intersektorale Innovationsaktivitäten und ihre Auswirkungen auf die deutsche Wirtschaft in den achtziger Jahren; Berlin u. New York

SCHETTKAT, R. (1989): Innovation und Arbeitsmarktdynamik; Berlin u. New York

SCHETTKAT, R., u. M. WAGNER (Hrsg., 1990): Technologischer Wandel und Beschäftigung. Fakten, Analysen, Trends; Berlin u. New York

WARNKEN, J., u. G. RONNING (1989): Bestimmungsgründe betrieblicher Faktorsubstitution; Berlin u. New York

ARCHIBUGI, D. (1988): In Search of a Useful Measure of Technological Innovation (to Make Economists Happy without Discontenting Technologists); in: Technological Forecasting and Social Change 34, S. 253 - 277

ARROW, K. J. (1962): Economic Welfare and the Allocation of Resources for Invention; in: NELSON, R. R. (Hrsg.): The Rate and Direction of Inventive Activity: Economic and Social Factors; Princeton

BACKHAUS, K.; B. ERICHSON, W. PLINKE, CHR. SCHUCHARD-FICHER u. R. WEIBER (1989): Multivariate Analysemethoden. Eine anwendungsorientierte Einführung; vierte, neu bearbeitete und erweiterte Auflage - Berlin u. a.

BARDY, R. (1974): Die Produktivität von Forschung und Entwicklung. Eine ökonometrische Analyse der Abhängigkeit industrieller Wertschöpfung von Forschungs- und Entwicklungsausgaben aufgrund von Produktionsfunktionen, mit empirischen Ergebnissen für die deutsche Chemiewirtschaft; Meisenheim am Glan

BECKER, G. (1986): Chancen durch Nutzung neuer Werkstoffe; in: Bundesverband der Deutschen Industrie e. V. (Hrsg.): Industrieforschung. Schlüsseltechnologien; Köln

BERGNER, H. (1987): Einführung in das Patentrecht; in: WiSt, Heft 9, S. 425 - 434

BLACKMAN, A. W.; E. J. SELIGMAN u. G. C. SOGLIERI (1973): An Innovation Index Based on Factor Analysis; in: Technological Forecasting and Social Change 4, S. 301 - 316

BMFT-FÖRDERUNGSKATALOG (1987); Bundesminister für Forschung und Technologie (Hrsg.); Bonn

BÖBEL, I. (1984): Wettbewerb und Industriestruktur. Industrial Organization-Forschung im Überblick; Berlin u. a.

BOLLMANN, P. (1990): Technischer Fortschritt und wirtschaftlicher Wandel. Eine Gegenüberstellung neoklassischer und evolutorischer Innovationsforschung; Heidelberg

BOUND, J.; C. CUMMINS, Z. GRILICHES, B. H. HALL u. A. JAFFE (1984): Who Does R&D and Who Patents?; in: GRILICHES, Z. (Hrsg.): R&D, Patents, and Productivity; Chicago u. London

BROCKHOFF, K. (1970): Zur Quantifizierung der Produktivität industrieller Forschung durch die Schätzung einer einzelwirtschaftlichen Produktionsfunktion - Erste Ergebnisse; in: Jahrbücher für Nationalökonomie und Statistik, Bd. 1984, S. 248 - 276

BROCKHOFF, K. (1972): Ein Ansatz zur Abschätzung des Forschungserfolges; in: Zeitschrift für betriebswirtschaftliche Forschung, Bd. 24, S. 709 - 723

BROCKHOFF, K., u. A. K. CHAKRABARTI (1988): R&D/Marketing Linkage and Innovation Strategy: Some West German Experience; in: Institute of Electrical and Electronic Engineers: Transactions on Engineering Management, Vol. 35, No. 3, S. 167 - 174

BULLINGER, H.-J. (1990): IAO-Studie. FuE - heute. Industrielle Forschung und Entwicklung in der Bundesrepublik Deutschland; München

BUNDESVERBAND DER DEUTSCHEN INDUSTRIE E. V. (Hrsg., 1986): Industrieforschung. Schlüsseltechnologien. Eine Dokumentation des BDI-Technologiegesprächs vom 22. Januar 1986; Köln

BUNDESVERBAND DER DEUTSCHEN INDUSTRIE E. V. (Hrsg., 1989): Industrieforschung. Mikroelektronik-Anwendung; Köln

CALATONE, R., u. R. G. COOPER (1981): New Product Scenarios: Prospects for Success; in: Journal of Marketing, Vol. 45, S. 48 - 60

CORICELLI, F., u. G. DOSI (1988): Coordination and order in economic change and the interpretative power of economic theory; in: DOSI, G., u. a. (Hrsg.): Technical Change and Economic Theory; London u. New York, S. 124 - 144

CYERT, R. M., u. J. G. MARCH (1963): A Behavioral Theory of the Firm; Englewood Cliffs, New Jersey

DASGUPTA, P., u. J. STIGLITZ (1980a): Industrial Structure and the Nature of Innovative Activity; in: The Economic Journal, 90, S. 266 - 293

DASGUPTA, P., u. J. STIGLITZ (1980b): Uncertainty, Industrial Structure, and the Speed of R&D; in: Bell Journal of Economics, 11, S. 1 - 28

DASGUPTA, P., u. J. STIGLITZ (1981): Entry, Innovation, Exit. Towards a Dynamic Theory of Oligopolistic Industrial Structure; in: European Economic Review, 15, S. 137 - 158

DEUTSCHES PATENTAMT (1988): Jahresbericht 1988

Die 100 Besten in Forschung und Entwicklung; in: highTech, S. 64 ff., 12/1990

DIW (1988): Industrielle Forschung und Entwicklung kommt vor allem dem Export zugute; in: Deutsches Institut für Wirtschaftsforschung: Wochenbericht 47/88, S. 631 - 635

DIW (1990): Produktionsvolumen und -potential, Produktionsfaktoren des Bergbaus und des Verarbeitenden Gewerbes in der Bundesrepublik Deutschland; Statistische Kennziffern, 32. Folge, 1970 - 1989; Berlin

DOMAR, E. D. (1961): On the Measurement of Technological Change; in: The Economic Journal, Vol. 71, S. 709 - 729

DOSI, G. (1982): Technological paradigms and technological trajectories; in: Research Policy, Vol. II, S. 147 - 162

DOSI, G. (1988): Sources, Procedures, and Microeconomic Effects of Innovation; in: Journal of Economic Literature, Vol. XXVI, S. 1120 - 1171

DOSI, G.; C. FREEMAN, R. NELSON, G. SILVERBERG u. L. SOETE (Hrsg., 1988): Technical Change and Economic Theory; London u. New York

ECHTERHOFF-SEVERITT, H., u. a. (1990): Forschung und Entwicklung in der Wirtschaft 1987 - mit ersten Daten 1989 -; Arbeitsschrift A 1990; Essen

ENOS, J. L. (1962): Invention and Innovation in the Petroleum Refining Industry; in: NELSON, R. R. (Hrsg.): The Rate and Direction of Inventive Activity; Princeton

ENTORF, H. (1988): Die endogene Innovation. Eine mikro-empirische Analyse von Produktphasen als Innovationsindikatoren; in: Jahrbücher für Nationalökonomie und Statistik, Bd. 204/2, S. 175 - 189

ESSIG, H. (1977): Methodische Probleme und statistische Möglichkeiten zur Messung von Forschungsaktivitäten; in: Wirtschaft und Statistik, 10, S. 627 - 635

EWERS, H.-J. (1989): Arbeitsmarktwirkungen neuer Technologien - Bemerkungen zur sog. Meta-Studie II; Unveröffentlichtes Manuskript; Berlin

EWERS, H.-J.; C. BECKER u. M. FRITSCH (1990): Wirkungen des Einsatzes computergesteuerter Techniken in Industriebetrieben; Berlin u. New York

FAKTENBERICHT ZUM BUNDESBERICHT FORSCHUNG (1990); Bundesminister für Forschung und Technologie (Hrsg.); Bonn

FAUST, K. (1986): Die technologische Herausforderung Europas im Spiegel der Patentstatistik - Ergebnisse aus laufenden Untersuchungen -; in: ifo-schnelldienst 18, S. 20 - 23

FAUST, K. (1990): Unternehmen als Patentanmelder in der Ifo-Patentstatistik; in: ifo-Schnellldienst 15, S. 3 - 8

FISHER, F. M., u. P. TEMIN (1973): Returns to Scale in Research and Development: What Does the Schumpeterian Hypothesis Imply?; in: Journal of Political Economy, Vol. 81, Nr. 1, S. 56 - 70

"FRASCATI-HANDBUCH" (1980):
OECD (Hrsg.): The Measurement of Scientific and Technical Activities. Proposed Standard Practice for Surveys of Research and Experimental Development. Frascati Manual 1980; Paris 1981

"FRASCATI-HANDBUCH" (1980) in deutscher Übersetzung:
Bundesminister für Forschung und Technologie (Hrsg.): Die Messung wissenschaftlicher und technischer Tätigkeiten. Allgemeine Richtlinien für statistische Übersichten in Forschung und experimenteller Entwicklung. Bonn 1982

FREEMAN, C. (1970): Measurement of output of research and experimental development. A review paper; Unesco: Statistical reports and studies; Paris

FREEMAN, C. (1982): The Economics of Industrial Innovation; 2nd Edition, London

FREEMAN, C. (1988): Introduction; in: DOSI, G., u. a. (Hrsg.): Technical Change and Economic Theory; London u. New York

FREEMAN, C., u. C. PEREZ (1988): Structural crisis of adjustment, business cycles and investment behaviour; in: DOSI, G., u. a. (Hrsg.): Technical Change and Economic Theory; London u. New York

FRÜHSTÜCK, W.; G. HANAPPI u. M. WAGNER (1990): Tandem. Innovationsaktivitäten im wirtschaftlichen Gefüge der Bundesrepublik Deutschland; Berlin u. New York

GALBRAITH, J. K. (1952): American Capitalism; Boston, zitiert nach der Sentry Edition, Boston 1962

GERSTENBERGER, W. (1988): Die Ifo-Patentstatistik als Instrument der Wettbewerbsanalyse und der Technikfrüherkennung; in: ifo-schnelldienst 27, S. 3 - 11

GERYBADZE, A. (1982): Innovation, Wettbewerb und Evolution; Tübingen

GREIF, S. (1985): Relationship Between R&D Expenditure and Patent Applications; in: World Patent Information, Vol. 7, 3/1985, S. 190 - 195

GREIF, S. (1989): Zur Erfassung von Forschungs- und Entwicklungstätigkeit durch Patente; in: Naturwissenschaften, 76. Jahrgang, Heft 4, S. 156 - 159

GREIF, S., u. G. POTKOWIK (1990): Patente und Wirtschaftszweige. Zusammenführung der Internationalen Patentklassifikation und der Systematik der Wirtschaftszweige; Köln u. a.

GRILICHES, Z. (1957): Hybrid Corn: An Exploration in the Economics of Technological Change; in: Econometrica, Vol. 25, Nr. 4, S. 501 - 522

GRILICHES, Z. (1958): Research Costs and Social Returns: Hybrid Corn and Related Innovations; in: Journal of Political Economy, Oct. 1958, S. 419 - 431

GRILICHES, Z. (Hrsg., 1984): R&D, Patents, and Productivity; Chicago and London

GRILICHES, Z. (1987): R&D and Productivity: Measurement Issues and Econometric Results; in: Science, 3 July 1987, S. 31 - 35

GROSSEKETTLER, H. (1978): Wie valide sind Fortschrittsindikatoren? Zur Gültigkeit von Messungen des technischen Fortschritts in den Branchen der deutschen Industrie; in: Jahrbuch für Sozialwissenschaft, 3, S. 223 - 254

GRUPP, H. (1990a): On the Supplementary Functions of Science and Technology Indicators. The Case of West German Telecommunications R&D; in: Scientometrics, Vol. 19, S. 447 - 472

GRUPP, H. (1990b): The Concept of Entropy in Scientometrics and Innovation Research. An Indicator for Institutional Involvement in Scientific and Technological Developments; in: Scientometrics, Vol. 18, S. 219 - 239

GRUPP, H. (Hrsg., 1992): Dynamics of Science-Based Innovation; Berlin u. a.

GRUPP, H.; O. HOHMEYER, R. KOLLERT u. H. LEGLER (1987): Technometrie. Die Bemessung des technisch-wirtschaftlichen Leistungsstandes. Enzyme, gentechnisch hergestellte Arzneimittel, Solargeneratoren, Laser, Sensoren, Industrieroboter in der Bundesrepublik Deutschland, Japan und den Vereinigten Staaten; Köln

GRUPP, H., u. H. LEGLER (1987): Spitzentechnik, Gebrauchstechnik, Innovationspotential und Preise. Trends, Positionen und Spezialisierung der westdeutschen Wirtschaft im internationalen Wettbewerb; Köln

GRUPP, H.; T. REISS u. U. SCHMOCH (1990): Knowledge Interface of Technology and Science - Developing Tools for Strategic R&D Management; FhG-ISI Forschungsbericht; Karlsruhe

GRUPP, H., u. U. SCHMOCH (1992): Perceptions of scientification of innovation as measured by referencing between patents und papers: Dynamics in science-based fields of technology; in: GRUPP, H. (Hrsg.): Dynamics of Science-Based Innovation; Berlin u. a.

GRUPP, H., u. T. SCHNÖRING (Hrsg., 1990): Forschung und Entwicklung für die Telekommunikation - Internationaler Vergleich mit zehn Ländern -, Band I, USA, Japan, Frankreich und Großbritannien; Berlin u. a.

GRUPP, H., u. T. SCHNÖRING (Hrsg., 1991): Forschung und Entwicklung für die Telekommunikation - Internationaler Vergleich mit zehn Ländern -, Band II, Italien, Spanien, Süd-Korea, Niederlande, Schweden, Bundesrepublik Deutschland und abschließende Bewertung; Berlin u. a.

GRUPP, H., u. B. SCHWITALLA (1989): Technometrics, Bibliometrics, Econometrics, and Patent Analysis: Towards a Correlated System of Science, Technology and Innovation Indicators; in: VAN RAAN, A. F. J., u. a. (Hrsg.): Science and Technology Indicators. Their Use in Science Policy and Their Role in Science Studies; Leiden, Niederlande, S. 17 - 34

HANDBUCH DER GROßUNTERNEHMEN (1988); Verlag Hoppenstedt & Co (Hrsg.) Band 1 und 2; Darmstadt

HAUSER, S. (1981): Statistische Verfahren zur Datenbeschaffung und Datenanalyse; Freiburg

HAYEK, F. A. v. (1937): Economics and Knowledge; in: Economica, Vol. 4, S. 33 - 54

HAYEK, F. A. v. (1945): The use of Knowledge in Society; in: American Economic Review, Vol. 35, S. 519 - 530

HAYEK, F. A. v. (1969): Freiburger Studien; Tübingen

HEUß, E. (1965): Allgemeine Markttheorie; Tübingen

HICKS, J. R. (1932): The Theory of Wages; zitiert nach der 2. Auflage, London u. a. 1963, wiederabgedruckt 1966

HILKE, W. (1991): Bilanzpolitik, 3. Auflage, Wiesbaden

HIPPEL, E. v. (1988): The Sources of Innovation; New York u. Oxford

HÖFLICH-HÄBERLEIN, L., u. H. HÄBLER (1989): Technikdiffusion und Beschäftigungswirkungen im privaten Dienstleistungssektor; Berlin u. New York

HORN, E.-J. (1976): Technologische Neuerungen und internationale Arbeitsteilung. Die Bundesrepublik Deutschland im internationalen Vergleich; Tübingen

IFO-INSTITUT FÜR WIRTSCHAFTSFORSCHUNG (1990): Ifo-Innovationstest; Arbeitspapier; München

JAFFE, A. B. (1986): Technological Opportunity and Spillovers of R&D: Evidence from Firms' Patents, Profits and Market Value; in: American Economic Review, No. 5, S. 984 - 1001

KALDOR, N. (1957): A Model of Economic Growth; in: Economic Journal, Vol. 67, S. 591 - 624

KAMIEN, M. I., u. N. L. SCHWARTZ (1982): Market structure and innovation; Cambridge u. a.

KAUFER, E. (1968): Die Ökonomie von Forschung und Entwicklung; in: MESTMÄCKER, E.-J. (Hrsg.): Wettbewerb als Aufgabe. Nach zehn Jahren Gesetz gegen Wettbewerbsbeschränkungen; Bad Homburg v.d.H. u. a.

KIRZNER, I. M. (1978): Wettbewerb und Unternehmertum; Tübingen

KIRZNER, I. M. (1988): Unternehmer und Marktdynamik; München u. Wien

KÖNIG, H. (1987): Innovationsaktivität und Beschäftigung; in: HENN, R. (Hrsg.): Technologie, Wachstum und Beschäftigung. Festschrift für Lothar Späth; Berlin u.a.

LAUX, G. (1983): Ausbau der Konzentrationsstatistiken im Produzierenden Gewerbe; in: Wirtschaft und Statistik, Heft 5, S. 385 - 395

LEE, T., u. L. L. WILDE (1980): Market Structure and Innovation: A Reformulation; in: The Quarterly Journal of Economics, March 1980, S. 429 - 436

LEVIN, R. C.; W. M. COHEN u. D. C. MOWERY (1985): R&D Appropriability, Opportunity, and Market Structure: New Evidence on Some Schumpeterian Hypotheses; in: American Economic Review, May 1985, S. 20 - 24

LEVIN, R. C., u. P. C. REISS (1984): Tests of a Schumpeterian Model of R&D and Market Structure; in: GRILICHES, Z. (Hrsg.): R&D, Patents, and Productivity; Chicago u. London, S. 175 - 204

LEVIN, R. C., u. P. C. REISS (1988): Cost-reducing and demand-creating R&D with spillovers; in: RAND Journal of Economics, Vol. 19, No. 4., S. 538 - 556

LORENZ, G. (1986): Breitenwirkung der Mikroelektronik; in: Bundesverband der Deutschen Industrie e. V. (Hrsg.): Industrieforschung. Schlüsseltechnologien; Köln

LOURY, G. C. (1979): Market Structure and Innovation; in: The Quarterly Journal of Economics, S. 395 - 410

LÜDEKE, D. (1989): Forschung und Entwicklung als Determinanten des technischen Fortschritts im Unternehmenssektor der Bundesrepublik Deutschland. Eine ökonometrische Analyse für den Zeitraum 1965 - 1985; in: SEITZ, T. (Hrsg.): Wirtschaftliche Dynamik und technischer Wandel; Stuttgart u. New York

MACHLUP, F. (1962): The Production and Distribution of Knowledge in the United States; Princeton

MAJER, H. (1978): Industrieforschung in der Bundesrepublik Deutschland. Eine theoretische und empirische Analyse; Tübingen

MANSFIELD, E. (1968a): The Economics of Technological Change; New York

MANSFIELD, E. (1968b): Industrial Research and Technological Innovation. An Econometric Analysis; New York 1968

MANSFIELD, E. (1985): Studies of Tax Policy, Innovation, and Patents: A Final Report; University of Pennsylvania

META-STUDIE (1989): Siehe "Arbeitsmarktwirkungen moderner Technologien"

MEYER-KRAHMER, F. (1984): Recent results in measuring innovation output; in: Research Policy 13, S. 175 - 182

MEYER-KRAHMER, F. (Hrsg., 1989): Sektorale und gesamtwirtschaftliche Beschäftigungswirkungen moderner Technologien; Berlin u. New York

MINASIAN, J. R. (1969): Research and Development, Production Functions, and Rates of Returns; in: American Economic Review, Vol. 59, S. 80 - 86

MISES, L. v. (1949): Human Action. A Treatise on Economics; New Haven

MOWERY, D., u. N. ROSENBERG (1979): the influence of market demand upon innovation: a critical review of some recent empirical studies; in: Research Policy, Vol. 8, S. 102 - 153

MUELLER, D. C. (1966): Patents, Research and Development, and the Measurement of Inventive Activity; in: Journal of Industrial Economics, Vol. 15, S. 26 - 37

NELSON, R. R. (Hrsg., 1962): The Rate and Direction of Inventive Activity; Princeton

NELSON, R. R., u. S. G. WINTER (1977): Dynamic Competition and Technical Progress; in: BALASSA, B., u. R. NELSON (Hrsg.): Economic Progress, Private Values, and Public Policy; Amsterdam, New York u. Oxford

NELSON, R. R., u. S. G. WINTER (1978): Forces generating and limiting concentration under Schumpeterian competition; in: Bell Journal of Economics 9, S. 524 - 548

NELSON, R. R., u. S. G. WINTER (1982): An Evolutionary Theory of Economic Change; Cambridge, Ma., u. London

NEUMANN, F. (1990): Industrie investiert kräftig in Erweiterungen. Die neuen Ergebnisse des Ifo-Investitionstests; in: ifo-schnelldienst 18, S. 4 - 11

OPPENLÄNDER, K. H. (Hrsg., 1984): Patentwesen, technischer Fortschritt und Wettbewerb; Berlin u. München

OTT, A. E. (1959): Technischer Fortschritt; in: Handwörterbuch der Sozialwissenschaften, Bd. 10, Stuttgart u. Tübingen, S. 302 - 316

PAVITT, K. (1982): R&D, patenting and innovative activities. A statistical exploration; in: Research Policy 11, S. 33 - 51

PAVITT, K. (1984): Sectoral patterns of technical change: Towards a taxonomy and a theory; in: Research Policy 13, S. 343 - 373

PAVITT, K. (1985): Patent Statistics as Indicators of Innovative Activities: Possibilities and Problems; in: Scientometrics 1-2/1985, S. 77 - 99

PAVITT, K.; M. ROBSON u. J. TOWNSEND (1987): The Size Distribution of Innovating Firms in the UK: 1945 - 1983; in: The Journal of Industrial Economics, Vol. 35, S. 297 - 316

PENZKOFER, H., u. H. SCHMALHOLZ (1990): Zwanzig Jahre Innovationsforschung im Ifo-Institut und zehn Jahre Ifo-Innovationstest; in: ifo-Schnelldienst, 14, S. 14 - 22

PENZKOFER, H.; H. SCHMALHOLZ u. L. SCHOLZ (1989): Innovation, Wachstum und Beschäftigung. Einzelwirtschaftliche, sektorale und intersektorale Innovationsaktivitäten und ihre Auswirkungen auf die deutsche Wirtschaft in den achtziger Jahren; Berlin u. New York

PHILLIPS, A. (1971): Technology and Market Structure. A Study of the Aircraft Industry; Lexington, Massachusetts, u. a.

REINGANUM, J. F. (1981): Dynamic Games of Innovation; in: Journal of Economic Theory 25, S. 21 - 41

REINGANUM, J. F. (1982): A Dynamic Game of R and D: Patent Protection and Competitive Behavior; in: Econometrica, Vol. 50, No. 3, S. 671 - 688

R&D Scoreboard. A Perilous Cutback in Research Spending; in: Business Week, June 20, 1988, S. 69 ff.

SCHERER, F. M. (1965): Firm Size, Market Structure, Opportunity, and the Output of Patented Inventions; in: American Economic Review, Vol. 55, S. 1097 - 1125

SCHERER, F. M. (1967a): Research and Development Resource Allocation under Rivalry; in: Quarterly Journal of Economics, Vol. 81, S. 359 - 394

SCHERER, F. M. (1967b): Market Structure and the Employment of Scientists and Engineers; in: American Economic Review 57, S. 524 - 531

SCHERER, F. M. (1982): Zusammenhänge zwischen Forschungs- und Entwicklungsausgaben und Patenten; in: GRUR Int. 7/1982, S. 425 - 430

SCHERER, F. M. (1983): The Propensity to Patent; in: International Journal of Industrial Organization 1/1983, S. 107 - 128

SCHETTKAT, R. (1989): Innovation und Arbeitsmarktdynamik; Berlin u. New York

SCHETTKAT, R., u. M. WAGNER (Hrsg., 1990): Technologischer Wandel und Beschäftigung. Fakten, Analysen, Trends; Berlin u. New York

SCHLEGELMILCH, B. B. (1988): Der Zusammenhang zwischen Innovationsneigung und Exportleistung. Ergebnisse einer empirischen Untersuchung in der deutschen Maschinenbauindustrie; in: Zeitschrift für Betriebswirtschaft 40, 3/1988, S. 227 - 242

SCHMOCH, U. (1990): Wettbewerbsvorsprung durch Patentinformation. Handbuch für die Recherchenpraxis; Köln

SCHMOCH, U.; H. GRUPP, W. MANNSBART u. B. SCHWITALLA (1988): Technikprognosen mit Patentindikatoren. Zur Einschätzung zukünftiger industrieller Entwicklungen bei Industrierobotern, Lasern, Solargeneratoren und immobilisierten Enzymen; Köln

SCHMOOKLER, J. (1966): Invention and Economic Growth; Cambridge, Massachusetts

SCHNÖRING, T., u. W. NEU (1991): Bundesrepublik Deutschland; in: GRUPP, H., u. T. SCHNÖRING (Hrsg.): Forschung und Entwicklung für die Telekommunikation - Internationaler Vergleich mit zehn Ländern -, Band II, Italien, Spanien, Süd-Korea, Niederlande, Schweden, Bundesrepublik Deutschland und abschließende Bewertung; Berlin u. a.

SCHUMPETER, J. A. (1911): Theorie der wirtschaftlichen Entwicklung; München und Leipzig, zitiert nach der 6. Aufl., Berlin 1964

SCHUMPETER, J. A. (1942): Capitalism, Socialism and Democracy; New York, zitiert nach der deutschen Übersetzung: Kapitalismus, Sozialismus und Demokratie, 4. Aufl., München 1975

SCHWITALLA, B. (1991): Niederlande; in: GRUPP, H., u. T. SCHNÖRING (Hrsg.): Forschung und Entwicklung für die Telekommunikation - Internationaler Vergleich mit zehn Ländern -, Band II, Italien, Spanien, Süd-Korea, Niederlande, Schweden, Bundesrepublik Deutschland und abschließende Bewertung; Berlin u. a.

SCHWITALLA, B., u. U. SCHMOCH (1990): Technologische Trends in der Lasermedizin: Patente, Märkte, Wettbewerber; in: Fraunhofer-Gesellschaft, FhG-Berichte 1/1990, S. 69 - 75

SEITZ, T. (Hrsg., 1989): Wirtschaftliche Dynamik und technischer Wandel; Stuttgart u. New York

SIMON, H. A. (1959): Theories of Decision Making in Economics; in: American Economic Review, 49, S. 253 - 283

SOETE, L. (1979): Firm Size and Inventive Activity. The Evidence Reconsidered; in: European Economic Review 12, S. 319 - 340

SOETE, L. (1987): The impact of technological innovation on international trade patterns: The evidence reconsidered; in: Research Policy, S. 101 - 130

SOLOW, R. M. (1957): Technical Change and the Aggregate Production Function; in: Review of Economics and Statistics, Vol. 39, S. 312 - 320

STATISTISCHES BUNDESAMT (Hrsg., 1989): Statistisches Jahrbuch 1989 für die Bundesrepublik Deutschland; Wiesbaden

STATISTISCHES BUNDESAMT (Hrsg., 1990): Fachserie 4, Reihe 4.2.3, Konzentrationsstatistische Daten für den Bergbau und das Verarbeitende Gewerbe sowie das Baugewerbe, 1987 und 1988; Wiesbaden

STONEMAN, P. (1983): The Economic Analysis of Technological Change; Oxford

TABBERT, J. (1974): Unternehmensgröße, Marktstruktur und technischer Fortschritt - Eine empirische Untersuchung für die Bundesrepublik Deutschland -; Göttingen

TIJSSEN, R. J. W., u. J. DE LEEUW (1988): Multivariate Data-Analysis Methods in Bibliometric Studies of Science and Technology; in: VAN RAAN, A. F. J. (Hrsg.): Handbook of Quantitative Studies of Science and Technology; Amsterdam, New York, Oxford u. Tokyo

ÜBERLA, K. (1971): Faktorenanalyse; 2. Aufl., Berlin, Heidelberg, New York

U.S. PATENT AND TRADEMARK OFFICE (1990): Patenting Trends in the United States 1963 - 1989; Washington, D. C.

VAN RAAN, A. F. J. (Hrsg., 1988): Handbook of Quantitative Studies of Science and Technology; Amsterdam, New York, Oxford u. Tokyo

VAN RAAN, A. F. J., u. a. (Hrsg., 1989): Science and Technology Indicators. Their Use in Science Policy and Their Role in Science Studies; Leiden, Niederlande

WALTER, H. (1979): Die Ursachenanalyse des technischen Fortschritts; in: WiSt, Heft 9, S. 421 - 426

WARNKEN, J., u. G. RONNING (1989): Bestimmungsgründe betrieblicher Faktorsubstitution; Berlin u. New York

WEBER, E. (1974): Einführung in die Faktorenanalyse; Jena

WILBER, C. K., u. R. S. HARRISON (1978): The Methodological Basis of Institutional Economics: Pattern Modell, Storytelling, and Holism; in: Journal of Economics Issues, Vol. XII, S. 61 - 89

WITT, U. (1987): Individualistische Grundlagen der evolutorischen Ökonomik; Tübingen

WOLTER, F. (1977): Factor Proportions, Technology and West German Industry's International Trade Patterns; in: Weltwirtschaftliches Archiv, Bd. 113, S. 250 - 267

WORTMANN, M. (1990): Multinationals and the internationalization of R&D: New developments in German companies; in: Research Policy 19, S. 175 - 183

ZIMMERMANN, K. F., u. J. SCHWALBACH (1991): Determinanten der Patentaktivität; in: WZB Wissenschaftszentrum Berlin für Sozialforschung, discussion papers, Februar 1991